高等职业教育机电类专业“十三五”规划教材

数控加工工艺与编程技术基础

主　编　徐　刚

副主编　杨锦涛

参　编　周建廷　季　青　冯　斌

主　审　陈海滨

西安电子科技大学出版社

内容简介

本书是高职学校机电类专业教材，内容包括数控加工工艺基础、数控车削工艺及编程技术训练、数控铣削/加工中心工艺及加工技术训练、数控线切割加工工艺及编程技术训练等四大模块(四篇)。各个模块内容相对独立而又相互关联。本书注重以工作任务为引领，有机融入与数控加工职业岗位相适应的知识、技能、情感态度等内容，可以根据学生水平、实训基地的条件及专业化设置方向和企业的用人需求等灵活组织教学。

本书可作为高等职业技术学校数控技术应用专业的主干专业课教材，也可作为数控加工技术、机电技术应用等专业的教学用书，还可供有关工程技术人员参考。

图书在版编目(CIP)数据

数控加工工艺与编程技术基础/徐刚主编. —西安：西安电子科技大学出版社，2018.2(2022.7重印)
ISBN 978-7-5606-4758-6

Ⅰ. ① 数… Ⅱ. ① 徐… Ⅲ. ① 数控机床—高等学校—教材 ② 数控机床—程序设计—高等学校—教材 Ⅳ. ① TG659

中国版本图书馆CIP数据核字(2017)第302251号

策　　划　李惠萍　秦志峰
责任编辑　阎　彬
出版发行　西安电子科技大学出版社(西安市太白南路2号)
电　　话　(029)88202421　88201467　　邮　　编　710071
网　　址　www.xduph.com　　电子邮箱　xdupfxb001@163.com
经　　销　新华书店
印刷单位　陕西天意印务有限责任公司
版　　次　2018年2月第1版　2022年7月第2次印刷
开　　本　787毫米×1092毫米　1/16　印张　20
字　　数　475千字
印　　数　3001～5000册
定　　价　48.00元
ISBN 978-7-5606-4758-6/TG
XDUP 5060001-2

前　言

数控加工是提高产品质量和劳动生产率必不可少的重要手段，直接影响一个国家的战略地位并体现出一个国家的综合国力水平。《中国制造“2025”》已将数控机床和基础制造装备列为“加快突破的战略必争领域”。目前，中高职学校的加工制造类专业均开设有数控加工技术等相关课程，本书编写组的教师均长期从事数控加工课程的一线教学，不仅有着丰富的一线教学经验，而且具备较为前卫的现代职业教育理念，结合教学实践，在反复讨论、修改之后完成了本书的编写。

1. 本书的编写特色

本书根据工程实践的要求，突出体现内容的实用性、先进性和可操作性，对传统的教学内容和课程体系进行了重组和调整。全书内容包括数控加工工艺基础、数控车削工艺及编程技术训练、数控铣削/加工中心工艺及加工技术训练、数控线切割加工工艺及编程技术训练等四个模块(四篇)，各个模块内容既相对独立又相互关联，同时注重以工作任务为引领，有机融入与数控加工职业岗位相适应的知识、技能、情感态度等内容，可以根据学生水平、实训基地的条件及专业化设置方向和企业的用人需求等灵活组织教学。

本书内容丰富、详略得当，体系架构既符合学生认知规律，又凸显工作过程导向。

2. 学时分配建议

本书各篇章及各任务、项目的参考学时数见下表。

篇目序号	篇目名称	项目及任务内容	课时
第一篇	数控加工工艺基础	第一章　绪论	4
		第二章　数控加工工艺基础	10
		第三章　数控加工常用刀具简介	16
		第四章　数控机床夹具基础	14
		第五章　数控车削工艺基础	20
		第六章　数控铣削/加工中心工艺基础	20
		第七章　其他数控加工工艺简介	10
		机动	6
		合计	100

续表

<table>
<tr><th>篇目序号</th><th>篇目名称</th><th colspan="2">项目及任务内容</th><th>课时</th></tr>
<tr><td rowspan="11">第二篇</td><td rowspan="11">数控车削工艺及编程技术训练(2W)</td><td colspan="2">任务一　熟悉数控车床的整体结构和安全操作规程</td><td rowspan="11">2W</td></tr>
<tr><td colspan="2">任务二　熟悉数控车床的操作面板</td></tr>
<tr><td colspan="2">任务三　数控车床操作技术基础训练</td></tr>
<tr><td colspan="2">任务四　数控车床日常维护保养技术训练</td></tr>
<tr><td colspan="2">任务五　简单外轮廓的加工程序编制及加工技术训练</td></tr>
<tr><td colspan="2">任务六　槽与切断加工程序的编制及加工技术训练</td></tr>
<tr><td colspan="2">任务七　孔类零件加工程序的编制及加工技术训练</td></tr>
<tr><td colspan="2">任务八　螺纹加工程序的编制及加工技术训练</td></tr>
<tr><td colspan="2">任务九　单一循环指令编程及加工技术训练</td></tr>
<tr><td colspan="2">任务十　固定循环指令编程及加工技术训练</td></tr>
<tr><td colspan="2">任务十一　综合加工技术训练</td></tr>
<tr><td rowspan="8">第三篇</td><td rowspan="8">数控铣削/加工中心工艺及加工技术训练(2W)</td><td colspan="2">任务一　熟悉数控铣床/加工中心的整体结构和安全操作规程</td><td rowspan="8">2W</td></tr>
<tr><td colspan="2">任务二　熟悉数控铣床的操作面板及系统面板</td></tr>
<tr><td colspan="2">任务三　数控铣床/加工中心操作技术基础训练</td></tr>
<tr><td colspan="2">任务四　数控铣床/加工中心日常维护保养技术训练</td></tr>
<tr><td colspan="2">任务五　编制外轮廓加工工艺及程序</td></tr>
<tr><td colspan="2">任务六　编制挖槽与型腔的加工工艺与程序</td></tr>
<tr><td colspan="2">任务七　编制孔加工程序</td></tr>
<tr><td colspan="2">任务八　坐标变换与宏程序编程</td></tr>
<tr><td rowspan="10">第四篇</td><td rowspan="10">数控线切割加工工艺及编程技术训练(2W)</td><td rowspan="2">项目一　数控线切割机床概述</td><td>任务一　线切割机床的结构组成</td><td rowspan="10">2W</td></tr>
<tr><td>任务二　线切割机床的工作原理及特点</td></tr>
<tr><td rowspan="2">项目二　数控线切割加工工艺</td><td>任务一　线切割工艺及编程基础</td></tr>
<tr><td>任务二　线切割程序编制</td></tr>
<tr><td rowspan="6">项目三　数控线切割加工技术训练</td><td>任务一　线切割的安全操作规程及保养</td></tr>
<tr><td>任务二　脉冲电源的控制及线切割机床操作</td></tr>
<tr><td>任务三　电极丝的操作</td></tr>
<tr><td>任务四　线切割机床编程控制系统及操作</td></tr>
<tr><td>任务五　线切割的试切与特殊情况的处理</td></tr>
<tr><td>任务六　综合加工技术训练</td></tr>
<tr><td colspan="4">总　计</td><td>100＋6W</td></tr>
</table>

3. 教学实施建议

(1) 本课程宜用理论实践一体化的教学方法实施教学。

(2) 部分理论教学内容和训练课题在有条件时可采用行动导向学习法组织教学。

(3) 本课程理论和实践两部分的教学最好由具有“双师型”资格的同一教师承担。

(4) 在教学过程中要不断改进教学方法，提高教学艺术，培养学生的学习兴趣。

(5) 重视实习教学的过程评价，践行在评价中学习、进步的理念。

(6) 安全文明生产教育要自始至终贯穿于整个实习教学中。

4. 考核评价建议

(1) 为了充分发挥学业评价在教学过程中的导向、调控、激励三大作用，对学生学业成绩的评定要重视学生学习态度的转变、过程体验、方法技能的掌握，重视动手实践与解决问题能力的培养，改变以往单纯以考试分数来评价学生的状况，做到定性评价与定量评价相结合、智力因素评价与非智力因素评价相结合、形成性评价与终结性评价相结合的科学评价。

(2) 本课程质量评定由理论与技能考核两部分组成，其中理论考核成绩占40%，操作技能考核占60%。

5. 教材适用范围

本书可作为中、高等职业技术学校加工制造类专业的主干专业课教材，也可供数控技术相关社会培训及有关工程技术人员参考。

6. 感谢与致歉

全书由江苏省靖江中等专业学校徐刚任主编，江苏省靖江中等专业学校杨锦涛任副主编，参加编写的有江苏省宜兴中等专业学校周建廷、镇江高等职业技术学校季青、江苏省靖江中等专业学校冯斌。全书由江苏联合职业技术学院海门分院陈海滨担任主审，在此表示衷心感谢。

本书编写时虽力求严谨完善，但疏漏与不妥之处在所难免，恳请得到各位读者的批评与指正，在此也诚挚感谢每一位提供意见与建议的读者。

作者邮箱(E-mail)：jjzjxg@163.com

编　者

2017年10月

目　录

第一篇　数控加工工艺基础

第二篇　数控车削工艺及编程技术训练

第三篇　数控铣削/加工中心工艺及加工技术训练

第四篇　数控线切割加工工艺及编程技术训练

第一篇　数控加工工艺基础

第一章 绪 论

数控技术和数控装备是制造业实现自动化、柔性化、集成化生产的重要基础，是提高产品质量和劳动生产率必不可少的重要手段，直接影响一个国家的战略地位并体现出一个国家的综合国力水平。《中国制造"2025"》将数控机床和基础制造装备列为"加快突破的战略必争领域"(见图 1-1-1)，世界上各工业发达国家均采取重大措施来发展自己的数控技术及其产业。

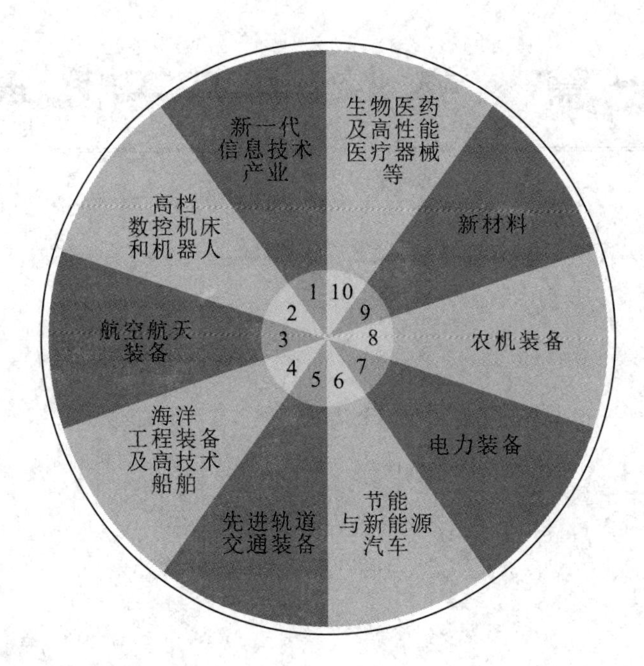

图 1-1-1 中国制造 2025 重点发展 10 大领域

1.1 数控机床概述

1.1.1 数控技术与数控机床

数控技术是"数字化控制技术"的简称(Numerical Control，NC)，相比传统加工技术而言(如图 1-1-2 所示)，数控技术是指用数字化信号对机床运动及其加工过程进行控制的一种方法。目前数控技术一般采用通用或专用计算机实现数字程序控制，因此数控也称为计算机数控(Computer Numerical Control)，简称 CNC。

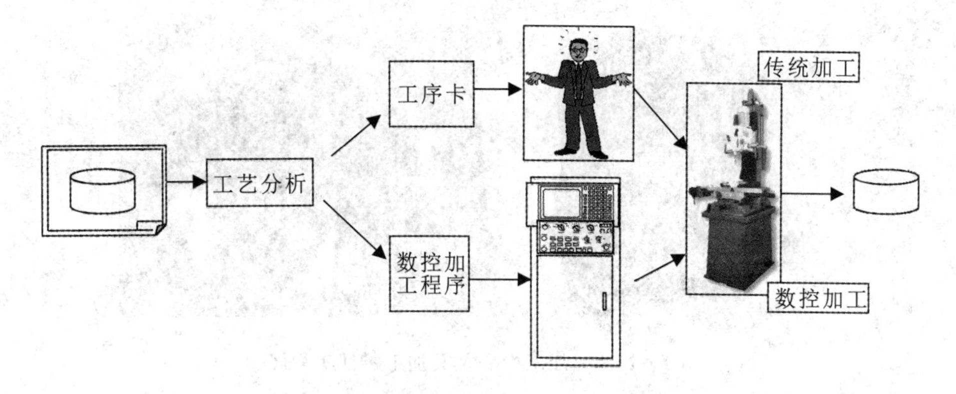

图 1-1-2　传统加工与数控加工比较简图

国际信息处理联盟(International Federation of Information Processing，IFIP)第五届技术委员会对数控机床作了如下定义：数控机床是装备有程序控制系统的机床，该系统能按逻辑处理使用号码或其他符号编码指令指定的程序。常见的数控机床有数控车床、数控铣床、数控加工中心等(见图 1-1-3、1-1-4、1-1-5)。

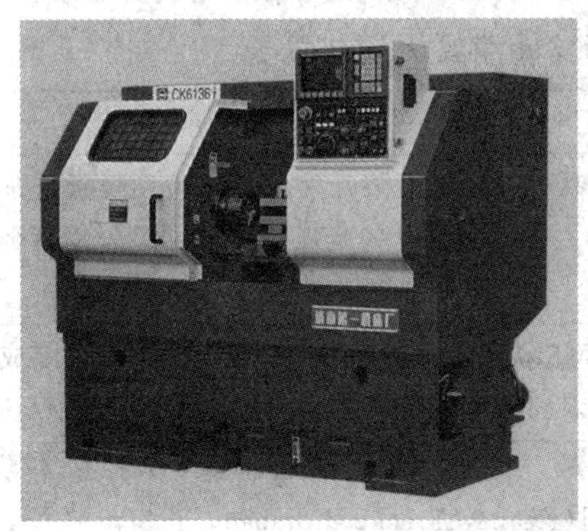

图 1-1-3　数控车床及其加工零件实物展示

图 1-1-4　数控铣床及其加工零件实物展示

图 1-1-5 加工中心及其加工零件实物展示

1.1.2 数控机床的产生和发展

数控机床主要是为了实现复杂多变零件的自动化加工而产生的。机床数控技术的产生，不仅为复杂零件的加工提供了方便，而且加工精度高、一致性好、生产效率高，能够大大减轻工人的劳动强度，因此很快受到了人们的关注。世界各国竞相投入大量的人力、物力进行研究，使这项技术得到了迅速的发展。表 1-1-1 展示了国际上数控机床的发展历程。

表 1-1-1 国际上数控机床发展简要历程一览表

时间	重要进展概况
1948 年	美国帕森斯公司接受美国空军委托，研制直升机螺旋桨叶片轮廓检验用样板的加工设备。由于样板形状复杂多样，精度要求高，一般加工设备难以适应，故提出采用数字脉冲控制机床的设想
1949 年	美国帕森斯公司与美国麻省理工学院(MIT)开始共同研究，并于 1952 年试制成功第一台三坐标数控铣床，标志着机床数控技术的诞生，当时的数控装置采用电子管元件
1959 年	数控装置采用了晶体管元件和印刷电路板，继数控铣床、数控车床、数控钻床等单工序加工类机床之后，美国克耐-杜列克公司(Keaney-Trecker Company)开发出装有自动换刀装置、能够一次装夹、多工序加工的加工中心(Machining Center，MC)，使数控装置进入了第二代
1965 年	出现第三代集成电路数控装置，不仅体积小、功率消耗少，且可靠性提高，价格逐步下降，促进了数控机床品种和产量的发展
20 世纪 60 年代末	先后出现了由一台计算机直接控制多台机床的直接数控系统(DNC)，又称群控系统；采用小型计算机控制的计算机数控系统(CNC)，使数控装置进入了以小型计算机化为特征的第四代
1974 年	成功研制出使用微处理器和半导体存储器的微型计算机数控装置(MNC)，这是第五代数控系统
20 世纪 80 年代初	随着计算机软、硬件技术的发展，国际上又出现了以数台加工中心为主体，再配上工件自动装卸和监控检验装置而构成的柔性制造单元(Flexible Manufacture Cell，FMC)
20 世纪 90 年代后期	出现了 PC+CNC 智能数控系统，即以 PC 为控制系统的硬件部分和在 PC 上安装 NC 的软件系统，计算机集成制造系统(Computer Integrated Manufacture System，CIMS)已经逐渐投入使用，此种方式系统维护方便，易于实现智能化及网络化制造，并呈现出迅猛发展的态势

几十年来，数控机床无论在品种、数量还是功能上都取得了长足的进展，为机械制造业注入了新的生机和活力。表1-1-2展示了我国数控机床的发展历程。

表1-1-2　中国数控机床发展简要历程一览表

时间	重要进展概况
20世纪50、60年代	从1958年开始研究数控技术，1966年成功研制出晶体管数控系统，并生产出数控线切割机、数控铣床等产品。受当时条件的限制，数控系统的稳定性及可靠性较差，数控机床品种不全，数量较少，数控技术的发展处于初级阶段
20世纪80年代初期	先后从德国、日本、美国等国家引进了一些数控系统和伺服技术，在一定程度上促进了这项技术的发展。这个时期我国经济也有了较大发展，为这项技术的进步奠定了物质基础。此时我国研制的数控机床性能逐步提高，品种和数量不断增加。到1985年，我国已经拥有加工中心、数控铣床、数控磨床等80多个品种的数控机床，数控技术的发展进入了实用阶段
20世纪90年代	逐渐由计划经济转向市场经济，国民经济进入高速发展阶段，研究开发数控系统、应用数控机床已经成为各企业的自发行为，数控技术及产品的发展速度逐年加快，多轴、全功能中高档数控系统及交、直流伺服系统相继研制成功，FMS和CIMS也先后投入使用，数控系统及数控产品正朝着国际先进水平迈进，现在我国多家机床厂均能生产五坐标联动的数控机床，数控技术进入了蓬勃发展时期

数控机床作为制造业的基础，对制造业强国的建设至关重要。我国机床产业规模虽然位居世界首位，但与发达国家相比，我国机床行业起步晚，发展时间较短，技术相对落后，“大而不强”是我国制造业的现实。以数控机床为例，我国中低端数控机床产量大，但80％的高端数控机床要靠进口。2015年5月国务院印发《中国制造2025》部署制造业强国战略，被称为中国版“工业4.0”规划。此次10年规划将数控机床列为“中国制造2025”十大重点领域之一，旨在开发一批精密、高速、高效、柔性数控机床与基础制造装备及集成制造系统，并不断推动我国数控机床行业快速发展。数控机床的发展趋势如图1-1-6所示。

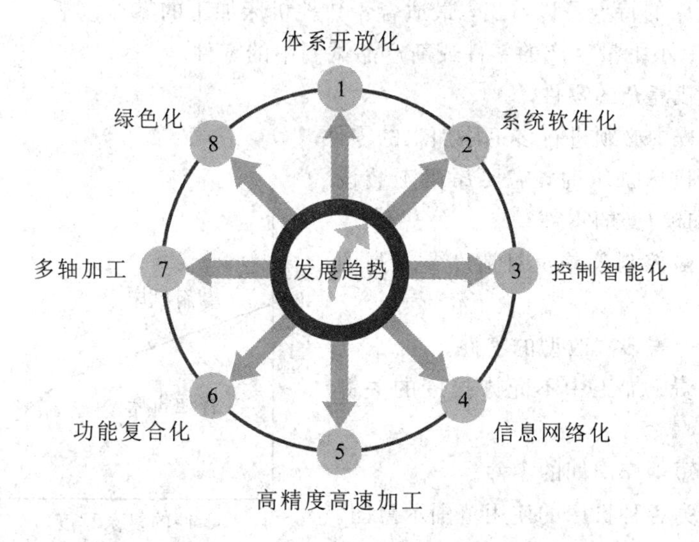

图1-1-6　数控机床的发展趋势

1.1.3 数控机床的特点

数控机床的产生改变了传统的机械加工工艺，与普通机床相比，数控机床具有以下特点：

(1) 自动化程度高，劳动强度低。数控机床能够在程序的控制下自动实现零件的加工功能，加工过程一般不需要人工干预，可大大降低工人的劳动强度。

(2) 加工精度高。数控机床一般采用闭环(半闭环)位置控制，并且可以利用软件进行间隙补偿和螺距误差补偿，因此可以获得比机床本身精度还要高的加工精度。此外，像加工中心一类的数控机床还配有刀库，具有多工序加工能力，可以实现工件的一次装夹后多道工序连续加工，从而消除了多次装夹引起的定位误差。

(3) 产品一致性好。由于数控机床按照预定的加工程序自动进行加工，加工过程消除了操作者人为的操作误差，因而零件加工的一致性好。

(4) 能够实现复杂工件的加工。由于数控机床能够实现多轴联动，可加工出普通机床无法完成的空间曲线和曲面，因而在航空、航天领域和对复杂型面的模具加工中得到了广泛应用。

(5) 生产效率高。由于数控机床的刚性好、功率大、主轴转速高、进给速度范围宽及平滑无级变速，因而容易选择较大及合理的切削用量，可以减少许多调整时间。此外，数控机床加工可免去画线工序，节省加工过程的中间检验时间，空行程速度远高于普通机床，因此也能省出大量的辅助时间。

(6) 机械传动链短，结构简单。数控机床的主传动多采用分段无级变速，主轴箱结构简单；进给采用伺服电机驱动，省去了庞杂的进给变速箱；因此，传动链短，机械结构简单。

1.1.4 数控机床的适用范围

根据数控机床的特点可以看出，最适合于数控机床加工的零件包括：

(1) 多品种、小批量生产的零件或新产品试制中的零件。

(2) 几何形状复杂的零件。

(3) 加工过程中必须进行多工序加工的零件。

(4) 用普通机床加工时，需要昂贵工装设备(工具、夹具和模具)的零件。

(5) 必须严格控制公差及对精度要求高的零件。

(6) 工艺设计需多次改型的零件。

(7) 价格昂贵、加工中不允许报废的关键零件。

(8) 需要最短生产周期的零件。

图 1-1-7 为各种机床的使用范围示意图。

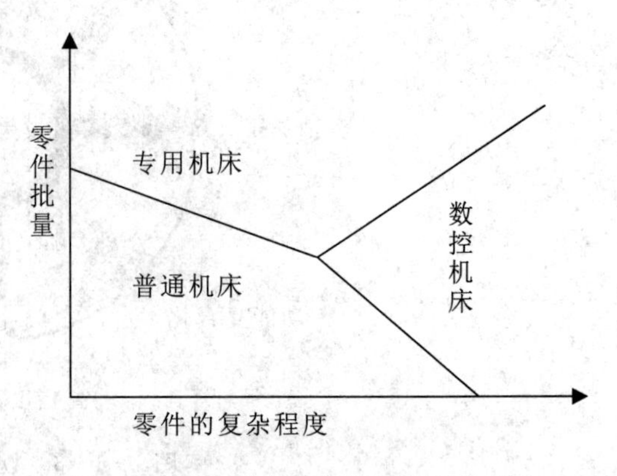

图 1-1-7 各种机床的使用范围示意图

1.2　数控机床的组成及工作过程

1.2.1　数控机床的组成

数控机床一般由数控系统和机床本体组成，如图 1－1－8 所示。

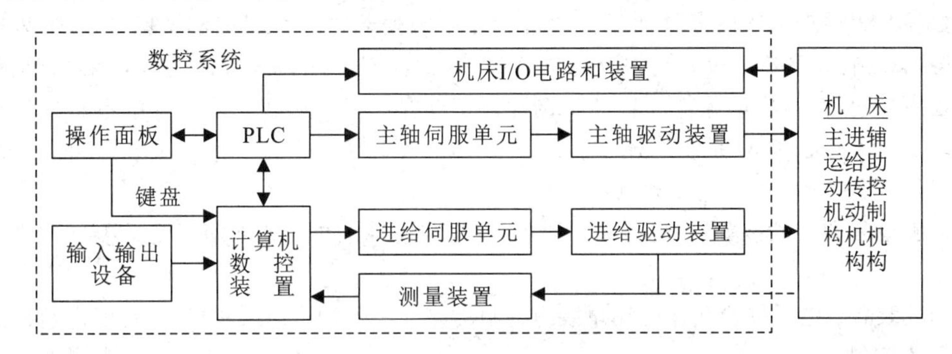

图 1－1－8　数控机床的组成示意图

1. 数控系统

(1) 操作面板：操作人员与数控装置进行信息交流的工具，由按钮站、MDI 键盘和显示器组成，如图 1－1－9 所示。

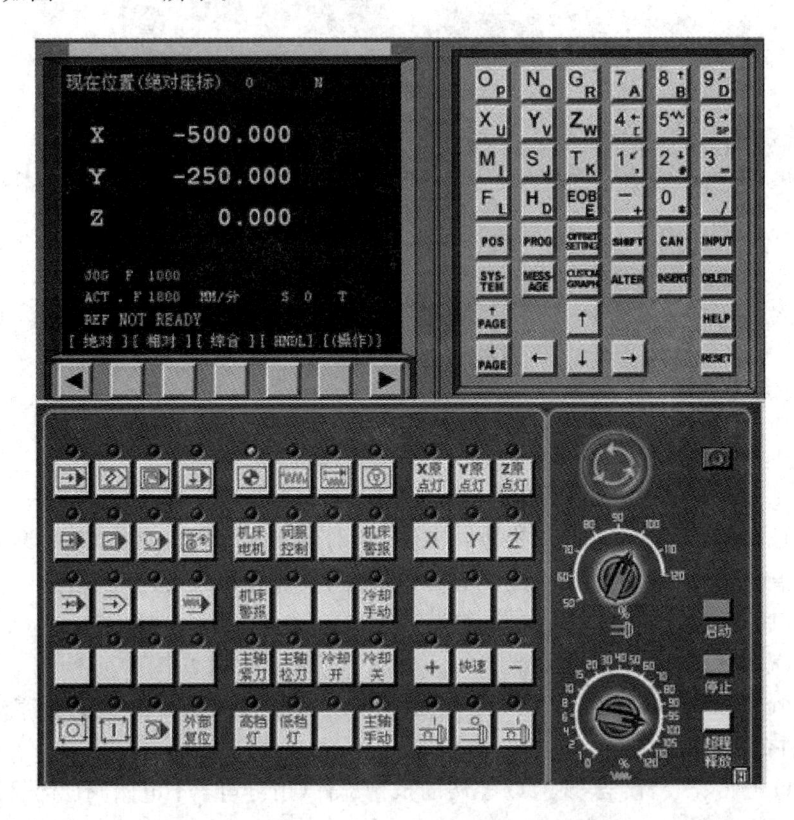

图 1－1－9　FANUC－0i 系统机床操作面板

信息载体用于记载各种加工信息，如零件加工的工艺过程、工艺参数等，以控制机床的运动，实现零件的机械加工。常用的信息载体有穿孔纸带、磁带、磁盘等，并通过相应的输入机将其记载的信息录入数控系统。目前较多采用的是键盘直接录入，也有通过串行口或网络将计算机上编写的加工程序输入到数控系统中。

(2) 数控装置(CNC 单元)：包括计算机系统、位置控制板、PLC 接口板、通信接口板、特殊功能模块以及相应的控制软件。

数控装置根据输入的零件加工程序进行相应的处理(如运动轨迹处理、机床输入输出处理等)，然后输出控制命令到相应的执行部件(如伺服单元、驱动装置和 PLC 等)，所有这些是由 CNC 装置内的硬件和软件协调配合、合理组织，使整个系统有条不紊地进行工作的。数控装置是 CNC 系统的核心。

(3) 伺服单元、驱动装置和测量装置。

伺服单元和驱动装置：由主轴伺服驱动装置和主轴电机、进给伺服驱动装置和进给电机组成。

测量装置：包括位置和速度测量装置(见图 1-1-10、图 1-1-11)，实现进给伺服系统的闭环控制。

图 1-1-10　直线位移传感器——光栅传感器

图 1-1-11　光电编码器

伺服单元、驱动装置和测量装置协同工作，保证灵敏、准确地跟踪 CNC 装置指令。通过进给运动指令，实现零件加工的成形运动(速度和位置控制)。通过主轴运动指令，实现零件加工的切削运动(速度控制)。

(4) PLC、机床 I/O 电路和装置。

PLC (Programmable Logic Controller)：用于完成与逻辑运算有关的顺序动作的 I/O 控制，由硬件和软件组成。

机床 I/O 电路和装置：实现 I/O 控制的执行部件(由继电器、电磁阀、行程开关、接触器等组成的逻辑电路)。

该组成部分的功用：一是接受CNC的M、S、T指令，对其进行译码并转换成对应的控制信号，控制辅助装置完成机床相应的开关动作；二是接受操作面板和机床侧的I/O信号，送给CNC装置，经其处理后输出指令控制CNC系统的工作状态和机床的动作。

2. 机床本体

机床本体是数控机床的主体部分。来自于数控装置的各种运动和动作指令，都必须由机床本体转换成真实的、准确的机械运动和动作，才能实现数控机床的功能，并保证数控系统性能的要求。机床本体由下列各部分组成：

（1）机床基础件、床身、底座、立柱、滑座、工作台等，起支撑作用。

（2）主传动系统，实现主运动。

（3）进给系统，实现进给运动。

（4）实现某些部件动作和某些辅助功能的装置，如液压、气动、润滑、冷却、防护、排屑等。

（5）实现工件回转、分度定位的装置和附件，如回转工作台。

（6）刀库、刀架和自动换刀装置(ATC)。

（7）托盘交换装置(APC)。

（8）特殊功能装置，如刀具破损监测、精度检测和监控装置等。

其中，(1)～(4)为基本件，(5)～(8)为可选件。

1.2.2　数控机床的工作过程

数控机床的工程过程示意见图1-1-12，首先由编程人员或操作者对零件图作深入分析，根据被加工零件的形状、尺寸和技术要求，确定零件的加工工艺过程、工艺参数，并按一定的规则编写零件加工程序；然后将加工程序输入数控机床的数控装置中，再将被加工零件装夹好。对刀后，即可启动机床运行加工程序。程序运行时，数控装置根据程序的坐标代码，做插补运算并输出插补控制信号，控制伺服驱动系统驱动执行部件做进给运动，从而确定机床的进给运动的方向、速度、位移量。数控装置根据辅助机能代码输出辅助机能控制信号驱动强电控制装置，控制主运动部件的变速、换向和启停，控制刀具的选择和交换，控制冷却、润滑的启停，控制工件和机床部件的松开和夹紧，控制分度工作台的转位等。在正常情况下，加工程序可直接运行到结束。

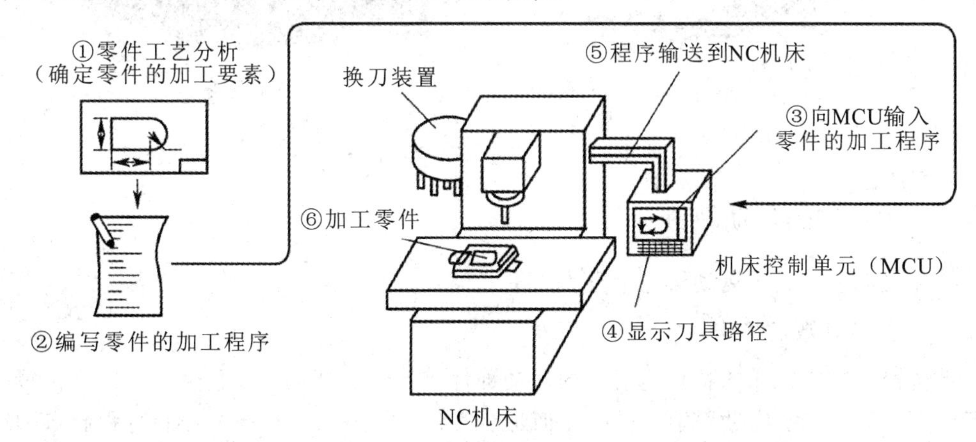

图1-1-12　数控机床的工作过程示意图

1.3 数控机床的分类

目前数控机床种类很多，通常按以下所述四种方法进行分类。

1.3.1 按工艺用途分类

数控机床按工艺用途可分为一般数控机床和数控加工中心。

1. 一般数控机床

一般数控机床的工艺用途和普通机床相似，可分为数控车床、数控钻床、数控铣床、数控镗床、数控磨床和数控齿轮加工机床等，但它们的生产率和自动化程度比普通机床高，适合加工单件、小批量、多品种和复杂形状的工件。

2. 数控加工中心(图1-1-13)

数控加工中心是在一般数控机床上加装一个刀库和自动换刀装置，构成一种带自动换刀装置的数控机床。在一次装夹后，可以对工件的大部分表面进行加工，而且具有两种以上的切削功能，避免了因多次安装造成的误差，减少了机床数量，提高了生产效率和加工自动化程度。

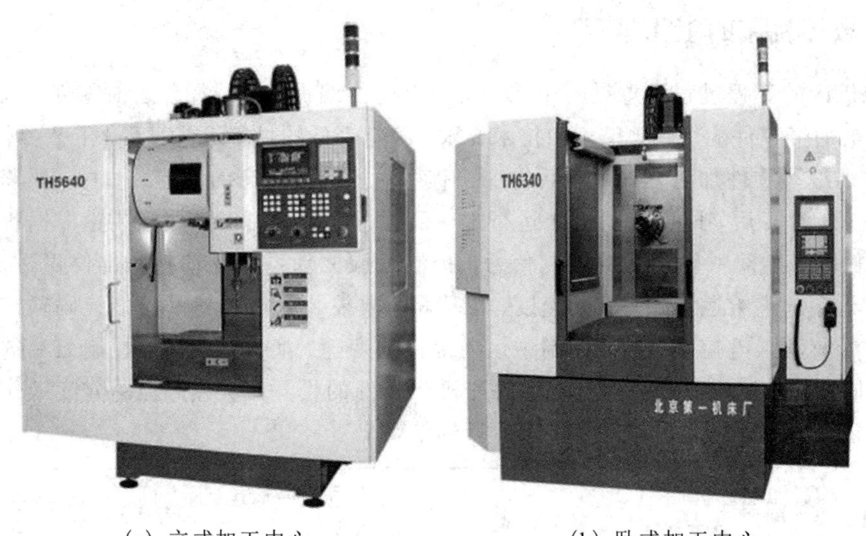

(a) 立式加工中心　　(b) 卧式加工中心

图1-1-13　数控加工中心

1.3.2 按控制的运动轨迹分类

数控机床按控制的运动轨迹可分为以下三类：

1. 点位控制数控机床

点位控制数控机床的特点是机床的运动部件只能够实现从一个位置到另一个位置的精确运动，在运动和定位过程中不进行任何加工工序。数控系统只需要控制行程起点和终点的坐标值，而不控制运动部件的运动轨迹，如数控钻床、数控镗床、数控电焊机等。点位控制如图 1-1-14 所示。

2. 直线控制数控机床

直线控制数控机床的特点是机床的运动部件不仅能实现一个坐标位置到另一坐标位置的精确移动和定位，而且能实现平行于坐标轴的直线进给运动或控制两个坐标轴实现斜线的进给运动。直线控制如图 1-1-15 所示。

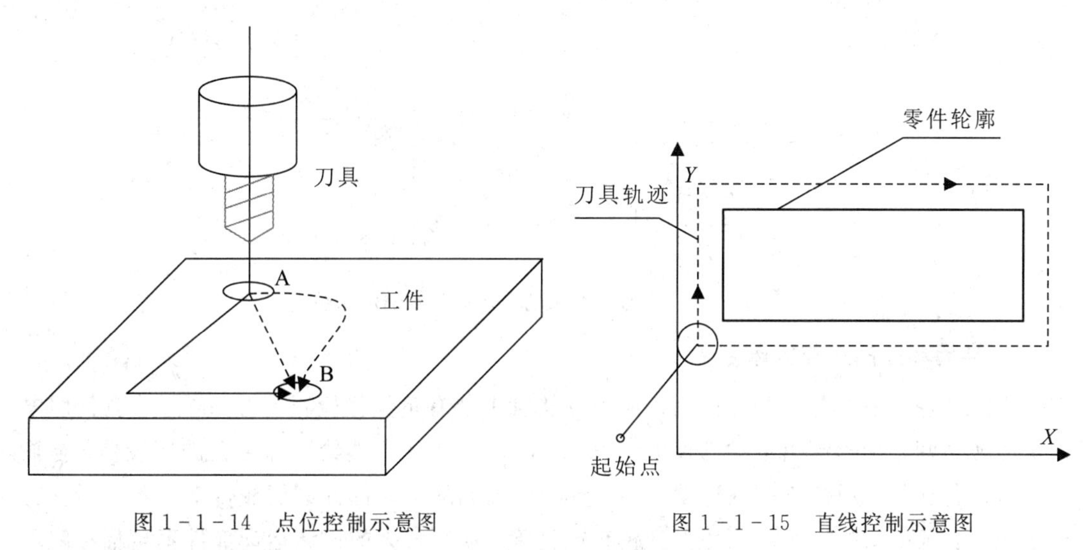

图 1-1-14　点位控制示意图　　图 1-1-15　直线控制示意图

3. 轮廓控制数控机床

轮廓控制数控机床能对两个或两个以上的坐标轴同时进行控制，不仅能控制机床移动部件的起点到终点的坐标值，而且能控制整个加工过程中每一点的速度与位移量。如数控铣床、数控车床、数控磨床和各类数控切割机床，它们取代了原有的仿形加工机床，提高了精度和生产率并极大地缩短了生产准备时间。轮廓控制如图 1-1-16 所示。

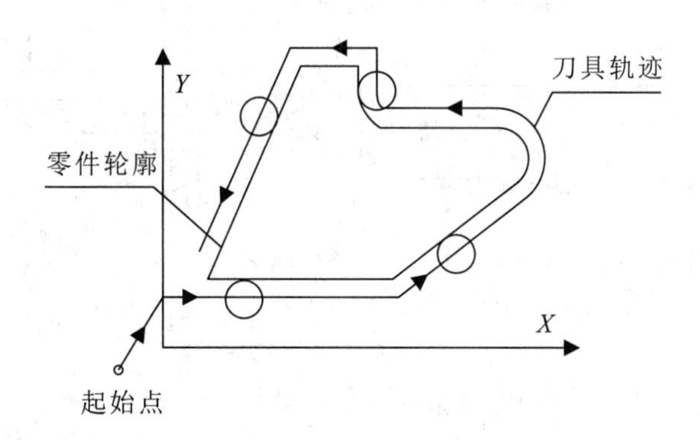

图 1-1-16　轮廓控制示意图

1.3.3　按控制方式分类

数控机床按控制方式可分为以下三类：

1. 开环控制数控机床

开环控制系统的特点是系统只按照数控装置的脉冲指令进行工作，而对执行的结果，即移动部件的实际位移不进行检测和反馈。开环控制的伺服系统主要使用步进电动机。数控装置发出脉冲指令，经驱动电路放大后，驱动步进电动机转动。一个脉冲使步进电动机转动一个角度，通过齿轮丝杆传动使工作台移动一定距离。这种系统结构简单、调试方便、价格低廉、易于维修，但精度不高，目前多用于经济型数控机床上。数控机床的开环控制系统如图 1－1－17 所示。

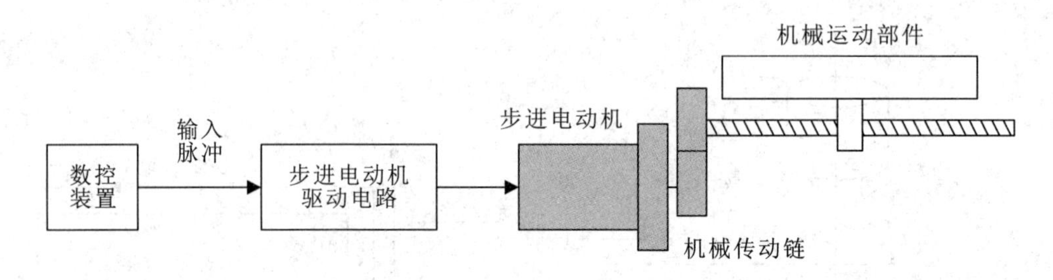

图 1－1－17　数控机床的开环控制系统示意图

2. 半闭环控制数控机床

半闭环控制系统是在开环控制伺服电动机轴上装有角位移检测装置，通过检测伺服电动机的转角间接地检测出运动部件的位移(或角位移)，并反馈给数控装置的比较器，与输入指令进行比较，用差值控制运动部件。半闭环控制的运动部件的机械传动链不包括在闭环之内，机械传动链的误差无法得到校正或消除。惯性较大的机床运动部件不包括在闭环之内，控制系统的调试十分方便，并具有良好的系统稳定性。同时，由于目前广泛采用的滚珠丝杠螺母机构具有良好的精度和精度保持性，且采取了可靠的消除反向运动间隙的结构，因此，在一般情况下，半闭环控制成为首选的控制方式并被广泛采用。

数控机床的半闭环控制系统如图 1－1－18 所示。

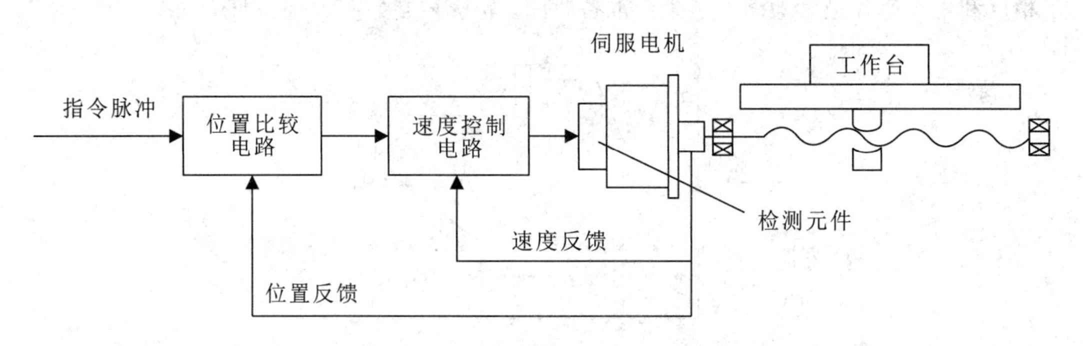

图 1－1－18　数控机床的半闭环控制系统示意图

3. 闭环控制数控机床

闭环控制系统是在机床最终的运动部件的相应位置安装有直线位置检测装置，当数控装置发出位移指令脉冲并经过伺服电动机、机械传动装置驱动运动部件移动时，直线位置检测装置将检测所得位移量反馈给数控装置的比较器，与输入指令进行比较，用差值控制运动部件，使运动部件严格按实际需要的位移量运动。

图 1－1－19 为数控机床的闭环控制系统示意图。

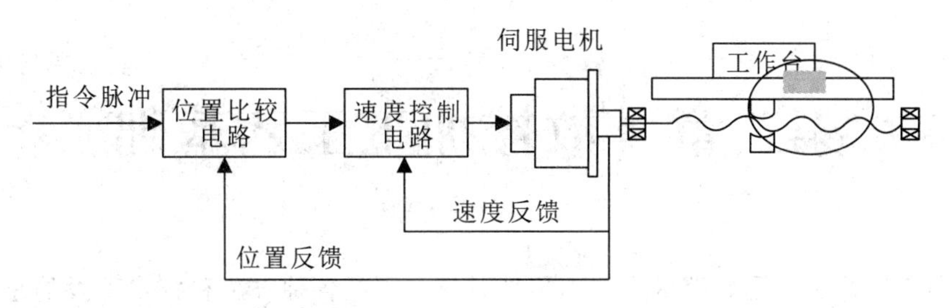

图 1-1-19　数控机床的闭环控制系统示意图

闭环控制系统的特点是加工精度高、移动速度快，但是机械传动装置的刚度、摩擦阻尼特性、反向间隙等非线性因素对系统的稳定性有很大影响，造成闭环控制系统安装调试比较复杂，且直线位移检测装置造价较高，因此闭环控制系统多用于高精度数控机床和大型数控机床。

思考与练习

1. 数控机床与普通机床相比较有何特点？
2. 数控机床由哪几部分组成？各有什么作用？
3. 数控机床按工艺用途划分，有哪些类型？各用于什么场合？
4. 什么是开环控制系统？它的优缺点如何？适用于什么场合？
5. 什么是闭环控制系统？它的优缺点如何？适用于什么场合？

第二章 数控加工工艺基础

数控加工工艺是采用数控机床加工零件时所运用的各种方法和技术手段的总和，数控加工工艺过程是利用切削工具在数控机床上直接改变加工对象的形状、尺寸、表面位置、表面状态，使其成为成品或半成品的过程。

作为一名数控加工技术人员，不但要了解数控机床、数控系统的功能，而且要掌握数控加工过程(如图 1-2-1)及零件加工工艺的相关知识，否则，编制出来的程序就不能正确、合理地加工出需要的零件。

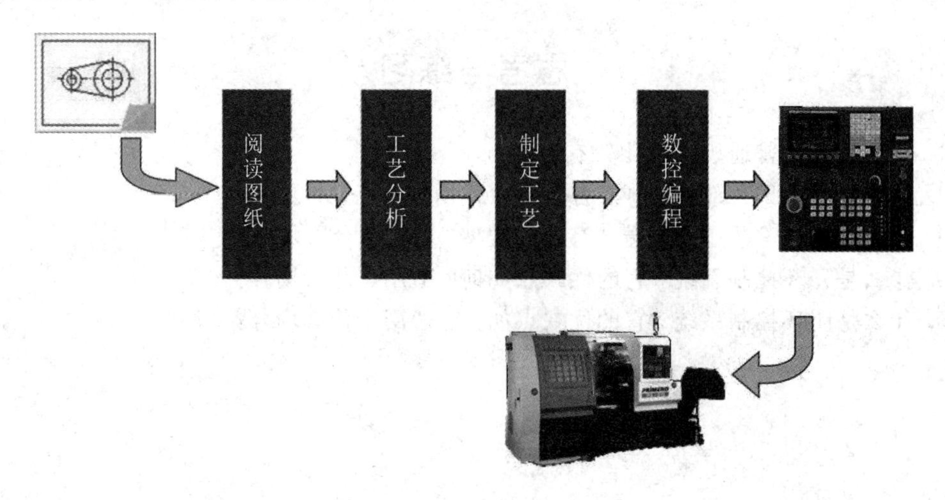

图 1-2-1 数控加工过程示例

数控加工工艺的主要内容如下：

(1) 通过分析零件图选择并确定进行数控加工的内容；

(2) 结合加工表面的特点和数控设备的功能对零件进行数控加工的工艺分析；

(3) 对零件图形进行数学处理及确定编程尺寸的设定值；

(4) 制定数控加工工艺方案，如选择数控机床的类型，工步的划分，对刀点、走刀路线的确定，零件的定位，刀具、夹具、量具的选择和设计及切削用量的确定；

(5) 加工程序的编写、校验与修改；

(6) 首件试加工与现场问题的处理；

(7) 编制数控加工工艺技术文件，如数控加工工序卡、刀具卡、程序说明卡和走刀路线图等并归档。

2.1 生产过程和工艺过程概述

2.1.1 生产过程

制造机械产品时，把原材料转变为产品的全过程，称为生产过程。对于结构比较复杂的机械产品，其生产过程如图 1-2-2 所示。

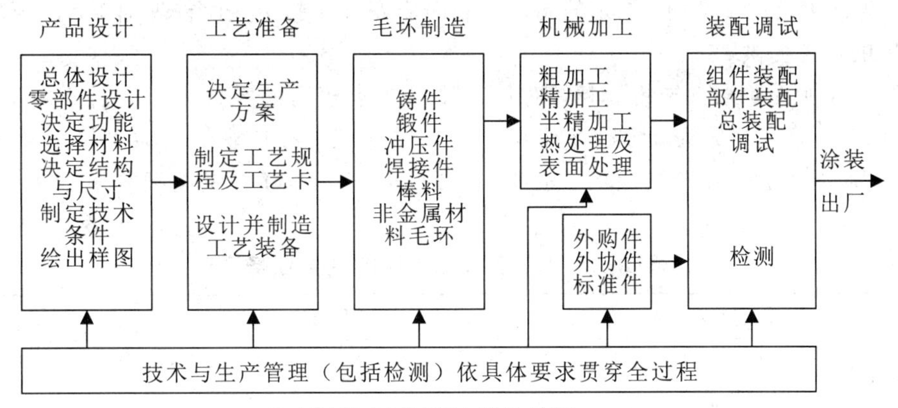

图 1-2-2　机械加工的生产过程示意

2.1.2　工艺过程

改变生产对象的形状、尺寸、相对位置和性质，使其成为成品或半成品的过程，称为工艺过程。工艺过程是生产过程的主体，包括机械加工工艺过程、热处理工艺过程和装配工艺过程等。数控加工工艺的加工过程是在数控机床上完成的，因而数控加工工艺有别于一般的机械加工工艺，但其基本理论主流仍然是机械加工工艺。

在机械加工工艺过程中，针对零件的结构特点和技术要求，采用不同的加工方法和装备，按照一定的顺序依次进行才能完成由毛坯到零件的转变过程。因此，机械加工工艺过程是由一个或若干个顺序排列的工序组成的，而工序又可分为若干个工步、工位和走刀。

1. 工序

一个（或一组）工人，在一个机床（或工作地）上对一个（或同时对几个）工件所连续完成的那一部分工艺过程，称为工序（如图 1-2-3 所示）。划分工序的依据是工作地是否发生变化和工作是否连续。

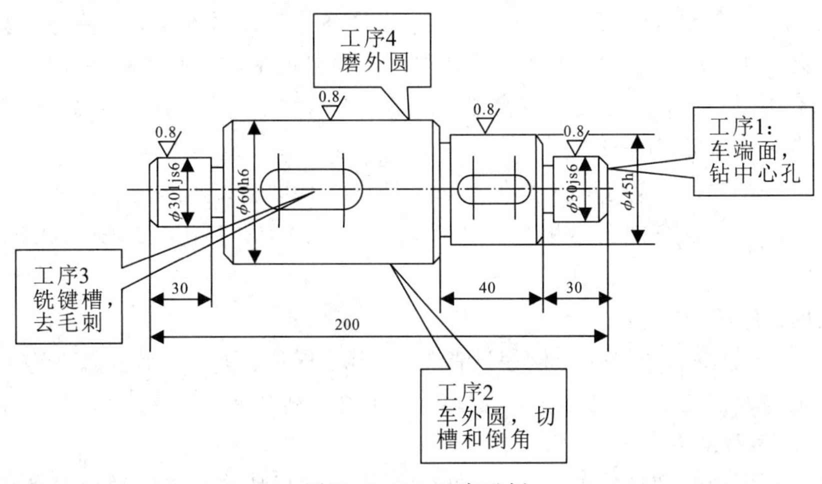

图 1-2-3　工序示例

1）机械加工工序的安排原则

（1）先加工定位基准面。选定的精基准表面应安排在起始工序首先加工，以便尽早为后续工序的加工提供基准。

（2）划分加工阶段，先粗后精。对加工质量要求较高的零件，都应划分加工阶段。一般加工工艺通常划分为粗加工、半精加工和精加工三个阶段。当加工精度及表面质量要求特别高时还应有光整加工、超精加工阶段。各加工阶段的主要任务如表1-2-1所示。

表1-2-1 各加工阶段的主要任务

加工阶段	主要任务
粗加工阶段	尽快地切除各表面的大部分余量；主要考虑生产率，但所能达到的精度和表面质量均较低
半精加工阶段	为主要表面的精加工做准备，并完成次要表面的终加工(钻孔、攻丝、铣键槽等)
精加工阶段	保证各主要表面达到图纸规定的技术要求，保证加工质量
光整加工阶段	从工件上切除极薄金属层或不切除金属，以获得很高的表面质量(很低的表面粗糙度值或强化表面)
超精加工阶段	按超稳定、超微量切除的原则，实现加工尺寸误差及形状误差在0.1 μm以下

（3）先面后孔。底座、箱体、支架及连杆类零件应先加工平面后加工孔，因平面平整、安放和定位较稳定可靠。先加工平面，再以平面作精基准加工孔，这样可以保证平面与孔的位置精度。

（4）先加工主要表面，再将次要表面的加工工序插入。例如螺孔、键、连接孔等次要表面，加工量都较少，加工比较方便，而且与主要表面有一定的相互位置要求。若把次要表面的加工穿插在各加工阶段之间进行，就能保证要求。

2）热处理工序的安排

热处理的目的是为了提高材料的力学性能，改善切削性能，消除零件残余应力。在制定工艺规程时，热处理工序应合理安排。

（1）预处理工序的安排。

预处理的目的是改善金属材料切削性能，为最终热处理做准备，消除零件残余应力，如退火、正火、时效处理等。预处理一般应放在零件粗加工前进行。调质处理是对中碳钢零件提高综合力学性能，通常安排在粗加工之后，半精加工之前。

（2）最终热处理工序的安排。

最终热处理的目的是为了提高零件表面的硬度与耐磨性，如淬火、表面淬火、渗碳淬火等，这些热处理一般安排在半精加工之后，精加工之前；氮化处理安排在粗磨与精磨之间。

（3）辅助工序的安排。

辅助工序包括检验、去毛刺、倒棱、清洗、防锈、探伤、平衡、水密试验等。辅助工序对保证产品质量及后续工序、装配都是必需的，务必不能遗漏。

3）工序集中与工序分散

工序集中与工序分散是拟定工艺过程时确定工序数目的两种不同的原则。工序集中就是将工件的加工集中在少数几道工序内完成，每道工序的加工内容较多；工序分散就是将工件的加工分散在较多的工序内进行，每道工序的加工内容很少，最少时仅有一个简单的工步。有关以上两种原则的特点及适用场合如表1-2-2所示。

表1-2-2　工序集中和工序分散原则的特点及适用场合

原则	特　点	适用场合
工序集中	按工序集中原则组织工艺过程，就是使每个工序所包括的加工内容尽量多些，将许多工序组成一个集中工序。 最大限度的工序集中就是在一个工序内完成工件所有表面的加工	采用数控机床、加工中心按工序集中原则组织工艺过程，生产适应性反而好，转产相对容易，虽然设备的一次性投资较高，但由于这种工艺过程具有足够的柔性，仍然受到愈来愈多的重视
工序分散	按工序分散原则组织工艺过程，就是使每个工序所包括的加工内容尽量少些。 最大限度的工序分散就是每个工序只包括一个简单的工步	传统的流水线、自动线生产基本是按工序分散原则组织工艺过程的，这种组织方式可以实现高生产率生产，但对产品改型的适应性较差，转产比较困难

工序集中与工序分散的选取，应根据生产规模、零件结构特征、技术要求、机床设备等条件综合考虑，一般大批大量生产的工厂倾向于采用工序集中原则。工序集中可以广泛采用多刀机床和高效机床。由于工序集中的优点较多，现代生产的发展趋向工序集中，但对形状复杂的零件，如连杆、活塞等，不便集中工序，则可采用分散工序。分散工序便于应用于结构简单的专用设备及工装，以保证加工质量，并可利用流水线生产。

对于如图1-2-4所示的阶梯轴零件，单件小批生产和大批大量生产时，按常规加工方法划分的工序分别见表1-2-3和表1-2-4。

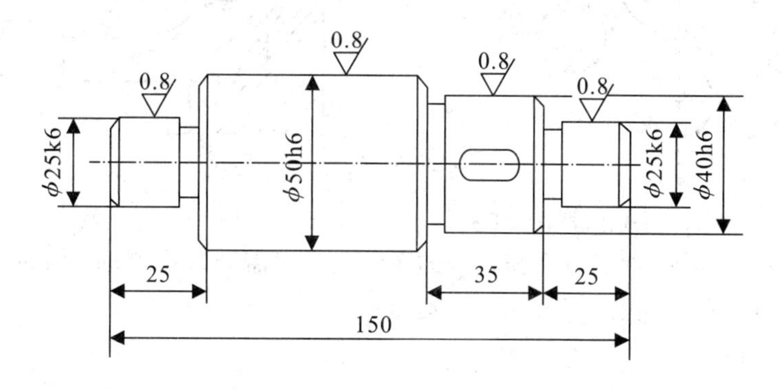

图1-2-4　阶梯轴零件图样示例

表1-2-3　单件小批生产工艺过程

工序号	工序内容	设备
1	车端面、钻两端中心孔、车外圆、车槽和倒角	车床
2	铣键槽、去毛刺	铣床
3	磨外圆	磨床

表 1-2-4 大批大量生产工艺过程

工序号	工 序 内 容	设 备
1	两端同时铣端面、钻中心孔	专用机床
2	车外圆、车槽和倒角	车床
3	铣键槽	铣床
4	去毛刺	钳工台
5	磨外圆	磨床

注：数控加工的工序划分比较灵活，不受上述定义限制。

2. 工步

在加工表面(或装配时连接面)和加工(或装配)工具不变、切削用量中的进给量和切削速度不变的情况下，所连续完成的那一部分工艺过程，称为工步。划分工步的依据是加工表面、工具和切削用量中的进给量和切削速度是否变化。

为简化工艺文件，对在一次安装中连续进行若干个相同的工步的，常认为是一个工步。如图 1-2-5 所示，零件钻削 6 个 $\phi20$ 孔的工艺过程可看成一个工步，如图 1-2-6 所示。为了提高生产效率，用几把刀具同时加工几个表面的工步称为复合工步，如图 1-2-6 所示。在数控加工中，通常将一次安装下用一把刀连续切削零件上的多个表面划分为一个工步。

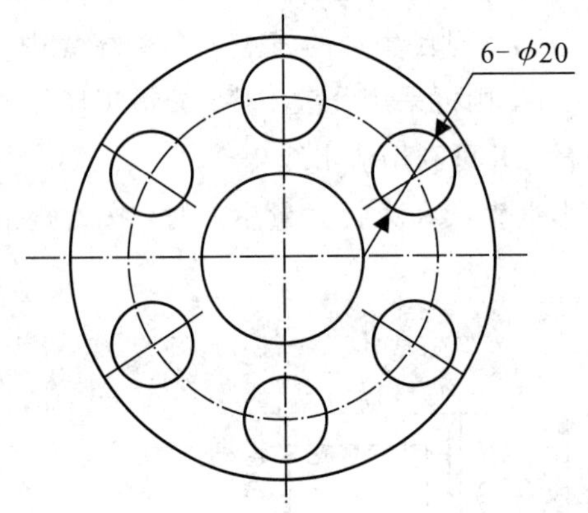

图 1-2-5 加工 6 个相同表面的工步

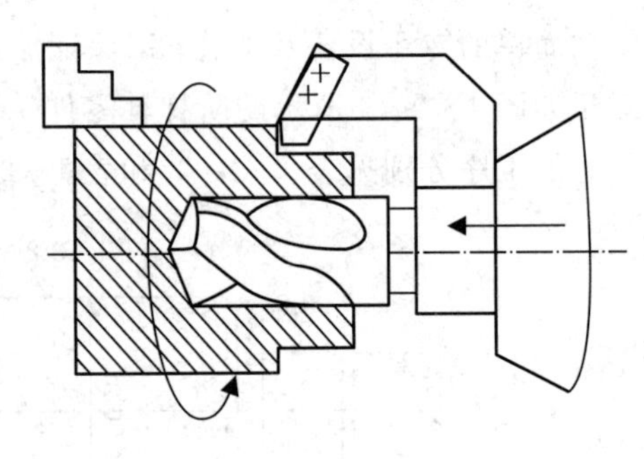
图 1-2-6 复合工步

在一个工步内，若被加工表面需切除的余量较大，需分几次切削，每进行一次切削就称一次走刀。一个工步可包括一次或几次走刀。

3. 装夹和工位

工件在加工前，将工件在机床或夹具中定位、夹紧的过程称为装夹。在一道工序中，工件可能只需装夹一次，也可能需要装夹几次。例如表 1-2-4 中的工序 3，只需一次装夹即可铣出键槽。

为了减少工件的装夹次数，常采用回转工作台(或夹具)、移动工作台(或夹具)，使工件在一次装夹中先后处于几个不同的位置进行加工，此时每个位置就称为一个工位，如图 1-2-7 所示。

用移动工作台(或夹具)，在一次装夹中可完成铣端面、钻中心孔两个工位的加工。采用多工位加工方法，可减少装夹次数，提高加工精度和效率，如图 1-2-8 所示。

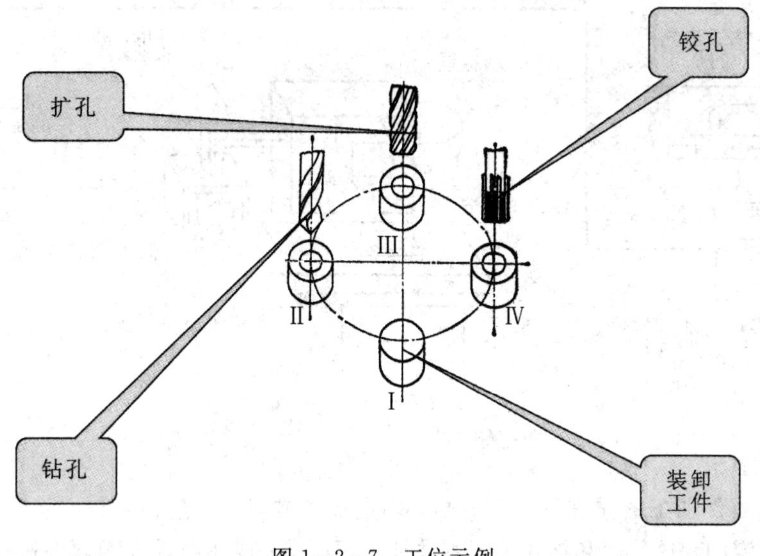

图 1-2-7　工位示例

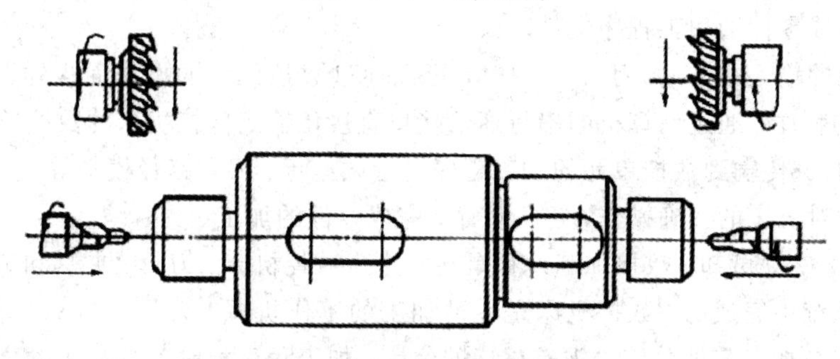

图 1-2-8　多工位加工示例

工序与安装、工位、工步及走刀间的关系如图 1-2-9 所示。

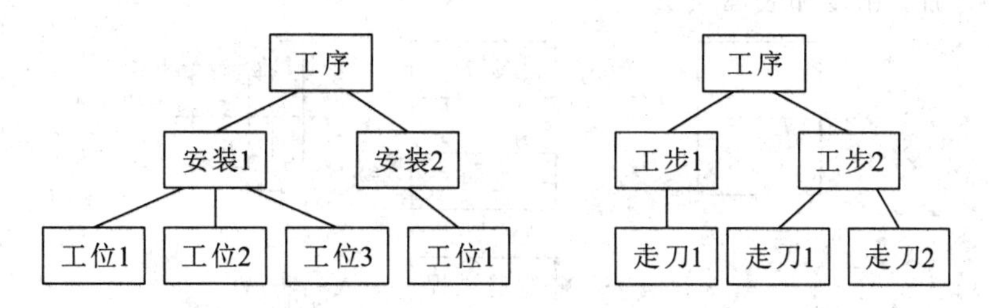

图 1-2-9　工序与安装、工位、工步、走刀间的关系

2.2　数控加工工艺系统简介

数控加工工艺是以数控机床加工中的工艺问题为研究对象的一门综合基础技术课程，它以机械制造中的工艺基本理论为基础，结合数控机床高精度、高效率和高柔性等特点，综合应用多方面的知识，解决数控加工中的工艺问题。数控机床加工零件与普通机床加工零件的过程有相同之处，也有不同之处。利用数控机床完成零件数控加工的过程如图 1-1-10 所示，主要内容如下。

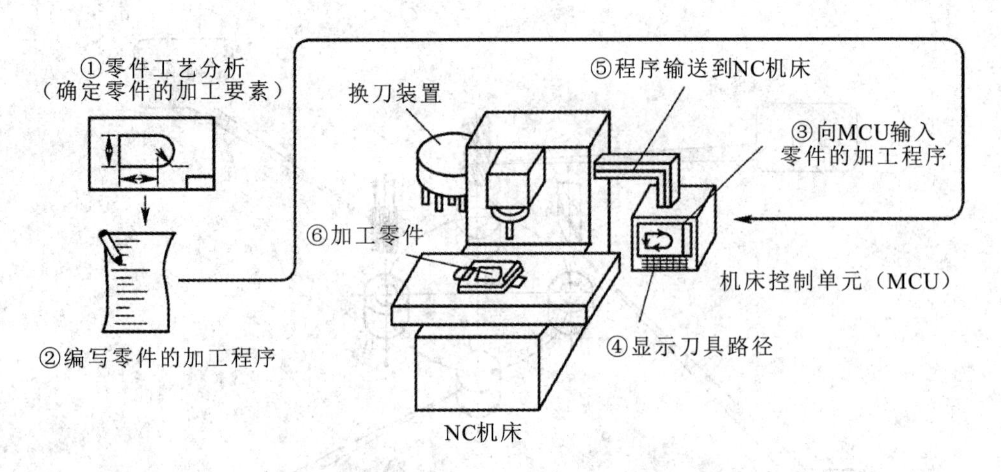

图 1-2-10 数控加工过程示意

(1) 根据零件加工图样进行工艺分析，确定加工方案、工艺参数和位移数据。

(2) 用规定的程序代码和格式编写零件加工程序单；或用自动编程软件进行 CAD/CAM 工作，直接生成零件的加工程序文件。

(3) 程序的输入或传输。手工编程时，可以通过数控机床的操作面板输入程序；由编程软件生成的程序，通过计算机的串行通信接口直接传输到数控机床的数控单元(MCU)。

(4) 将输入/传输到数控单元的加工程序进行试运行、刀具路径模拟等。

(5) 通过对机床的正确操作，运行程序，完成零件的加工。

由图 1-2-10 可知，数控加工过程是在一个由数控机床、刀具、夹具和工件构成的数控加工工艺系统中完成的。数控机床是零件加工的工作机械，刀具直接对零件进行切削，夹具用来固定被加工零件并使之占有正确的位置，加工程序控制刀具与工件之间的相对运动轨迹。图 1-2-11 所示为数控加工工艺系统的构成及相互关系。工艺系统性能的好坏直接影响零件的加工精度和表面质量。

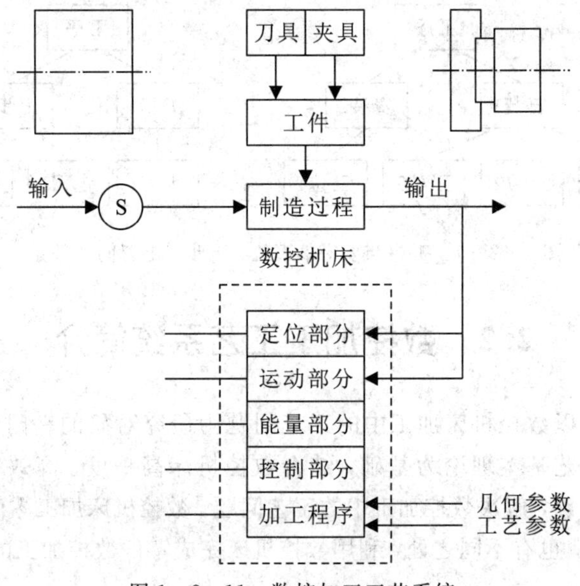

图 1-2-11 数控加工工艺系统

2.3　影响数控加工产品质量的工艺因素

2.3.1　加工精度和表面质量的基本概念

零件的加工质量主要包括加工精度和表面质量两个方面。

1. 加工精度

加工精度是指零件加工后的实际几何参数与理想几何参数的符合程度，两者之间的偏离程度(偏差)称为加工误差。加工误差越大则加工精度越低，反之，则越高。生产中加工精度的高低是用加工误差的大小来表示的，加工精度包括以下三个方面。

(1) 几何形状精度。几何形状精度限制加工表面的宏观几何形状误差，如圆度、圆柱度、直线度和平面度等。

(2) 尺寸精度。尺寸精度限制加工表面与其基准间尺寸误差不超过一定的范围。

(3) 相互位置精度。相互位置精度限制加工表面与其基准间的相互位置误差，如平行度、垂直度和同轴度等。

2. 表面质量

表面质量是指零件加工后的表层状态，它是衡量机械加工质量的一个重要方面。表面质量包括以下几个方面。

(1) 表面粗糙度：零件表面微观几何形状误差。它是衡量表面质量的重要指标。

(2) 表面波纹度：零件表面周期性的几何形状误差。

(3) 表面冷作硬化：表层金属因在加工中产生强烈的塑性变形而引起的强度和硬度提高的现象。

(4) 表面残余应力：工件表层及其与基体材料的交界处产生相互平衡的弹性应力。

(5) 表层金相组织变化：表层金属因切削热而引起的金相组织变化(通常称为烧伤)。

2.3.2　影响加工精度的工艺因素及改善措施

1. 产生加工误差的原因

从工艺因素的角度考虑，产生加工误差的原因可分为下述几种。

1) 加工原理误差(理论误差)

加工原理误差是采用近似的加工运动、近似的刀具轮廓和近似的加工方法所产生的原始误差。例如常用的齿轮滚刀就有两种原理误差：一是近似造型原理误差，即由于制造上的困难造成的，如采用阿基米德蜗杆代替渐开线基本蜗杆；二是由于滚刀必须是具有有限的前后刀面和切削刃才能滚切齿轮，而不是连续的蜗杆，所以滚切的齿轮齿形实际上是一根折线，和理论上光滑的渐开线是有差异的，因此，齿轮滚刀是一种近似的加工方法。

2) 工艺系统的几何误差

由于工艺系统中各组成环节的实际几何参数和位置相对于理想几何参数和位置发生偏离而引起的误差，统称为几何误差，主要包括机床、刀具、夹具的制造和磨损，系统调整误差，工件定位误差和夹具、刀具安装误差等。

3）工艺系统力效应产生变形引起的误差

工艺系统在切削力、夹紧力、重力和惯性力等作用下会产生变形，从而破坏工艺系统各组成部分的相互位置关系，产生加工误差并影响加工过程的稳定性。同时工件经过冷热加工后也会产生一定的内应力，通常情况下，内应力处于平衡状态，但对具有内应力的工件进行加工时，工件原有的内应力平衡状态被破坏，从而使工件产生变形。

4）工艺系统受热变形引起的误差

在加工过程中，由于受切削热、摩擦热以及工作场地周围热源的影响，温度会产生变化，工艺系统就会发生变形，导致系统中各组成部分的正确相对位置发生改变，使工件与刀具之间产生相对位置和相对运动的误差。

5）测量误差

在工序调整及加工过程中测量工件时，由于测量方法、量具精度以及工件和环境温度等因素对测量结果准确性的影响而产生的误差，统称为测量误差。

2. 减少加工误差的措施

1）减少工艺系统受力变形的措施

（1）提高接触刚度。常用的方法是改善工艺系统主要零件接触面的配合质量，如机床导轨副的刮研等。

（2）设辅助支承，提高局部刚度，减少受力变形。如细长轴加工时采用跟刀架，提高切削时的刚度。

（3）合理装夹工件减少夹紧变形。

（4）采用补偿或转移变形的方法。

2）减少和消除内应力的措施

（1）改善零件结构，设计时尽量简化零件结构、提高零件刚度、使壁厚均匀等。

（2）合理安排工艺过程，如粗、精加工分开，使粗加工后有充足的时间让内应力重新分布，减少对精加工的影响。

（3）增加消除残余应力的专门工序。

3）减少工艺系统受热变形的措施

（1）机床结构设计采用对称式结构。

（2）采用主动控制方式均衡关键件的温度。

（3）采用切削液进行冷却。

（4）加工前先让机床空转一段时间，使之达到热平衡状态后再加工。

（5）改变刀具及切削参数。

（6）大型或长工件在夹紧状态下应使其末端能自由伸缩。

2.3.3 影响表面粗糙度的工艺因素及改善措施

零件在切削加工过程中，由于刀具几何形状和进给量的影响、切削运动引起的残留面积、刀刃上积屑瘤划出的沟纹、工件与刀具之间的振动以及刀具后刀面磨损造成擦痕等原因，使零件表面产生了粗糙度。影响表面粗糙度的工艺因素可归纳为工件材料、切削用量、刀具材料和几何参数、切削液四个方面。

1. 工件材料

塑性材料的韧性越大，加工后表面粗糙度也越大，对于同种材料，在相同的切削条件下，其晶粒组织越粗大则加工表面粗糙度也越大。因此，为了减小加工表面粗糙度，常在切削加工前对材料进行调质或正火处理，以获得均匀细密的晶粒组织和较大的硬度。

2. 切削用量

切削速度对表面粗糙度的影响也很大。在中速切削塑性材料时，由于容易产生积屑瘤且塑性变形较大，因此加工后零件表面粗糙度较大。通常精加工时，采用低速或高速切削塑性材料，特别是高速切削塑性材料可有效地避免积屑瘤的产生，这对减小表面粗糙度有积极作用。

如图 1-2-12 所示，ABE 所包围的面积称为残留面积 ΔA_D，残留面积的高度(最大轮廓高度)H，直接影响已加工表面的粗糙度，其计算公式为：

$$H=\frac{f}{\cot\kappa_r+\cot\kappa_r'}$$

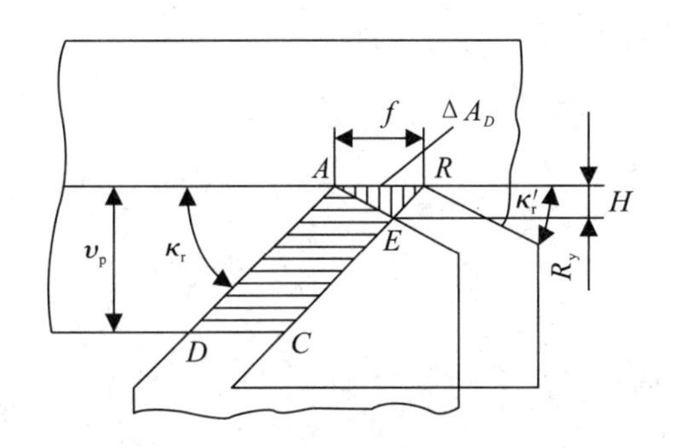

图 1-2-12　残留面积及其高度

若刀尖呈圆弧形，则残留面积高度 H 与刀尖圆弧半径 r 有关。进给量会显著影响加工后切削层残留面积高度，从而对零件表面粗糙度也有明显影响。进给量越大，残留面积高度越高，零件表面粗糙度越大。因此，减小进给量可有效地减小表面粗糙度。

3. 刀具的材料和几何参数

刀具材料与被加工材料金属分子的亲和力大时，切削过程中易产生积屑瘤。

刀具几何参数方面，主偏角 κ_r、副偏角 κ_r'及刀尖圆弧半径 r 对零件表面粗糙度有直接影响。在进给量一定的情况下，减小主偏角 κ_r 和副偏角 κ_r'，或增大刀尖圆弧半径 r，可减小表面粗糙度。另外，适当增大前角和后角，减小切削变形和前后刀面间的摩擦，抑制积屑瘤的产生，也可减小表面粗糙度。

4. 切削液

切削液的冷却作用会降低切削温度，切削液的润滑作用能减少刀具和被加工表面之间的摩擦，使切削层金属表面的塑性变形程度下降并抑制鳞刺和积屑瘤的生长，对降低表面粗糙度有显著的作用。

思考与练习

1. 何谓生产过程、工艺过程？

2. 什么是工序、装夹、工位、工步？

3. 简述工序集中与工序分散的特点。

4. 利用数控机床完成零件数控加工过程的主要内容有哪些？

5. 影响数控产品质量的工艺因素有哪些？如何改善？

6. 表面质量对零件的使用性能有哪些影响？影响表面质量的因素有哪些？提高表面质量有哪些具体措施？

第三章 数控加工常用刀具简介

先进的刀具不但是推动制造技术发展进步的重要动力，还是提高产品质量、降低加工成本的重要手段。刀具与机床一直是相互制约又相互促进的。数控机床已经成为现代制造业的主要装备，它与同步发展起来的先进刀具一起共同推动了加工技术的进步，使制造技术进入了数控加工的新时代。

3.1 数控车刀的常见类型与选用

3.1.1 常用的数控刀具材料

刀具材料是指刀具切削部分的材料。金属切削时，刀具切削部分直接和工件及切屑相接触，承受着很大的切削压力和冲击，并受到工件和切屑的剧烈摩擦，产生了很高的切削温度。也就是说，刀具切削部分是在高温、高压及剧烈摩擦的恶劣条件下工作的。刀具寿命的长短和切削效率的高低，首先取决于切削部分的材料是否具备优良的切削性能，因此刀具切削部分的材料应具备如下要求(见表 1-3-1)。

表 1-3-1 刀具切削部分的材料要求

序号	指标要求	具体阐述
1	高硬度	刀具材料的硬度必须高于被加工工件材料的硬度，否则在高温条件下，就不能保持刀具锋利的几何形状，这是刀具材料应具备的基本特征。 目前，切削性能最差的刀具材料——碳素工具钢，其硬度在室温条件下也应在 62 HRC 以上；高速钢的硬度为 63～70 HRC；硬质合金的硬度为 89～93 HRA
2	足够的抗弯强度和冲击韧性	刀具切削部分的材料在切削时要承受很大的切削力和冲击力。例如，车削 45 号钢时，当 $a_p=4$ mm，$f=0.5$ mm/r 时，刀片要承受约 4000 N 的切削力。 刀具材料必须要有足够的强度和韧性。一般用抗弯强度(单位为 Pa)表示刀具材料的强度大小，用冲击韧度(单位为 J/m^2)表示其韧性的大小，它反映刀具材料抵抗脆性断裂和崩刃的能力
3	高耐磨性	刀具材料的耐磨性是指抵抗磨损的能力。一般来说，刀具材料硬度越高，耐磨性也越好。此外，刀具材料的耐磨性还和金相组织中化学成分及硬质点的性质、数量、颗粒大小和分布状况有关。金相组织中碳化物越多、颗粒越细、分布越均匀，其耐磨性就越高
4	高耐热性	刀具材料的耐磨性和耐热性有着密切的关系。通常用它在高温下保持较高的硬度的性能即高温硬度来衡量，或叫红硬性。高温硬度越高，表示耐热性越好，刀具材料在高温时抗塑性变形的能力、抗磨损的能力也越强。耐热性差的刀具材料，由于高温下硬度显著下降而导致快速磨损乃至发生塑性变形，丧失其切削能力

续表

序号	指标要求	具体阐述
5	良好的导热性	刀具材料的导热性用热导率[单位为 W/(m·k)]来表示。热导率大，表示导热性好，切削时产生的热容量容易传导出去，从而降低切削部分的温度，减轻刀具磨损。此外，导热性好的刀具材料进行断续切削特别是在加工导热性能差的工件时尤为重要
6	良好的工艺性和经济性	为了便于制造，要求刀具材料有较好的可加工性，包括锻压、焊接、切削加工、热处理、可磨性等。经济性是评价和推广应用新型刀具材料的重要指标之一。刀具材料的选用应结合本国资源，以降低成本
7	抗黏结性	防止工件与刀具材料分子间在高温高压作用下互相吸附产生黏结
8	化学稳定性	指刀具材料在高温下，不易与周围介质发生化学反应的性能

数控机床刀具从制造所采用的材料上可以分为：高速钢刀具、硬质合金刀具、特殊材料(金属陶瓷、金刚石、立方氮化硼)刀具等，如图 1-3-1 所示。目前用得最普遍的刀具材料有高速钢和硬质合金两大类，如表 1-3-2 所示。

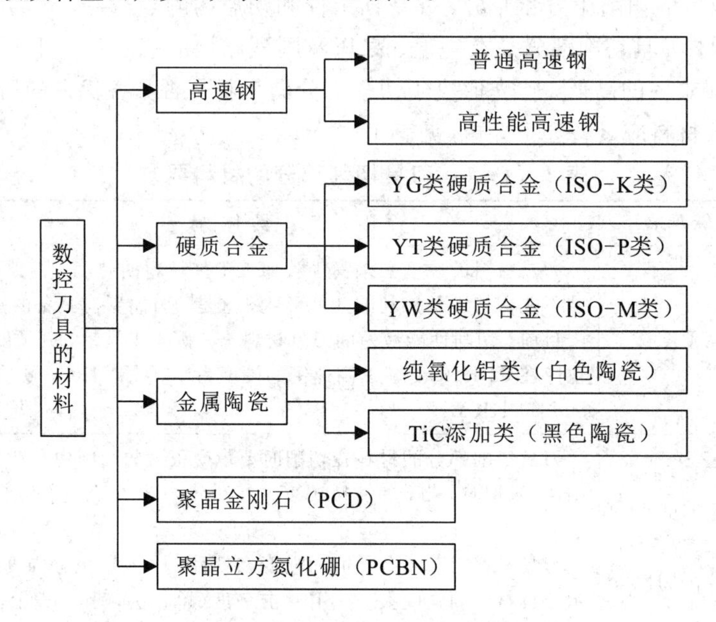

图 1-3-1 数控刀具的材料

表 1-3-2 常用刀具材料

材料名称	牌号	性能	用途
高速钢	W18Cr4V	有较好的综合性能和可磨削性能	制造各种复杂刀具和精加工刀具，应用广泛
	W6Mo5Cr4V	有较好的综合性能，热塑性较好	用于制造热轧刀具

续表

<table>
<tr><th>材料名称</th><th>牌号</th><th>性　能</th><th>用　　途</th></tr>
<tr><td rowspan="6">硬质合金</td><td>YG3</td><td rowspan="3">抗弯强度和韧性较好，适用于加工铸铁、有色金属等脆性材料或冲击力较大的场合</td><td>用于精加工</td></tr>
<tr><td>YG6</td><td>介于粗、精加工之间</td></tr>
<tr><td>YG8</td><td>用于粗加工</td></tr>
<tr><td>YT5</td><td rowspan="3">耐磨性和抗黏附性较好，能承受较高的切削温度，适用于加工钢或其他韧性较大的塑性金属</td><td>用于粗加工</td></tr>
<tr><td>YT15</td><td>介于粗、精加工之间</td></tr>
<tr><td>YT30</td><td>用于精加工</td></tr>
</table>

3.1.2　数控刀具材料的选用原则

1. 按工件材料选用原则

正确选择刀具材料、牌号，需要全面掌握金属切削的基本知识和规律，其中最主要的是了解刀具材料的切削性能和工件材料的切削加工性能及加工条件，紧紧抓住切削中的主要矛盾，同时兼顾经济合理来决定取舍。对于不同的工件材料，选用刀具一般应遵循以下原则：

（1）加工普通材料工件时，一般选用普通高速钢和硬质合金。

（2）对于难加工材料可选用高性能和新型刀具材料牌号。

（3）只有在加工高硬材料或精密加工中常规刀具材料不能满足加工精度要求时，才考虑用立方氮化硼(CBN)和金刚石(PCD)刀片。

2. 综合考虑选用原则

任何刀具材料在强度、韧性和硬度、耐磨性之间总是难以完全兼顾的，综合考虑选用刀具应遵循以下原则：

（1）一般情况下，低速切削时，切削过程不平稳，容易产生崩刃现象，宜选用强度和韧性较好的刀具材料牌号；

（2）高速切削时，切削温度对刀具材料的磨损影响大，应选择耐磨性好的刀具材料牌号。

（3）在选择刀具材料牌号时，可根据工件材料切削加工性和加工条件，通常先考虑耐磨性，崩刃问题尽可能用刀具合理几何参数解决。如果因刀具材料脆性太大造成崩刃，才考虑降低耐磨性要求，选用强度和韧性较好的牌号。

3.1.3　常用数控车刀种类及其选择

数控车削常用车刀一般分尖形车刀、圆弧形车刀和成型车刀三类。

1. 尖形车刀

尖形车刀是以直线形切削刃为特征的车刀，这类车刀的刀尖(同时也为其刀位点)由直线形的主、副切削刃构成，如90°内外圆车刀、左右端面车刀、切断(车槽)车刀以及刀尖倒棱很小的各种外圆和内孔车刀。

用这类车刀加工零件时，其零件的轮廓形状主要由一个独立的刀尖或一条直线形主切削刃位移后得到，它与另两类车刀加工时所得到的零件轮廓形状的原理是截然不同的。

尖形车刀几何参数(主要是几何角度)的选择方法与普通车削时基本相同，但应根据数控加工的特点(如加工路线、加工干涉等)进行全面的考虑，并应兼顾刀尖本身的强度。

2. 圆弧形车刀

圆弧形车刀是以一圆度误差或线轮廓误差很小的圆弧形切削刃为特征的车刀，如图1-3-2所示。

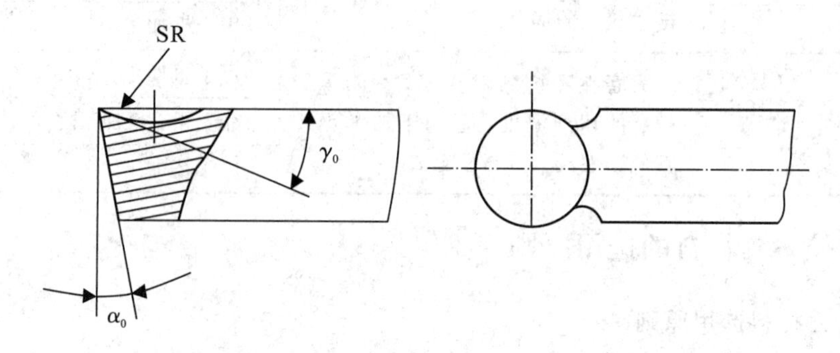

图1-3-2 圆弧形车刀

该车刀圆弧刃上每一点都是圆弧形车刀的刀尖，因此，刀位点不在圆弧上，而在该圆弧的圆心上。

当某些尖形车刀或成型车刀(如螺纹车刀)的刀尖具有一定的圆弧形状时，也可作为这类车刀使用。

圆弧形车刀可用于车削内外表面，特别适合于车削各种光滑连接(凹形)的成形面。

选择车刀圆弧半径时应考虑两点：一是车刀切削刃的圆弧半径应小于或等于零件凹形轮廓上的最小曲率半径，以免发生加工干涉；二是该半径不宜选择太小，否则不但制造困难，还会因刀具强度太弱或刀体散热能力差而导致车刀损坏。

3. 成型车刀

成型车刀俗称样板车刀，其加工零件的轮廓形状完全由车刀刀刃的形状和尺寸决定。数控车削加工中，常见的成型车刀有小半径圆弧车刀、非矩形槽车刀和螺纹车刀等。在数控加工中，应尽量少用或不用成型车刀，当确有必要选用时，则应在工艺准备文件或加工程序单上进行详细说明。

图1-3-3给出了常用车刀的种类、形状和用途。

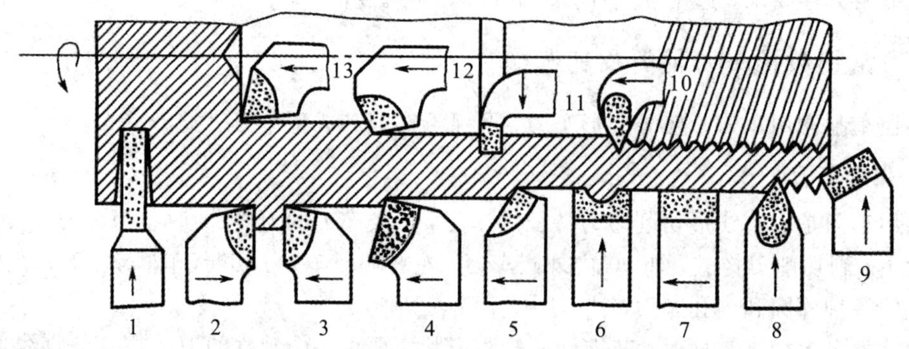

1—切断刀；2—90°左偏刀；3—90°右偏刀；4—弯头车刀；5—直头车刀；6—成型车刀；7—宽刃精车刀；8—外螺纹车刀；9—端面车刀；10—内螺纹车刀；11—内槽车刀；12—通孔车刀；13—盲孔车刀

图1-3-3 常用车刀的种类、形状和用途

3.2　数控车刀的安装与修磨技术

3.2.1　车刀的安装

装刀是数控机床加工中极其重要并十分棘手的一项基本工作。在实际切削中，车刀安装的高低及车刀刀杆轴线是否垂直对车刀角度有很大影响。以车削外圆(或横车)为例，当车刀刀尖高于工件轴线时，因其车削平面与基面的位置发生变化，使前角增大，后角减小；反之，则前角减小，后角增大。车刀安装的歪斜，对主偏角、副偏角的影响较大，特别是在车螺纹时，会使牙形半角产生误差。因此，正确地安装车刀，是保证加工质量、减小刀具磨损、提高刀具使用寿命的重要步骤。

车刀的安装角度如图 1-3-4 所示，图 1-3-4(a)所示为“－”的倾斜角度，可增大刀具切削力；图 1-3-4(b)所示为“＋”的倾斜角度，可减小刀具切削力。

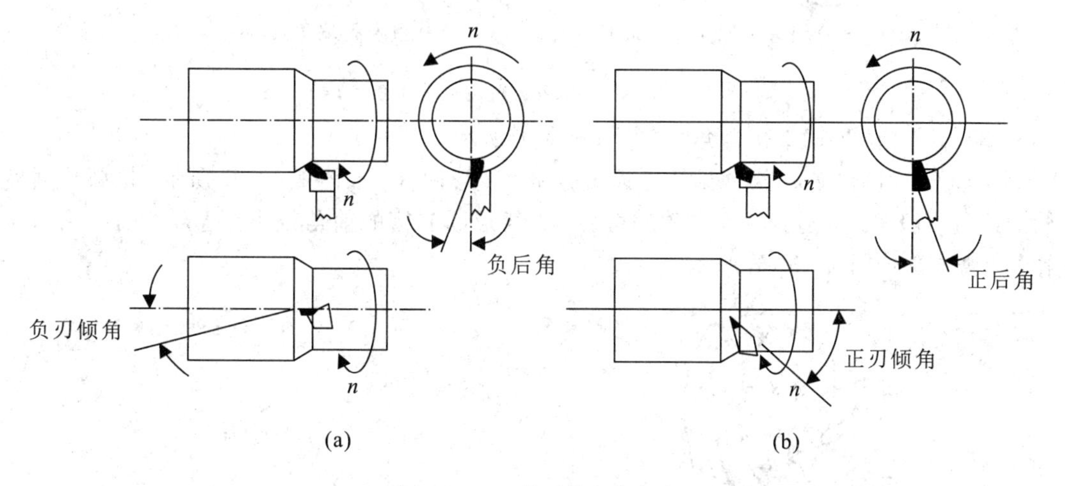

图 1-3-4　车刀的安装角度

3.2.2　车刀的修磨

车削加工是在工件的旋转运动和刀具的进给运动共同作用下完成切削工作的。因此车刀角度的选择是否合理，车刀刃磨的角度是否正确，都会直接影响工件的加工质量和切削效率。

1. 砂轮的选用

目前常用的砂轮有氧化铝砂轮和碳化硅砂轮两类，刃磨时必须根据刀具材料来选定。

(1) 氧化铝砂轮。氧化铝砂轮多呈白色，其砂粒韧度好，比较锋利，但硬度稍低。适于刃磨高速钢车刀和碳素工具钢车刀。氧化铝砂轮也称刚玉砂轮。

(2) 碳化硅砂轮。碳化硅砂轮多呈绿色，其砂粒硬度高，切削性能好，但较脆，适于刃磨硬质合金车刀。

砂轮的粗细以粒度表示，一般分为 36#、60#、80# 和 120# 等级别。粒度愈大则表示组成砂轮的磨料愈细，反之则愈粗。粗磨车刀时应选择粗砂轮，精磨车刀时应选择细砂轮。

2. 车刀修磨的方法和步骤

1）车刀修磨的一般步骤与方法

(1) 粗磨主后面，同时磨出主偏角及主后角，如图 1-3-5(a)所示。

(2) 粗磨副后面，同时磨出副偏角及副后角，如图 1-3-5(b)所示。

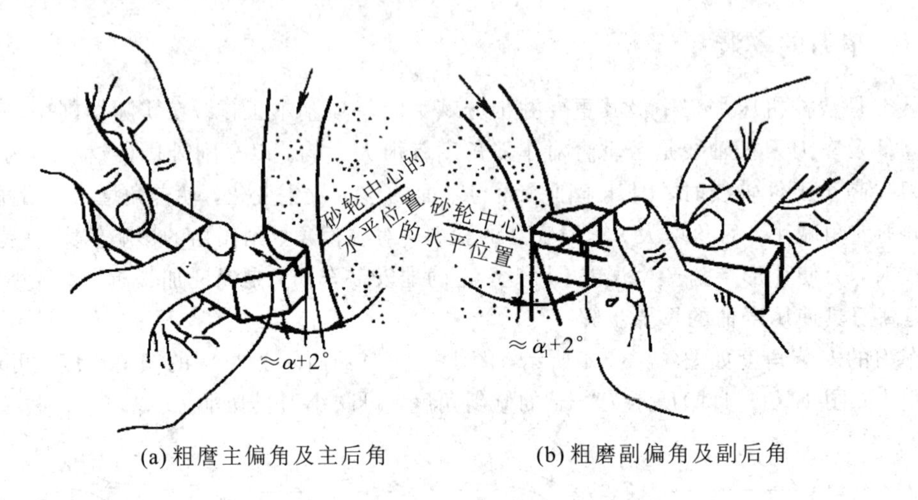

(a) 粗磨主偏角及主后角　　(b) 粗磨副偏角及副后角

图 1-3-5　粗磨后角、副后角

(3) 磨前面，同时磨出前角，如图 1-3-6 所示。

(4) 磨断屑槽。断屑槽常见的有圆弧形和直线形两种，如图 1-3-7 所示。圆弧形断屑槽的前角一般较大，适合切削较软的材料；直线形断屑槽的前角较小，适合切削较硬的材料，刃磨方法如图 1-3-8 所示。

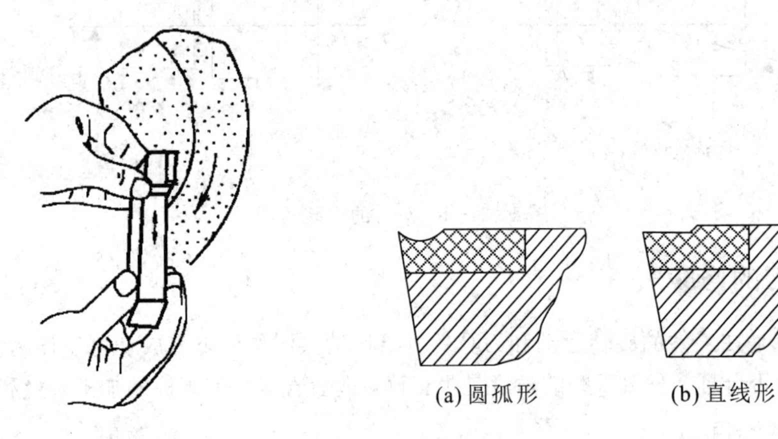

(a) 圆弧形　　(b) 直线形

图 1-3-6　磨前面及前角　　图 1-3-7　断屑槽

(5) 精磨主后面和副后面。精磨前要修整好砂轮，保持砂轮平稳旋转。修磨时将车刀底平面靠在调整好角度的托架上，并使切削刃轻轻地靠在砂轮的端面上并沿砂轮端面缓慢地左右移动，使砂轮磨损均匀、车刀刃口平直，主偏角、副偏角、主后角、副后角符合切削加工要求，如图 1-3-9 所示。

(6) 磨负倒棱。为了提高主切削刃的强度，改善其受力和散热条件，通常在车刀的主切削刃上磨出负倒棱，如图 1-3-10 所示。负倒棱的宽度一般为进给量的 0.5～0.8 倍。

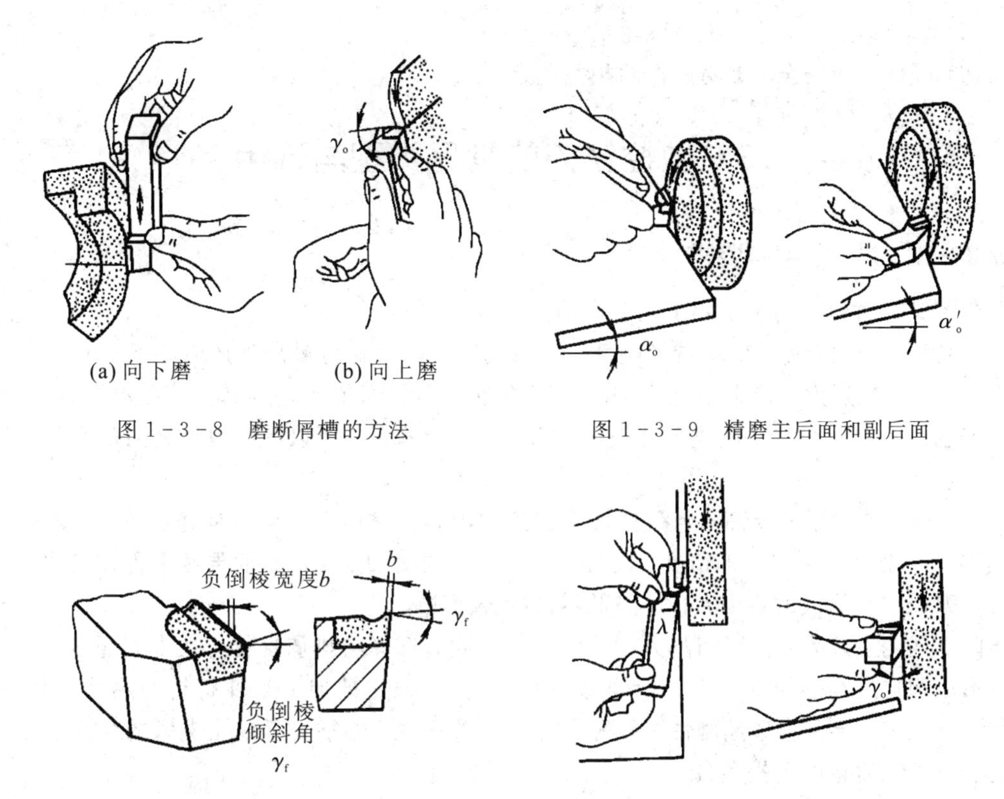

图 1-3-8　磨断屑槽的方法

图 1-3-9　精磨主后面和副后面

图 1-3-10　负倒棱及磨负倒棱的方法

(7) 油石研磨车刀。车刀在砂轮上磨好后，其切削刃不够平滑光洁。使用这样的车刀，不仅会直接影响工件的表面粗糙度，而且也会降低车刀的使用寿命。因此，手工刃磨后的车刀要根据刀具材料选择不同的精细油石研磨车刀的刀刃，如图 1-3-11 所示。

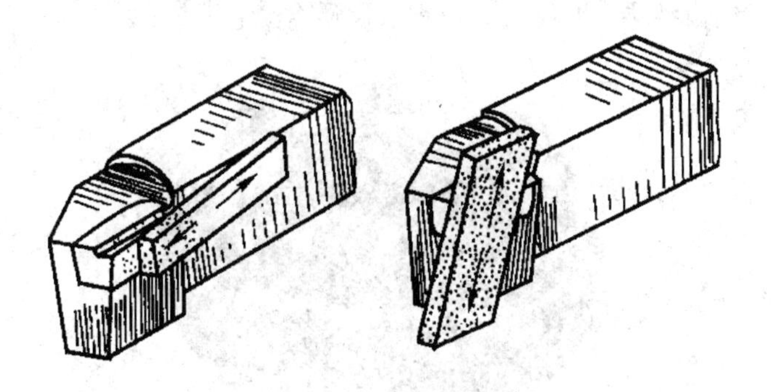

图 1-3-11　用油石研磨车刀

2) 车刀修磨的注意事项

(1) 修磨车刀时，双手拿稳车刀，使刀杆靠于支架并让受磨表面轻贴砂轮。倾斜角度要合适，用力应均匀，以防挤碎砂轮，造成事故。

(2) 砂轮表面应经常修整，磨刀时不要用力过猛，以防打滑而伤手。

(3) 应尽量避免在砂轮端面上修磨。

(4) 修磨高速钢车刀，刀头磨热时，应及时放入水中冷却，以防刀刃退火；修磨硬质合金车刀，刀头发热后，不能将刀头放入水中冷却，以防刀头因急冷而产生裂纹。

(5) 修磨结束，应随手关闭砂轮机电源。

(6) 严格遵守安全、文明操作的相关规定。

3.3 数控铣刀的常见类型与选用

3.3.1 对刀具的基本要求

数控铣刀对刀具的基本要求主要有两点：

(1) 铣刀刚性要好。要求铣刀刚性好的目的，一是满足为提高生产效率而采用大切削用量的需要；二是为适应数控铣床加工过程中难以调整切削用量的特点。在数控铣削中，因铣刀刚性较差而断刀并造成零件损伤的事例是经常有的，所以解决数控铣刀的刚性问题是至关重要的。

(2) 铣刀的耐用度要高。当一把铣刀加工的内容很多时，如果刀具磨损较快，不仅会影响零件的表面质量和加工精度，而且会增加换刀与对刀次数，从而导致零件加工表面留下因对刀误差而形成的接刀台阶，降低零件的表面质量。

除上述两点之外，铣刀切削刃的几何角度参数的选择与排屑性能等也非常重要。切屑黏刀形成积屑瘤在数控铣削中是十分忌讳的。总之，根据被加工工件材料的热处理状态、切削性能及加工余量，选择刚性好、耐用度高的铣刀，是充分发挥数控铣床的生产效率并获得满意加工质量的前提条件。

3.3.2 常用铣刀的种类

1. 面铣刀

面铣刀如图 1-3-12 所示，其圆周方向切削刃为主切削刃，端部切削刃为副切削刃。面铣刀多制成套式镶齿结构，刀齿为高速钢或硬质合金，刀体为 40Cr。

图 1-3-12 面铣刀

硬质合金面铣刀的铣削速度、加工效率和工件表面质量均高于高速钢铣刀，并可加工带有硬皮和淬硬层的工件，因而在数控加工中得到了广泛的应用。图 1-3-13 所示为几种常用的硬质合金面铣刀，由于整体焊接式和机夹焊接式面铣刀难以保证焊接质量，刀具耐用度低，重磨较费时，目前已被可转位式面铣刀所取代。

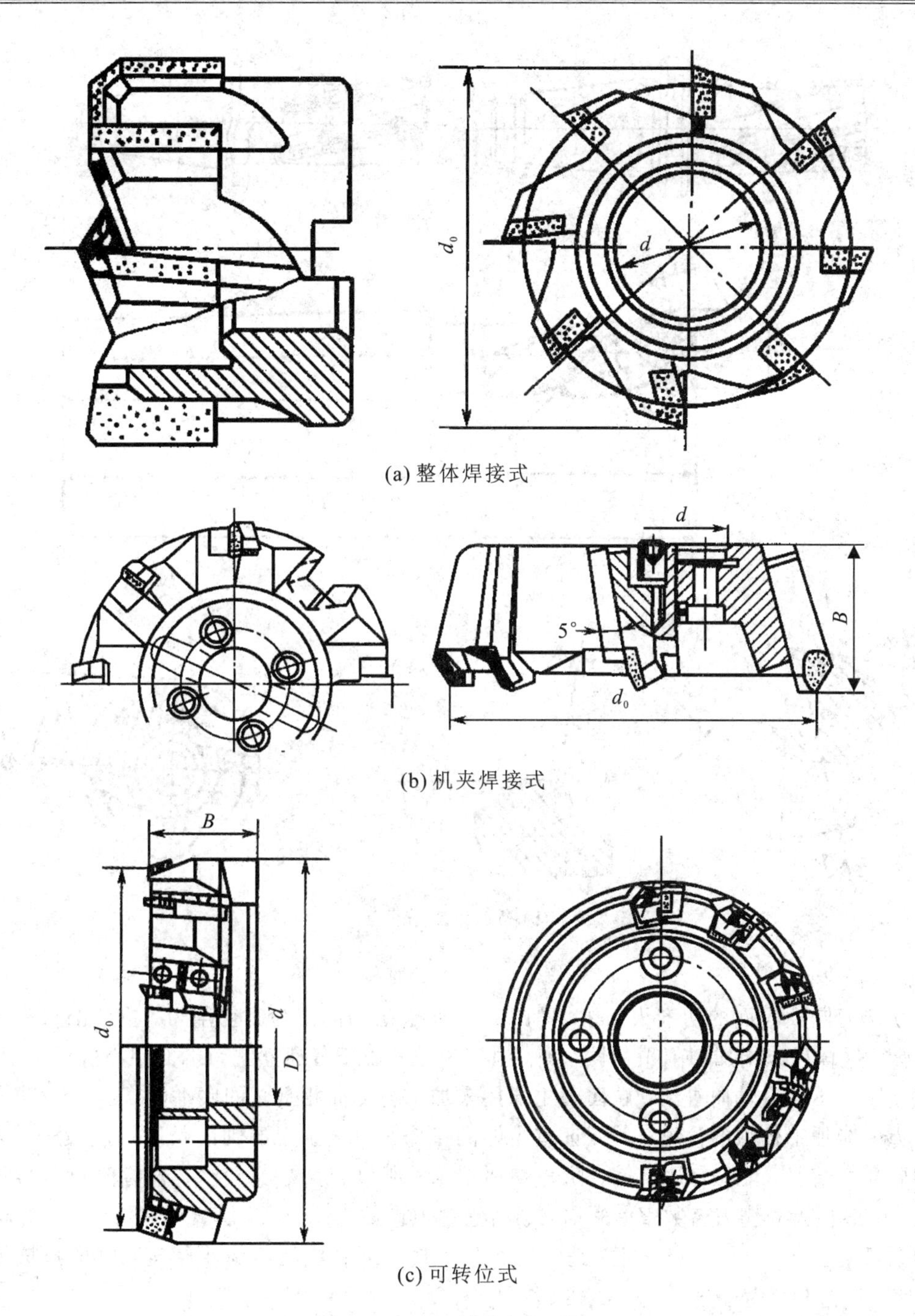

图 1-3-13　硬质合金面铣刀

可转位面铣刀的直径已经标准化，采用公比 1.25 的标准直径(mm)系列：16、20、25、32、40、50、63、80、100、125、160、200、250、315、400、500、630，参见 GB5342—85。

2. 立铣刀

立铣刀是数控机床上用得最多的一种铣刀，其结构如图 1-3-14 所示。立铣刀的圆柱表面和端面上都有切削刃，它们可同时进行切削，也可单独进行切削。

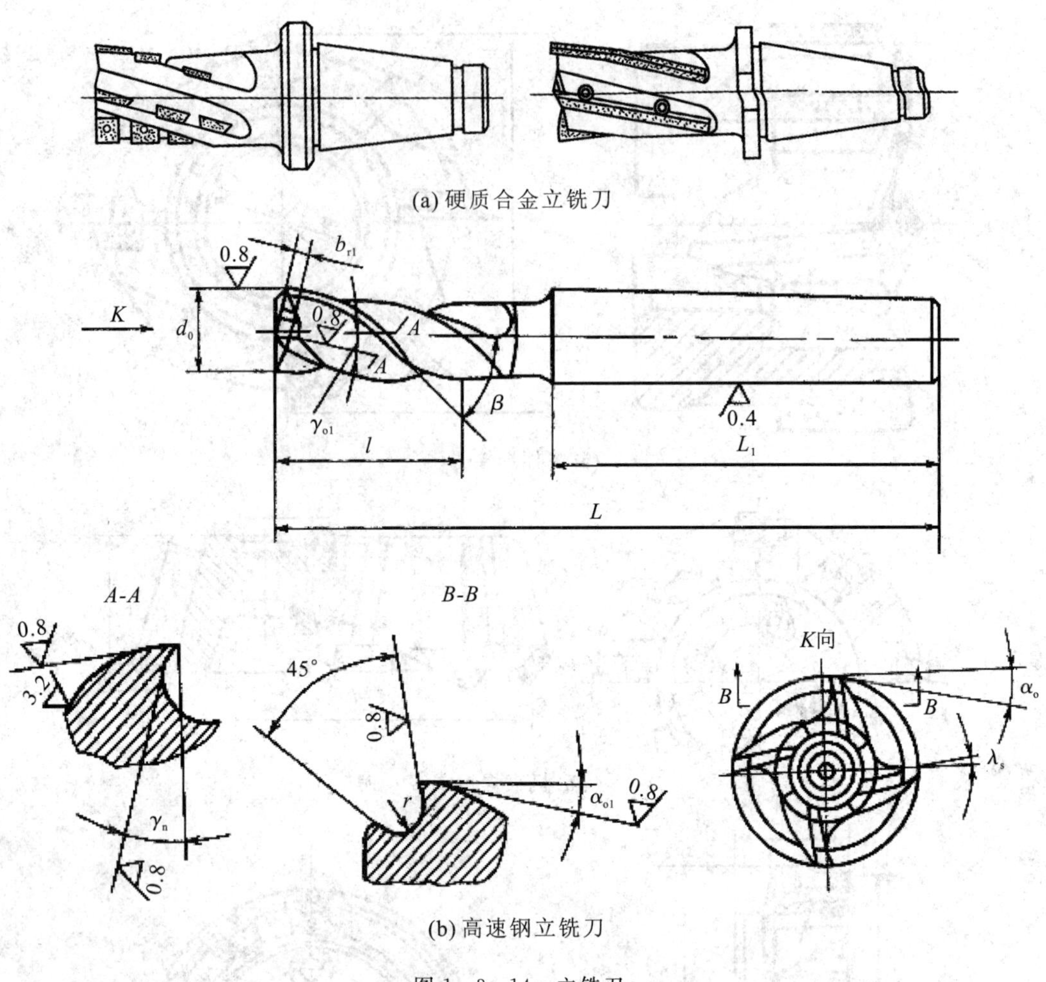

(b) 高速钢立铣刀

图 1-3-14 立铣刀

立铣刀圆柱表面的切削刃为主切削刃，端面上的切削刃为副切削刃。主切削刃一般为螺旋齿，这样可以增加切削平稳性，提高加工精度。由于普通立铣刀端面中心处无切削刃，所以立铣刀不能做轴向进给，端面刃主要用来加工与侧面相垂直的底平面。

为了能加工较深的沟槽，并保证有足够的备磨量，立铣刀的轴向长度一般较长。为改善切屑卷曲情况，增大容屑空间，防止切屑堵塞，所以刀齿数比较少，容屑槽圆弧半径则较大。一般粗齿立铣刀齿数 $Z=3\sim4$，细齿立铣刀齿数 $Z=5\sim8$，套式结构 $Z=10\sim20$，容屑槽圆弧半径 $r=2\sim5$ mm。当立铣刀直径较大时，可制成不等齿距结构，以增强抗振作用，使切削过程平稳。

标准立铣刀的螺旋角 β 为 40°～45°(粗齿)和 30°～35°(细齿)，套式结构立铣刀的 β 为 15°～25°。直径较小的立铣刀，一般制成带柄形式。$\phi2\sim\phi7$ mm 的立铣刀制成直柄；$\phi6\sim\phi63$ mm 的立铣刀制成莫氏锥柄；$\phi25\sim\phi80$ mm 的立铣刀做成 7∶24 锥柄，内有螺孔用来拉紧刀具。由于数控机床要求铣刀能快速自动装卸，故立铣刀柄部形式也有很大不同，一般是由专业厂家按照一定的规范设计制造成统一形式、统一尺寸的刀柄。直径大于 $\phi40\sim\phi60$ mm 的立铣刀可做成套式结构。

3. 模具铣刀

模具铣刀由立铣刀发展而成，可分为圆锥形立铣刀(圆锥半角 $\alpha/2=3°$、$5°$、$7°$、$10°$)、圆柱形球头立铣刀和圆锥形球头立铣刀三种，其柄部有直柄、削平型直柄和莫氏锥柄。它的结构特点是球头或端面上布满了切削刃，圆周刃与球头刃圆弧连接，可以做径向和轴向进给。铣刀工作部分用高速钢或硬质合金制造。国家标准规定直径 $d=4\sim63$ mm。图1-3-15为用高速钢制造的模具铣刀，图1-3-16为用硬质合金制造的模具铣刀。小规格的硬质合金模具铣刀多制成整体结构，直径 $\phi16$ mm 以上的则制成焊接或机夹可转位刀片结构。

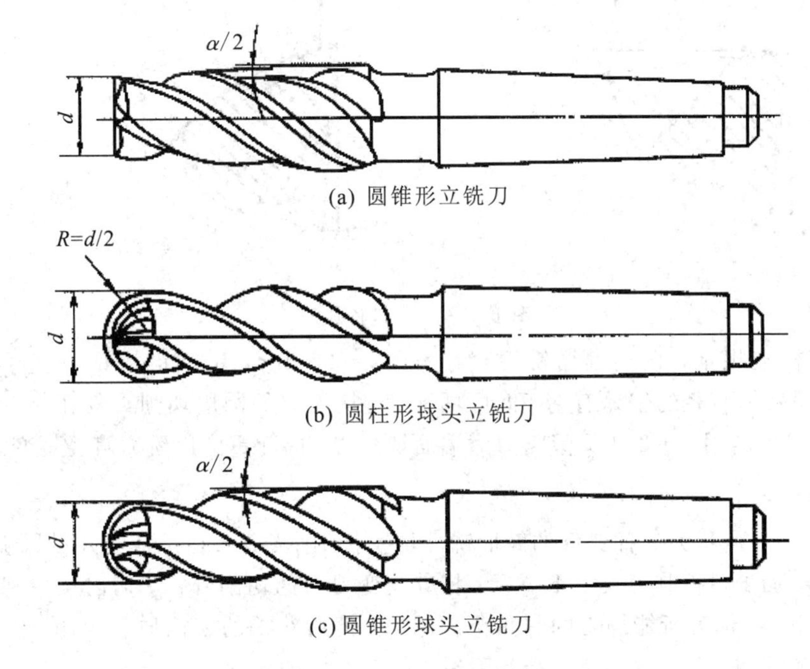

图 1-3-15　高速钢模具铣刀

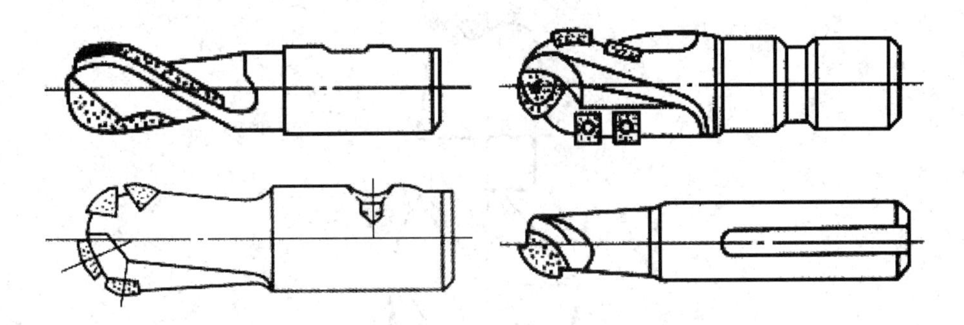

图 1-3-16　硬质合金模具铣刀

4. 键槽铣刀

键槽铣刀如图1-3-17所示，它有两个刀齿，圆柱面和端面都有切削刃，端面刃延至中心，既像立铣刀，又像钻头。加工时先轴向进给达到槽深，然后沿键槽方向铣出键槽全长。

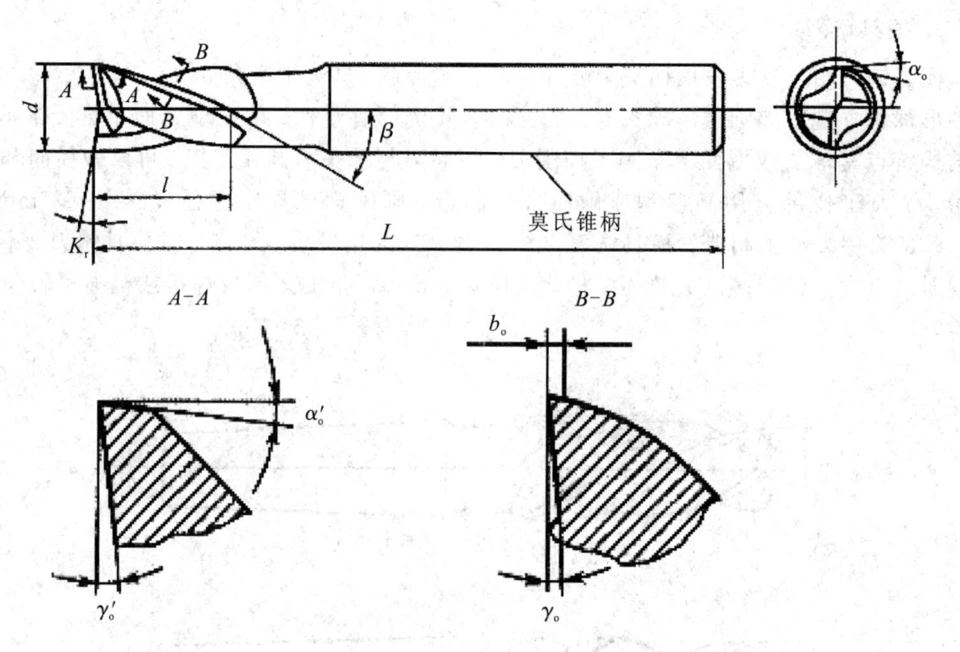

图 1-3-17 键槽铣刀

按国家标准规定，直柄键槽铣刀直径 $d=2\sim22$ mm，锥柄键槽铣刀直径 $d=14\sim50$ mm。键槽铣刀直径的偏差有 e8 和 d8 两种。键槽铣刀的圆周切削刃仅在靠近端面的一小段长度内发生磨损，重磨时，只需刃磨端面切削刃，因此重磨后铣刀直径不变。

5. 鼓形铣刀

图 1-3-18 所示为一种典型的鼓形铣刀，它的切削刃分布在半径为 R 的圆弧面上，端面无切削刃。加工时控制刀具上下位置，相应改变刀刃的切削部位，切出从负到正的不同斜角。R 越小，鼓形刀所能加工的斜角范围越广，但所获得的表面质量也越差。这种刀具的特点是刃磨困难，切削条件差，而且不适于加工有底的轮廓表面。

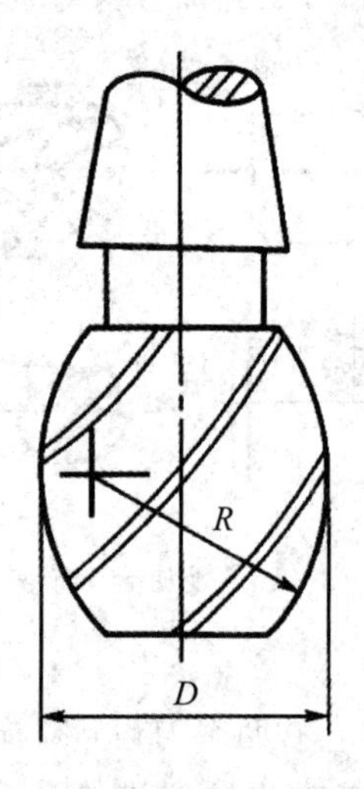

图 1-3-18 鼓形铣刀

6. 成型铣刀

成型铣刀一般是为特定形状的工件或加工内容专门设计制造的，如渐开线齿面、燕尾槽和T形槽等。几种常用的成型铣刀如图1-3-19所示。

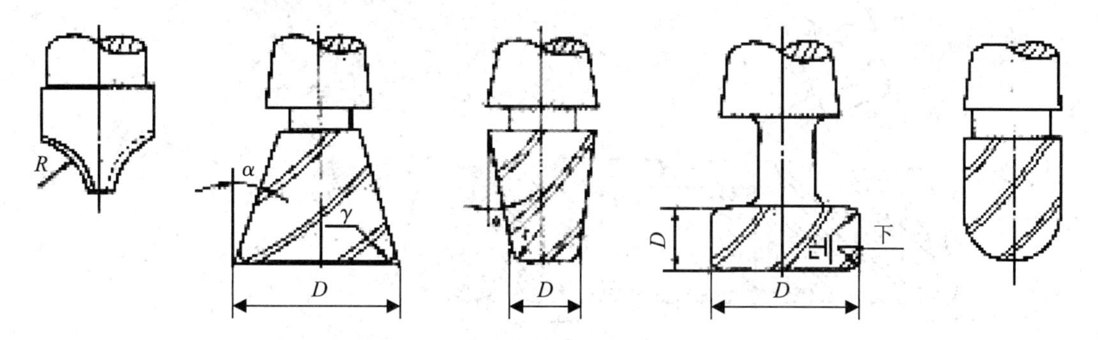

图1-3-19　几种常用的成型铣刀

除了上述几种类型的铣刀外，数控铣床也可使用各种通用铣刀。但因不少数控铣床的主轴内有特殊的拉刀装置，或因主轴内锥孔有别，需配过渡套和拉钉。

3.3.3　铣刀的选择

铣刀类型应与工件的表面形状和尺寸相适应。加工较大的平面应选择面铣刀；加工凹槽、较小的台阶面及平面轮廓应选择立铣刀；加工空间曲面、模具型腔或凸模成形表面等多选用模具铣刀；加工封闭的键槽选择键槽铣刀；加工变斜角零件的变斜角面应选用鼓形铣刀；加工各种直的或圆弧形的凹槽、斜角面、特殊孔等应选用成形铣刀。数控铣床上使用最多的是可转位面铣刀和立铣刀，因此，这里重点介绍面铣刀和立铣刀参数的选择。

1. 面铣刀主要参数的选择

标准可转位面铣刀直径为$\phi 16 \sim \phi 630$ mm，应根据工件的宽度选择适当的铣刀直径，尽量包容工件整个加工宽度，以提高加工精度和效率，减小相邻两次进给之间的接刀痕迹和保证铣刀的耐用度。

可转位面铣刀有粗齿、细齿和密齿三种。粗齿铣刀容屑空间较大，常用于粗铣钢件；粗铣带断续表面的铸件和在平稳条件下铣削钢件时，可选用细齿铣刀；密齿铣刀的每齿进给量较小，主要用于加工薄壁铸件。

面铣刀几何角度的标注如图1-3-20所示。前角的选择原则与车刀基本相同，只是由于铣削时有冲击，故前角数值一般比车刀略小，尤其是硬质合金面铣刀，前角数值减小得更多些。铣削强度和硬度都高的材料可选用负前角。前角的数值主要根据工件材料和刀具材料来选择，其具体数值可参见表1-3-3。

表1-3-3　面铣刀的前角数值

刀具材料＼工件材料	钢	铸铁	黄铜、青铜	铝合金
高速钢	10°～20°	5°～15°	10°	25°～30°
硬质合金	—15°～15°	—5°～5°	4°～6°	15°

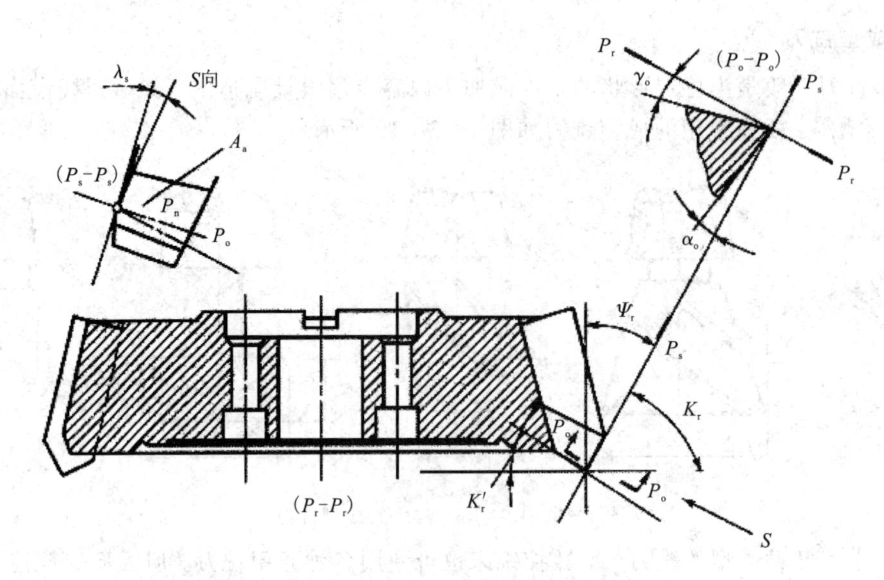

图 1-3-20 面铣刀的几何角度标注

铣刀的磨损主要发生在后刀面上，因此适当加大后角，可减少铣刀磨损。常取 $\alpha_0=5°\sim12°$，工件材料软时取大值，工件材料硬时取小值；粗齿铣刀取小值，细齿铣刀取大值。

铣削时冲击力大，为了保护刀尖，硬质合金面铣刀的刃倾角常取 $\lambda_S=5°\sim15°$。只有在铣削低强度材料时，取 $\lambda_S=5°$。

主偏角 κ_r 在 45°～90°范围内选取，铣削铸铁常用 45°，铣削一般钢材常用 75°，铣削带凸肩的平面或薄壁零件时要用 90°。

2. 立铣刀主要参数的选择

立铣刀的尺寸参数如图 1-3-21 所示，推荐按下述经验数据选取。

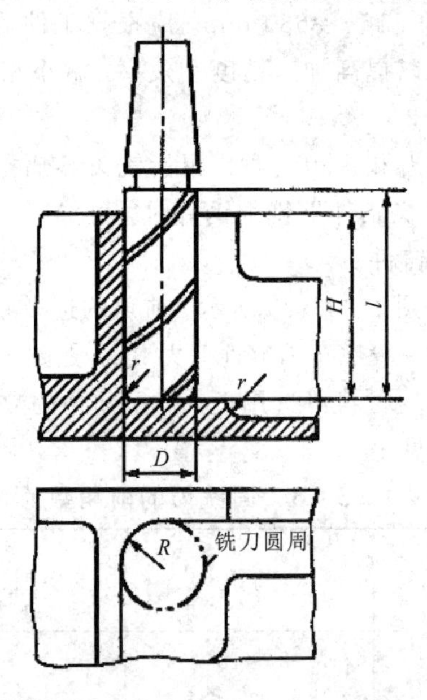

图 1-3-21 立铣刀尺寸参数

(1) 刀具半径 R 应小于零件内轮廓面的最小曲率半径 ρ，一般取 $R=(0.8\sim0.9)\rho$。

(2) 零件的加工高度 $H\leqslant(1/4\sim1/6)R$，以保证刀具具有足够的刚度。

(3) 对不通孔(深槽)，选取 $L=H+(5\sim10)$mm(L 为刀具切削部分长度，H 为零件高度)。

(4) 加工外形及通槽时，选取 $L=H+r+(5\sim10)$mm(r 为端刃圆角半径)。

(5) 粗加工内轮廓面时，如图 1-3-22，铣刀最大直径 $D_{粗}$ 可按下式计算。

$$D_{粗}=2\frac{\delta\sin\frac{\varphi}{2}-\delta_1}{1-\sin\frac{\varphi}{2}}+D$$

式中：D 为轮廓的最小凹圆角直径；δ 为圆角邻边夹角等分线上的精加工余量；δ_1 为精加工余量；φ 为圆角两邻边的夹角。

(6) 加工筋时，刀具直径为 $D=(5\sim10)b$(b 为筋的厚度)。

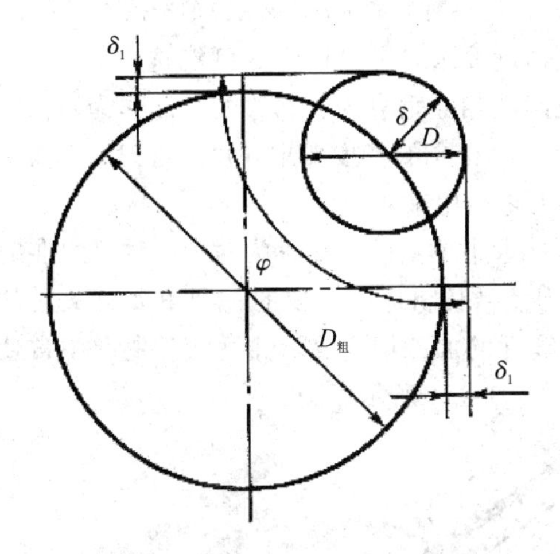

图 1-3-22　粗加工立铣刀直径计算

3.4　数控铣刀的安装与修磨技术

3.4.1　数控铣刀的安装

对刀点和换刀点的选择主要根据加工操作的实际情况，考虑如何在保证加工精度的同时使操作简便。

1. 对刀点的选择

在加工时，工件在机床加工尺寸范围内的安装位置是任意的，要正确执行加工程序，必须确定工件在机床坐标系中的确切位置。对刀点是工件在机床上定位装夹后，设置在工件坐标系中用于确定工件坐标系与机床坐标系空间位置关系的参考点。在工艺设计和程序编制时，应以操作简单、对刀误差小为原则，合理设置对刀点。

对刀点可以设置在工件上，也可以设置在夹具上，但都必须在编程坐标系中有确定的位置，如图 1-3-23 中的 x_1 和 y_1。对刀点既可以与编程原点重合，也可以不重合，这主要取决于加工精度和对刀的方便性。当对刀点与编程原点重合时，$x_1=0$，$y_1=0$。

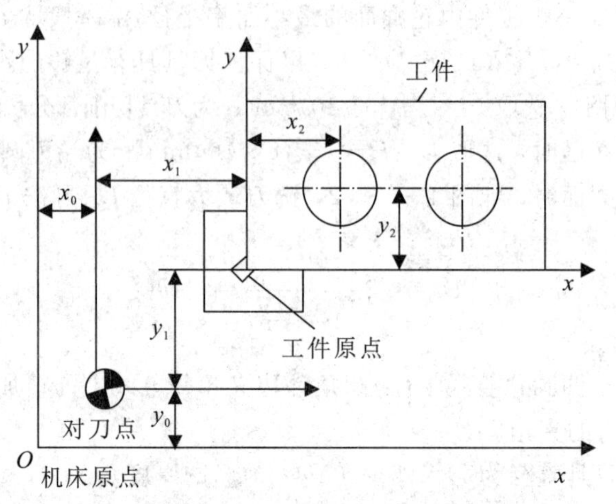

图 1-3-23 对刀点的选择

为了保证零件的加工精度要求，对刀点应尽可能选在零件的设计基准或工艺基准上。如以零件上孔的中心点或两条相互垂直的轮廓边的交点作为对刀点较为合适，但应根据加工精度对这些孔或轮廓面提出相应的精度要求，并在对刀之前准备好。有时零件上没有合适的部位，也可以加工出工艺孔用来对刀。

确定对刀点在机床坐标系中位置的操作称为对刀。对刀的准确程度将直接影响零件加工的位置精度，因此，对刀是数控机床操作中的一项重要且关键的工作。对刀操作一定要仔细，对刀方法一定要与零件的加工精度要求相适应，生产中常使用百分表、中心规及寻边器等工具。寻边器如图 1-3-24 所示。

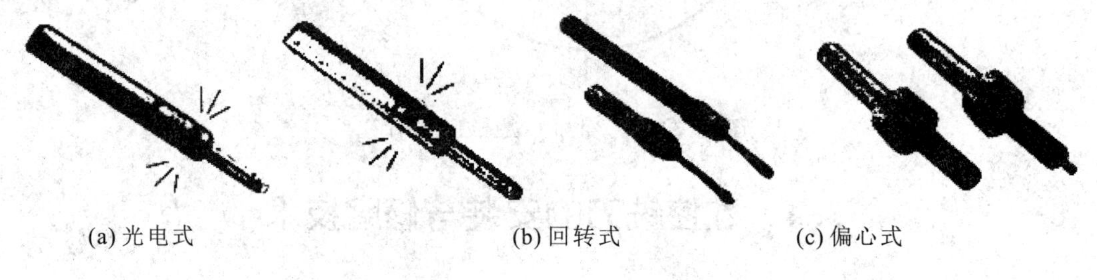

(a) 光电式 (b) 回转式 (c) 偏心式

图 1-3-24 寻边器

无论采用哪种工具，都是使数控铣床主轴中心与对刀点重合，利用机床的坐标显示确定对刀点在机床坐标系中的位置，从而确定工件坐标系在机床坐标系中的位置。简单地说，对刀就是告诉机床工件装夹在机床工作台的什么地方。

2. 对刀方法

对刀方法如图 1-3-25 所示，对刀点与工件坐标系原点如果不重合(在确定编程坐标系时，最好考虑到使得对刀点与工件坐标系重合)，在设置机床零点偏置时(工件坐标系选择指令 G54 对应的值)，应当考虑到二者的差值。

对刀过程的操作方法如下(XK5025/4 数控铣床，FANUC OMD 系统)。

(1) 方式选择开关置“回零”位置。

(2) 手动按“+Z”键，Z 轴回零。

(3) 手动按“+X”键，X 轴回零。

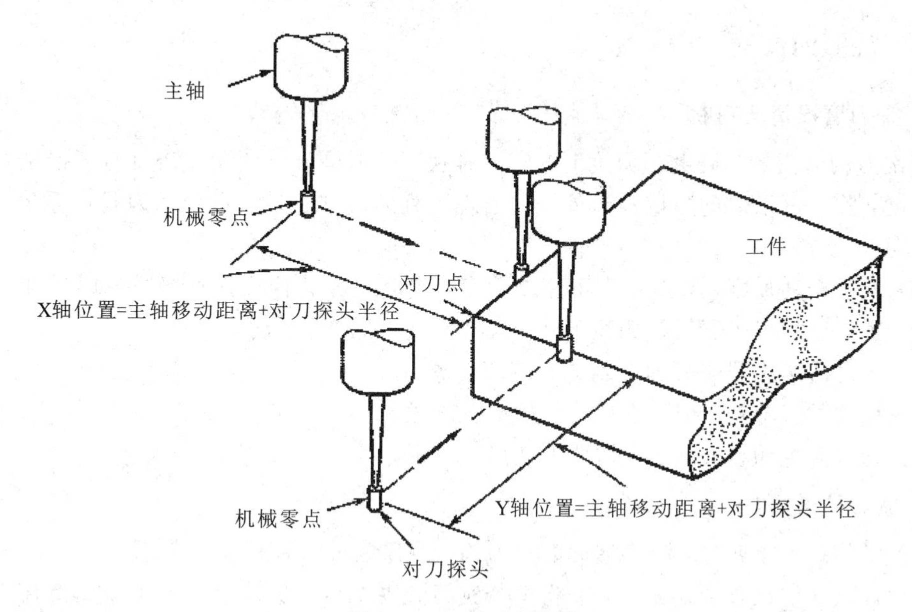

图 1-3-25　对刀方法

(4) 手动按"＋Y"键，Y 轴回零。此时，CRT(屏幕)上显示各轴坐标均为 0。

(5) X 轴对刀，记录机械坐标 X 的显示值(假设为－220.000)。

(6) Y 轴对刀，记录机械坐标 Y 的显示值(假设为－10.000)。

(7) Z 轴对刀，记录机械坐标 Z 的显示值(假设为－50.000)。

(8) 根据所用刀具的尺寸(假定为 ϕ20)及上述对刀数据，建立工件坐标系。有以下两种方法。

① 执行 G92 X—210 Y—10 Z—50 指令，建立工件坐标系。

② 将工件坐标系的原点坐标(－210，－10，－50)输入到 G54 寄存器，然后在 MDI 方式下执行 G54 指令。工件坐标系的显示画面如图 1-3-26 所示。

工件坐标系设定		O0012 N6178	
NO.	(SHIFT)	NO.	(G55)
00	X0.000	02	X0.000
	Y0.000		Y0.000
	Z0.000		Z0.000
NO.	(G54)	NO.	(G56)
01	X-210.000	03	X0.000
	Y-10.000		Y0.000
	Z-50.000		Z0.000
ADRS			
15: 37: 50		MDI	

磨损	MACRO		坐标系	TOOLLF

图 1-3-26　工件坐标系的显示画面

3. 换刀点的选择

由于数控铣床采用手动换刀，换刀时操作人员的主动性较高，换刀点只要设在零件外面，不发生换刀阻碍即可。

3.4.2 铣刀的修磨

1. 铣刀磨损情况判断

当铣刀的磨损量达到磨损限度时，应及时换刀，不可继续使用。铣刀的磨损是否达到磨损限度，除了可以通过测量知道外，当出现下列情况之一时，也说明刀具严重磨损，应立即换刀。

(1) 铣床振动加剧，甚至发出不正常响声，或机床功率消耗增大10%～15%时。

(2) 工件已加工表面质量明显下降，尺寸精度降低。

(3) 工件边缘出现较大的毛刺或有剥落现象。

(4) 用硬质合金铣刀时，出现严重的火花现象。

(5) 切屑颜色明显改变，或切屑形状出现畸形。

2. 铣刀的修磨

(1) 键槽铣刀重磨时，只磨端刃的后刀面，以保证重磨后尺寸不变。

(2) 焊接式硬质合金端铣刀，需将整个铣刀装夹在专用磨床上或万能工具磨床上逐齿刃磨全部刀齿；焊接夹固式硬质合金端铣刀，有体内刃磨式和体外刃磨式两种形式。

(3) 尖齿成形铣刀用钝后，用专用夹具及靠模重磨后刀面。

(4) 铲齿成形铣刀磨损后，重磨前刀面。

由于焊接式铣刀难以保证焊接质量，刀具寿命度低，重磨较费时，目前已逐渐被可转位式面铣刀所取代。

思考与练习

1. 数控刀具切削部分的材料应具备哪些要求？常用的材料有哪两大类？
2. 常用的数控车刀有哪几种？如何进行选择？
3. 简述数控车刀刃磨的一般步骤和方法。
4. 数控车刀安装的基本要求有哪些？
5. 常用的数控铣刀有哪几种？如何进行选择？
6. 简述数控铣刀刃磨的一般步骤和方法。
7. 数控铣刀安装的基本要求有哪些？

第四章　数控机床夹具基础

在机械制造中，为将工件定位，把工件可靠地夹紧并使工件处于相对于机床和刀具的正确位置，以完成需要的加工工序、装配工序及检验工序等，需使用大量的夹具。利用夹具，有利于提高劳动生产率，保证工件的加工精度、稳定产品质量；有利于改善工人劳动条件，保证安全生产；有利于扩大机床的工艺范围，实现“一机多用”。因此，夹具是机械制造中的一项重要的工艺装备。

4.1　机床夹具概述

4.1.1　机床夹具的定义

机床夹具是机床上用以装夹工件和引导刀具的一种装置，如图1-4-1所示，其作用是将工件定位，使工件处于相对于机床和刀具的正确位置并把工件可靠地夹紧。

图1-4-1　夹具在数控机床上的应用

4.1.2　机床夹具的分类

1. 按机床夹具的通用化程度

按机床夹具的通用化程度，机床夹具可分为通用夹具、专用夹具、成组夹具以及组合夹具等。

(1) 通用夹具。通用夹具是结构及尺寸已标准化、系列化，且具有一定的通用性的夹具。如三爪自定心卡盘、四爪单动卡盘(见图1-4-2)、万能分度头(见图1-4-3)、顶尖、中心架、电磁吸盘(见图1-4-4)、回转工作台(见图1-4-5)等。其优点是适应性较强，不需调整或稍加调整就可使用；缺点是定位与夹紧费时，生产效率较低，只适用于单件小批量生产。

图 1-4-2　四爪卡盘

图 1-4-3　万能分度头

图 1-4-4　电磁吸盘

图 1-4-5　回转工作台

(2) 专用夹具。专用夹具(见图 1-4-6)是针对某一工件的某一工序而专门设计和制造的。这类夹具专用性强、操作方便。由于这类夹具设计与制造周期较长，产品变更后无法利用，因此适用于大批大量生产。

图 1-4-6　连杆加工专用夹具

(3) 可调夹具。可调夹具(见图 1-4-7、图 1-4-8)是针对通用夹具和专用夹具的缺陷而发展起来的，它是在加工某种工件后，经过调整或更换个别定位元件和夹紧元件，即可加工另外一种工件的夹具。它按成组原理设计，用于加工形状相似和尺寸相近的一组工件，故在多品种和中小批生产中使用有较好的经济效果。

图 1-4-7　可调夹具

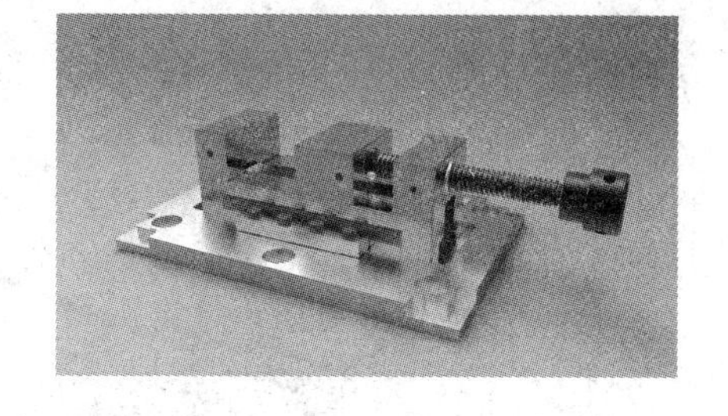

图 1-4-8　可调夹具—平口钳

(4) 组合夹具。组合夹具(见图 1-4-9)是由一套标准元件组装而成的夹具，这种夹具用后可拆卸存放，重新组装时又可循环重复使用。由于组合夹具的标准元件可以预先制造备存，还具有多次反复使用和组装迅速等特点，所以在单件、中小批生产、数控加工和新产品试制中特别适用。

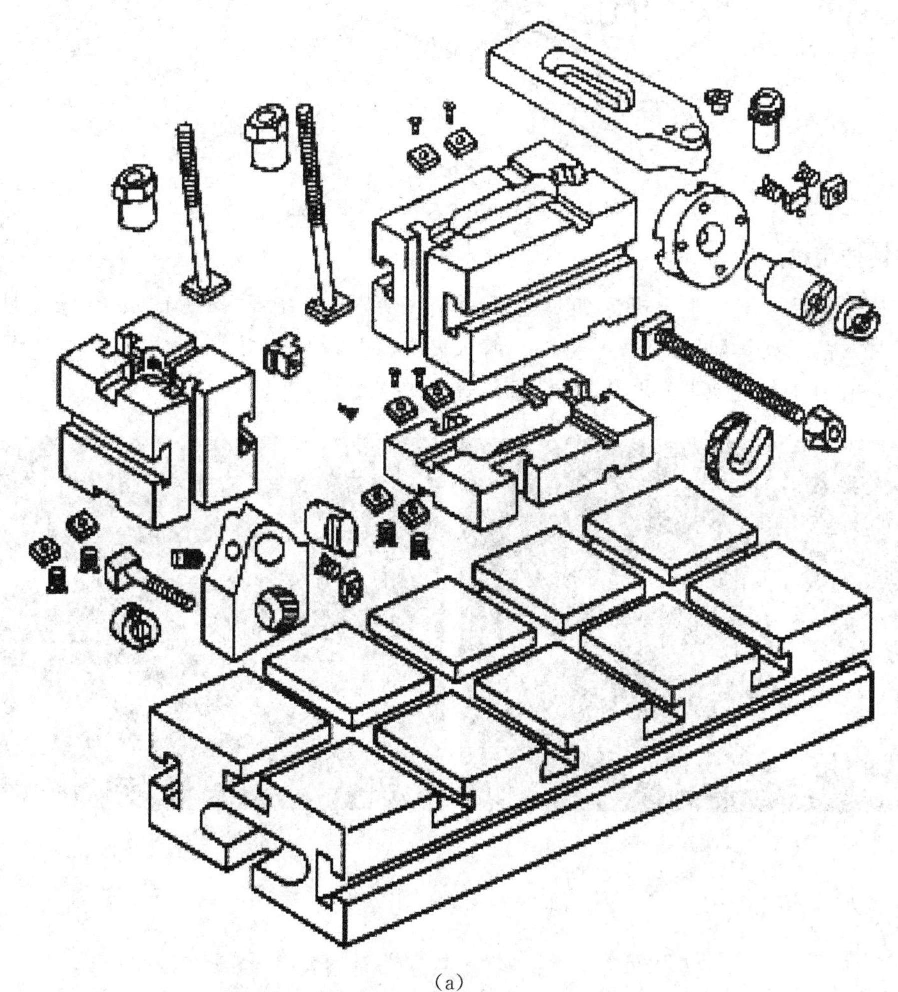

(a)

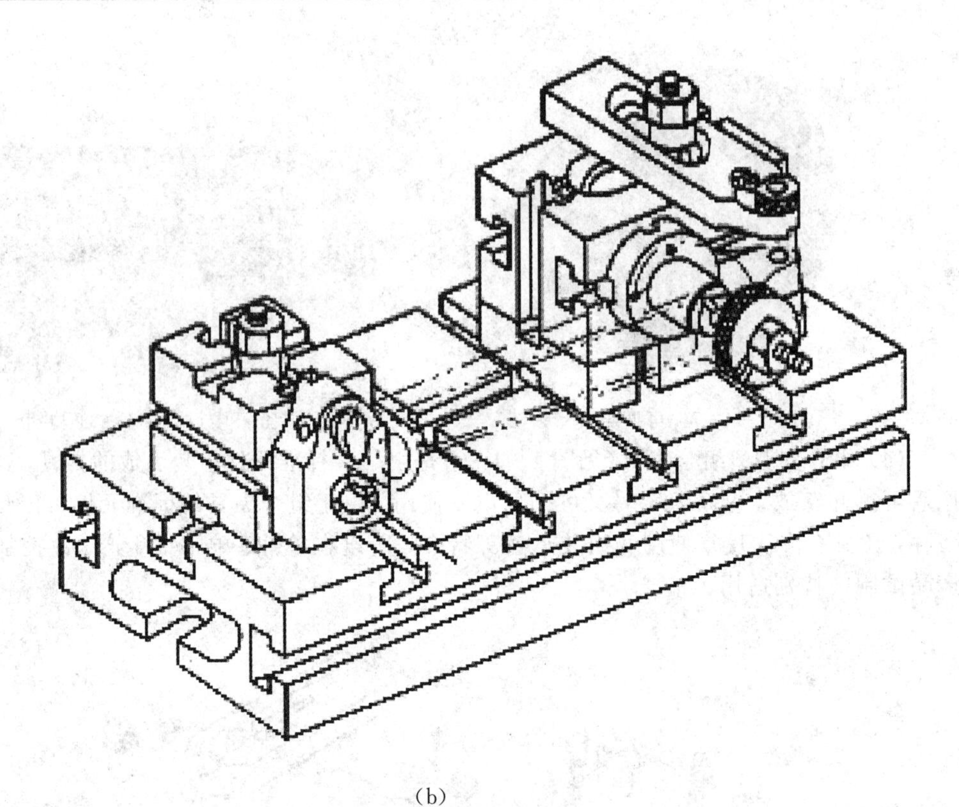

(b)

图 1-4-9 组合夹具的组装示意

2. 按使用机床类型分类

按使用机床类型分类，机床夹具可分为车床夹具(见图 1-4-10)、铣床夹具(见图 1-4-11)、钻床夹具(见图 1-4-12)、镗床夹具(见图 1-4-13)、加工中心夹具(见图 1-4-14)和其他机床夹具(见图 1-4-15)等。

(a) 卡盘类车床夹具

(b) 角铁类车床夹具

图 1-4-10 车床夹具

图 1-4-11　铣床夹具

可卸式钻模

翻转式钻模

图 1-4-12　钻床夹具

图 1-4-13　镗床夹具

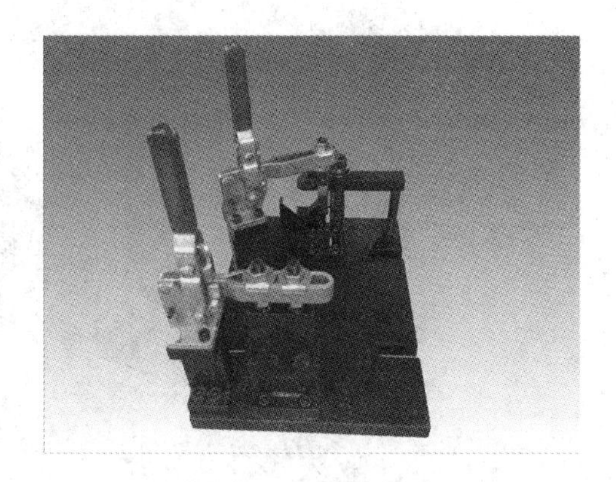

图 1-4-14　加工中心夹具

图 1-4-15　多轴数控机床夹具

3. 按驱动夹具工作的动力源分类

按驱动夹具工作的动力源分类，机床夹具可分为手动夹具(见图 1-4-16)、气动夹具(见图 1-4-17)、液压夹具(见图 1-4-18)、电动夹具、磁力夹具、真空夹具和自夹紧夹具等。

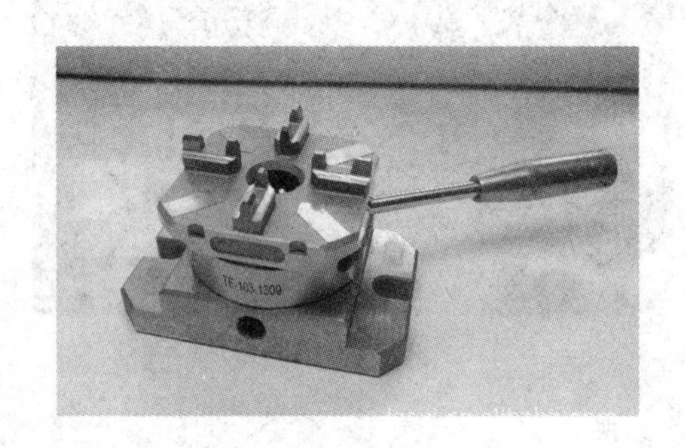

图 1-4-16　快速精密定位夹具(手动)

图 1-4-17　气动夹具—虎钳

图 1-4-18　液压夹具

4.1.3　机床夹具的组成

机床夹具按其作用和功能通常可由定位元件、夹紧装置、夹具体、连接元件、对刀元件和导向元件等几个部分组成，例如图 1-4-19 所示的钻模夹具。

(1) 定位元件。夹具上用来确定工件位置的一些元件称为定位元件。定位元件是夹具的主要功能元件之一，其功能是确定工件在夹具上的正确位置。图 1-4-19 中，2(定位销)即是定位元件。

(2) 夹紧装置。夹紧装置通常包括夹紧元件(如压板、压块)、中间传力机构(如杠杆、螺旋、偏心轮)和动力装置(如气缸、液压缸)等组成部分。夹紧装置也是夹具的主要功能元件之一，其功能是确保工件定位后获得的正确位置在加工过程中各种力的作用下保持不变。图 1-4-19 中，5(快卸垫圈)、7(螺母)及 2(定位销)上的螺栓构成了夹紧装置。

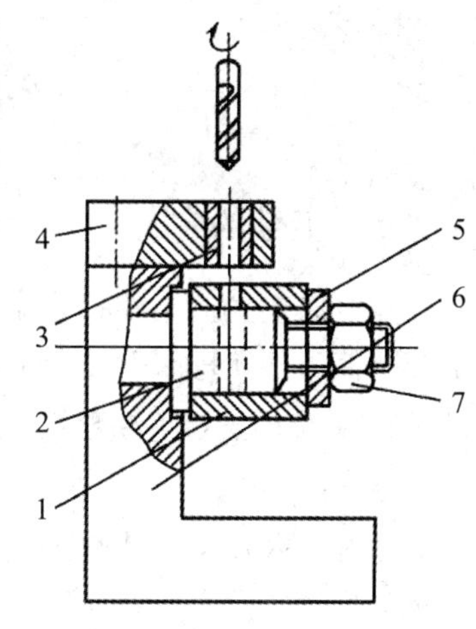

1—工件；2—定位销；3—钻套；4—钻模板；5—快卸垫圈；6—夹具体；7—螺母

图 1-4-19　钻模夹具的组成

(3) 夹具体。夹具体是夹具的基础件，用来连接夹具上各个元件或装置，使之成为一个整体。夹具体也用来与机床的有关部位相连接，如图 1-4-19 中的 6。

(4) 连接元件。连接元件用于确定夹具在机床上的位置，从而保证工件与机床之间的正确加工位置。

(5) 对刀元件。对刀元件用于确定刀具与工件的位置，如对刀块。

(6) 导向元件。导向元件用来调整刀具的位置，并引导刀具进行切削。图 1-4-19 中的 3(钻套)就是引导钻头用的导向元件。

(7) 其他元件或装置。根据加工需要，有些夹具上还可有分度装置、靠模装置、上下料装置、顶出器和平衡块等其他元件或装置。

4.1.4　机床夹具的作用

(1) 保证加工精度，稳定加工质量。使用夹具的作用之一就是保证工件加工表面的尺寸与位置精度。由于受操作者技术的影响，同批生产零件的质量也不稳定，因此在成批生产中使用夹具就显得非常必要。

(2) 扩大机床的功能。例如，在车床的床鞍上或摇臂钻床的工作台上装上镗模，就可以进行箱体或支架类零件的镗孔加工，用以代替镗床加工；在刨床上加装夹具后可代拉床进行拉削加工。

(3) 提高劳动生产率。使用夹具后，不仅省去画线找正等辅助时间，而且有时还可采用高效率的多件、多位、机动夹紧装置，缩短辅助时间，从而大大提高劳动生产率。

(4) 降低生产成本。在批量生产中使用夹具时，由于劳动生产率的提高和允许技术等级较低的工人操作，故可明显地降低生产成本；但在单件生产中，使用夹具的生产成本仍较高。

(5) 改善劳动条件，降低对工人的技术要求。用夹具装夹工件方便、省力、安全。当采用气动、液压等夹紧装置时，可减轻工人的劳动强度，保证安全生产。

4.2 工件的定位与夹紧

4.2.1 工件的定位

在机床上加工工件时，为了在工件的某一部位加工出符合工艺规程要求的表面，加工前需要使工件在机床上处于正确的位置，即定位。

1. 工件的定位方法

(1) 直接找正法。工件定位时用量具或仪表直接找正工件上某一表面，使工件处于正确的位置，称为直接找正装夹。这种装夹方式所需时间长，结果也不稳定，只适合于单件小批量生产。

(2) 画线找正法。这种装夹方式是先按加工表面的要求在工件上画线，加工时在机床上按线找正以获得工件的正确位置。这种方法受到画线精度的限制，定位精度较低，多用于批量较小、毛坯精度较低以及大型零件的粗加工中。

(3) 在夹具上定位。这种方法常用的有通用夹具和专用夹具。使用夹具时，工件在夹具中能迅速而正确地定位，不需找正就能保证工件与机床、刀具间的正确位置。这种方式生产效率高、定位精度好，广泛用于成批生产和单件小批量的生产的关键工序中。

2. 工件定位的基本原理

1) 六点定位原理

如图 1-4-20 所示，工件在空间具有六个自由度，即沿 x、y、z 三个直角坐标轴方向的移动自由度 $\overleftrightarrow{x}$、$\overleftrightarrow{y}$、$\overleftrightarrow{z}$ 和绕这三个坐标轴的转动自由度 $\overset{\frown}{x}$、$\overset{\frown}{y}$、$\overset{\frown}{z}$。要完全确定工件的位置，就必须消除这六个自由度，通常用适当分布的六个支承点(即定位元件)来限制工件的六个自由度，其中每一个支承点限制相应的一个自由度，如图 1-4-21 所示，在 xOy 平面上，不在同一直线上的三个支承点限制了工件的 $\overset{\frown}{x}$、$\overset{\frown}{y}$、$\overleftrightarrow{z}$ 三个自由度，这个平面称为主基准面；在 yOz 平面上，沿长度方向布置的两个支承点限制了工件的 $\overleftrightarrow{x}$、$\overset{\frown}{z}$ 两个自由度，这个平面称为导向平面；工件在 xOz 平面上，被一个支承点限制了 $\overleftrightarrow{y}$ 自由度，这个平面称为止动平面。

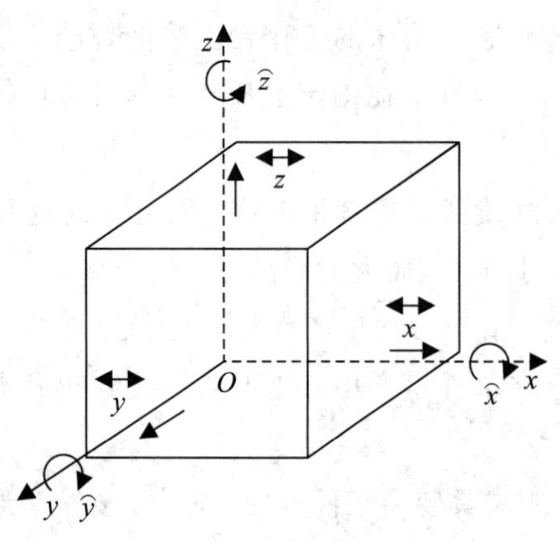

图 1-4-20 工件在空间的六个自由度

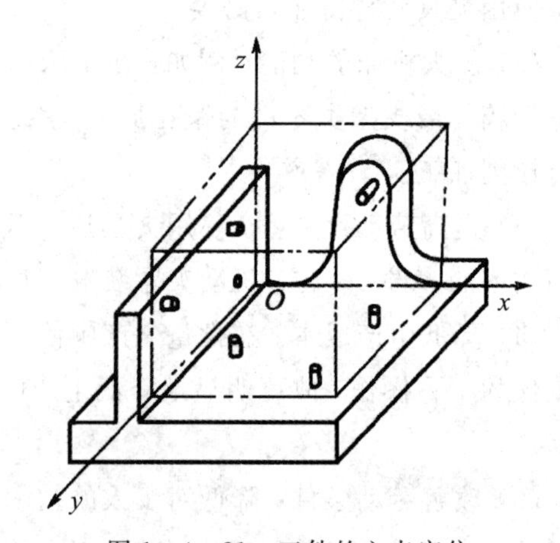

图 1-4-21 工件的六点定位

综上所述，若要使工件在夹具中获得唯一确定的位置，就需要在夹具上合理设置相当于定位元件的六个支承点，使工件的定位基准与定位元件紧贴接触，即可消除工件的所有六个自由度，这就是工件的六点定位原理。

2）六点定位原理的应用

六点定位原理对于任何形状工件的定位都是适用的，如果违背这个原理，工件在夹具中的位置就不能完全确定。然而，用工件六点定位原理进行定位时，必须根据具体加工要求灵活运用，工件形状不同，定位表面不同，定位点的布置情况会各不相同，原则是使用最简单的定位方法，使工件在夹具中迅速处于正确的位置。

(1) 完全定位。工件的六个自由度全部被夹具中的定位元件所限制，而在夹具中占有完全确定的唯一位置，称为完全定位。

(2) 不完全定位。根据工件加工表面的不同加工要求，定位支承点的数目可以少于六个。有些自由度对加工要求有影响，有些自由度对加工要求无影响，只要分布与加工要求有关的支承点，就可以用较少的定位元件达到定位的要求，这种定位情况称为不完全定位。不完全定位是允许的，下面举例说明。

五点定位如图 1-4-22 所示，钻削加工 ϕD 小孔，工件以内孔和一个端面在夹具的心轴和平面上定位，限制工件 $\overleftrightarrow{x}$、$\overleftrightarrow{y}$、$\overleftrightarrow{z}$、$\overset{\frown}{x}$、$\overset{\frown}{y}$ 五个自由度，相当于五个支承点定位。工件绕心轴的转动 $\overset{\frown}{z}$ 不影响对小孔 ϕD 的加工要求。

四点定位如图 1-4-23 所示，铣削加工通槽 B，工件以长外圆在夹具的双 V 形块上定位，限制工件的 $\overleftrightarrow{x}$、$\overleftrightarrow{y}$、$\overset{\frown}{x}$、$\overset{\frown}{y}$ 四个自由度，相当于四个支承点定位。工件的 $\overleftrightarrow{z}$、$\overset{\frown}{z}$ 两个自由度不影响对通槽 B 的加工要求。

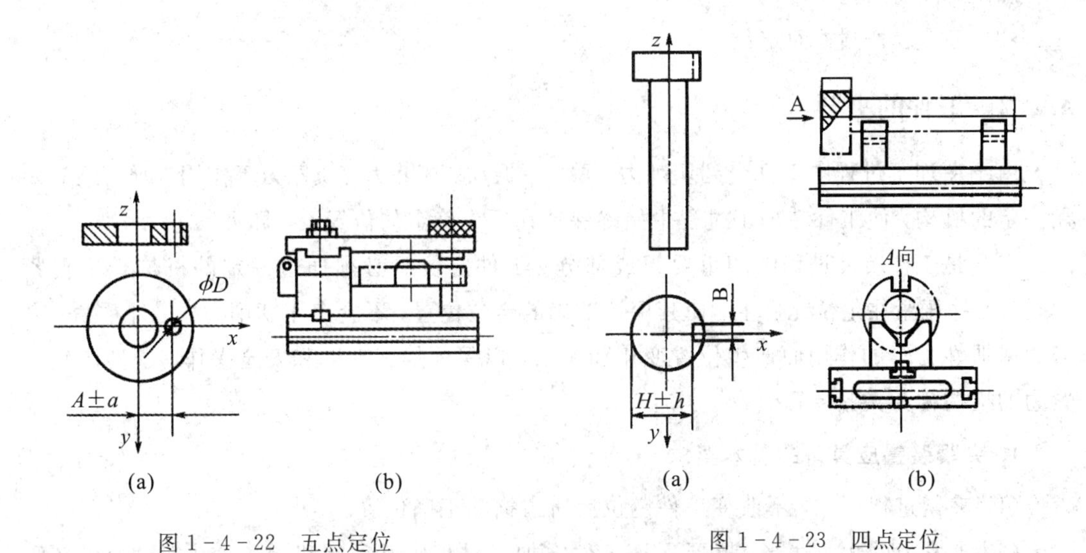

图 1-4-22 五点定位

图 1-4-23 四点定位

(3) 欠定位。按照加工要求应该限制的自由度没有被限制的定位称为欠定位。欠定位是不允许的，因为欠定位保证不了加工要求。如铣削图 1-4-24 所示零件上的通槽，应该限制 $\overset{\frown}{x}$、$\overset{\frown}{y}$、$\overleftrightarrow{z}$ 三个自由度以保证槽底面与 A 面的平行度及尺寸 $60_{-0.2}^{\ 0}$ mm 两项加工要求；

应该限制 $\overleftrightarrow{x}$、$\overset{\frown}{z}$ 两个自由度以保证槽侧面与B面的平行度及尺寸(30±0.1) mm两项加工要求；$\overleftrightarrow{y}$ 自由度不影响通槽加工，可以不限制。如果 $\overleftrightarrow{z}$ 没有限制，$60_{-0.2}^{\ 0}$ mm就无法保证；如果 $\overset{\frown}{x}$ 或 $\overset{\frown}{y}$ 没有限制，槽底与A面的平行度就不能保证。

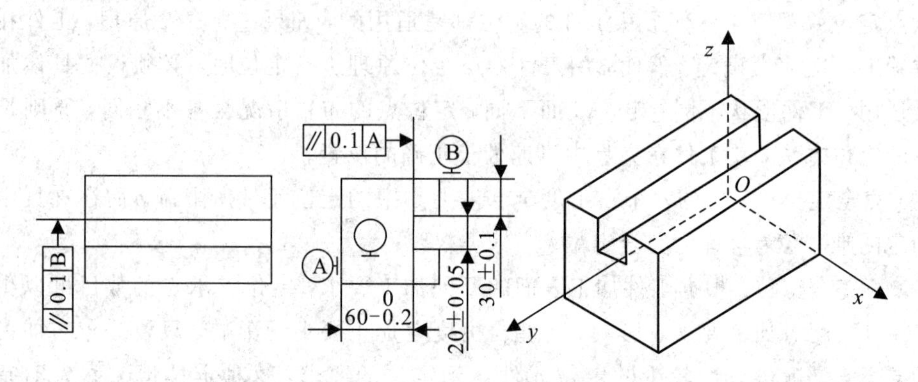

图1-4-24 限制自由度与加工要求的关系

(4) 过定位。工件的一个或几个自由度被不同的定位元件重复限制的定位称为过定位。当过定位导致工件或定位元件变形、影响加工精度时，应该严禁采用；但当过定位并不影响加工精度，反而对提高加工精度有利时，也可以采用，具体情况具体分析。

3. 工件的定位方法及其定位元件

在实际生产中，常用的定位方法和定位元件主要有以下几种：

(1) 工件以平面定位；

(2) 工件以圆孔定位；

(3) 工件以外圆柱面定位。

4.2.2 工件的夹紧

由于在加工过程中工件受到切削力、重力、振动、离心力、惯性力等作用，所以还应采用一定的机构，使工件在加工过程中始终保持在原先确定的位置上，即夹紧。

夹紧是工件装夹过程中的重要组成部分。工件定位后必须通过一定的机构产生夹紧力，把工件压紧在定位元件上，使其保持准确的定位位置，不会由于切削力、工件重力、离心力或惯性力等的作用而产生位置变化和振动，以保证加工精度和安全操作。这种产生夹紧力的机构称为夹紧装置。

1. 夹紧装置应具备的基本要求

(1) 夹紧过程可靠，不改变工件定位后所占据的正确位置。

(2) 夹紧力的大小适当，既要保证工件在加工过程中其位置稳定不变、振动小，又要使工件不会因过大的夹紧力而产生变形。

(3) 操作简单方便、省力、安全。

(4) 结构性好。夹紧装置的结构力求简单、紧凑，便于制造和维修。

2. 夹紧力方向和作用点的选择

(1) 夹紧力应朝向主要定位基准。

(2) 夹紧力的作用点应落在定位元件的支承范围内，并靠近支承元件的几何中心，否则夹紧力作用在支承面之外，易导致工件的倾斜和移动，破坏工件的定位。

(3) 夹紧力的方向应有利于减小夹紧力。

(4) 夹紧力的方向和作用点应施加于工件刚性较好的方向和部位。

(5) 夹紧力作用点应尽量靠近工件加工表面，以提高工件加工部位的刚性，防止或减少工件产生振动。

4.2.3　定位与夹紧的关系

定位与夹紧的任务是不同的，两者不能互相取代。若认为工件被夹紧后，其位置不能动了，所以自由度都已限制了，这种理解是错误的。图 1-4-25 所示为定位与夹紧的关系示意，工件在平面支承 1 和两个长圆柱销 2 上定位，工件放在实线和虚线位置都可以夹紧，但是工件在 x 方向的位置不能确定，钻出的孔其位置也不确定(出现尺寸 A_1 和 A_2)。只有在 x 方向设置一个挡销时，才能保证钻出的孔在 x 方向获得确定的位置。若认为工件在挡销的反方向仍然有移动的可能性，因此位置不确定，这种理解也是错误的。定位时，必须使工件的定位基准紧贴在夹具的定位元件上，否则不称其为定位，而夹紧则使工件不离开定位元件。

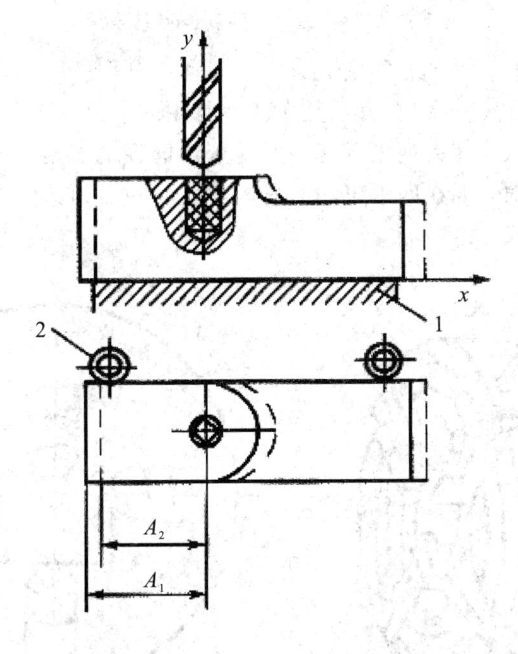

图 1-4-25　定位与夹紧的关系示意图

4.3 数控加工常用夹具简介

4.3.1 车床夹具

1. 三爪自定心卡盘

三爪自定心卡盘是车床上最常用的自定心夹具，如图 1-4-26 所示。它夹持工件时一般不需要找正，装夹速度较快。将其略加改进，还可以方便地装夹方料、其他形状的材料，同时还可以装夹小直径的圆棒料。

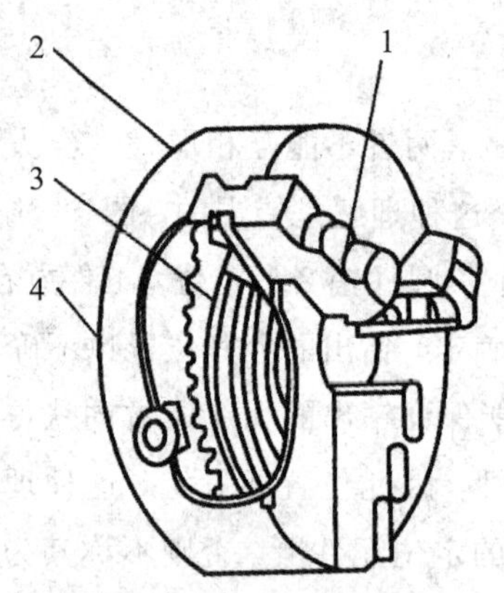

1—卡爪；2—卡盘体；3—锥齿端面螺纹圆盘；4—小锥齿轮

图 1-4-26 三爪自定心卡盘

2. 四爪单动卡盘

四爪单动卡盘如图 1-4-27 所示，是车床上常用的夹具，它适用于装夹形状不规则或大型的工件，夹紧力较大，装夹精度较高，不受卡爪磨损的影响，但装夹不如三爪自定心卡盘方便。装夹圆棒料时，如在四爪单动卡盘内放上一块 V 形架，装夹就快捷多了，如图 1-4-28 所示。

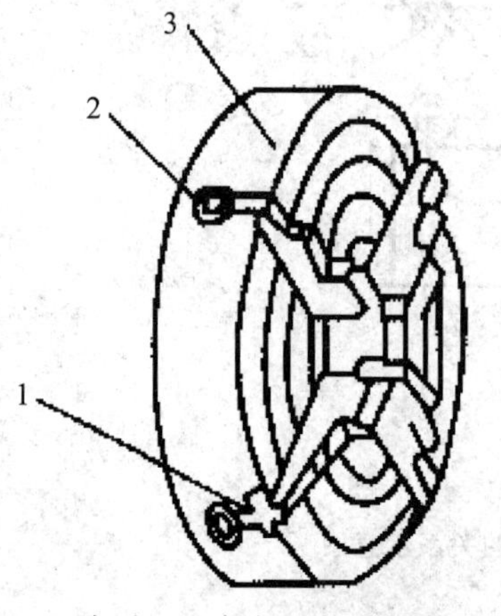

1—卡爪；2—螺杆；3—卡盘体

图 1-4-27 四爪单动卡盘

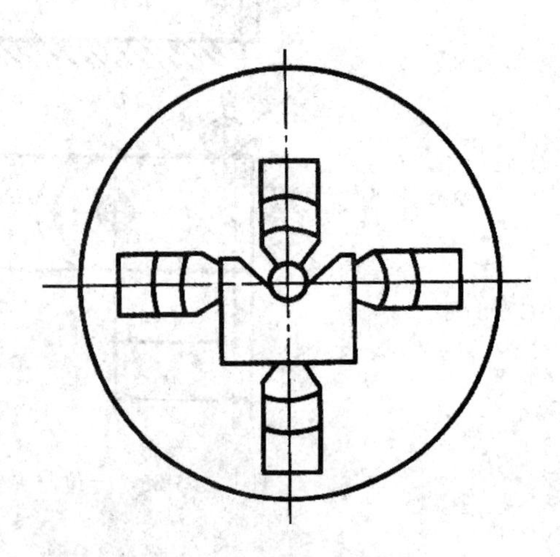

图 1-4-28 V 形架装夹圆棒料

3. 其他常用的装夹方法

表 1-4-1 列出了几种工件常用的装夹方法。

表 1-4-1　一般工件常用的装夹方法

序号	装夹方法	图示	特点	适用范围
1	外梅花顶尖装夹	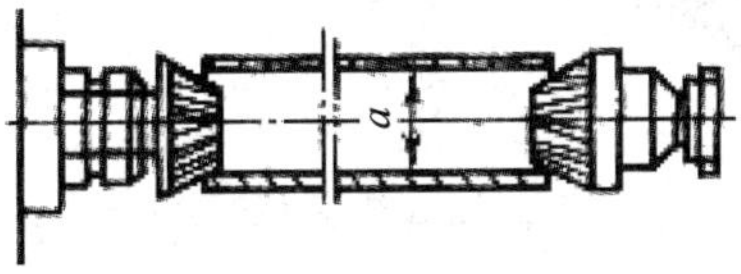	顶尖顶紧即可车削，装夹方便、迅速	适用于带孔工件，孔径大小应在顶尖允许的范围内
2	内梅花顶尖装夹	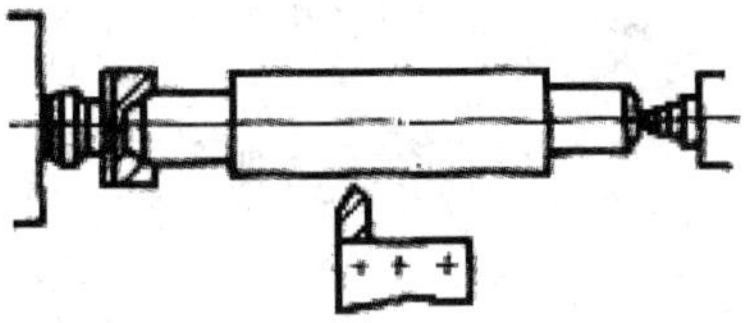	顶尖顶紧即可车削，装夹简便、迅速	适用于不留中心孔的轴类工件，需要磨削时，采用无心磨床磨削
3	摩擦力装夹	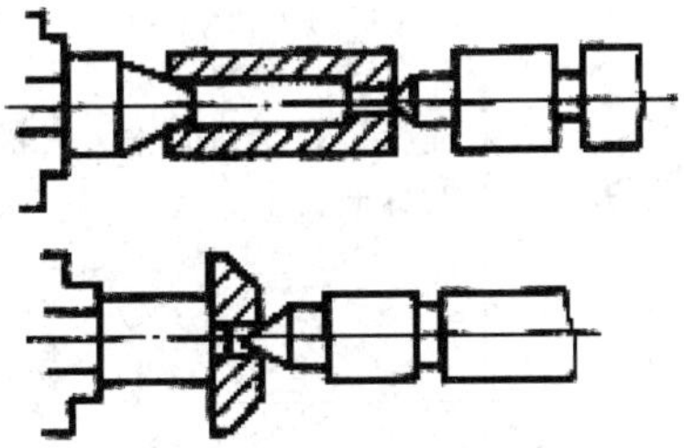	利用顶尖顶紧工件后产生的摩擦力克服切削力	适用于精车加工余量较小的圆柱面或圆锥面
4	中心架装夹	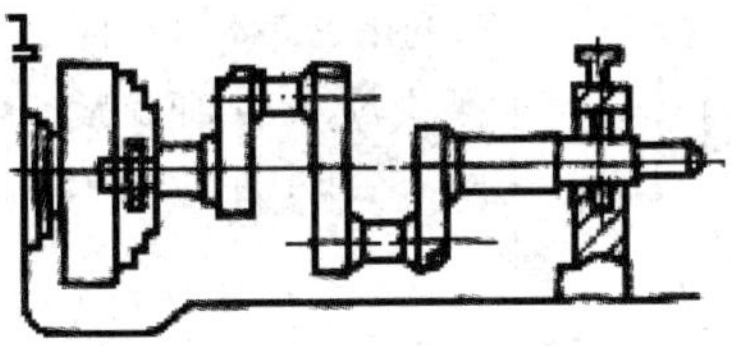	三爪自定心卡盘或四爪单动卡盘配合中心架紧固工作，切削时中心架受力较大	适用于加工曲轴等较长的异形轴类工件
5	锥形心轴装夹	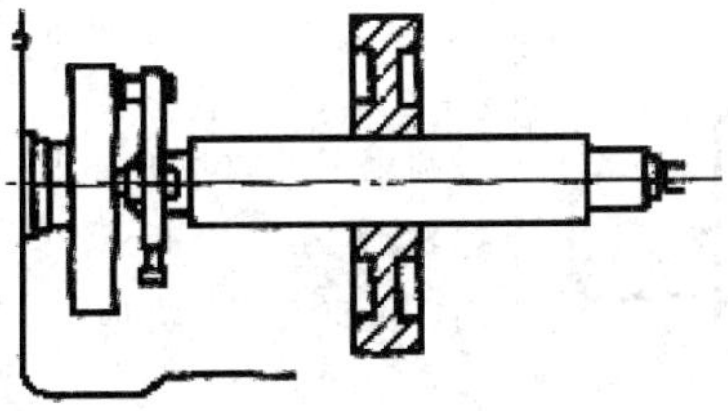	心轴制造简单，工件的孔径可在心轴锥度允许的范围内适当变动	适用于齿轮拉孔后精车外圆等

续表

序号	装夹方法	图示	特点	适用范围
6	夹顶式整体心轴装夹	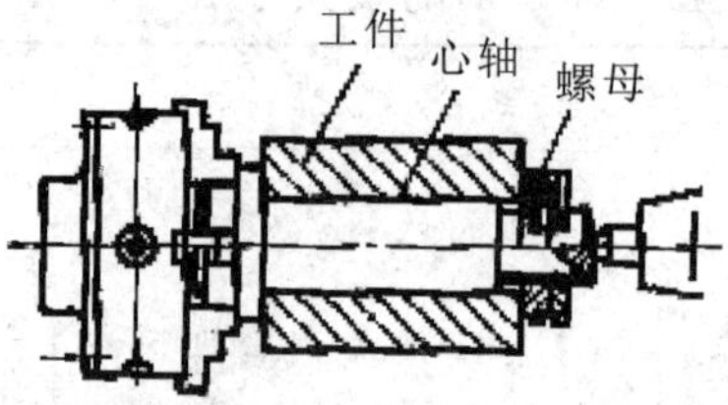 工件 心轴 螺母	工件与心轴间隙配合，靠螺母旋紧后的端面摩擦力克服切削力	适用于孔与外圆同轴度要求一般的工件外圆车削
7	胀力心轴装夹	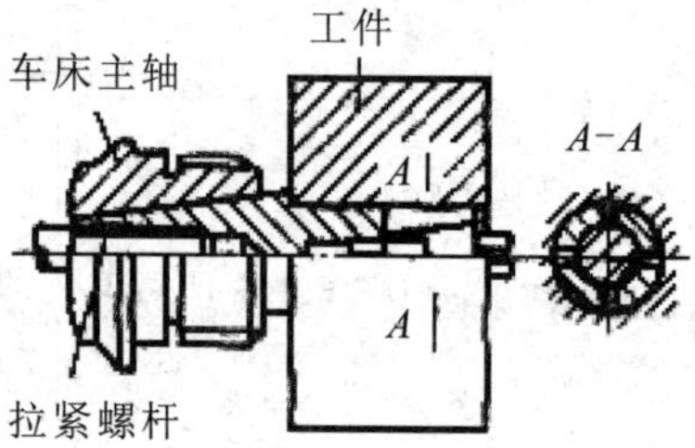 工件 车床主轴 A-A A A 拉紧螺杆	心轴通过圆锥的相对位移产生弹性变形而胀开把工件夹紧，装卸工件方便	适用于孔与外圆同轴度要求较高的工件外圆车削
8	带花键心轴装夹	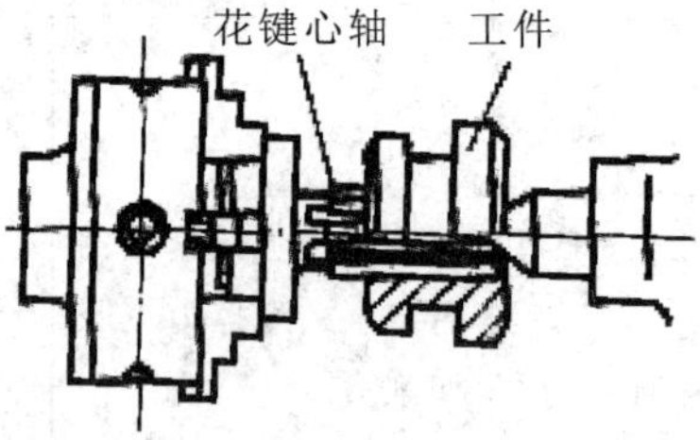 花键心轴 工件	花键心轴外径带有锥度，工件轴向推入即可夹紧	适用于具有矩形花键或渐开线花键孔的齿轮和其他工件
9	外螺纹心轴装夹	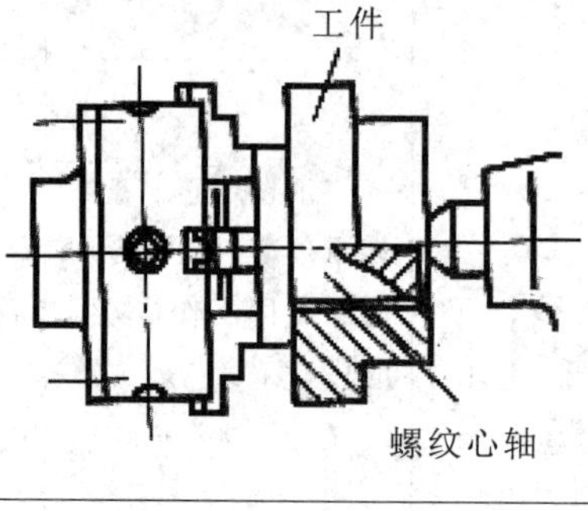 工件 螺纹心轴	利用工件本身的内螺纹旋入心轴后紧固，装卸工件不方便	适用于有内螺纹和对外圆同轴度要求不高的工件
10	内螺纹心轴装夹	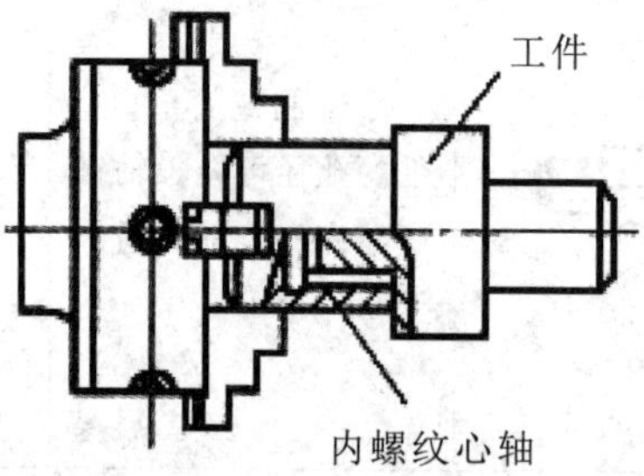 工件 内螺纹心轴	利用工件本身的外螺纹旋入心套后紧固，装卸工件不方便	多用于台阶而轴向尺寸较短的工件

4. 复杂畸形、精密工件装夹

车削过程中，主要是加工有回转表面的、比较规则的工件，但也经常遇到一些外形复杂、不规则的异形工件，例如图 1-4-29 所示的对开轴承座、十字孔工件、双孔连杆、环首螺栓、齿轮油泵体；此外还有偏心工件、曲轴等外形复杂、不规则的异形工件，这些工件不宜用三爪、四爪卡盘装夹，必须使用花盘、角铁或装夹在专用夹具上加工。

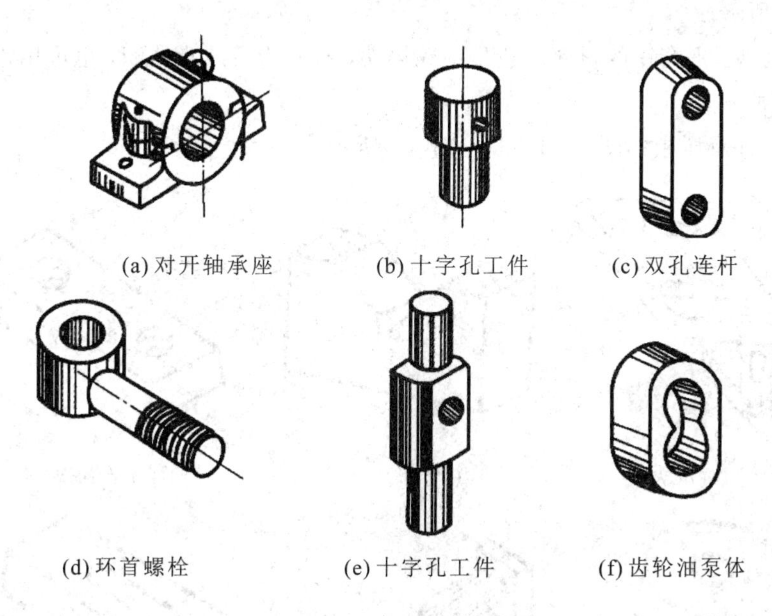

图 1-4-29　复杂工件的种类

（1）花盘。其材料为铸铁，用螺纹或定位孔形式直接装在车床主轴上。它的工作平面与主轴轴线垂直，平面度误差小，表面粗糙度 $Ra<1.6\ \mu m$。平面上开有长短不等的 T 形槽（或通槽），用于安装螺栓紧固工件和其他附件。如图 1-4-30 所示为用百分表检查花盘平面。为了适应大小工件的要求，花盘也有各种规格，常用的有 ϕ250 mm、ϕ300 mm、ϕ420 mm等。

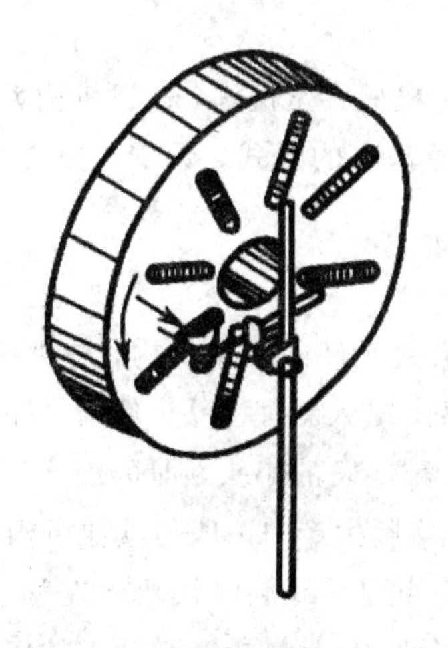

图 1-4-30　用百分表检查花盘平面

(2) 角铁。角铁又叫弯板，是铸铁材料。它有两个相互垂直的平面，表面粗糙度＜1.6 μm，并有较高的垂直度精度，如图 1-4-31(a)所示。

(3) V 形架。V 形架的工作表面是 V 形面，一般做成 90°或 120°，它的两个面之间都有较高的形位精度，主要用作工件以圆弧面为基准的定位，如图 1-4-31(b)所示。

(4) 平垫铁。平垫铁装在花盘或角铁上，作为工件定位的基准平面或导向平面，如图 1-4-31(c)所示。

(5) 平衡铁。平衡铁的材料一般是钢或铸铁，有时为了减小体积，也可用铅制作，如图 1-4-31(d)所示。

(6) 紧固件及压板如图 1-4-31(e)和(f)所示。

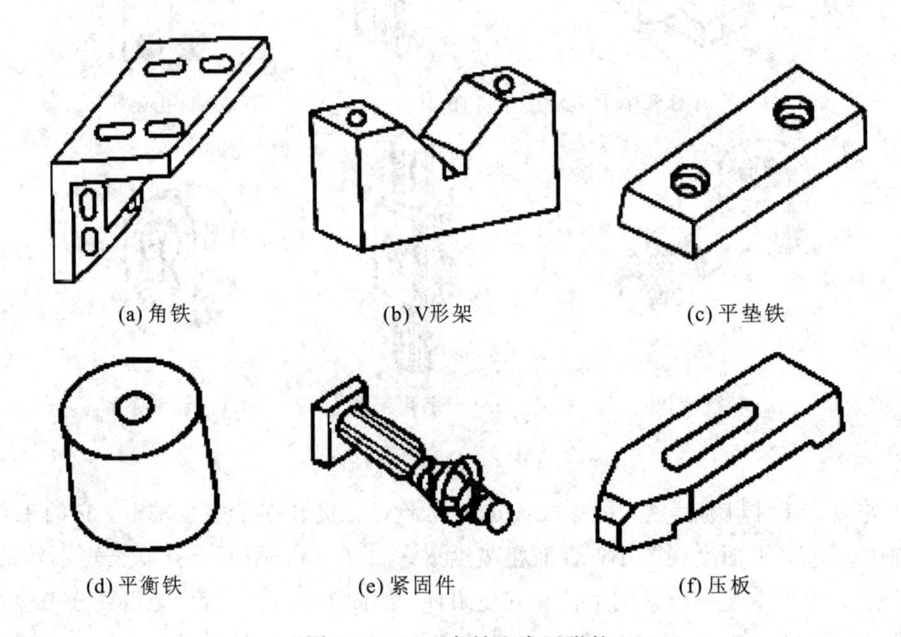

图 1-4-31 角铁和常用附件

4.3.2 铣床夹具

铣床夹具中使用最普遍的是机械夹紧机构，这类机构大多数是利用机械摩擦的原理来夹紧工件的。斜楔夹紧是其中最基本的形式，螺旋、偏心等机构是斜楔夹紧机构的演变形式。

1. 斜楔夹紧机构

采用斜楔作为传力元件或夹紧元件的夹紧机构，称为斜楔夹紧机构。图 1-4-32(a)所示为斜楔夹紧机构的应用示例，敲入斜楔大头，使滑柱下降，装在滑柱上的浮动压板可同时夹紧两个工件。加工完后，敲斜楔的小头，即可松开工件。采用斜楔直接夹紧工件的夹紧力较小、操作不方便，因此实际生产中一般与其他机构联合使用。图 1-4-32(b)为斜楔与螺旋夹紧机构的组合形式，当拧紧螺旋时楔块向左移动，使杠杆压板转动夹紧工件；当反向转动螺旋时，楔块向右移动，杠杆压板在弹簧力的作用下松开工件。

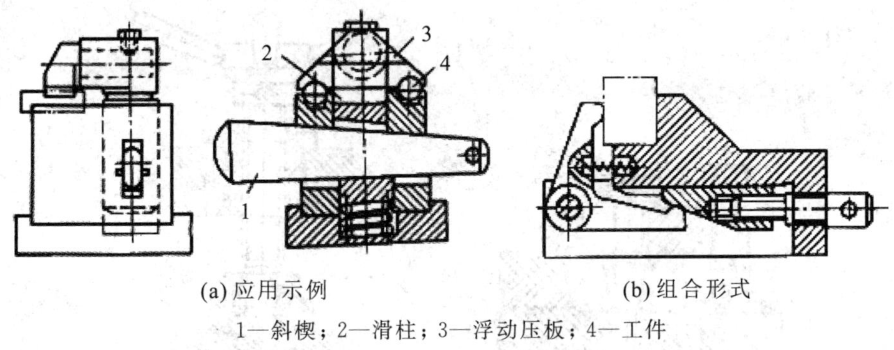

(a) 应用示例　(b) 组合形式

1—斜楔；2—滑柱；3—浮动压板；4—工件

图 1-4-32　斜楔夹紧机构

2. 螺旋夹紧机构

采用螺旋直接夹紧或采用螺旋与其他元件组合实现夹紧的机构，称为螺旋夹紧机构。螺旋夹紧机构具有结构简单、夹紧力大、自锁性好和制造方便等优点，适用于手动夹紧，因而在机床夹具中得到广泛的应用。其缺点是夹紧动作较慢，因此在机动夹紧机构中应用较少。螺旋夹紧机构分为简单螺旋夹紧机构和螺旋压板夹紧机构。

图 1-4-33 所示为最简单的螺旋夹紧机构。图 1-4-33(a)螺栓头部直接对工件表面施加夹紧力，螺栓转动时，容易损伤工件表面或使工件转动，解决这一问题的办法是在螺栓头部套上一个摆动压块，如图 1-4-33(b)所示，这样既能保证与工件表面有良好的接触，防止夹紧时螺栓带动工件转动，还可避免螺栓头部直接与工件接触而造成压痕。摆动压块的结构已经标准化，可根据夹紧表面来选择。

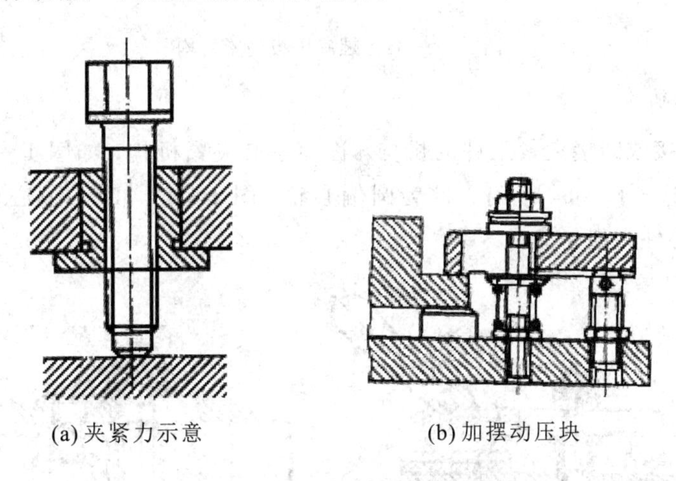

(a) 夹紧力示意　(b) 加摆动压块

图 1-4-33　简单螺旋夹紧机构

实际生产中使用较多的是如图 1-4-34 所示的螺旋压板夹紧机构。它利用杠杆原理实现对工件的夹紧，杠杆比不同，夹紧力也不同。其结构形式变化很多，图 1-4-34(a)、图 1-4-34(b)为移动压板，图 1-4-34(c)、图 1-4-34(d)为转动压板。其中图 1-4-34(d)的增力倍数最大。

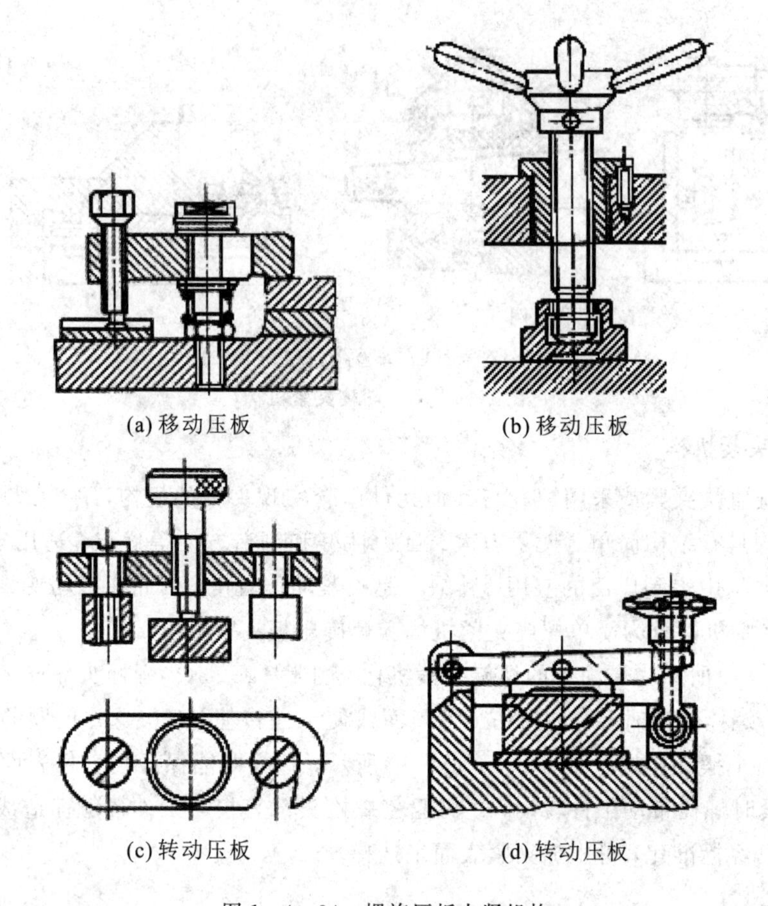

图 1-4-34 螺旋压板夹紧机构

3. 偏心夹紧机构

用偏心件直接或间接夹紧工件的机构，称为偏心夹紧机构，如图 1-4-35 所示。图 1-4-35(a)、图 1-4-35(b)偏心件为圆偏心轮、图 1-4-35(c)偏心件为偏心轴，图 1-4-35(d)偏心件为偏心叉。

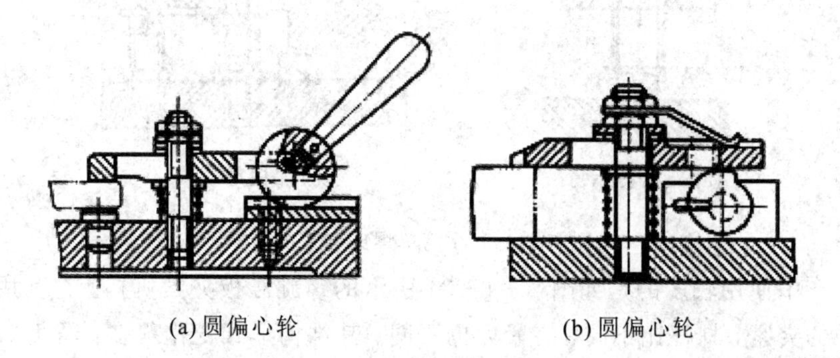

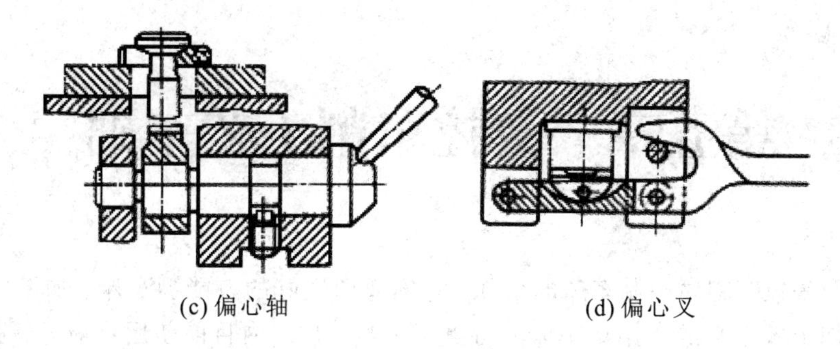

(c) 偏心轴　　(d) 偏心叉

图 1-4-35　偏心夹紧机构

偏心夹紧机构操作简单、夹紧动作快，但夹紧行程和夹紧力较小，一般用于没有振动或振动较小、夹紧力要求不大的场合。

思考与练习

1. 机床夹具按其通用化程度一般可分为哪几类？有何优缺点？各适用于什么场合？
2. 机床夹具由哪几部分组成？各有什么作用？
3. 什么叫定位？常用工件的定位方法有哪几种？适用于什么场合？
4. 什么叫夹紧？夹紧装置应具备的基本要求有哪些？
5. 常用的车床夹具有哪些？各适用于什么场合？
6. 常用的铣床夹具有哪些？各适用于什么场合？

第五章 数控车削工艺基础

数控车床是数字程序控制车床的简称，它集通用性好的万能型车床、加工精度高的精密型车床和加工效率高的专用型车床的特点于一身，是国内目前使用量最大、覆盖面最广的一种数控机床。数控车床可分为卧式和立式两大类，卧式车床又有水平导轨和倾斜导轨（见图 1-5-1）两种，档次较高的数控卧车一般都采用倾斜导轨。按刀架数量分类，又可分为单刀架数控车床和双刀架数控车床，前者是两坐标控制，后者是四坐标控制。双刀架卧车多数采用倾斜导轨。

图 1-5-1　斜床身的数控车床

5.1　数控车削主要工艺内容与特点

5.1.1　数控车削加工工艺的主要内容

数控车削加工工艺主要包括如下内容。

(1) 选择适合在数控车床上加工的零件，确定工序内容。

(2) 分析被加工零件的图纸，明确加工内容及技术要求。

(3) 确定零件的加工方案，制定数控加工工艺路线，如划分工序、安排加工顺序、处理与非数控加工工序的衔接等。

(4) 加工工序的设计，如选取零件的定位基准、确定装夹方案、划分工步、选择刀具和确定切削用量等。

(5) 数控加工程序的调整，如选取对刀点和换刀点、确定刀具补偿及确定加工路线等。

5.1.2　数控车削加工工艺的基本特点

在普通机床上加工零件时，是用工艺规程或工艺卡片来规定每道工序的操作程序，操作者按工艺卡上规定的“程序”加工零件。而在数控机床上加工零件时，要把被加工的全部工艺过程、工艺参数和位移数据编制成程序，并以数字信息的形式记录在控制介质(如穿孔纸带、磁盘等)上，用它控制机床加工。由此可见，数控机床加工工艺与普通机床加工工艺在原则上基本相同，但数控加工的整个过程是自动进行的，因而又有其特点。

(1) 工序的内容复杂。由于数控机床比普通机床价格贵，若只加工简单工序在经济上不合算，所以在数控机床上通常安排较复杂的工序，甚至在普通机床上难以完成的工序。

(2) 工步的安排更为详尽。因为在普通机床的加工工艺中不必考虑的问题，如工序内工步的安排、对刀点、换刀点及加工路线的确定等问题，在编制数控机床加工工艺时却不能忽略。

5.2　数控车削加工工艺的制订

由于生产规模的差异，对于同一零件的车削工艺方案是有所不同的，应根据具体条件，选择经济、合理的车削工艺方案。

1. 加工方法的选择

在数控车床上，能够完成内外回转体表面的车削、钻、镗孔、铰孔和攻螺纹等加工操作，具体选择时应根据零件的加工精度、表面粗糙度、材料、结构形状、尺寸及生产类型等因素，选用相应的加工方法和加工方案。

目前，各种典型表面的加工方案及其所要达到的经济精度和经济表面粗糙度均已制成表格(表1-5-1，表1-5-2，表1-5-3)。

表1-5-1　外圆柱面加工方案

序号	加工方案	经济精度(公差等级表示)	经济表面粗糙度 $R_a/\mu m$	适用范围
1	粗车	IT3～IT11	50～12.5	适用于淬火钢以外的各种金属
2	粗车→半精车	IT10～IT8	6.3～3.2	
3	粗车→半精车→精车	IT8～IT7	1.6～0.8	
4	粗车→半精车→精车→滚压(或抛光)	IT8～IT7	0.2～0.025	
5	粗车→半精车→磨削	IT8～IT7	0.8～0.4	主要用于淬火钢也可用于未淬火钢，但不宜加工有色金属
6	粗车→半精车→粗磨→精磨	IT7～IT6	0.4～0.1	
7	粗车→半精车→粗磨→精磨→超精加工(或轮式超精磨)	IT5	0.1～0.012(或 R_z0.1)	
8	粗车→半精车→精车→精密车(金刚车)	IT7～IT6	0.4～0.025	主要用于要求较高的有色金属加工

续表

序号	加工方案	经济精度（公差等级表示）	经济表面粗糙度 $R_a/\mu m$	适用范围
9	粗车→半精车→粗磨→精磨→超精（或镜面磨）加工	IT5以上	0.025～0.006（或R_z0.05）	极高精度的外圆加工
10	粗车→半精车→粗磨→精磨→研磨	IT5以上	0.1～0.006（或R_z0.05）	

表1-5-2 孔加工方案

序号	加工方案	经济精度（公差等级表示）	经济表面粗糙度 $R_a/\mu m$	适用范围
1	钻	IT13～IT11	12.5	加工未淬火钢及铸铁的实心毛坯，也可用于加工有色金属。孔径小于15～20 mm
2	钻→铰	IT10～IT8	6.3～1.6	
3	钻→粗铰→精铰	IT8～IT7	1.6～0.8	
4	钻→扩	IT11～IT10	12.5～6.3	加工未淬火钢及铸铁的实心毛坯，也可用于加工有色金属。孔径大于15～20 mm
5	钻→扩→铰	IT9～IT8	3.2～1.6	
6	钻→扩→粗铰→精铰	IT7	1.6～0.8	
7	钻→扩→机铰→手铰	IT7～IT6	0.4～0.2	
8	钻→扩→拉	IT9～IT7	1.6～0.1	大批大量生产（精度由拉刀的精度而定）
9	粗镗（或扩孔）	IT13～IT11	12.5～6.3	除淬火钢外各种材料，毛坯有铸出孔或锻出孔
10	粗镗（粗扩）→半精镗（精扩）	IT10～IT9	3.2～1.6	
11	粗镗（粗扩）→半精镗（精扩）→精镗（铰）	IT8～IT7	1.6～0.8	
12	粗镗（粗扩）→半精镗（精扩）→精镗→浮动镗刀精镗	IT7～IT6	0.8～0.4	
13	粗镗（扩）→半精镗→磨孔	IT8～IT7	0.8～0.2	主要用于淬火钢，也可用于未淬火钢，但不宜用于有色金属
14	粗镗（扩）→半精镗→粗磨→精磨	IT7～IT6	0.2～0.1	
15	粗镗→半精镗→精镗→精密镗（金刚镗）	IT7～IT6	0.4～0.05	主要用于精度要求高的有色金属加工
16	钻→（扩）→粗铰→精铰→珩磨；钻→（扩）→拉→珩磨，粗镗→半精镗→精镗→珩磨	IT7～IT6	0.2～0.025	精度要求很高的孔
17	以研磨代替上述方法中的珩磨	IT6～IT5	0.1～0.006	

表 1－5－3 平面加工方案

序号	加 工 方 案	经济精度 （公差等级表示）	经济表面粗糙度 $R_a/\mu m$	适 用 范 围
1	粗车	IT13～IT11	50～12.5	端面
2	粗车→半精车	IT10～IT8	6.3～3.2	
3	粗车→半精车→精车	IT8～IT7	1.6～0.8	
4	粗车→半精车→磨削	IT8～IT6	0.8～0.2	
5	粗刨（或粗铣）	IT3～IT11	25～6.3	一般不淬硬平面（端铣的表面粗糙度值较小）
6	粗刨（或粗铣）→精刨（或精铣）	IT10～IT8	6.3～1.6	
7	粗刨（或粗铣）→精刨（或精铣）→刮研	IT7～IT6	0.8～0.1	精度要求较高的不淬硬平面，批量较大时宜采用宽刃精刨方案
8	以宽刃精刨代替上述刮研	IT7	0.8～0.2	
9	粗刨（或粗铣）→精刨（或精铣）→磨削	IT7	0.8～0.2	精度要求高的淬硬平面或不淬硬平面
10	粗刨（或粗铣）→精刨（或精铣）→粗磨→精磨	IT7～IT6	0.4～0.025	
11	粗铣→拉	IT9～IT7	0.8～0.2	大量生产、较小的平面（精度视拉刀的精度而定）
12	粗铣→精铣→磨削→研磨	IT5 以上	0.1～0.006 （或 R_Z0.05）	高精度平面

选择加工方法时应注意的问题如下：

（1）工件材料性质。一般钢件的精加工可以采用磨削，有色金属精加工为了避免磨削时堵塞砂轮，则用高速精密车或高速精密镗。

（2）工件的结构形状及尺寸。如箱体上的孔，一般不宜选择拉孔和磨孔，而常选择镗孔和铰孔；孔径大时选镗孔，孔径小时选铰孔。

（3）生产类型。对大批大量生产，应采用高效生产方法，如拉削、高速磨削、强力磨削等。

（4）具体生产条件。如平面加工，可以用刨或铣。应充分利用现有设备，平衡设备负荷，挖掘企业潜力，合理安排加工方案。

2. 加工工序的划分

在数控车床上加工零件，工序可以比较集中，一次装夹应尽可能完成全部工序。与普通车床加工相比，数控车床加工工序的划分有其自己的特点，常用的工序划分原则有以下两种。

（1）保持精度原则。数控车床加工要求工序尽可能集中。通常粗、精加工在一次装夹下完成，为减少热变形和切削力变形对工件的形状、位置精度、尺寸精度和表面粗糙度的影响，应将粗、精加工分开进行。对轴类或盘类零件，将待加工面先粗加工，留少量余量精加工来保证表面质量要求。对轴上有孔、螺纹的工件的加工，应先加工表面而后加工孔、螺纹。

(2) 提高生产效率的原则。数控车床加工中，为减少换刀次数，节省换刀时间，应将需用同一把刀加工的加工部位全部完成后，再换另一把刀来加工其他部位；同时应尽量减少空行程，用同一把刀加工工件的多个部位时，应以最短的路线到达各加工部位。

实际生产中，数控车床加工工序的划分要根据具体零件的结构特点、技术要求等情况综合考虑。

3. 走刀路线的确定

因精加工的走刀路线基本上都是沿其零件轮廓顺序进行的，因此确定走刀路线的工作重点是确定粗加工及空行程的进给路线。下面举例分析数控车削加工零件时常用的走刀路线。

1) 车圆锥的加工路线分析

在车床上车外圆锥时可以分为车正锥和车倒锥两种情况，而每一种情况又有两种走刀路线。图 1-5-2 所示为车正锥的两种走刀路线。按图 1-5-2(a)车正锥时，需要计算终刀距 S。假设圆锥大径为 D，小径为 d，锥长为 L，背吃刀量为 a_p，则由相似三角形可得：

$$\frac{D-d}{2L}=\frac{a_p}{S} \tag{1-5-1}$$

$$S=\frac{2La_p}{D-d} \tag{1-5-2}$$

按此种加工路线，刀具切削运动的距离较短。

当按图 1-5-2(b)的走刀路线车正锥时，则不需要计算终刀距 S，只要确定背吃刀量 a_p，即可车出圆锥轮廓，编程方便。但在每次切削中，背吃刀量是变化的，而且切削运动的路线较长。

图 1-5-3(a)、(b)为车倒锥的两种走刀路线，分别与图 1-5-2(a)、(b)相对应，其车锥原理与正锥相同。

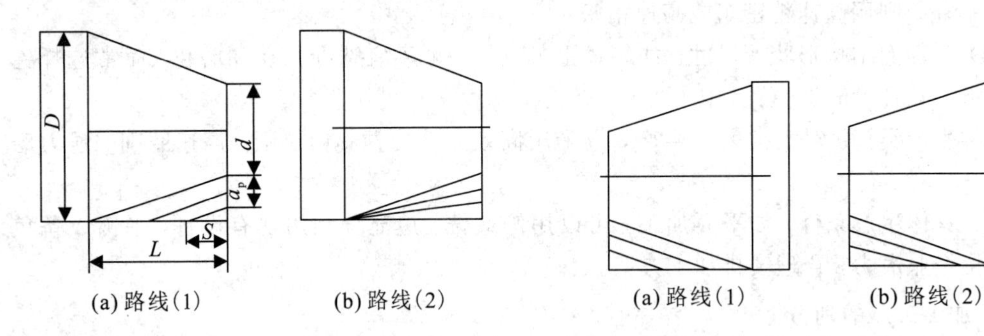

(a) 路线(1)　(b) 路线(2)

图 1-5-2 车正锥的两种加工路线

(a) 路线(1)　(b) 路线(2)

图 1-5-3 车倒锥的两种加工路线

2) 车圆弧的走刀路线分析

应用 G02(或 G03)指令车圆弧，若用一刀就把圆弧加工出来，这样吃刀量太大，容易打刀，所以实际切削时，需要多刀加工，先将大部分余量切除，最后才车得所需圆弧。

图 1-5-4 所示为车圆弧的车圆法走刀路线，即用不同半径的圆来车削，最后加工成所需的圆弧。

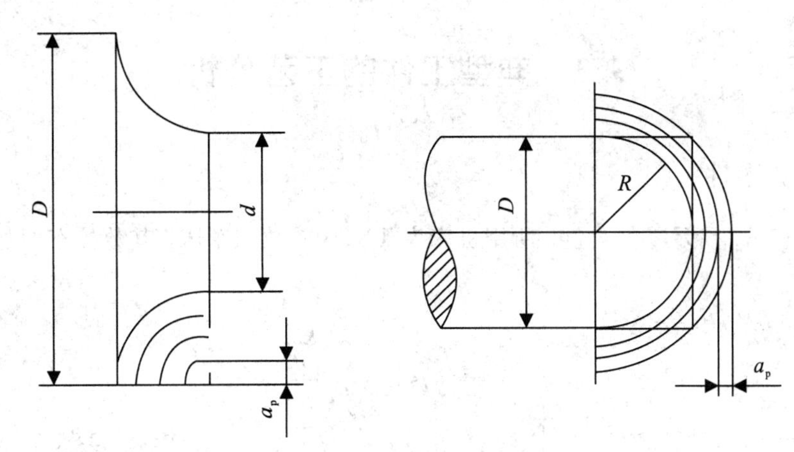

图 1-5-4　车圆法走刀路线

4. 车削加工顺序的安排

制定零件数控车削加工顺序一般遵循下列原则：

(1) 先粗后精。按照粗车→半精车→精车的顺序进行，逐步提高加工精度。粗车将在较短的时间内将工件表面上的大部分加工余量(如图 1-5-5 中的双点划线内所示部分)切掉，一方面提高金属切除率，另一方面满足精车的余量均匀性要求。若粗车后所留余量的均匀性满足不了精加工的要求时，则要安排半精车，以此为精车做准备。精车要保证加工精度，按图样尺寸一刀切出零件轮廓。

(2) 先近后远。在一般情况下，离对刀点近的部位先加工，离对刀点远的部位后加工，以便缩短刀具移动距离，减少空行程时间。对于数控车削而言，先近后远还有利于保持坯件或半成品的刚性，改善其切削条件。例如加工图 1-5-6 所示零件时，若第一刀吃刀量未超限，则应该按 ϕ34→ϕ36→ϕ38 的次序先近后远地安排车削顺序。

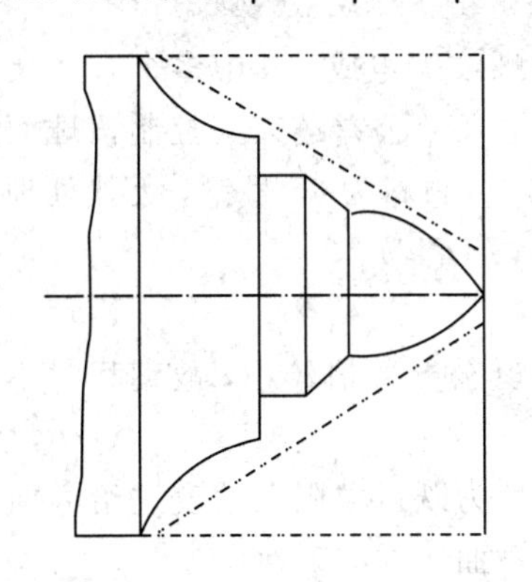

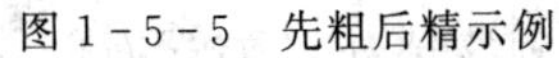

图 1-5-5　先粗后精示例

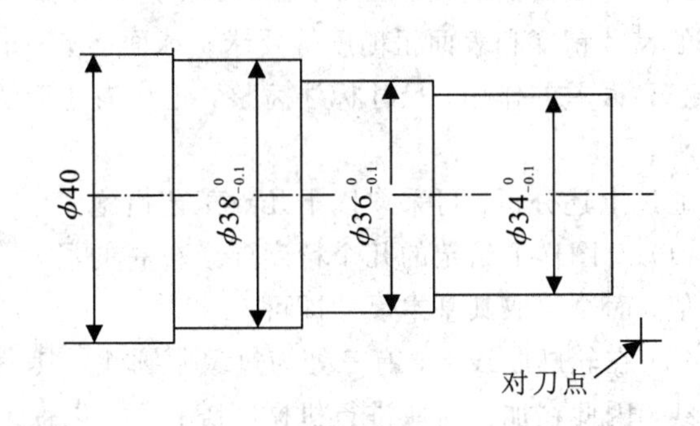

图 1-5-6　先近后远示例

(3) 内外交叉。对既有内表面(内型腔)又有外表面需加工的零件，安排加工顺序时，应先进行内外表面粗加工，后进行内外表面精加工。切不可将零件上一部分表面(外表面或内表面)加工完毕后，再加工其他表面(内表面或外表面)。

(4) 基面先行原则。用作精基准的表面应优先加工出来，因为定位基准的表面越精确，装夹误差就越小。例如轴类零件加工时，总是先加工中心孔，再以中心孔为精基准加工外圆表面和端面。

5.3 典型工件的工艺分析

5.3.1 轴类零件

以图 1-5-7 所示零件为例，所用机床为 TND360 数控车床，其数控车削加工工艺分析如下。

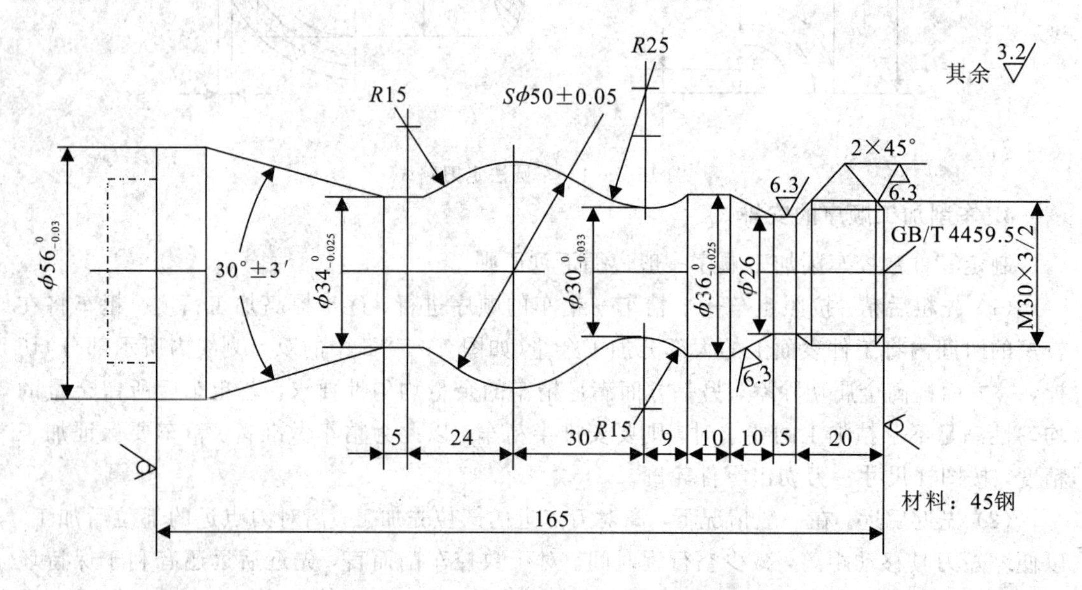

图 1-5-7 典型轴类零件

1. 零件图工艺分析

该零件表面由圆柱、圆锥、顺圆弧、逆圆弧及双线螺纹等组成，其中多个直径尺寸有较高的尺寸精度和表面粗糙度等要求；球面 $S\phi50$ mm 的尺寸公差还兼有控制该球面形状(线轮廓)误差的作用。尺寸标注完整，轮廓描述清楚。零件材料为 45 号钢，无热处理和硬度要求。

通过上述分析，可采取以下几点工艺措施。

(1) 对图样上给定的几个精度要求较高的尺寸，因其公差数值较小，故编程时不必取平均值，而全部取其基本尺寸即可。

(2) 在轮廓曲线上，有三处为过象限圆弧，其中两处为既过象限又改变进给方向的轮廓曲线，因此在加工时应进行机械间隙补偿，以保证轮廓曲线的准确性。

(3) 为便于装夹，坯件左端应预先车出夹持部分(双点划线部分)，右端面也应先粗车出并钻好中心孔。毛坯选 $\phi60$ mm 棒料。

2. 确定装夹方案

确定坯件轴线和左端大端面(设计基准)为定位基准。左端采用三爪自定心卡盘定心夹紧，右端采用活动顶尖支承的装夹方式。

3. 确定加工顺序及进给路线

加工顺序按由粗到精、由近到远(由右到左)的原则确定。即先从右到左进行粗车(留0.25 mm精车余量)，然后从右到左进行精车，最后车削螺纹。

TND360数控车床具有粗车循环和车螺纹循环功能，只要正确使用编程指令，机床数控系统就会自行确定其进给路线，因此，该零件的粗车循环和车螺纹循环不需要人为确定其进给路线(但精车的进给路线需要人为确定)。该零件从右到左沿零件表面轮廓精车进给，如图1-5-8所示。

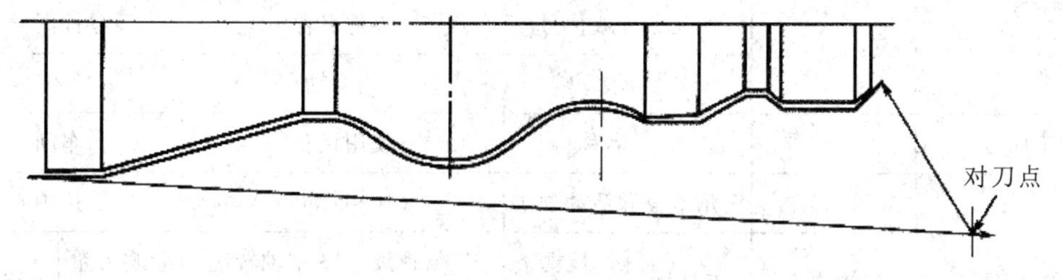

图1-5-8　精车轮廓进给路线

4. 选择刀具

(1) 选用ϕ5 mm中心钻钻削中心孔。

(2) 粗车及平端面选用90°硬质合金右偏刀，为防止副后刀面与工件轮廓干涉(可用作图法检验)，副偏角不宜太小，选$\kappa'_r=35°$。

(3) 为减少刀具数量和换刀次数，精车和车螺纹选用硬质合金60°外螺纹车刀，刀尖圆弧半径应小于轮廓最小圆角半径，取$r_\varepsilon=0.15\sim0.2$ mm。

将所选定的刀具参数填入数控加工刀具卡片中(表1-5-4)，以便于编程和操作管理。

表1-5-4　数控加工刀具卡片

产品名称或代号		×××	零件名称		典型轴	零件图号	×××
序号	刀具号	刀具规格名称	数量	加工表面		刀尖半径/mm	备注
1	T01	ϕ5中心钻	1	钻ϕ5 mm中心孔			
2	T02	硬质合金90°外圆车刀	1	车端面及粗车轮廓			右偏刀
3	T03	硬质合金60°外螺纹车刀	1	精车轮廓及螺纹		0.15	
编制	×××	审核	×××	批准	×××	共　页	第　页

5. 选择切削用量

(1) 背吃刀量的选择。轮廓粗车循环时选$a_p=3$ mm，精车$a_p=0.25$ mm；螺纹粗车循环时选$a_p=0.4$ mm，精车$a_p=0.1$ mm。

(2) 主轴转速的选择。车直线和圆弧时，粗车切削速度$v_c=90$ m/min、精车切削速度$v_c=120$ m/min，然后利用式$v_c=\pi dn/1000$计算主轴转速n(粗车工件直径$D=60$ mm，精车工件直径取平均值)，粗车为500 r/min、精车为1200 r/min。车螺纹时，利用式$n\leqslant\frac{1200}{P}-k$($P$为被加工螺纹螺距，单位mm；$k$为保险系数，一般为80)计算主轴转速，$n=320$ r/min。

(3) 进给速度的选择。选择粗车、精车每转进给量分别为0.4 mm/r和0.15 mm/r，再根据式$v_f = nf$计算粗车、精车进给速度分别为200 mm/min和180 mm/min。

6. 填写数控加工工艺卡片

综合前面分析的各项内容并将其填入表1-5-5所示的数控加工工艺卡片。此表是编制加工程序的主要依据和操作人员配合数控程序进行数控加工的指导性文件，主要内容包括：工步顺序、工步内容、各工步所用的刀具规格、主轴转速、进给速度及切削用量等。

表1-5-5　数控加工工艺卡片

<table>
<tr><td rowspan="2">单位名称</td><td rowspan="2" colspan="2">×××</td><td colspan="2">产品名称或代号</td><td colspan="2">零件名称</td><td colspan="2">零件图号</td></tr>
<tr><td colspan="2">×××</td><td colspan="2">典型轴</td><td colspan="2">×××</td></tr>
<tr><td>工序号</td><td colspan="2">程序编号</td><td colspan="2">夹具名称</td><td colspan="2">使用设备</td><td colspan="2">车间</td></tr>
<tr><td>001</td><td colspan="2">×××</td><td colspan="2">三爪卡盘和活动顶尖</td><td colspan="2">TND360</td><td colspan="2">数控中心</td></tr>
<tr><td>工步号</td><td colspan="2">工步内容</td><td>刀具号</td><td>刀具规格/mm</td><td>进给速度/$mm \cdot min^{-1}$</td><td>主轴转速/$r \cdot min^{-1}$</td><td>背吃刀量/mm</td><td>备注</td></tr>
<tr><td>1</td><td colspan="2">平端面</td><td>T02</td><td>25×25</td><td>500</td><td></td><td></td><td>手动</td></tr>
<tr><td>2</td><td colspan="2">钻中心孔</td><td>T01</td><td>ϕ5</td><td>950</td><td></td><td></td><td>手动</td></tr>
<tr><td>3</td><td colspan="2">粗车轮廓</td><td>T02</td><td>25×25</td><td>500</td><td>200</td><td>3</td><td>自动</td></tr>
<tr><td>4</td><td colspan="2">精车轮廓</td><td>T03</td><td>25×25</td><td>1200</td><td>180</td><td>0.25</td><td>自动</td></tr>
<tr><td>5</td><td colspan="2">粗车螺纹</td><td>T03</td><td>25×25</td><td>320</td><td>960</td><td>0.4</td><td>自动</td></tr>
<tr><td>6</td><td colspan="2">精车螺纹</td><td>T03</td><td>25×25</td><td>320</td><td>960</td><td>0.1</td><td>自动</td></tr>
<tr><td>编制</td><td>×××</td><td>审核</td><td>×××</td><td>批准</td><td>×××</td><td>年　月　日</td><td>共　页</td><td>第　页</td></tr>
</table>

5.3.2　轴套类零件

下面以图1-5-9所示轴承套零件为例，分析其数控车削加工工艺(单件小批量生产)，所用机床为CJK6240。

1. 零件图工艺分析

该零件表面由内外圆柱面、内圆锥面、顺圆弧、逆圆弧及外螺纹等组成，其中多个直径尺寸与轴向尺寸有较高的尺寸精度和表面粗糙度要求。零件图尺寸标注完整，符合数控加工尺寸标注要求；轮廓描述清楚完整；零件材料为45号钢，切削加工性能较好，无热处理和硬度要求。

通过上述分析，采取以下几点工艺措施。

(1) 零件图样上带公差的尺寸，因公差值较小，故编程时不必取其平均值，而取基本尺寸即可。

(2) 左右端面均为多个尺寸的设计基准，相应工序加工前，应该先将左右端面车出来。

(3) 内孔尺寸较小，镗1∶20锥孔与镗ϕ32孔及15°斜面时需掉头装夹。

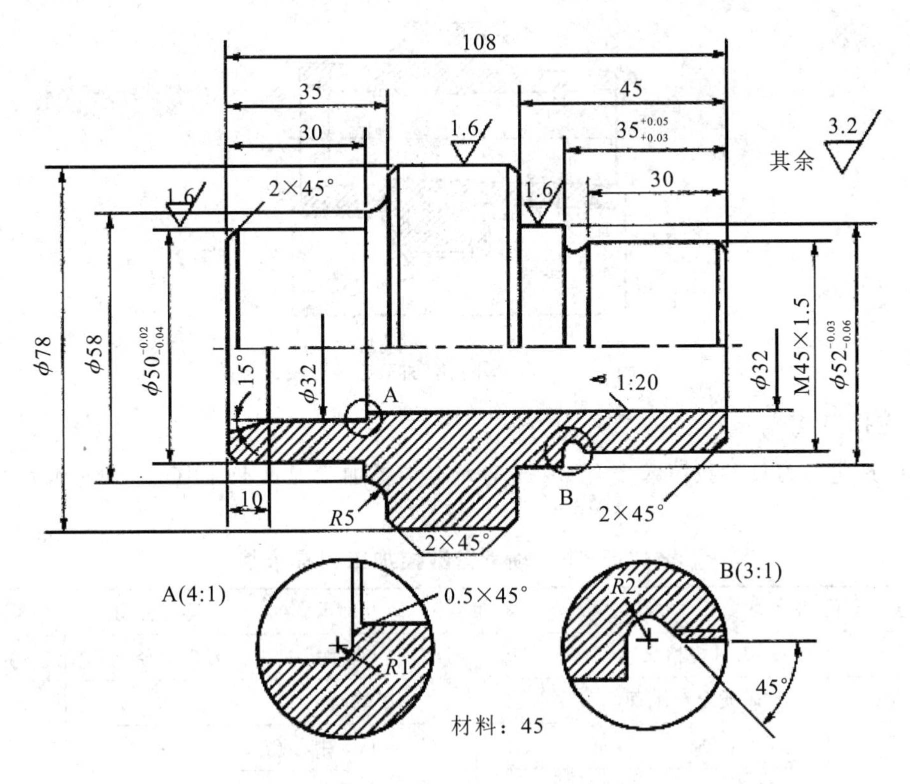

图 1－5－9　轴承套零件

2. 确定装夹方案

内孔加工时以外圆定位，用三爪自动定心卡盘夹紧。加工外轮廓时，为保证一次安装加工出全部外轮廓，需要设一圆锥心轴装置(见图 1－5－10 双点划线部分)，用三爪卡盘夹持心轴左端，心轴右端留有中心孔并用尾座顶尖顶紧以提高工艺系统的刚性。

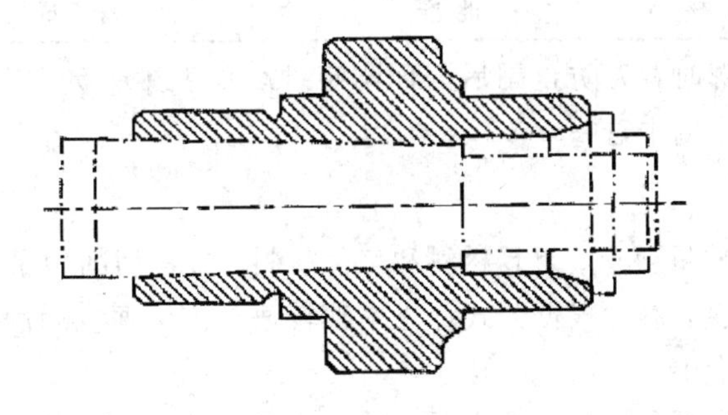

图 1－5－10　外轮廓车削装夹方案

3. 确定加工顺序及走刀路线

加工顺序按由内到外、由粗到精、由近到远的原则确定，在一次装夹中尽可能加工出较多的工件表面。结合本零件的结构特征，可先加工内孔各表面，然后加工外轮廓表面。由于该零件为单件小批量生产，设计走刀路线不必考虑最短进给路线或最短空行程路线，外轮廓表面车削走刀路线可沿零件轮廓顺序进行(见图 1－5－11)。

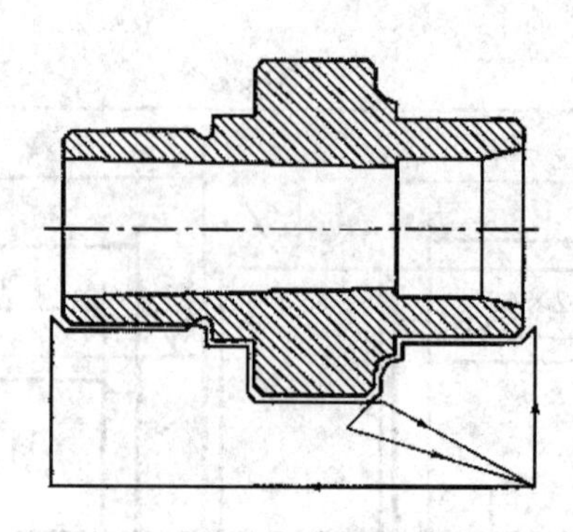

图 1-5-11 外轮廓加工走刀路线

4. 选择刀具

将所选定的刀具参数填入表 1-5-6 轴承套数控加工刀具卡片中，以便于编程和操作管理。

表 1-5-6 轴承套数控加工刀具卡片

产品名称或代号		×××	零件名称	轴承套	零件图号	×××
序号	刀具号	刀具规格名称	数量	加工表面	刀尖半径/mm	备注
1	T01	45°硬质合金端面车刀	1	车端面	0.4	25×25
2	T02	ϕ5 中心钻	1	钻 ϕ5 mm 中心孔		
3	T03	ϕ26 mm 钻头	1	钻底孔		
4	T04	镗刀	1	镗内孔各表面	0.4	20×20
5	T05	93°右偏刀	1	从右至左车外表面	0.4	25×25
6	T06	93°左偏刀	1	从左至右车外表面	0.4	25×25
7	T07	60°外螺纹车刀	1	车 M45 螺纹	0.2	25×25
编制 ×××	审核 ×××	批准 ×××		年 月 日	共 页	第 页

注意：车削外轮廓时，为防止副后刀面与工件表面发生干涉，应选择较大的副偏角，必要时可作图检验。本例中选 $\kappa'_r=55°$。

5. 选择切削用量

根据被加工表面质量要求、刀具材料和工件材料，参考切削用量手册或有关资料选取切削速度与每转进给量，然后根据公式计算主轴转速与进给速度(计算过程略)，计算结果填入表 1-5-7 工艺卡中。

背吃刀量的选择因粗、精加工而有所不同。粗加工时，在工艺系统刚性和机床功率允许的情况下，尽可能取较大的背吃刀量，以减少进给次数；精加工时，为保证零件表面粗糙度要求，背吃刀量一般取 0.1～0.4 mm 较为合适。

6. 填写数控加工工艺卡片

将前面分析的各项内容综合成表 1-5-7 所示的数控加工工艺卡片，此表是编制加工程序的主要依据和操作人员配合数控程序进行数控加工的指导性文件，主要内容包括：工步顺序、工步内容、各工步所用的刀具规格、主轴转速、进给速度及切削用量等。

表 1-5-7　轴承套数控加工工艺卡片

<table>
<tr><td colspan="2" rowspan="2">单位名称</td><td rowspan="2">×××</td><td colspan="2">产品名称或代号</td><td>零件名称</td><td colspan="2">零件图号</td></tr>
<tr><td colspan="2">×××</td><td>轴承套</td><td colspan="2">×××</td></tr>
<tr><td colspan="2">工序号</td><td>程序编号</td><td colspan="2">夹具名称</td><td>使用设备</td><td colspan="2">车间</td></tr>
<tr><td colspan="2">001</td><td>×××</td><td colspan="2">三爪卡盘和自制心轴</td><td>CJK6240</td><td colspan="2">数控中心</td></tr>
<tr><td>工步号</td><td colspan="2">工步内容</td><td>刀具号</td><td>刀具规格/mm</td><td>主轴转速/r·min^{-1}</td><td>进给速度/mm·min^{-1}</td><td>背吃刀量/mm</td><td>备注</td></tr>
<tr><td>1</td><td colspan="2">平端面</td><td>T01</td><td>25×25</td><td>320</td><td></td><td>1</td><td>手动</td></tr>
<tr><td>2</td><td colspan="2">钻 ϕ5 中心孔</td><td>T02</td><td>ϕ5</td><td>950</td><td></td><td>2.5</td><td>手动</td></tr>
<tr><td>3</td><td colspan="2">钻底孔</td><td>T03</td><td>ϕ26</td><td>200</td><td></td><td>13</td><td>手动</td></tr>
<tr><td>4</td><td colspan="2">粗镗 ϕ2 内孔、15°斜面及 0.5×45°倒角</td><td>T04</td><td>20×20</td><td>320</td><td>40</td><td>0.8</td><td>自动</td></tr>
<tr><td>5</td><td colspan="2">精镗 ϕ32 内孔、15°斜面及 0.5×45°倒角</td><td>T04</td><td>20×20</td><td>400</td><td>25</td><td>0.2</td><td>自动</td></tr>
<tr><td>6</td><td colspan="2">掉头装夹粗镗 1∶20 锥孔</td><td>T04</td><td>20×20</td><td>320</td><td>40</td><td>0.8</td><td>自动</td></tr>
<tr><td>7</td><td colspan="2">精镗 1∶20 锥孔</td><td>T04</td><td>20×20</td><td>400</td><td>20</td><td>0.2</td><td>自动</td></tr>
<tr><td>8</td><td colspan="2">心轴装夹从右至左粗车外轮廓</td><td>T05</td><td>25×25</td><td>320</td><td>40</td><td>1</td><td>自动</td></tr>
<tr><td>9</td><td colspan="2">从左至右粗车外轮廓</td><td>T06</td><td>25×25</td><td>320</td><td>40</td><td>1</td><td>自动</td></tr>
<tr><td>10</td><td colspan="2">从右至左精车外轮廓</td><td>T05</td><td>25×25</td><td>400</td><td>20</td><td>0.1</td><td>自动</td></tr>
<tr><td>11</td><td colspan="2">从左至右精车外轮廓</td><td>T06</td><td>25×25</td><td>400</td><td>20</td><td>0.1</td><td>自动</td></tr>
<tr><td>12</td><td colspan="2">卸心轴，改为三爪装夹，粗车 M45 螺纹</td><td>T07</td><td>25×25</td><td>320</td><td>480</td><td>0.4</td><td>自动</td></tr>
<tr><td>13</td><td colspan="2">精车 M45 螺纹</td><td>T07</td><td>25×25</td><td>320</td><td>480</td><td>0.1</td><td>自动</td></tr>
<tr><td>编制</td><td>×××</td><td>审核</td><td>×××</td><td>批准</td><td>×××</td><td>年　月　日</td><td>共 页</td><td>第 页</td></tr>
</table>

思考与练习

1. 数控车削加工工艺的主要内容有哪些？
2. 制定零件数控车削加工工序的划分原则是什么？

第六章　数控铣削/加工中心工艺基础

数控铣削以普通铣削加工为基础，同时结合数控机床的特点，不但能完成普通铣削加工的全部内容，而且能完成普通铣削加工难以进行或者无法进行的加工工序。数控铣削加工设备主要有数控铣床和加工中心，可以对零件进行平面轮廓铣削、曲面轮廓铣削加工，还可以进行钻、扩、绞、镗、锪加工及螺纹加工等。

6.1　数控铣削的主要工艺内容与特点

6.1.1　数控铣削的主要工艺内容

数控铣床主要工艺包括如下内容。

(1) 选择适合在数控铣床上加工的零件，确定工序内容。

(2) 分析被加工零件的图纸，明确加工内容及技术要求。

(3) 确定零件的加工方案，制定数控铣削加工工艺路线，如划分工序、安排加工顺序、处理与非数控加工工序的衔接等。

(4) 数控铣削加工工序的设计，如选取零件的定位基准、确定夹具方案、划分工步、选择刀具和确定切削用量等。

(5) 数控铣削加工程序的调整，如选取对刀点和换刀点、确定刀具补偿及确定加工路线等。

6.1.2　数控铣削加工工艺的基本特点

由于普通铣床受控于操作工人，因此，在普通铣床上用的工艺规程实际上只是一个工艺过程卡，铣床的切削用量、走刀路线、工序的工步等都是由操作工人自行选定。数控铣床加工的程序是数控铣床的指令性文件，数控铣床受控于程序指令，加工的全过程都是按程序指令自动进行的。因此，数控铣床加工程序与普通铣床工艺规程有较大差别，涉及的内容也较广。数控铣床加工程序不仅要包括零件的工艺过程，而且要包括切削用量、走刀路线、刀具尺寸以及铣床的运动过程。因此，要求编程人员对数控铣床的性能、特点、运动方式、刀具系统、切削规范以及工件的装夹方法都要非常熟悉。工艺方案的好坏不仅会影响铣床效率的发挥，而且将直接影响零件的加工质量。

6.2　加工中心的刀库系统及工艺特点简介

6.2.1　加工中心的刀库系统简介

刀库和换刀机构的设置是加工中心与其他数控机床的显著区别。正是因为加工中心具有刀库和换刀机构，所以其加工的自动化程度更高，加工的功能更强，从而生产效率也会显著提高。

1. 刀库的形式

加工中心常用的刀库有鼓轮式刀库和链式刀库两种。鼓轮式刀库的结构简单、紧凑，应用较广，但存放刀具一般不超过 32 把，它又可分为径向取刀形式、轴向取刀形式、刀具径向布置形式和刀具角度布置形式，如图 1-6-1 所示。链式刀库多为轴向取刀形式，主要用于刀库容量较大的加工中心，一般为几十把至几百把刀具，如图 1-6-2 所示。

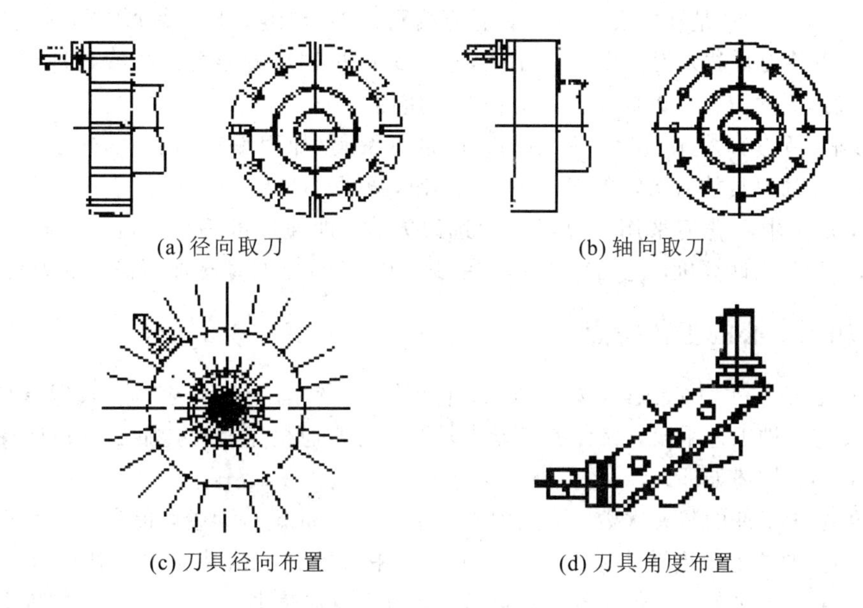

(a) 径向取刀　(b) 轴向取刀

(c) 刀具径向布置　(d) 刀具角度布置

图 1-6-1　鼓轮式刀库

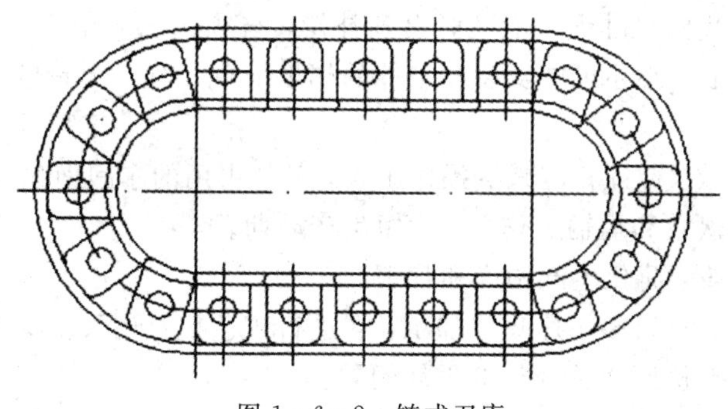

图 1-6-2　链式刀库

2. 换刀过程

加工中心是采用机械手或机器人进行自动换刀。在整个换刀过程中，首先是将加工所需要的全部刀具分别安装在标准的刀柄上，在机床外进行刀具尺寸的预调整后，并按一定的方式将刀具放入刀库中。在加工中进行换刀时，先将刀库中的刀具进行选刀，即刀库按照指令要求自动将要用的刀具移动到换刀所需的位置上，为下一步换刀做好准备，然后加工中心开始换刀，即将用过的刀具从主轴上取下，放回刀库；将新的刀具从刀库中取下，装入主轴。

3. 刀具的选择方式

加工中心常用的选刀方式有顺序选刀方式和任选方式两种。

(1) 顺序选刀方式。顺序选刀方式是将加工所需要的刀具，按照预先确定的加工顺序依次安装在刀座中，换刀时，刀库按顺序转位。这种方式的控制及刀库运动简单，但刀库中刀具排列的顺序不能出错。

(2) 任选方式。任选方式是对刀具或刀座进行编码，并根据编码进行选刀。它又可分为刀具编码和刀座编码两种方式：

① 刀具编码方式是利用安装在刀柄上的编码元件(如编码环、编码螺钉等)预先对刀具编码后，再将刀具放入刀座中。换刀时，通过编码识别装置根据刀具编码进行选刀。采用这种方式编码的刀具可以放在刀库的任意刀座中。

② 刀座编码方式是预先对刀库中的刀座进行编码(如用编码钥匙等方法)，并将与刀座编码相对应的刀具放入指定的刀座中。换刀时，根据刀座编码进行选刀。

目前，加工中心普遍采用计算机实现选刀方式，即通过可编程控制器(Programmable Controller，PC)或计算机，记忆每把刀具在刀库中的位置，自动选取所需要的刀具。

6.2.2 加工中心的工艺特点

加工中心是一种功能较全的数控机床，它集铣削、钻削、铰削、镗削、攻螺纹和切螺纹于一身，具有多种工艺手段，综合加工能力较强。与普通机床相比，加工中心具有许多显著的工艺特点。详述如下。

(1) 可减少工件的装夹次数，消除因多次装夹带来的定位误差，提高加工精度。当零件各加工部位的位置精度要求较高时，采用加工中心能在一次装夹中将各个部位加工出来，避免了工件多次装夹所带来的定位误差，有利于保证各加工部位的位置精度要求。同时，加工中心多采用半闭环甚至全闭环的位置补偿功能，有较高的定位精度和重复定位精度，在加工过程中产生的尺寸误差能及时得到补偿，与普通机床相比，能获得较高的尺寸精度。另外，采用加工中心还可减少装卸工件的辅助时间，节省大量的专用和通用工艺装备，降低生产成本。

(2) 可减少机床数量，并相应减少操作工人，节省占用的车间面积。

(3) 可减少周转次数和运输工作量，缩短生产周期。

(4) 在制品数量少，简化生产调度和管理。

(5) 使用各种刀具进行多工序集中加工，在进行工艺设计时要处理好刀具在换刀及加工时与工件、夹具甚至机床相关部位的干涉问题。

(6) 若在加工中心上连续进行粗加工和精加工，夹具既要能适应粗加工时切削力大、高刚度、夹紧力大的要求，又须适应精加工时定位精度高、零件夹紧变形尽可能小的要求。

(7) 由于采用自动换刀和自动回转工作台进行多工位加工，决定了卧式加工中心只能进行悬臂加工。由于不能在加工中设置支架等辅助装置，应尽量使用刚性好的刀具，并解决刀具的振动和稳定性问题。另外，由于加工中心是通过自动换刀来实现工序或工步集中的，因此受刀库、机械手的限制，刀具的直径、长度、重量一般都不允许超过机床说明书所规定的范围。

(8) 多工序的集中加工要及时处理切屑。

(9) 在将毛坯加工为成品的过程中，零件不能进行时效，内应力难以消除。

(10) 技术复杂，对使用、维修、管理要求较高，要求操作者具有较高的技术水平。

加工中心一次性投资大，还需配置其他辅助装置，如刀具预调设备、数控工具系统或三坐标测量机等，机床的加工工时费用高，如果零件选择不当，会增加加工成本。

6.3　数控铣削加工工艺的制订

随着数控加工技术的发展，在不同设备和技术条件下，同一个零件的加工工艺路线会有较大的差别，但关键的都是从现有加工条件出发，根据工件形状结构特点合理选择加工方法、划分加工工序、确定加工路线和工件各个加工表面的加工顺序，协调数控铣削工序和其他工序之间的关系以及考虑整个工艺方案的经济性等。

1. 加工方法的选择

数控铣削加工对象的主要加工表面一般可采用表 1-6-1 所列的加工方案。

表 1-6-1　加工表面的加工方案

序号	加工表面	加工方案	所使用的刀具
1	平面内、外轮廓	x、y、z 方向粗铣→内外轮廓方向分层半精铣→轮廓高度方向分层半精铣→内外轮廓精铣	整体高速钢或硬质合金立铣刀；机夹可转位硬质合金立铣刀
2	空间曲面	x、y、z 方向粗铣→曲面 z 方向分层粗铣→曲面半精铣→曲面精铣	整体高速钢或硬质合金立铣刀、球头铣刀；机夹可转位硬质合金立铣刀、球头铣刀
3	孔	定尺寸刀具加工铣削	麻花钻、扩孔钻、铰刀、镗刀 整体高速钢或硬质合金立铣刀；机夹可转位硬质合金立铣刀
4	外螺纹	螺纹铣刀铣削	螺纹铣刀
5	内螺纹	攻丝螺纹铣刀铣削	丝锥螺纹铣刀

1) 平面加工方法的选择

在数控铣床上加工平面主要采用端铣刀和立铣刀加工。粗铣的尺寸精度和表面粗糙度一般可达 IT11～IT13，Ra6.3～Ra25；精铣的尺寸精度和表面粗糙度一般可达 IT8～IT10，Ra1.6～Ra6.3。需要注意的是：当零件表面粗糙度要求较高时，应采用顺铣方式。

2) 平面轮廓加工方法的选择

平面轮廓多由直线和圆弧或各种曲线构成，通常采用三坐标数控铣床进行两轴半坐标加工。图 1-6-3 所示为由直线和圆弧构成的零件平面轮廓 $ABCDEA$，采用半径为 R 的立铣刀沿周向加工，虚线 $A'B'C'D'E'A'$ 为刀具中心的运动轨迹。为保证加工面光滑，刀具沿 PA' 切入，沿 $A'K'$ 切出。

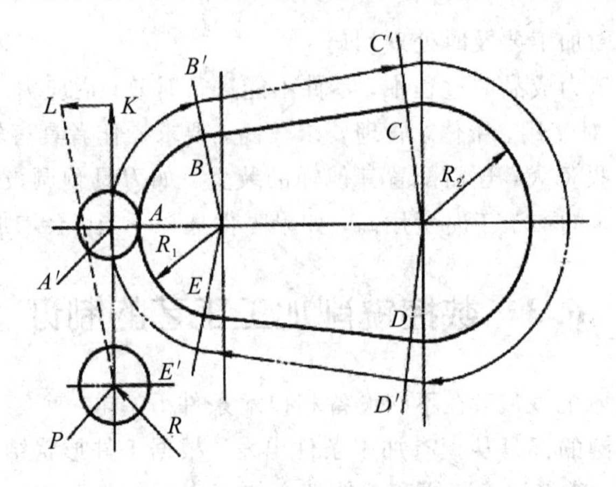

图 1-6-3　平面轮廓铣削

3）固定斜角平面加工方法的选择

固定斜角平面是与水平面成一固定夹角的斜面。当零件尺寸不大时，可用斜垫板垫平后加工；如果机床主轴可以摆角，则可以摆成适当的定角，用不同的刀具来加工(见图 1-6-4)。当零件尺寸很大，斜面斜度又较小时，常用行切法加工，但加工后，会在加工面上留下残留面积，需要用钳修方法加以清除，用三坐标数控立铣加工飞机整体壁板零件时常用此法。当然，加工斜面的最佳方法是采用五坐标数控铣床，主轴摆角后加工，可以不留残留面积。

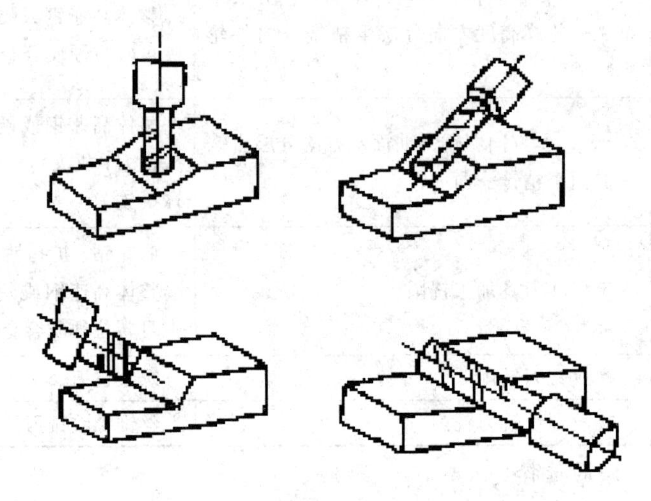

图 1-6-4　主轴摆角加工固定斜角平面

4）变斜角面加工方法的选择

(1) 对曲率变化较小的变斜角面，选用 x、y、z 和 A 四坐标联动的数控铣床，采用立铣刀(但当零件斜角过大，超过机床主轴摆角范围时，可用角度成型铣刀加以弥补)以插补方式摆角加工，如图 1-6-5(a)所示。加工时，为保证刀具与零件型面在全长上始终贴合，刀具绕 A 轴摆动角度 α。

(2) 对曲率变化较大的变斜角面，用四坐标联动加工难以满足加工要求，最好用 x、y、z、A 和 B(或 C 转轴)的五坐标联动数控铣床，以圆弧插补方式摆角加工，如图 1-6-5(b)所示。图中夹角 A 和 B 分别是零件斜面母线与 z 坐标轴夹角 α 在 zOy 平面上和 xOy 平面上的分夹角。

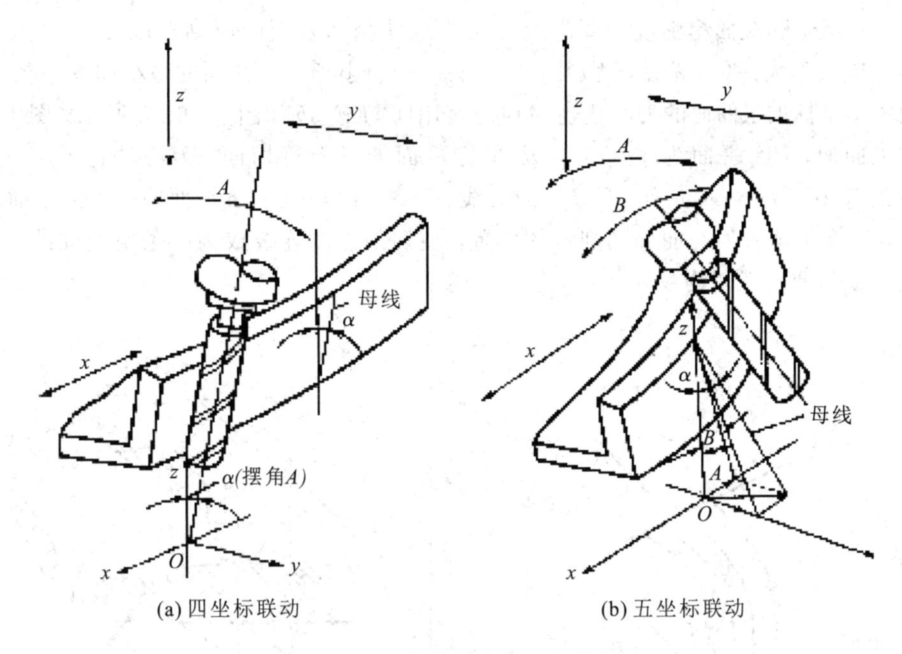

(a) 四坐标联动　　(b) 五坐标联动

图 1－6－5　数控铣床加工变斜角面

(3) 采用三坐标数控铣床两坐标联动，利用球头铣刀和鼓形铣刀，以直线或圆弧插补方式进行分层铣削加工，加工后的残留面积用钳修方法清除。用鼓形铣刀分层铣削变斜角面的情形，如图 1－6－6 所示。由于鼓形铣刀的鼓径可以做得比球头铣刀的球径大，所以加工后的残留面积高度小，加工效果比球头刀好。

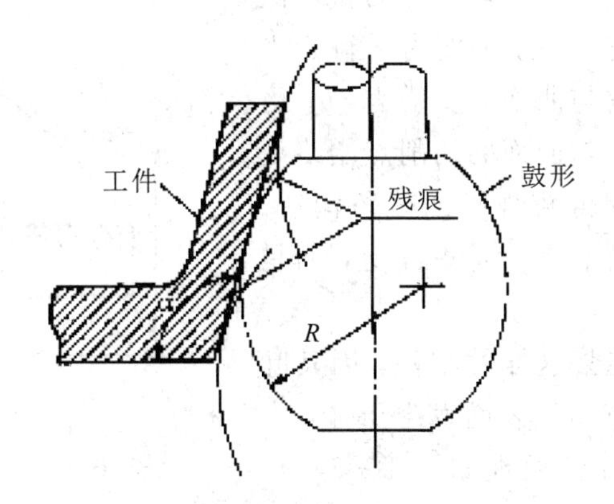

图1－6－6　用鼓形铣刀分层铣削变斜角面

5) 曲面轮廓加工方法的选择

立体曲面的加工应根据曲面形状、刀具形状以及精度要求采用不同的铣削加工方法，如两轴半、三轴、四轴及五轴等联动加工。

(1) 对曲率变化不大和精度要求不高的曲面的粗加工，常用两轴半坐标行切法加工(所谓行切法，是指刀具与零件轮廓的切点轨迹是一行一行的，而行间的距离是按零件加工精度的要求确定的)。即 x、y、z 三轴中任意两轴作联动插补，第三轴作单独的周期进给。如图 1－6－7 所示，将 x 向分成若干段，球头铣刀沿 yOz 面所截的曲线进行铣削，每一段加工完后进给 Δx，再加工另一相邻曲线，如此依次切削即可加工出整个曲面。在行切法中，要根据轮廓表面粗糙度的要求及刀头不干涉相邻表面的原则选取 Δx。球头铣刀的刀头半径应选得大一些，有利于散热，但刀头半径应小于内凹曲面的最小曲率半径。

两轴半坐标加工曲面的刀心轨迹 O_1O_2 和切削点轨迹 ab 如图 1-6-8 所示。图中 $ABCD$ 为被加工曲面，P_{yOz} 平面为平行于 yOz 坐标平面的一个行切面，刀心轨迹 O_1O_2 为曲面 $ABCD$ 的等距面 $IJKL$ 与行切面 P_{yOz} 的交线，显然 O_1O_2 是一条平面曲线。由于曲面的曲率变化，改变了球头刀与曲面切削点的位置，使切削点的连线成为一条空间曲线，从而在曲面上形成扭曲的残留沟纹。

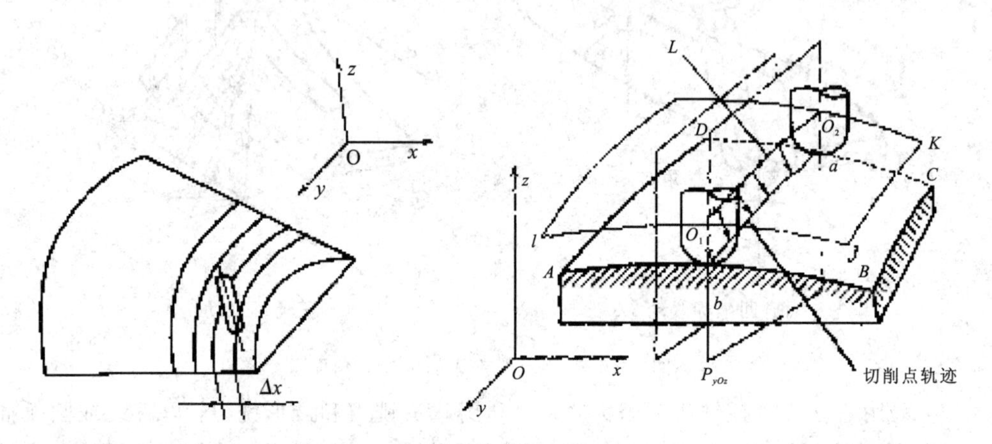

图1-6-7 两轴半坐标行切法加工曲面　　图 1-6-8 两轴半坐标行切法加工曲面

(2) 对曲率变化较大和精度要求较高的曲面的精加工，常用 x、y、z 三轴联动插补的行切法加工。如图 1-6-9 所示，P_{yOz} 平面为平行于坐标平面的一个行切面，它与曲面的交线为 ab。由于是三坐标联动，球头刀与曲面的切削点始终处在平面曲线 ab 上，可获得较规则的残留沟纹。但这时的刀心轨迹 O_1O_2 不在 P_{yOz} 平面上，而是一条空间曲线。

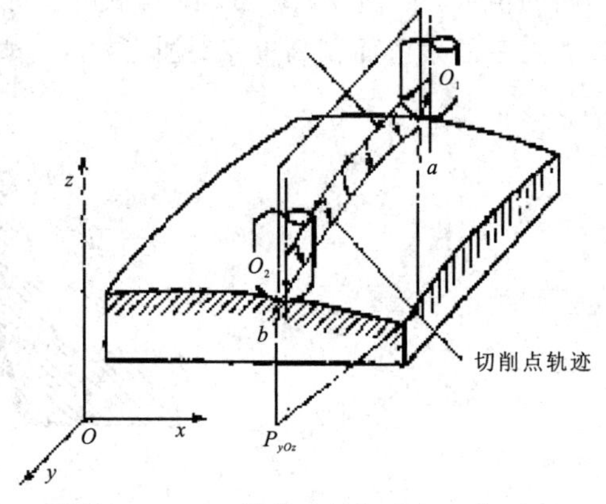

图 1-6-9 三轴联动行切法加工曲面

(3) 对于叶轮、螺旋桨这样的零件，因其叶片形状复杂，刀具容易与相邻表面发生干涉，常用五坐标联动加工，其加工原理如图 1-6-10 所示。

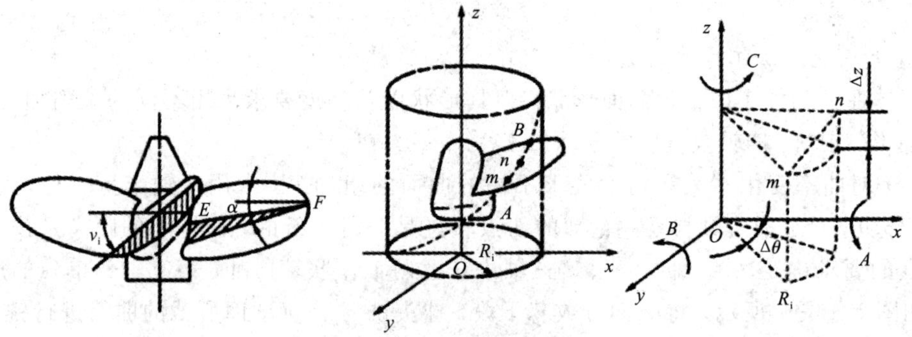

图 1-6-10 曲面的五坐标联动加工

2. 工序的划分

在确定加工内容和加工方法的基础上，根据加工部位的性质、刀具使用情况以及现有的加工条件，参照工序划分原则和方法，将这些加工内容安排在一个或几个数控铣削加工工序中。

(1) 当加工中使用的刀具较多时，为了减少换刀次数，缩短辅助时间，可以将一把刀具所加工的内容安排在一个工序(或工步)中。

(2) 按照工件加工表面的性质和要求，将粗加工、精加工分为依次进行的不同工序(或工步)。先进行所有表面的粗加工，然后再进行所有表面的精加工。

一般情况下，为了减少工件加工中的周转时间，提高数控铣床的利用率，保证加工精度要求，在数控铣削工序划分的时候，应尽量使工序集中。当数控铣床的数量比较多同时有相应的设备及技术措施保证工件的定位精度时，为了更合理地均匀机床的负荷，协调生产组织，也可以将加工内容适当分散。

3. 加工顺序的安排

在确定了某个工序的加工内容后，要进行详细的工步设计，即安排这些工序内容的加工顺序，同时考虑程序编制时刀具运动轨迹的设计。一般将一个工步编制为一个加工程序，因此，工步顺序实际上也就是加工程序的执行顺序。

一般数控铣削采用工序集中的方式，这时工步的顺序就是工序分散时的工序顺序，可以参照前面的原则进行安排，通常按照从简单到复杂的原则，先加工平面、沟槽、孔，再加工外形、内腔，最后加工曲面；先加工精度要求低的表面，再加工精度要求高的部位等。

4. 加工路线的确定

在确定走刀路线时，对于数控铣削应重点考虑以下几个方面。

(1) 应能保证零件的加工精度和表面粗糙度要求。

如图 1-6-11 所示，当铣削平面零件外轮廓时，一般采用立铣刀侧刃切削。刀具切入工件时，应避免沿零件外廓的法向切入，而应沿外廓曲线延长线的切向切入，以避免在切入处产生刀具的刻痕而影响表面质量，保证零件外廓曲线平滑过渡；同理，在切离工件时，也应避免在工件的轮廓处直接退刀，而应该沿零件轮廓延长线的切向逐渐切离工件。铣削

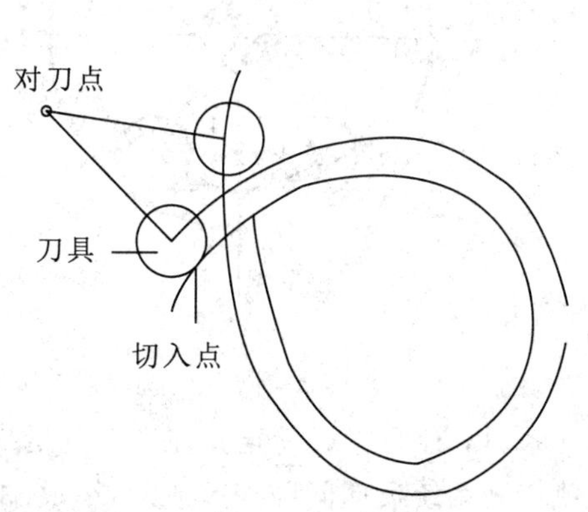

图 1-6-11　外轮廓加工刀具的切入和切出

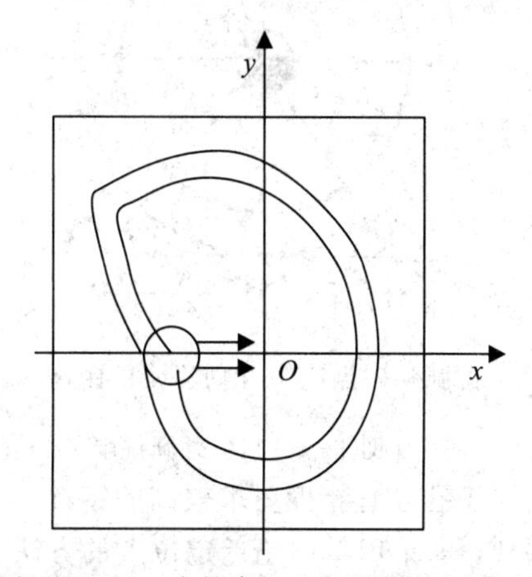

图1-6-12　内轮廓加工刀具的切入和切出

封闭的内轮廓表面时，若内轮廓曲线允许外延，则应沿切线方向切入切出；若内轮廓曲线不允许外延，则刀具只能沿内轮廓曲线的法向切入切出，此时刀具的切入切出点应尽量选在内轮廓曲线两几何元素的交点处(见图 1－6－12)。当内部几何元素相切无交点时(见图 1－6－13)，为防止刀补取消时在轮廓拐角处留下凹口(见图 1－6－13(a))，刀具切入切出点应远离拐角(见图 1－6－13(b))。

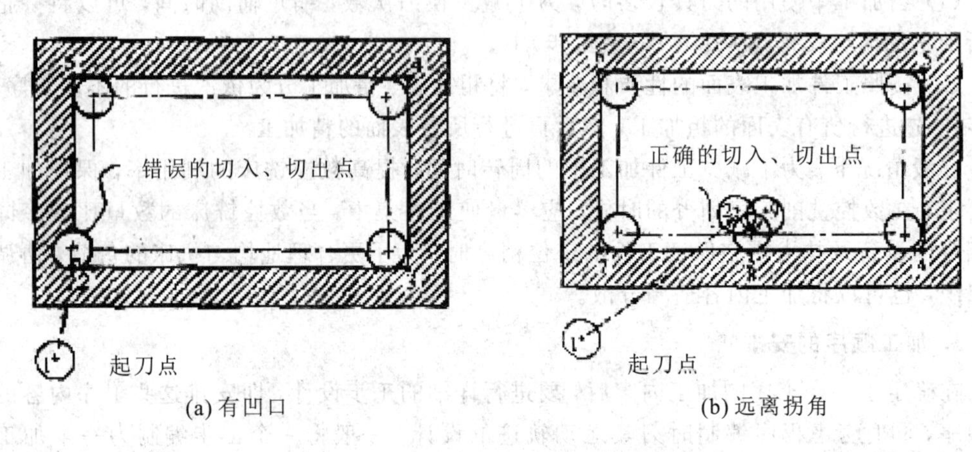

图 1－6－13　无交点内轮廓加工刀具的切入和切出

图 1－6－14 所示为圆弧插补方式铣削外整圆时的走刀路线。当整圆加工完毕时，不要在切点处直接退刀，而应让刀具沿切线方向多运动一段距离，以免取消刀补时，刀具与工件表面相碰，造成工件报废。铣削内圆弧时也要遵循从切向切入的原则，最好安排从圆弧过渡到圆弧的加工路线(见图 1－6－15)，这样可以提高内孔表面的加工精度和加工质量。

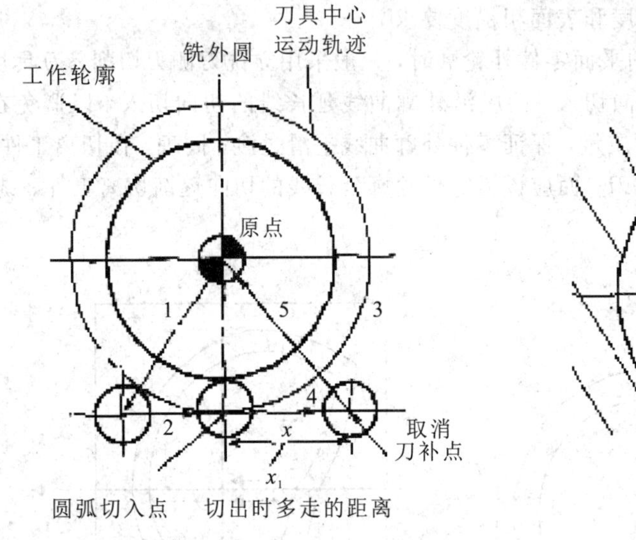

图 1－6－14　外圆铣削

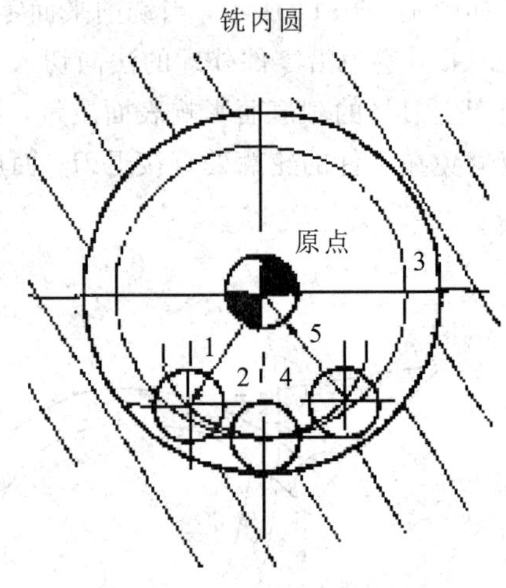

图 1－6－15　内圆铣削

对于孔位置精度要求较高的零件，在精镗孔系时，镗孔路线一定要注意各孔的定位方向一致，即采用单向趋近定位点的方法，以避免传动系统反向间隙误差或测量系统的误差对定位精度的影响。例如图 1－6－16(a)所示的孔系加工路线，在加工孔Ⅳ时，z 方向的反向间隙将会影响Ⅲ、Ⅳ两孔的孔距精度；如果改为图 1－6－16(b)所示的加工路线，可使各孔定位方向一致，从而提高了孔距精度。

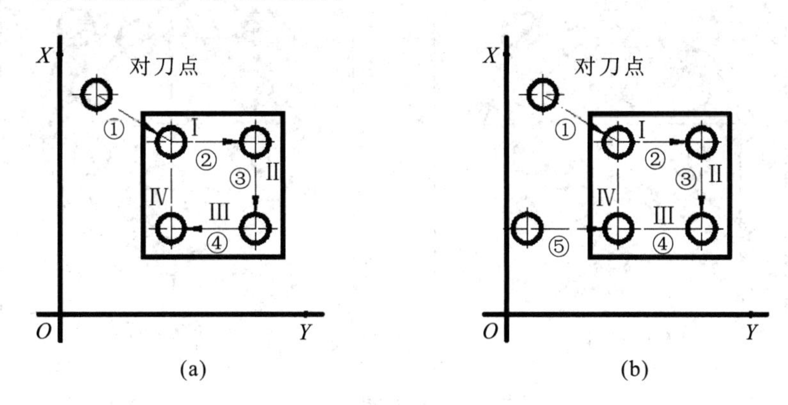

图 1－6－16　孔系加工路线方案比较

铣削曲面时，常采用球头刀行切法进行加工。对于边界敞开的曲面加工，可采用两种走刀路线。对于发动机大叶片，当采用图 1－6－17(a)所示的加工方案时，每次沿直线加工，刀位点计算简单、程序少，加工过程符合直纹面的形成，可以准确保证母线的直线度；当采用图 1－6－17(b)所示的加工方案时，符合这类零件数据给出情况，便于加工后检验，叶形的准确度较高，但程序较多。由于曲面零件的边界是敞开的，没有其他表面限制，所以边界曲面可以延伸，球头刀应由边界外开始加工。此外，轮廓加工中应避免进给停顿，因为加工过程中的切削力会使工艺系统产生弹性变形并处于相对平衡状态，进给停顿时，切削力突然减小，会改变系统的平衡状态，刀具会在进给停顿处的零件轮廓上留下刻痕。

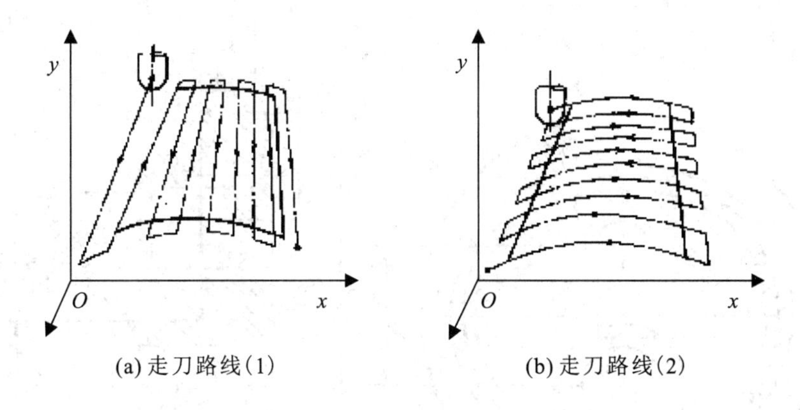

(a) 走刀路线(1)　　(b) 走刀路线(2)

图 1－6－17　曲面加工的走刀路线

为提高工件表面的精度和减小粗糙度，可以采用多次走刀的方法，精加工余量一般以 0.2～0.5 mm 为宜。而且精铣时宜采用顺铣，以减小零件被加工表面粗糙度的值。

(2) 应使走刀路线最短，减少刀具空行程时间，提高加工效率。

图 1－6－18 所示为正确选择钻孔加工路线的例子。按照一般习惯，总是先加工均布于同一圆周上的八个孔，再加工另一圆周上的孔(见图 1－6－18(a))。但是对点位控制的数控机床而言，要求定位精度高，定位过程尽可能快，因此这类机床应按空程最短来安排走刀路线(见图 1－6－18(b))，以节省加工时间。

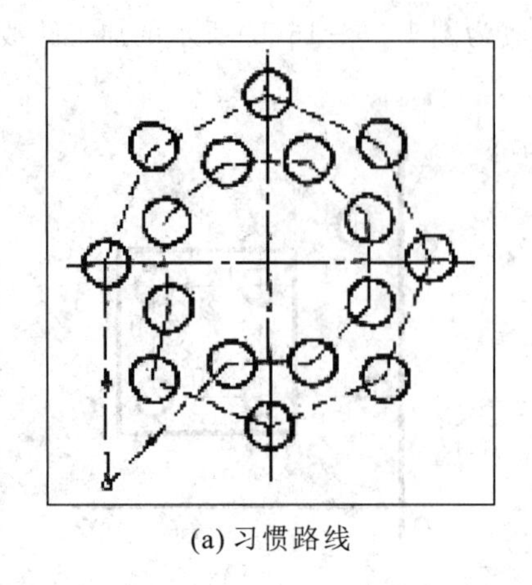
(a) 习惯路线

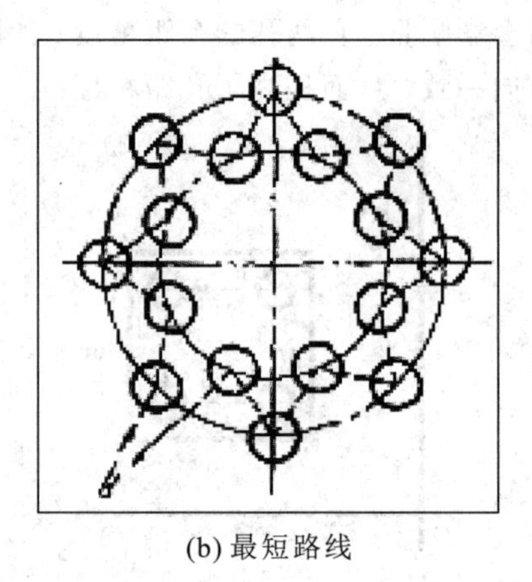
(b) 最短路线

图 1-6-18 最短加工路线选择

(3) 应使数值计算简单，程序段数量少，以减少编程工作量。

6.4 典型工件的工艺分析

6.4.1 平面槽形凸轮零件

图 1-6-19 所示为平面槽形凸轮零件，其外部轮廓尺寸已经由前道工序加工完毕，本工序的任务是在铣床上加工槽与孔。零件材料为 HT200，其数控铣床加工工艺分析如下。

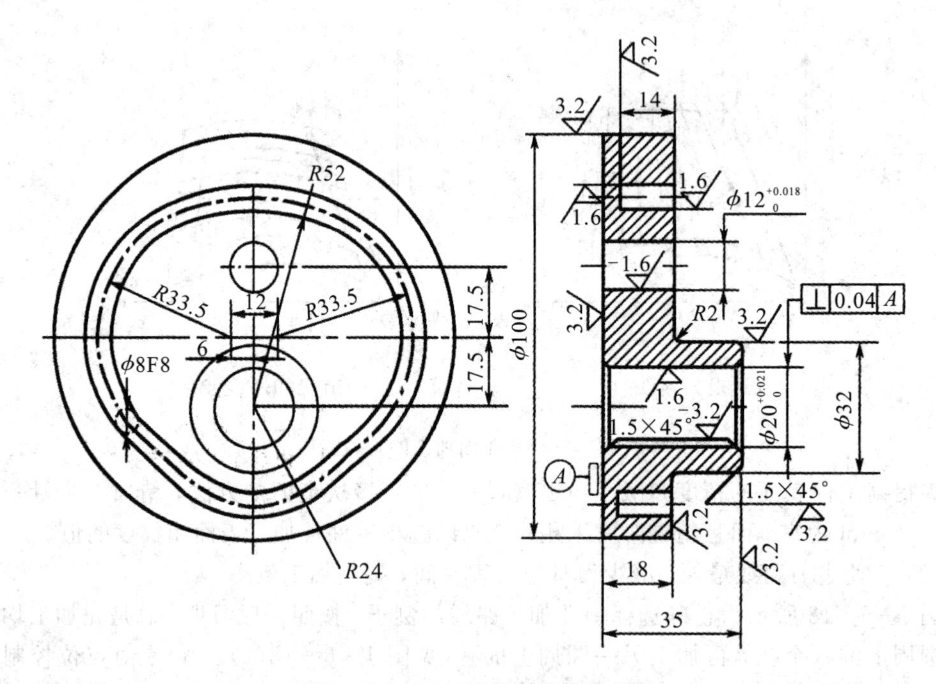

图 1-6-19 平面槽形凸轮零件图

1. 零件图分析

槽形凸轮内、外轮廓由直线和圆弧组成，几何元素之间关系描述清楚完整，凸轮槽侧面与 $\phi 20^{+0.021}_{0}$、$\phi 12^{+0.018}_{0}$ 两个内孔表面粗糙度要求较高，为 Ra1.6；凸轮槽内、外轮廓面和 $\phi 20^{+0.021}_{0}$ 孔与底面有垂直度要求。零件材料为 HT200，切削加工性能较好。

根据上述分析，凸轮槽内、外轮廓及 $\phi 20^{+0.021}_{0}$、$\phi 12^{+0.018}_{0}$ 两个孔的加工应分粗、精加工两个阶段进行，以保证表面粗糙度要求；同时以底面 A 定位，提高装夹刚度以满足垂直度要求。

2. 确定装夹方案

根据零件的结构特点，加工 $\phi 20^{+0.021}_{0}$、$\phi 12^{+0.018}_{0}$ 两个孔时，以底面 A 定位(必要时可设工艺孔)，采用螺旋压板机构夹紧。加工凸轮槽内、外轮廓时，采用“一面两孔”方式定位，即以底面 A 和 $\phi 20^{+0.021}_{0}$、$\phi 12^{+0.018}_{0}$ 两个孔为定位基准，装夹示意如图 1-6-20 所示。

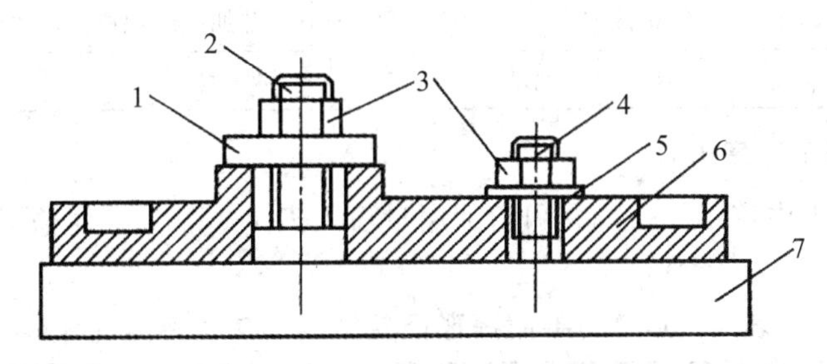

1—开口垫圈；2—带螺纹圆柱销；3—压紧螺母；4—带螺纹削边销；5—垫圈；6—工件；7—垫块

图 1-6-20　凸轮槽加工装夹示意

3. 确定加工顺序及走刀路线

加工顺序按照基面先行、先粗后精的原则确定。因此应先加工用作定位基准的 $\phi 20^{+0.021}_{0}$、$\phi 12^{+0.018}_{0}$ 两个孔，然后再加工凸轮槽内、外轮廓表面。为保证加工精度，粗、精加工应分开，其中 $\phi 20^{+0.021}_{0}$、$\phi 12^{+0.018}_{0}$ 两个孔的加工采用钻孔—粗铰—精铰方案，走刀路线包括平面进给和深度进给两部分。平面进给时，外凸轮廓从切线方向切入，内凹轮廓从过渡圆弧切入。为使凸轮槽表面具有较好的表面质量，采用顺铣方式铣削。深度进给有两种方法：一种是在 xOz 平面(或 yOz 平面)来回铣削逐渐进刀到既定深度；另一种方法是先打一个工艺孔，然后从工艺孔进刀到既定深度。

4. 刀具的选择

根据零件的结构特点，铣削凸轮槽内、外轮廓时，铣刀直径受槽宽限制，取为 6 mm。粗加工选用 $\phi 6$ 高速钢立铣刀，精加工选用 $\phi 6$ 硬质合金立铣刀。所选刀具及其加工表面见表 1-6-2 平面槽形凸轮数控加工刀具卡片。

5. 切削用量的选择

凸轮槽内、外轮廓精加工时留 0.1 mm 铣削余量，精铰 $\phi 20^{+0.021}_{0}$、$\phi 12^{+0.018}_{0}$ 两个孔时留 0.1 mm 铰削余量。选择主轴转速与进给速度时，先查切削用量手册，确定切削速度与每齿进给量，然后按式 $v_c = \pi dn/1000$，$v_f = nZfz$ 计算主轴转速与进给速度(计算过程从略)。

表 1－6－2 平面槽形凸轮数控加工刀具卡片

<table>
<tr><td colspan="2">产品名称或代号</td><td>×××</td><td>零件名称</td><td>平面槽形凸轮</td><td>零件图号</td><td>×××</td></tr>
<tr><td rowspan="2">序号</td><td rowspan="2">刀具号</td><td colspan="3">刀 具</td><td rowspan="2">加工表面</td><td rowspan="2">备 注</td></tr>
<tr><td>规格名称</td><td>数量</td><td>刀长/m</td></tr>
<tr><td>1</td><td>T01</td><td>ϕ5 中心钻</td><td>1</td><td></td><td>钻 ϕ5 mm 中心孔</td><td></td></tr>
<tr><td>2</td><td>T02</td><td>ϕ19.6 钻头</td><td>1</td><td>45</td><td>ϕ20 孔粗加工</td><td></td></tr>
<tr><td>3</td><td>T03</td><td>ϕ11.6 钻头</td><td>1</td><td>30</td><td>ϕ12 孔粗加工</td><td></td></tr>
<tr><td>4</td><td>T04</td><td>ϕ20 铰刀</td><td>1</td><td>45</td><td>ϕ20 孔精加工</td><td></td></tr>
<tr><td>5</td><td>T05</td><td>ϕ12 铰刀</td><td>1</td><td>30</td><td>ϕ12 孔精加工</td><td></td></tr>
<tr><td>6</td><td>T06</td><td>90°倒角铣刀</td><td>1</td><td></td><td>ϕ 孔倒角 1.5×45°</td><td></td></tr>
<tr><td>7</td><td>T07</td><td>ϕ6 高速钢立铣刀</td><td>1</td><td>20</td><td>粗加工凸轮槽内、外轮廓</td><td>底圆角 R0.5</td></tr>
<tr><td>8</td><td>T08</td><td>ϕ6 硬质合金立铣刀</td><td>1</td><td>20</td><td>精加工凸化槽内、外轮廓</td><td></td></tr>
<tr><td>编制</td><td>×××</td><td>审核</td><td>×××</td><td>批准</td><td>×××</td><td>年 月 日</td><td>共 页</td><td>第 页</td></tr>
</table>

6. 填写数控加工工序卡片

将各工步的加工内容、所用刀具和切削用量填入表 1－6－3 平面槽形凸轮数控加工工序卡片。

表 1－6－3 平面槽形凸轮数控加工工序卡片

<table>
<tr><td rowspan="2">单位名称</td><td rowspan="2">×××</td><td colspan="2">产品名称或代号</td><td colspan="2">零件名称</td><td colspan="2">零件图号</td></tr>
<tr><td colspan="2">×××</td><td colspan="2">平面槽形凸轮</td><td colspan="2">×××</td></tr>
<tr><td>工序号</td><td>程序编号</td><td colspan="2">夹具名称</td><td colspan="2">使用设备</td><td colspan="2">车间</td></tr>
<tr><td>×××</td><td>×××</td><td colspan="2">螺旋压板</td><td colspan="2">XK5025/4</td><td colspan="2">数控中心</td></tr>
<tr><td>工步号</td><td>工步内容</td><td>刀具号</td><td>刀具规格 /mm</td><td>主轴转速 /r·min^{-1}</td><td>进给速度 /mm·min^{-1}</td><td>背吃刀量 /mm</td><td>备注</td></tr>
<tr><td>1</td><td>A 面定位钻 ϕ5 中心孔(2 处)</td><td>T01</td><td>5</td><td>755</td><td></td><td></td><td>手动</td></tr>
<tr><td>2</td><td>钻 ϕ19.6 孔</td><td>T02</td><td>ϕ19.6</td><td>402</td><td>40</td><td></td><td>自动</td></tr>
<tr><td>3</td><td>钻 ϕ11.6 孔</td><td>T03</td><td>ϕ11.6</td><td>402</td><td>40</td><td></td><td>自动</td></tr>
<tr><td>4</td><td>铰 ϕ20 孔</td><td>T04</td><td>ϕ20</td><td>130</td><td>20</td><td>0.2</td><td>自动</td></tr>
<tr><td>5</td><td>铰 ϕ12 孔</td><td>T05</td><td>ϕ12</td><td>130</td><td>20</td><td>0.2</td><td>自动</td></tr>
<tr><td>6</td><td>ϕ20 孔倒角 1.5×45°</td><td>T06</td><td>90°</td><td>402</td><td>20</td><td></td><td>手动</td></tr>
<tr><td>7</td><td>一面两孔定位，粗铣凸轮槽内轮廓</td><td>T07</td><td>ϕ6</td><td>1100</td><td>40</td><td>4</td><td>自动</td></tr>
<tr><td>8</td><td>粗铣凸轮槽外轮廓</td><td>T07</td><td>ϕ6</td><td>1100</td><td>40</td><td>4</td><td>自动</td></tr>
<tr><td>9</td><td>精铣凸轮槽内轮廓</td><td>T08</td><td>ϕ6</td><td>1495</td><td>20</td><td>14</td><td>自动</td></tr>
<tr><td>10</td><td>精铣凸轮槽外轮廓</td><td>T08</td><td>ϕ6</td><td>1495</td><td>20</td><td>14</td><td>自动</td></tr>
<tr><td>11</td><td>翻面装夹，铣 ϕ20 孔一侧面倒角</td><td>T06</td><td>90°</td><td>402</td><td>20</td><td></td><td>手动</td></tr>
<tr><td>编制</td><td>×××</td><td>审核</td><td>×××</td><td>批准</td><td>×××</td><td>年 月 日</td><td>共 页</td><td>第 页</td></tr>
</table>

6.4.2　箱盖类零件

图1-6-21所示的泵盖零件，材料为HT200，毛坯尺寸(长×宽×高)为170 mm×110 mm×30 mm，小批量生产，试分析其数控铣床加工工艺过程。

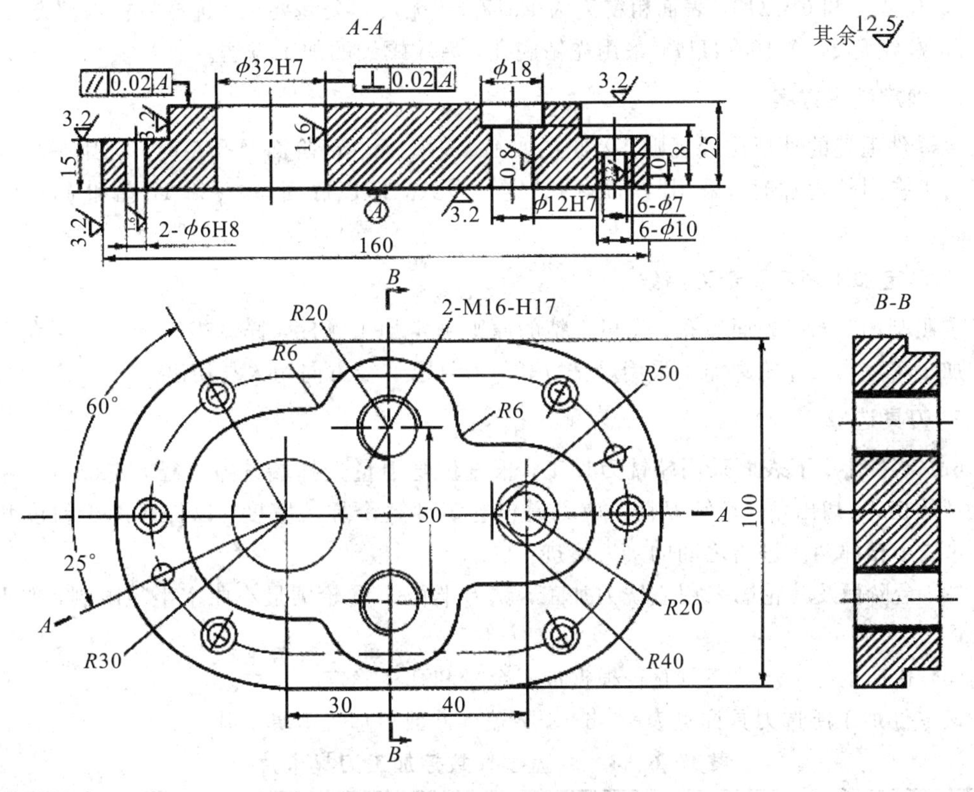

图1-6-21　泵盖零件图

1. 零件图工艺分析

该零件主要由平面、外轮廓以及孔系组成，其中ϕ32H7和2—ϕ6H8三个内孔的表面粗糙度要求较高，为Ra1.6；而ϕ12H7内孔的表面粗糙度要求更高，为Ra0.8；ϕ32H7内孔表面对A面有垂直度要求，上表面对A面有平行度要求。该零件材料为铸铁，切削加工性能较好。

根据上述分析，ϕ32H7孔、2—ϕ6H8孔与ϕ12H7孔的粗、精加工应分开进行，以保证表面粗糙度要求。同时以底面A定位，提高装夹刚度以满足ϕ32H7内孔表面的垂直度要求。

2. 选择加工方法

(1) 上、下表面及台阶面的粗糙度要求为Ra3.2，可选择"粗铣—精铣"方案。

(2) 孔加工方法的选择。孔加工前，为便于钻头引正，先用中心钻加工中心孔，然后再钻孔。内孔表面的加工方案在很大程度上取决于内孔表面本身的尺寸精度和粗糙度。对于精度较高、粗糙度Ra值较小的表面，一般不能一次加工到规定的尺寸，而要划分加工阶段逐步进行。该零件孔系加工方案的选择如下。

① 孔 ϕ32H7，表面粗糙度为 Ra1.6，选择“钻—粗镗—半精镗—精镗”方案。

② 孔 ϕ12H7，表面粗糙度为 Ra0.8，选择“钻—粗铰—精铰”方案。

③ 孔 6－ϕ7，表面粗糙度为 Ra3.2，无尺寸公差要求，选择“钻—铰”方案。

④ 孔 2－ϕ6H8，表面粗糙度为 Ra1.6，选择“钻—铰”方案。

⑤ 孔 ϕ18 和 6－ϕ10，表面粗糙度为 Ra12.5，无尺寸公差要求，选择“钻—锪”方案。

⑥ 螺纹孔 2－M16－H17，采用先钻底孔，后攻螺纹的加工方法。

3. 确定装夹方案

该零件毛坯的外形比较规则，因此在加工上下表面、台阶面及孔系时，选用平口虎钳夹紧；在铣削外轮廓时，采用“一面两孔”定位方式，即以底面 A、ϕ32H7 孔和 ϕ12H7 孔定位。

4. 确定加工顺序及走刀路线

按照基面先行、先面后孔、先粗后精的原则确定加工顺序，详见表 1－6－5 泵盖零件数控加工工序卡。外轮廓加工采用顺铣方式，刀具沿切线方向切入与切出。

5. 刀具选择

(1) 零件上、下表面采用端铣刀加工，根据侧吃刀量选择端铣刀直径，使铣刀工作时有合理的切入/切出角；且铣刀直径应尽量包容工件整个加工宽度，以提高加工精度和效率，并减小相邻两次进给之间的接刀痕迹。

(2) 台阶面及其轮廓采用立铣刀加工，铣刀半径 R 受轮廓最小曲率半径限制，取 $R=6$ mm。

(3) 孔加工各工步的刀具直径根据加工余量和孔径确定。

该零件加工所选刀具详见表 1－6－4 泵盖零件数控加工刀具卡片。

表 1－6－4　泵盖零件数控加工刀具卡片

产品名称或代号	×××	零件名称	泵　盖	零件图号	×××
序号	刀具编号	刀具规格名称	数量	加工表面	备 注
1	T01	ϕ125 硬质合金端面铣刀	1	铣削上、下表面	
2	T02	ϕ12 硬质合金立铣刀	1	铣削台阶面及其轮廓	
3	T03	ϕ3 中心钻	1	钻中心孔	
4	T04	ϕ27 钻头	1	钻 ϕ32H7 底孔	
5	T05	内孔镗刀	1	粗镗、半精镗和精镗 ϕ32H7 孔	
6	T06	ϕ11.8 钻头	1	钻 ϕ12H7 底孔	
7	T07	ϕ18×11 锪钻	1	锪 ϕ18 孔	
8	T08	ϕ12 铰刀	1	铰 ϕ12H7 孔	
9	T09	ϕ14 钻头	1	钻 2－M16 螺纹底孔	
10	T10	90°倒角铣刀	1	2－M16 螺孔倒角	
11	T11	M16 机用丝锥	1	攻 2－M16 螺纹孔	
12	T12	ϕ6.8 钻头	1	钻 6－ϕ7 底孔	

续表

<table>
<tr><td>序号</td><td>刀具编号</td><td colspan="3">刀具规格名称</td><td colspan="2">数量</td><td colspan="3">加工表面</td><td>备注</td></tr>
<tr><td>13</td><td>T13</td><td colspan="3">ϕ10×5.5 锪钻</td><td colspan="2">1</td><td colspan="3">锪 6－ϕ10 孔</td><td></td></tr>
<tr><td>14</td><td>T14</td><td colspan="3">ϕ7 铰刀</td><td colspan="2">1</td><td colspan="3">铰 6－ϕ7 孔</td><td></td></tr>
<tr><td>15</td><td>T15</td><td colspan="3">ϕ5.8 钻头</td><td colspan="2">1</td><td colspan="3">钻 2－ϕ6H8 底孔</td><td></td></tr>
<tr><td>16</td><td>T16</td><td colspan="3">ϕ6 铰刀</td><td colspan="2">1</td><td colspan="3">铰 2－ϕ6H8 孔</td><td></td></tr>
<tr><td>17</td><td>T17</td><td colspan="3">ϕ35 硬质合金立铣刀</td><td colspan="2">1</td><td colspan="3">铣削外轮廓</td><td></td></tr>
<tr><td>编制</td><td>×××</td><td>审核</td><td>×××</td><td colspan="2">批准</td><td colspan="2">×××</td><td>年 月 日</td><td>共 页</td><td>第 页</td></tr>
</table>

6. 切削用量选择

该零件材料切削性能较好，铣削平面、台阶面及轮廓时，留 0.5 mm 精加工余量；孔加工精镗余量留 0.2 mm、精铰余量留 0.1 mm。

选择主轴转速与进给速度时，先查切削用量手册，确定切削速度与每齿进给量，然后按公式计算主轴转速与进给速度(计算过程从略)。

7. 填写数控铣削加工工序卡片

为更好地指导编程和加工操作，把该零件的加工顺序、所用刀具和切削用量等参数编入表 1－6－5 所示的泵盖零件数控加工工序卡片中。

表 1－6－5 泵盖零件数控加工工序卡片

<table>
<tr><td colspan="2" rowspan="2">单位名称</td><td colspan="2" rowspan="2">×××</td><td colspan="3">产品名称或代号</td><td colspan="3">零件名称</td><td colspan="2">零件图号</td></tr>
<tr><td colspan="3">×××</td><td colspan="3">泵盖</td><td colspan="2">×××</td></tr>
<tr><td colspan="2">工序号</td><td colspan="2">程序编号</td><td colspan="3">夹具名称</td><td colspan="3">使用设备</td><td colspan="2">车间</td></tr>
<tr><td colspan="2">×××</td><td colspan="2">×××</td><td colspan="3">平口虎钳和一面两销自制夹具</td><td colspan="3">XK5025</td><td colspan="2">数控中心</td></tr>
<tr><td>工步号</td><td colspan="2">工步内容</td><td colspan="2">刀具号</td><td>刀具规格 /mm</td><td colspan="2">主轴转速 /r·min⁻¹</td><td>进给速度 /mm·min⁻¹</td><td colspan="2">背吃刀量 /mm</td><td>备注</td></tr>
<tr><td>1</td><td colspan="2">粗铣定位基准面 A</td><td colspan="2">T01</td><td>ϕ125</td><td colspan="2">180</td><td>40</td><td colspan="2">2</td><td>自动</td></tr>
<tr><td>2</td><td colspan="2">精铣定位基准面 A</td><td colspan="2">T01</td><td>ϕ125</td><td colspan="2">180</td><td>25</td><td colspan="2">0.5</td><td>自动</td></tr>
<tr><td>3</td><td colspan="2">粗铣上表面</td><td colspan="2">T01</td><td>ϕ125</td><td colspan="2">180</td><td>40</td><td colspan="2">2</td><td>自动</td></tr>
<tr><td>4</td><td colspan="2">精铣上表面</td><td colspan="2">T01</td><td>ϕ125</td><td colspan="2">180</td><td>25</td><td colspan="2">0.5</td><td>自动</td></tr>
<tr><td>5</td><td colspan="2">粗铣台阶面及其轮廓</td><td colspan="2">T02</td><td>ϕ12</td><td colspan="2">900</td><td>40</td><td colspan="2">4</td><td>自动</td></tr>
<tr><td>6</td><td colspan="2">精铣台阶面及其轮廓</td><td colspan="2">T02</td><td>ϕ12</td><td colspan="2">900</td><td>25</td><td colspan="2">0.5</td><td>自动</td></tr>
<tr><td>7</td><td colspan="2">钻所有孔的中心孔</td><td colspan="2">T03</td><td>ϕ3</td><td colspan="2">1000</td><td></td><td colspan="2"></td><td>自动</td></tr>
<tr><td>8</td><td colspan="2">钻 ϕ32H7 底孔至 ϕ27</td><td colspan="2">T04</td><td>ϕ27</td><td colspan="2">200</td><td>40</td><td colspan="2"></td><td>自动</td></tr>
<tr><td>9</td><td colspan="2">粗镗 ϕ32H7 孔至 ϕ30</td><td colspan="2">T05</td><td></td><td colspan="2">500</td><td>80</td><td colspan="2">1.5</td><td>自动</td></tr>
<tr><td>10</td><td colspan="2">半精镗 ϕ32H7 孔至 ϕ31.6</td><td colspan="2">T05</td><td></td><td colspan="2">700</td><td>70</td><td colspan="2">0.8</td><td>自动</td></tr>
<tr><td>11</td><td colspan="2">精镗 ϕ32H7 孔</td><td colspan="2">T05</td><td></td><td colspan="2">800</td><td>60</td><td colspan="2">0.2</td><td>自动</td></tr>
<tr><td>12</td><td colspan="2">钻 ϕ12H7 底孔至 ϕ11.8</td><td colspan="2">T06</td><td>ϕ11.8</td><td colspan="2">600</td><td>60</td><td colspan="2"></td><td>自动</td></tr>
</table>

续表

工步号	工步内容	刀具号	刀具规格/mm	主轴转速/$r\cdot min^{-1}$	进给速度/$mm\cdot min^{-1}$	背吃刀量/mm	备注
13	锪 ϕ18 孔	T07	ϕ18×11	150	30		自动
14	粗铰 ϕ12H7	T08	ϕ12	100	40	0.1	自动
15	精铰 ϕ12H7	T08	ϕ12	100	40		自动
16	钻 2－M16 底孔至 ϕ14	T09	ϕ4	450	60		自动
17	2－M16 底孔倒角	T10	90°倒角铣刀	300	40		手动
18	攻 2－M16 螺纹孔	T11	M16	100	200		自动
19	钻 6－ϕ7 底孔至 ϕ6.8	T12	ϕ6.8	700	70		自动
20	锪 6－ϕ10 孔	T13	ϕ10×5.5	150	30		自动
21	铰 6－ϕ7 孔	T14	ϕ7	100	25	0.1	自动
22	钻 2－ϕ6H8 底孔至 ϕ5.8	T15	ϕ5.8	900	80		自动
23	铰 2－ϕ6H8 孔	T16	ϕ6	100	25	0.1	自动
24	一面两孔定位粗铣外轮廓	T17	ϕ35	600	40	2	自动
25	精铣外轮廓	T17	ϕ35	600	25	0.5	自动
编制	×××　审核	×××	批准	×××	年 月 日	共 页	第 页

思考与练习

1. 数控铣削的主要工艺内容有哪些？
2. 加工中心刀库的形式有哪几种？它是如何进行换刀的？
3. 简述加工中心的工艺特点。
4. 数控铣削加工工序是如何划分的？
5. 简述在安排数控铣削加工顺序时要注意的问题。

第七章　其他数控加工工艺简介

7.1　数控磨床及其加工工艺简介

常用的数控磨床有数控外圆磨床、内圆磨床、万能外圆磨床(外圆、内孔磨削)、平面磨床等。万能磨床自动更换外圆磨砂轮和内圆磨砂轮构成磨削中心。数控磨床种类繁多(见表1-7-1),但编程相对来说较简单。

表1-7-1　数控磨床

名　称	用　　途
立式坐标磨床	淬火件磨削,中心距要求高的内孔、外圆内螺纹等
螺纹磨床	精密丝杠
非轴圆台平面磨床	特别适合磨削摩擦片等,不产生挠曲
花键磨床	花键轴
主轴圆台平面磨床	粗磨、效率高
主轴矩台平面磨床	粗磨、效率高
凸轮轴磨床	发动机凸轮轴
曲轴磨床	发动机曲轴
齿轮磨床	磨齿轮齿形
工具磨床	磨削各种刀具刃具

1. 机床特点

数控磨床的结构布局与普通的机床类似,但加工中各种运动都按程序自动进行。以外圆磨床为例介绍其特点如下:

(1) 磨头横向自动进刀。

(2) 轴向进给,砂轮转速可调,自动往复。

(3) 床头座回转,主轴无级调速。

(4) 安装床头、顶尖座、滑板可回转调锥度。

(5) 砂轮修正架自动修正砂轮,随即进行尺寸补偿。

(6) 测量轴肩用轴向定位器进入、退出工作位,需进行测量修正。

(7) 主轴测量仪自动进入、退出工作位。

(8) 具有砂轮自动平衡装置及平衡情况执行装置。

2. 机床坐标系及坐标轴

以外圆磨床为例(见图1-7-1):

(1) 工件坐标系与车床相同，直径方向为X，轴向为Z，机床原点在卡盘法兰安装面上，工件坐标原点由机床原点转移而来。

(2) 砂轮修正时，砂轮为工件，“金刚石笔”为“车刀”。砂轮原点(即刀位点)在砂轮中心线所处水平面上砂轮左端面与外圆的交点，如图1-7-1所示。

(3) 通过用砂轮试磨外圆、端面确定工件原点。

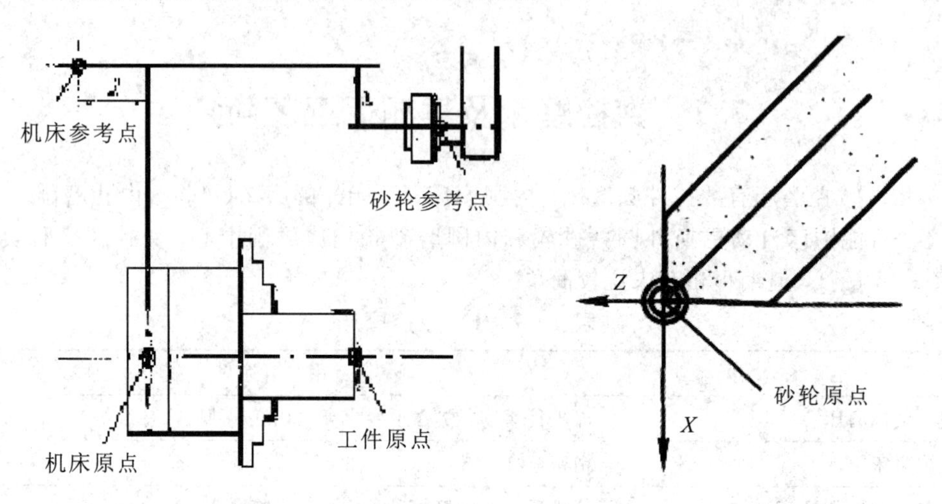

图1-7-1 数控磨床坐标系

3. 工艺特点

砂轮选择切削用量等与普通磨床相同，编程时需编入砂轮移近工件安全距离(如图1-7-2所示)。

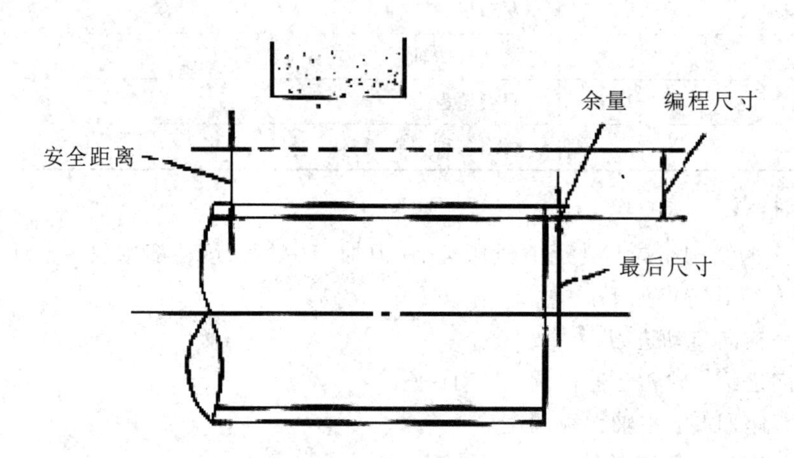

图1-7-2 安全距离

安全距离要考虑到工序尺寸余量公差、工件变形等因素，但有的数控机床装有振动传感器，当砂轮快速前进接触到工件时能发出信号，自动转入正常磨削，则可不考虑安全距离。

7.2 数控冲压加工工艺简介

不同控制系统的数控冲床其数控编程指令是不相同的。数控冲孔加工的编程是指将钣金零件展开成平面图，放入 X、Y 坐标系的第一象限，对平面图中的各孔系进行坐标计算的过程。在数控冲床上进行冲孔加工的过程是：零件图→编程→程序制作→输入 NC 控制柜→按启动按钮→加工。

数控冲床加工操作应先准备好加工工件的毛坯和加工程序，然后按以下步骤进行操作：

(1) 确认 X 原点灯、Y 原点灯、转盘原点灯、C 轴原点灯是亮的。

(2) 选择机床自动操作模式：纸带(TYPE)、内存(MEMORY)、手动(MDI)、RS232 输入模式，旋转模式开关至相应的工作方式，将要加工的程序输入数控系统中。

(3) 踩下脚踏开关的压板，使工件夹具打开，"夹具打开"灯亮，将加工工件放在工作台上，升起"X"轴定位标尺，"X"轴定位标尺灯亮，将工件靠紧两个工件夹具和"X"轴定位标尺边，再踩下脚踏开关的压板，使工件夹具闭合，"夹具打开"灯熄灭，降下"X"轴定位标尺，"X"轴定位标尺灯熄灭。

(4) 确认指示灯熄灭，同时确认"急停"按钮处于释放状态。

(5) 确认"LSK"及 ABS 符号出现在 CRT 的右下角。

(6) 按机床"启动"按钮，开始进行加工。

7.3 数控电火花加工工艺简介

1. 电火花加工

电火花加工又称放电加工或电蚀加工，它是 20 世纪 40 年代由前苏联科学家拉扎连柯根据有害的电腐蚀现象发明的，之后随着脉冲电源和控制系统的改进，迅速发展起来。这是一种直接利用电能和热能进行加工的新工艺，与金属切削加工的原理完全不同。

2. 电火花加工的分类

按照工具电极的形式及其与工件之间相对运动的特征，可将电火花加工方式分为五类：

(1) 利用成型工具电极相对工件做简单进给运动的电火花成形加工；

(2) 利用轴向移动的金属丝作工具电极，工件按所需形状和尺寸做轨迹运动，以切割导电材料的电火花线切割加工；

(3) 利用金属丝或成形导电磨轮作工具电极，进行小孔磨削或成形磨削的电火花磨削；

(4) 电火花共扼回转加工，用于加工螺纹环规、螺纹塞规、齿轮等；

(5) 小孔加工、刻印、表面合金化、表面强化等其他种类的加工。

3. 电火花加工的特点与应用

(1) 脉冲放电的能量密度高，便于加工用普通的机械加工方法难以加工或无法加工的特殊材料和复杂形状的工件，不受材料硬度影响，不受热处理状况影响。

(2) 脉冲放电持续时间极短，放电时产生的热量传导扩散范围小，材料受热影响范围小。

(3) 加工时，工具电极与工件材料不接触，两者之间宏观作用力极小。工具电极材料不需比工件材料硬，因此，工具电极制造容易。

（4）可以改革工件结构，简化加工工艺，提高工件使用寿命，降低工人劳动强度。

（5）加工后表面产生变质层，在某些应用中需进一步去除，工作液的净化和加工中产生的烟雾污染处理比较麻烦。

电火花加工主要用于加工具有复杂形状的型孔和型腔的模具和零件；加工各种硬、脆材料，如硬质合金和淬火钢等；加工深细孔、异形孔、深槽、窄缝和切割薄片等；加工各种成形刀具、样板和螺纹环规等工具和量具。

4. 数控电火花线切割加工的工艺过程

（1）分析零件图纸及其技术要求；

（2）加工前的工艺准备；

（3）选择切割参数及确定切割路线，工件进行装夹找正；

（4）编制加工程序；

（5）线切割加工；

（6）线切割后工件清理与检验。

5. 数控电火花成型机床加工的工艺过程

（1）打开机床电源开关；

（2）电极的安装、调整、校正和定位；

（3）工件的装夹与定位；

（4）调整主轴头及其附件位置；

（5）工作液槽注油；

（6）选择电规准；

（7）开始加工；

（8）转换电规准；

（9）当工件达到预定的加工要求后，停车关机。

思考与练习

1. 常用的数控磨床有哪些？各有什么用途？
2. 简述磨床的工艺特点。
3. 简述数控电火花线切割加工的工艺过程。

第二篇　数控车削工艺及编程技术训练

【项目描述】 数控车床又称为CNC车床，是目前国内使用量最大、覆盖面最广的一种机床。数控车床具有广泛的加工工艺性能，可加工圆柱、圆锥、圆弧、各种螺纹、槽等复杂工件，具有直线插补、圆弧插补等各种补偿功能，可在复杂零件的生产中获得良好的经济效果。

【项目目标】

知识目标：

1. 了解数控车床的加工方式、装夹方法以及车削用量的确定。

2. 掌握车削加工工艺的制定原则与方法，确定刀具的进给路线。

3. 掌握数控车床的刀具类型、车刀的选择方法和装夹形式。

4. 熟悉FANUC系统数控车床的常用编程指令，并且能熟练掌握各种典型车削零件的编程方法。

技能目标：熟悉FANUC系统数控车床的操作面板与结构，掌握其操作方法并能熟练地完成从编程到加工零件的全过程。

任务一　熟悉数控车床的整体结构和安全操作规程

【任务导入】 随着机械产品种类的不断增加，形状结构日趋复杂，质量和精度的要求也不断提高，普通机床在某种程度上已经难以满足生产发展的需要，数控机床的普及应用则是大势所趋。本篇内容我们就从了解数控车床的整体结构和安全操作规程开始。

【任务要求】

1. 了解数控车床的安全操作规程；
2. 能正确理解数控车床的结构及作用；
3. 能遵守安全操作规程进行操作。

【任务目标】

1. 每组选派学生现场介绍(口述)数控车床的整体结构和安全操作规程；
2. 完成实习任务书的填写。

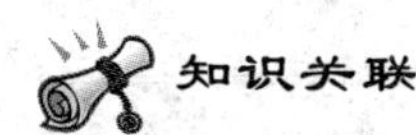

一、数控车床的组成及作用

数控车床主要由车床本体和数控系统两大部分组成。车床本体由床身、主轴、滑板、刀架、尾架及冷却装置等组成；数控系统由程序的输入/输出装置、数控装置、伺服驱动三部分组成。数控车床内、外部结构分别如图 2-1-1、图 2-1-2 所示。

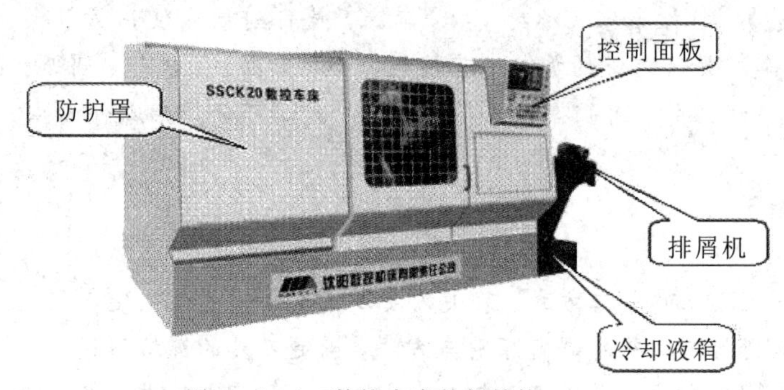

图 2-1-1　数控车床外部结构

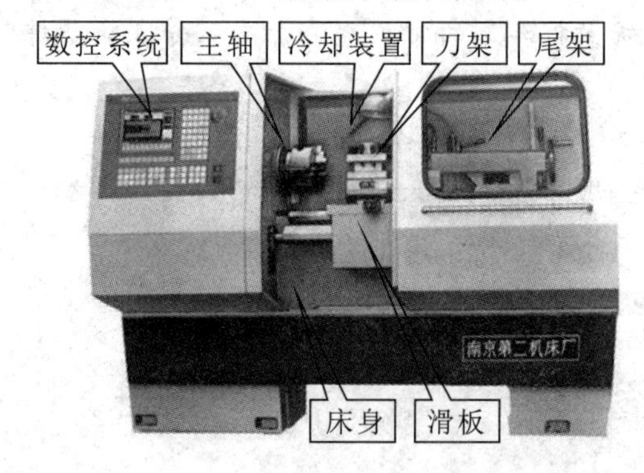

图 2-1-2　数控车床内部结构

（1）数控系统。数控系统用于对机床的各种动作进行自动化控制。

（2）床身。数控车床的床身和导轨有多种形式，主要有水平床身、倾斜床身、水平床身斜滑鞍等，它构成车床主机的基本骨架。

（3）传动系统及主轴部件。数控车床主传动系统一般采用直流或交流无级调速电动机，通过带传动或通过联轴器与主轴直联，带动主轴旋转，实现自动无级调速及恒切削速度控制。主轴部件是车床实现旋转运动(主运动)的执行部件。

（4）进给传动系统。进给传动系统一般采用滚珠丝杠螺母副，由安装在各轴上的伺服电机，通过同步齿形带传动或通过联轴器与滚珠丝杠直联，实现刀架的纵向和横向移动。

（5）自动回转刀架。自动回转刀架用于安装各种切削加工刀具，加工过程中能实现自动换刀，以满足多种切削方式的需要，它具有较高的回转精度。

（6）液压系统。液压系统可使车床实现夹盘的自动松开与夹紧以及车床尾座顶尖自动伸缩。

（7）冷却系统。冷却系统在车床工作过程中，可通过手动或自动方式为车床提供冷却液对工件和刀具进行冷却。

（8）润滑系统。润滑系统集中供油润滑装置，能定时定量地为车床各润滑部件提供合理润滑。

二、数控车床安全操作规程

（1）车床的开机、关机顺序必须按说明书的规定操作。

（2）主轴启动开始切削之前要关好防护罩门，程序正常运行中禁止开启防护罩门。

（3）车床在正常运行时禁止打开电器柜，严禁按动“急停”和“复位”按钮。

（4）发生故障应保留现场并向维修人员如实说明情况，以利于查找故障原因。

（5）车床的使用需专人负责，严禁他人随意动用数控设备。

（6）不得随意更改控制系统内制造厂设定的参数。

（7）加工程序必须经过严格核验后方可进行自动操作运行，在加工过程中出现异常现象应立即按下“急停”按钮，确保人身和设备安全。

（8）车床启动后，在车床自动连续运行前，必须监视其运转状态。

（9）车床运转时不得调整刀具和测量尺寸，手不得靠近旋转的刀具和工件。

（10）车床工作时要确保冷却液输出通畅，流量充足。

任务二 熟悉数控车床的操作面板

【任务导入】 在操作数控车床之前必须清楚数控车床的操作面板的功能。

【任务要求】

1. 通过学习数控车床的操作面板，初步掌握数控车床的基本操作；
2. 通过学习数控车床的系统面板，初步熟悉数控车床的系统面板；
3. 掌握系统的控制按钮的主要作用。

【任务目标】

1. 每组选派学生现场介绍(口述)数控车床的操作面板和系统面板；
2. 完成实习任务书的填写。

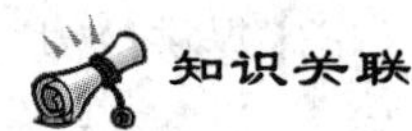

一、CRT/MDI 操作面板

CRT/MDI 操作面板如图 2-2-1 所示，用操作键盘结合显示屏可以进行数控系统操作。

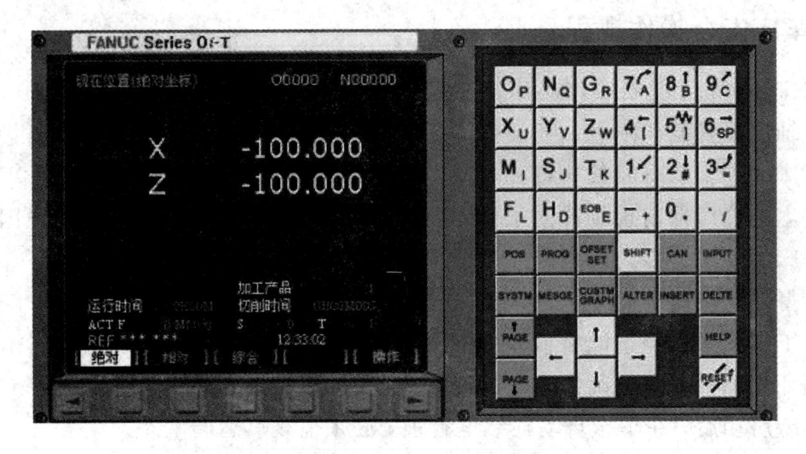

图 2-2-1 FANUC 0i 系统操作面板

系统操作面板上各功能键的主要作用见表 2-2-1。

表 2-2-1 系统操作面板功能键的主要作用

按键	名称	按 键 功 能
ALTER	替换键	用输入的数据替换光标所在的数据
DELETE	删除键	删除光标所在的数据；删除一个程序或者删除全部程序
INSERT	插入键	把输入区中的数据插入到当前光标之后的位置

续表

按键	名称	按 键 功 能
CAN	取消键	消除输入区内的数据
EOB E	换行键	结束一行程序的输入并且换行
SHIFT	上档键	按住此键，再按双字符键，则系统输入按键右下角的字符
PROG	程序键	程序显示与编辑页面
POS	位置显示键	位置显示页面。位置显示有三种方式，用 PAGE 按钮选择
OFSET SET	参数输入页面键	参数输入页面。按第一次进入坐标系设置页面，按第二次进入刀具补偿参数页面。进入不同的页面以后，用 PAGE 按钮切换
HELP	帮助键	显示系统帮助页面
CUSTM GRAPH	图像显示键	图形参数设置页面
MESGE		信息页面，如“报警”
SYSTM		系统参数页面
RESET	复位键	在自动方式下，按此键中止当前的加工程序
↑PAGE　PAGE↓	翻页键	向上翻页/向下翻页
↑　↓　←　→	光标移动键	向上/向下/向左/向右移动光标
INPUT	输入键	把输入区内的数据输入参数页面或输入一个外部的数控程序
O P　N Q　G R　7 A　8 B　9 C X U　Y V　Z W　4 [　5]　6 SP M I　S J　T K　1 ,　2 #　3 = F L　H D　EOB E　- +　0 *　. /	数字/字母键	输入数字/字母

二、机床控制面板

机床控制面板位于窗口的右下侧，如图 2-2-2 所示，主要用于控制机床运行状态，由模式选择按钮、运行控制开关等多个部分组成。

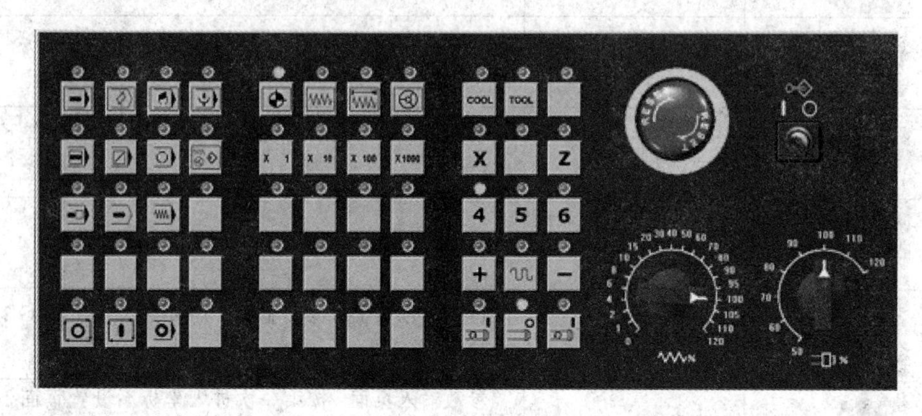

图 2-2-2 FANUC 0i(车床)面板

1. 机床控制面板各键的功能

机床控制面板各键的功能见表 2-2-2。

表 2-2-2 机床控制面板各键的功能

按键	名称	按 键 功 能
	手动数据键	用于直接通过操作面板输入数控程序和编辑程序
	自动方式键	进入自动加工模式
	点动键	手动方式，手动连续移动刀架
	参考点键	手动方式回参考点
	增量选择键	增量选择，步进增量有×1 为 0.001 毫米、×10 为 0.01 毫米、×100 为 0.1 毫米、×1000 为 1 毫米四种
	EDIT 方式	用于直接通过操作面板输入数控程序和编辑程序
	手轮方式	手轮方式移动台面或刀具
	通信方式	DNC 位置，用 RS232 电缆线连接 PC 和数控机床，进行数控程序文件传输

续表

按键	名称	按键功能
	主轴正转/反转/停止键	在手动方式下，使主轴正转、主轴反转和主轴停止
	程序启动/停止	在自动方式下，程序启动/程序停止
	快速运行叠加键	在点动方式下与方向键配合快速移动刀架
-X　+X　-Z　+Z	方向键	刀架按指定的轴方向移动
	软菜单键	用于执行显示屏上相应的菜单功能
	单段键	自动加工模式中，程序单步运行
	跳读键	自动方式按下此键，跳过程序段开头带有“/”程序
	程序停止键	自动方式下，遇有 M00 程序停止
	空运行键	按下此键，各轴以固定的速度运动。用于检查刀具的运行轨迹是否正确
COOL	冷却液键	按下此键，冷却液开；再按一下，冷却液关
TOOL	刀具键	按下此键，刀库中选刀

2. 机床控制面板上旋钮的功能

紧急停止旋钮。当出现紧急情况时，按下此按钮，机床主轴和各轴进给立即停止运行。待排除故障后，按照旋钮指示方向旋出旋钮，可以退出急停状态。退出后，机床必须重回参考点。

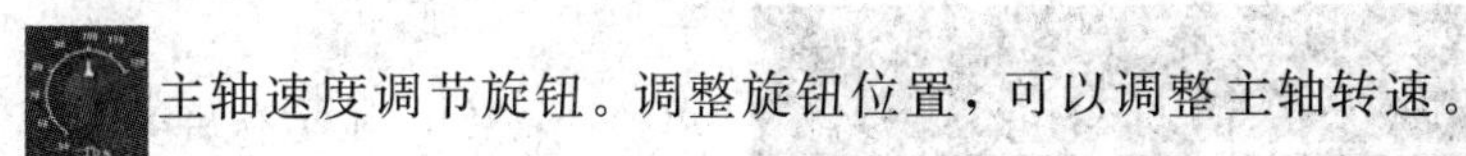

主轴速度调节旋钮。调整旋钮位置，可以调整主轴转速。

进给速度调节旋钮。调整旋钮位置，可以调整刀架进给速度。

任务三　数控车床操作技术基础训练

【任务导入】 我们掌握了数控车床的操作面板的功能后，如何正确操控车床呢？

【任务要求】

1. 会正确操作数控车床；
2. 会正确输入及修改、编辑程序。

【任务目标】

1. 每组选派学生现场进行数控车床的操作技术训练；
2. 完成实习任务书的填写。

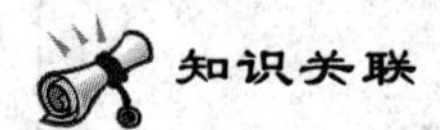

一、程序编辑

1. 选择一个程序

选择程序有两种方法，操作步骤如下：

(1) 选择模式放在“EDIT”。

① 按PROG键输入字母“O”；

② 按7键输入数字“7”，输入搜索的号码“O7”；

③ 按CURSOR ↓ 键开始搜索，找到后“O7”显示在屏幕右上角程序号位置，“O7” NC程序显示在屏幕上。

(2) 选择模式放在“AUTO”位置。

① 按PROG键输入字母“O”；

② 按7键输入数字“7”，输入搜索的号码“O7”；

③ 按

，“O7”显示在屏幕上；

④ 可输入程序段号“N30”，按 N检索 搜索程序段。

2. 删除一个程序

删除一个程序的操作步骤如下：

(1) 选择模式放在“EDIT”。

(2) 按 PROG 键输入字母“O”。

(3) 按 7 A 键输入数字“7”，输入要删除的程序的号码“O7”。

(4) 按 DELETE 键，“O7”NC 程序被删除。

3. 删除全部程序

删除全部程序操作步骤如下：

(1) 选择模式放在“EDIT”。

(2) 按 PROG 键输入字母“O”。

(3) 输入“－9999”。

(4) 按 DELETE 键全部程序被删除。

4. 搜索一个指定的代码

一个指定的代码可以是一个字母或一个完整的代码，例如“N0010”、“M”、“F”、“G03”等。搜索应在当前程序内进行，操作步骤如下：

(1) 选择模式放在“AUTO”或“EDIT”位置。

(2) 按 PROG 键。

(3) 选择一个 NC 程序。

(4) 输入需要搜索的字母或代码，如“M”、“F”、“G03”等。

(5) 按 [BG-EDT][O检索][检索↓][检索↑][REWIND] 检索，开始在当前程序中搜索。

5. 编辑 NC 程序(删除、插入、替换操作)

(1) 模式置于“EDIT”。

(2) 按 PROG 键。

（3）输入被编辑的 NC 程序名如“O7”，按INSERT键即可编辑。

（4）移动光标。

方法一：按 PAGE PAGE↑键或PAGE↓键翻页，按 CURSOR ↓键或↑键移动光标。

方法二：用搜索一个指定的代码的方法移动光标。

（5）输入数据：用鼠标点击数字/字母键，数据被输入到输入域。CAN键用于删除输入域内的数据。

（6）自动生成程序段号输入：按OFSET SET→[SETING]，在参数页面顺序号中输入“1”，所编程序自动生成程序段号（如 N10…N20…）。

6. 删除、插入、替代

（1）按DELETE键，删除光标所在的代码。

（2）按INSERT键，把输入区的内容插入到光标所在代码后面。

（3）按ALTER键，用输入区的内容替代光标所在的代码。

二、通过操作面板手工输入 NC 程序

通过操作面板手工输入 NC 程序步骤如下：

（1）置模式开关在“EDIT”位置。

（2）按PROG键，再按DIR键进入程序页面。

（3）按7A键输入“O7”程序名（输入的程序名不可以与已有程序名重复）。

（4）按INSERT键，开始程序输入。

（5）按EOB E→INSERT键，则换行后再继续输入。

三、MDI 手动数据输入

MDI 手动输入数据步骤如下：

（1）按键，切换到“MDI”模式。

（2）按 PROG 键，再按 MDI → EOB E 键，输入程序如：G0X50；分程序段号“N10”。

（3）按 INSERT 键，“N10G0X50”程序被输入。

（4）按按钮启动程序。

四、手动操作机床

手动加工方式主要指回参考点操作和手动移动机床。

1. 回参考点

（1）置模式旋钮在位置。

（2）选择各轴 X Z，按住按钮，即回参考点。

2. 手动移动机床

手动移动机床轴的方法有三种：

方法一：快速移动，这种方法用于较长距离的工作台移动。

（1）置“JOG”模式在位置；

（2）选择各轴，点击方向键 + −，机床各轴移动，松开后停止移动；

（3）按键，各轴快速移动。

方法二：增量移动，这种方法用于微量调整，如用在对基准操作中。

（1）置模式在位置，选择 X 1 X 10 X 100 X1000 步进量；

（2）选择各轴，每按一次，机床各轴移动一步。

方法三：操纵“手脉”，这种方法用于微量调整。在实际生产中，使用手脉可以让操作者容易控制和观察机床移动，点击软件界面右上角即出现该界面。

五、数控车床对刀

1. 参数输入

输入刀具补偿参数步骤如下（见图 2-3-1）：

（1）按 OFSET SET 键进入参数设定页面，按[补正]键。

（2）用 PAGE↓ 和 ↑PAGE 键选择长度补偿、半径补偿。

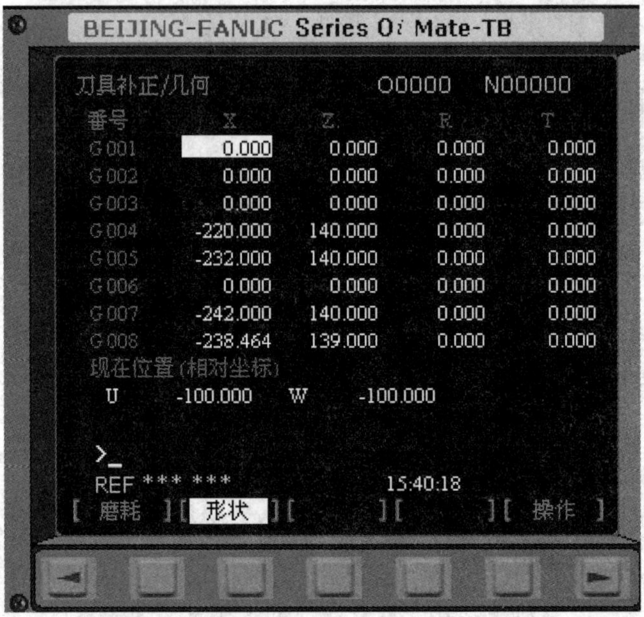

BEIJING-FANUC Series 0i Mate-TB

刀具补正/几何 O0000 N00000

番号	X	Z	R	T
G 001	0.000	0.000	0.000	0.000
G 002	0.000	0.000	0.000	0.000
G 003	0.000	0.000	0.000	0.000
G 004	-220.000	140.000	0.000	0.000
G 005	-232.000	140.000	0.000	0.000
G 006	0.000	0.000	0.000	0.000
G 007	-242.000	140.000	0.000	0.000
G 008	-238.464	139.000	0.000	0.000

现在位置(相对坐标)

U -100.000 W -100.000

>_

REF *** *** 15:40:18

[磨耗][形状][ ][ ][操作]

图 2-3-1 FANUC 0i－T(车床)刀具补正页面

（3）用 CURSOR ↓ 和 ↑ 键选择补偿参数编号。

（4）输入补偿值到长度补偿 H 或半径补偿 D。

（5）按 INPUT 键，把补偿值输入到所指定的位置。

2. 位置显示

按 POS 键切换到位置显示页面。用 PAGE↓ 和 ↑PAGE 键或者软键进行前后切换。

六、FANUC-0i 数控车床自动对刀操作步骤

（1）在 MDI 方式下，启动主轴，选择实际使用的刀具试切工件外圆，不移动 X 轴，仅 Z 方向退刀，主轴停止(假定显示器 X—210.45)。

（2）测量工件外圆尺寸，把该值作为 X 轴的测量值，用下述方法设定到指定号的刀偏存储器中(假定 X 测量尺寸为 60.253)。

① 按 MENU/OFSET 键，显示刀具补偿画面，按形状键；

② 移动光标键，指定刀偏号；

③ 按地址键 X；

④ 键入测量值 60.253；

⑤ 按测量软键按钮；

⑥ 此时刀具表显示 X—270.703。

(3) 启动主轴，用刀具试切工件端面，不移动 Z 轴，仅 X 方向退刀，停主轴。

(4) 测量工件坐标系的原点到工件端面的距离，作为 Z 轴的测量值。

(5) 执行上述①到⑥的步骤。

(6) 如果需要其他刀具，重复执行。

对刀结束后，按自动、循环启动键即可执行相应程序的加工。

任务四　数控车床日常维护保养技术训练

【任务导入】 数控车床是自动化程度高、结构复杂且价格昂贵的先进加工设备，在现代工业生产中发挥着巨大的作用。做好数控车床的日常维护、保养，降低数控车床的故障率，将能充分发挥数控车床的功效。

【任务要求】

1. 掌握正确进行数控车床保养的方法；
2. 会正确操作数控车床；
3. 能正确对数控车床进行维护保养。

【任务目标】

1. 每组选派学生现场进行数控车床的日常维护保养技术训练；
2. 完成实习任务书的填写。

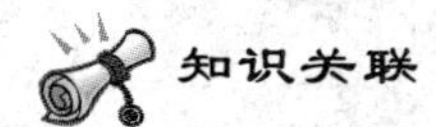

一、数控车床操作维护规程

(1) 操作者必须熟悉数控车床使用说明书和数控车床的一般性能、结构，严禁超性能使用。

(2) 开机前应按设备点检卡规定检查数控车床各部分是否完整、正常，数控车床的安全防护装置是否牢靠。

(3) 按润滑图表规定加油，检查油标、油量、油质及油路是否正常，保持润滑系统清洁，油箱、油眼不得敞开。

(4) 操作者必须严格按照数控车床操作步骤操作车床，未经操作者同意，其他人员不得私自操作开动数控车床。

(5) 按动各按键时用力应适度，不得用力拍打键盘、按键和显示屏。

(6) 严禁敲打中心架、顶尖、刀架、导轨。

(7) 数控车床发生故障或出现不正常现象时，应立即停车检查、排除。

(8) 操作者离开数控车床、更换刀具、测量尺寸、调整工件时，都应停车。

(9) 工作完毕后，应使数控车床各部处于原始状态并切断电源。

(10) 妥善保管车床附件，保持车床整洁、完好。

(11) 做好数控车床清扫工作，保持清洁，认真执行交接班手续，填好交接班记录。

二、数控车床日常保养技术

数控车床因机、电、液集于一身，具有技术密集和知识密集的特点，是一种自动化程度高、结构复杂且价格昂贵的先进加工设备。为了充分发挥其效益，减少故障的发生，必须做好日常维护工作，所以要求数控车床维护人员不仅要有机械、加工工艺以及液压气动方面的知识，也要具备电子计算机、自动控制、驱动及测量技术等方面知识，这样才能全面了解、掌握数控车床，及时搞好维护工作。

数控车床日常保养有以下几方面内容：

(1) 选择合适的使用环境。数控车床的使用环境(如温度、湿度、振动、电源电压、频率及干扰等)会影响车床的正常运转，所以在安装数控车床时应严格要求做到符合数控车床说明书规定的安装条件和要求。在经济条件许可的情况下，应将数控车床与普通机械加工设备隔离安装，以便于维修与保养。

(2) 应为数控车床配备数控系统编程、操作和维修的专门人员。这些人员应熟悉所用数控车床的机械、数控系统、强电设备、液压、气压等部分的知识，还有数控车床的使用环境、加工条件等，并能按数控车床和系统使用说明书的要求正确使用数控车床。

(3) 长期不用数控车床的维护与保养。在数控车床闲置不用时，应经常给数控系统通电，在数控车床锁住情况下，使其空运行。在空气湿度较大的梅雨季节应该天天通电，利用电器元件本身发热驱走数控柜内的潮气，以保证电子部件的性能稳定可靠。

(4) 数控系统中硬件控制部分的维护与保养。每年让有经验的维修电工检查一次。检测有关的参考电压是否在规定范围内，如电源模块的各路输出电压、数控单元参考电压等是否正常并清除灰尘；检查系统内各电器元件连接是否松动；检查各功能模块使用风扇运转是否正常并清除灰尘；检查伺服放大器和主轴放大器使用的外接式再生放电单元的连接是否可靠并清除灰尘；检测各功能模块使用的存储器后备电池的电压是否正常，一般应根据厂家的要求定期更换。对于长期停用的车床，应每月开机运行 4 小时，这样可以延长数控车床的使用寿命。

(5) 数控车床机械部分的维护与保养。操作者在每班加工结束后，应清扫干净散落于拖板、导轨等处的切屑；在工作时注意检查排屑器是否正常以免造成切屑堆积，损坏导轨精度，危及滚珠丝杠与导轨的寿命；在工作结束前应将各伺服轴回归原点后停机。

(6) 数控车床主轴电机的维护与保养。维修电工应每年检查一次伺服电机和主轴电机，着重检查其运行噪声、温升，若噪声过大，应查明原因，是轴承等机械问题还是与其相配的放大器的参数设置问题，采取相应措施加以解决。对于直流电机，应对其电刷及换向器等进行检查、调整、维修或更换，使其工作状态良好；检查电机端部的冷却风扇运转是否正常并清扫灰尘；检查电机各连接插头是否松动。

任务五　简单外轮廓的加工程序编制及加工技术训练

【任务导入】 程序的编制需要从简单轮廓开始，循序渐进，逐步掌握各种结构的编程。

【任务要求】

1. 通过分析图纸能正确选择零件的编程零点并编制加工工艺；
2. 会对零件图进行工艺分析并进行刀具、工艺参数的选择与确定；
3. 能正确地确定刀具偏置功能(刀具长度补偿)；
4. 会正确操作数控车床；
5. 会用直线插补指令 G01 并能保证零件的尺寸；
6. 会用圆弧加工指令 G02/G03 并能保证零件的尺寸；
7. 会用所学指令对图纸进行程序编制；
8. 根据轮廓能正确选择加工刀具；
9. 会使用测量工具正确测量。

【任务目标】

完成图 2-5-1 所示简单外轮廓轴的精加工编程及加工。

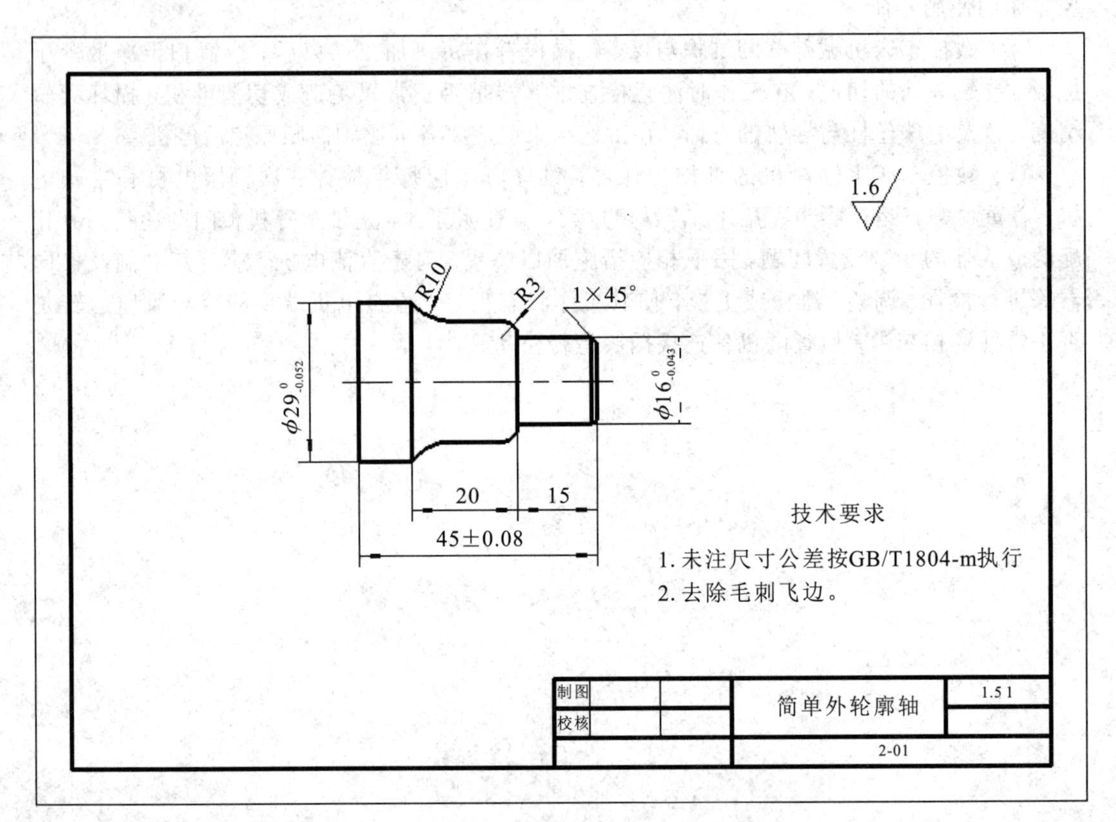

图 2-5-1　简单外轮廓轴

【任务分析】 本任务是简单外轮廓轴的精加工编程及加工，所涉及的指令简单，又是单头加工，故工艺、编程、加工都较为简单。学习本任务将为后续的零件循环加工打下良好基础。

【任务准备】

• 车床准备(见表 2－5－1)。

表 2－5－1　车床配备建议单

序号	名称	型 号	数 量	备 注
1	数控车床	CAK6136 配备 FANUC 0i 系统	按 2 位学生/台配置	

• 坯料准备、备料建议见表 2－5－2，建议实操过程中教师先将零件粗加工，留 1 mm 余量给学生精车。

表 2－5－2　备料建议单

序号	材质	规格	数量
1	45 钢	ϕ30×130	1

• 量、刃、辅具准备(见表 2－5－3)。

表 2－5－3　量、刃、辅具建议单

类别	序号	名 称	规 格	数量	备注
量具	1	游标卡尺	0～150	1	
	2	外径千分尺	0～25　25～50	各 1	
刃具	3	外圆车刀	刀杆 20×20 刀片 W 型 R0.4	1	
	4	切槽刀	刀杆 20×20 刀片 b=4	1	
辅具	5	计算器、笔、橡皮擦、绘图工具		自定	
	6	紫铜皮		自定	

任务实施

1. 分析图样

该零件结构简单，主要包括三个圆柱台阶及倒角、圆角的加工，直径尺寸及总长有公差要求，其余尺寸按 GB/T1804－m 执行。

2. 分析加工工艺

(1) 确定加工步骤。装夹毛坯伸出长 55 mm→车端面→车零件外轮廓至尺寸要求→切断总长 45.5 mm→调头车端面保证总长至尺寸要求。

(2) 填写工艺卡。按表 2－5－4 填写工艺卡。

表 2-5-4 工 艺 卡

<table>
<tr><td colspan="4" rowspan="2">轴类零件编程与仿真单元数控加工工艺卡</td><td colspan="2">零件代号</td><td colspan="2">材料名称</td><td>零件数量</td></tr>
<tr><td colspan="2">2—01</td><td colspan="2">45 钢</td><td>1</td></tr>
<tr><td colspan="9">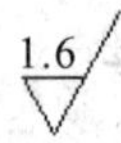
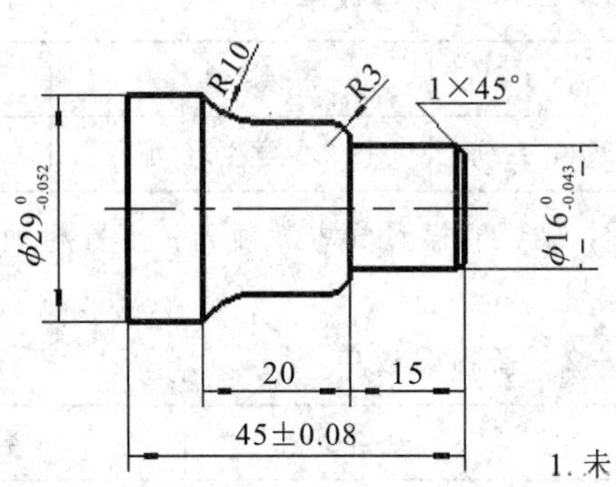
技术要求
1. 未注尺寸公差按GB/T1804-m执行
2. 去除毛刺飞边。</td></tr>
<tr><td>设备名称</td><td>CAK6136 数控车床</td><td>系统型号</td><td>FANUC 0i—Tc</td><td colspan="2">夹具名称</td><td>三爪卡盘</td><td>毛坯尺寸</td><td>ϕ30×130</td></tr>
<tr><td>工序号</td><td colspan="3">工序内容</td><td>刀具号</td><td>主轴转速 /(r/min)</td><td>进给量 /(mm/r)</td><td>背吃刀量 /mm</td><td>备注</td></tr>
<tr><td>一</td><td colspan="3">1. 夹住毛坯左端，伸出长 55 mm</td><td></td><td></td><td></td><td></td><td></td></tr>
<tr><td></td><td colspan="3">2. 手动车端面，建立工件坐标系</td><td>T01</td><td>1200</td><td></td><td></td><td></td></tr>
<tr><td></td><td colspan="3">3. 加工外轮廓，保证尺寸及粗糙度要求</td><td>T01</td><td>1200</td><td>0.1</td><td>0.5</td><td>O0201</td></tr>
<tr><td></td><td colspan="3">4. 切断长度留 0.5 mm 余量</td><td>T02</td><td>800</td><td>0.04</td><td>4</td><td>O0201</td></tr>
<tr><td>二</td><td colspan="3">1. 夹住 ϕ16 外圆，找正工件外圆</td><td></td><td></td><td></td><td></td><td></td></tr>
<tr><td></td><td colspan="3">2. 调头手动车端面保证总长</td><td>T01</td><td>800</td><td></td><td></td><td></td></tr>
<tr><td></td><td colspan="3"></td><td></td><td></td><td></td><td></td><td></td></tr>
<tr><td></td><td colspan="3"></td><td></td><td></td><td></td><td></td><td></td></tr>
<tr><td></td><td colspan="3"></td><td></td><td></td><td></td><td></td><td></td></tr>
<tr><td>编制</td><td></td><td>审核</td><td></td><td>批准</td><td></td><td>年 月 日</td><td>共 1 页</td><td>第 1 页</td></tr>
</table>

(3) 填写刀具卡。按表 2-5-5 填写数控刀具卡。

表 2-5-5 刀 具 卡

序号	刀具号	刀具名称	刀片/刀具规格	刀尖圆弧	刀具材料	备注
1	T01	外圆车刀	80°W 形刀片/20×20	0.4	YT15	
2	T02	切槽刀	4 mm 槽宽刀片	0.2	YT15	
编制		审核	批准	年 月 日	共 1 页	第 1 页

3. 编制加工程序

选取零件右端面中心点作为编程原点，编制零件加工参考程序见表2-5-6。

表2-5-6　程　序　卡

数控车程序卡	设备名称	零件名称	零件图号	程序名
	CAK6136	简单外轮廓轴	2—01	O0201
程序段号	程序内容		程序说明	
N10	M03 S1200;		主轴正转，转速1200 r/min	
N20	T0101;		选用1号外圆车刀	
N30	M08 G99;		冷却开，转进给	
N40	G00 X12 Z1;		快速定位	
N50	G01 X16 Z—1 F0.1;		倒角	
N60	Z—15;		车ϕ16外圆	
N70	G03 X22 W—3 R3;		R3圆角	
N80	G01 Z—27.4;		车ϕ22外圆	
N90	G02 X29 Z—35 R10;		R10圆角	
N100	G01 Z—49;		车ϕ29外圆	
N110	G00 X100 Z100;		退刀	
N120	T0202 S800;		换2号切槽刀，主轴转速800 r/min	
N130	G00 X30 Z—49;		快速定位	
N140	G01 X0 F0.04;		切断	
N150	G00 X100;		退刀	
N160	Z100;			
N170	M30;		程序结束	
编制	审核	批准	年　月　日	共1页　第1页

4. 仿真、加工

(1) 利用仿真软件调试程序，校核程序的准确性；

(2) 完成车床加工操作，填写考核评分表，见表2-5-7。

表2-5-7　简单外轮廓轴加工考核评分表

单位		学号		姓名		
检测项目		技术要求	配分	评分标准	检测结果	得分
车床操作	1	按步骤开机、检查、润滑	2	不正确无分		
	2	回车床参考点	2	不正确无分		
	3	程序的输入、检查及修改	2	不正确无分		
	4	程序验证	2	不正确无分		
	5	工件、刀具的装夹	2	不正确无分		
	6	对刀操作	2	不正确无分		

续表

单位		学号		姓名		
检测项目		技术要求	配分	评分标准	检测结果	得分
外圆	7	$\phi29_{-0.052}^{0}$ *Ra*1.6	10/6	超差0.01扣5分，降级无分		
	8	$\phi16_{-0.043}^{0}$ *Ra*1.6	10/6	超差0.01扣5分，降级无分		
圆弧	9	R10 Ra1.6	8/6	超差、降级无分		
	10	R3 Ra1.6	8/6	超差、降级无分		
长度	11	45	8	超差无分		
	12	20	8	超差无分		
	13	15	8	超差无分		
其他	14	1×45°	2	不符无分		
	15	去毛刺飞边	2	不符无分		
	16	安全操作规程		违反扣总分10分/次		
总配分			100	总得分		
零件图号		2—01		加工日期	年 月 日	
加工开始	时 分	停工时间	分钟	加工时间	分钟	
加工结束	时 分	停工原因		实际时间	分钟	

知识关联

1. 辅助功能M指令

表2-5-8列出了FANUC—0i数控车床系统常用的辅助功能指令。

表2-5-8 FANUC 0—0i系统常用辅助功能M指令

M指令	功　能	M指令	功　能
M00	程序暂停	M09	切削液(冷却液)关
M01	选择停止	M13	主轴正转，切削液(冷却液)开
M03	主轴正转	M14	主轴反转，切削液(冷却液)开
M04	主轴反转	M30	程序结束
M05	主轴停止	M98	调用子程序
M08	切削液(冷却液)开	M99	子程序结束，返回主程序

注：在编程时，M指令中前面的0可省略，如M00、M03可简写为M0、M3。

2. F、T、S功能

1）F功能

F的功能是指定进给速度。

(1) 每转进给(G99)。系统开机状态为G99状态，只有输入G98指令后，G99才被取消。在含有G99的程序段后面，当遇到F指令时，则认为F所指定的进给速度单位为mm/r。开机后默认为G99状态。

(2) 每分进给(G98)。在含有G98的程序段后面，当遇到F指令时，则认为F所指定的进给速度单位为mm/min。G98被执行一次后，系统将保持G98状态，直到被G99取消为止。

2) T功能

T的功能是指定数控系统进行选刀。

在FANUC－0i系统中，采用T2＋2的形式，例如T0101表示采用1号刀具和1号刀补。注意在SIEMENS系统中由于同一把刀具有许多个刀补，所以可采用如T1D1、T1D2、T2D1、T2D2等；但在FANUC系统中，由于刀补存储是公用的，所以往往采用如T0101、T0202、T0303等。

3) S功能

S的功能是指定主轴转速或速度。

(1) 恒线速度控制(G96)。G96是恒速切削控制有效指令，系统执行G96指令后，S后面的数值表示切削速度，例如：G96 S1000表示切削速度是1000 m/min。

(2) 主轴转速控制(G97)。G97是恒速切削控制取消指令，系统执行G97指令后，S后面的数值表示主轴每分钟的转数，例如：G97 S800表示主轴转速为800 r/min，系统开机状态为G97状态。

(3) 主轴最高速度限定(G50)。G50除具有坐标系设定功能外，还有主轴最高转速设定功能，即用S指定的数值设定主轴每分钟的最高转速，例如：G50 S2000表示主轴转速最高为2000 r/min。

用恒线速度控制加工端面、锥度和圆弧时，由于X坐标值不断变化，当刀具逐渐接近工件的旋转中心时，主轴转速会越来越高，工件有从卡盘飞出的危险，所以为防止事故的发生，有时必须限定主轴的最高转速。

F功能、T功能、S功能均为模态指令。

3. 准备功能G指令(见表2－5－9)

1) 快速定位指令(G00)

用G00定位，刀具以点位控制方式快速移动到指定的位置。

指令形式：

G00(U)_Z(W)_;

刀具以各轴独立的快速移动速度定位。

2) 直线插补指令(G01)

指令形式：

G01X(U)_Z(W)_F_;

利用这条指令可以进行直线插补。指令的X(U)、Z(W)分别为绝对值或增量值，由F指定进给速度，F在没有新的指令以前，总是有效的，因此不需一一指定。

3) 圆弧插补指令(G02，G03)

用下面指令，刀具可以沿着圆弧运动。

G02/G03 X(U)_Z(W)_ R_F

G02/G03 X(U)_Z(W)_ I_K_F_

表 2-5-9　准备功能指令

指定内容	命令	意义
回转方向	G02	顺时针转 CW
	G03	反时针转 CCW
绝对值	X、Z	零件坐标系中的终点位置
终点位置(相对值)	U、W	从始点到终点的距离
圆心坐标	I、K	圆心相对起点的增量坐标
圆弧半径	R	圆弧半径(半径指定)
进给速度	F	沿圆弧的速度

说明：

① 所谓顺时针和反时针是指在右手直角坐标系中，如图 2-5-2 所示。

② 用地址 X、Z 或者 U、W 指定圆弧的终点，用绝对值或增量值表示。增量值是从圆弧的始点到终点的距离值。

③ 圆弧中心用地址 I、K 指定，它们分别对应于 X、Z 轴，但 I、K 后面的数值是从圆弧始点到圆心的矢量分量，是增量值。如图 2-5-3 所示。

④ I、K 根据方向带有符号。圆弧中心除用 I、K 指定外，还可以用半径 R 来指定。此时可画出图 2-5-4 所示两个圆弧，大于 180°的圆弧和小于 180°的圆弧；小于或者等于 180°的圆弧 R 取正值，反之取负值。

图 2-5-2　前置刀架与后置刀架车床圆弧方向

⑤ 圆弧插补的进给速度用 F 指定，为刀具沿着圆弧切线方向的速度。

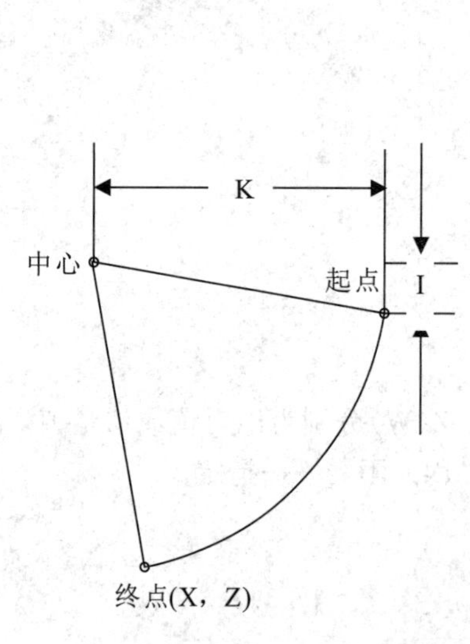

图 2-5-3　圆心坐标示意

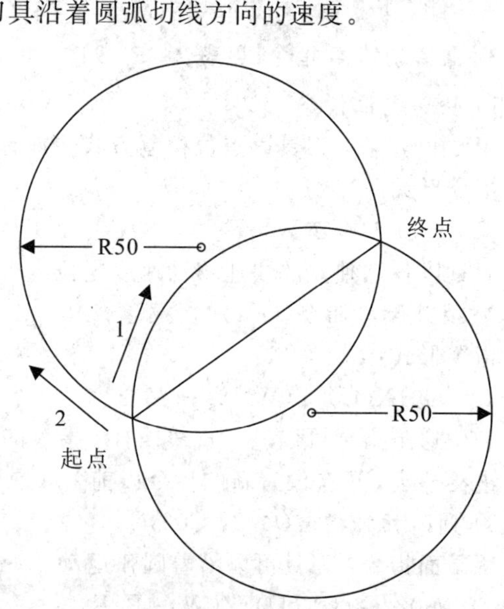

图 2-5-4　圆弧半径正负判断

任务六 槽与切断加工程序的编制及加工技术训练

【任务导入】 沟槽是零件上常见的一种结构要素，车削切槽是一种重要且常见的加工方式。

【任务要求】

1. 能正确编写切槽加工程序；
2. 能正确分析零件图并编制加工工艺；
3. 会对零件图进行工艺分析进行刀具、工艺参数的选择与确定；
4. 会正确操作机床；
5. 会根据图纸进行程序编制并能保证零件的尺寸。

【任务目标】

完成图 2-6-1 所示零件带槽轴的编程及加工。

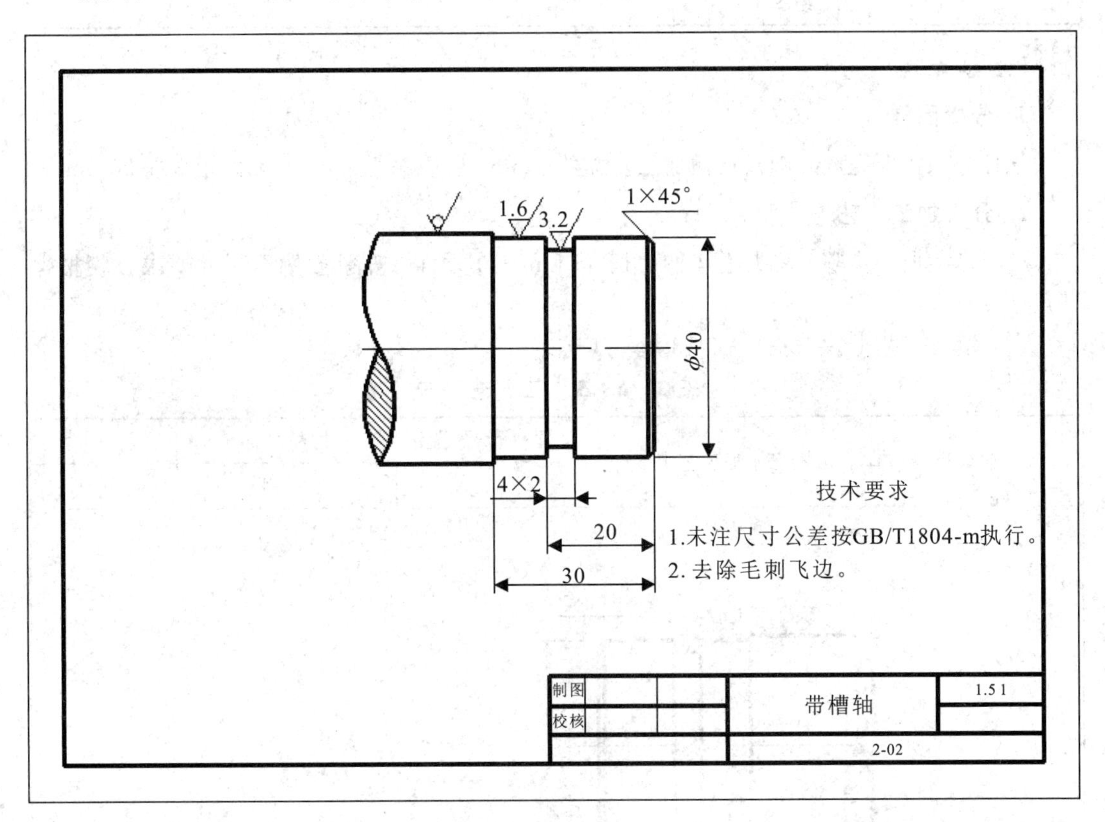

图 2-6-1 带槽轴

【任务分析】 本任务是某零件上槽结构的编程加工，所用实训材料为 45 钢，直径为 ϕ42 mm，结构比较简单。要求应用 G00、G01、G04 等指令完成槽加工。

【任务准备】

- 车床准备。车床配备与本篇任务五相同，见表 2-5-1。
- 坯料准备(见表 2-6-1)。

表 2－6－1　备料建议单

序号	材质	规格	数量
1	45 钢	$\phi42$	1

• 量、刃、辅具准备(见表 2－6－2)。

表 2－6－2　量、刃、辅具建议单

类别	序号	名 称	规 格	数 量	备注
量具	1	游标卡尺	0～150	1	
刃具	2	外圆车刀	刀杆 20×20 刀片 W 型 R0.4	1	
	3	切槽刀	刀杆 20×20 刀片 b=4	1	
辅具	4	计算器、笔、橡皮擦、绘图工具		自定	

任务实施

1. 分析图样

该任务只需要完成外圆及切槽加工，槽宽 4 mm，单边深 2 mm，左侧面距端面 20 mm。

2. 分析加工工艺

(1) 确定加工步骤。装夹毛坯伸出长 35 mm→车端面→车外轮廓至尺寸要求→切槽保证尺寸要求。

(2) 填写工艺卡。按表 2－6－3 填写工艺卡。

表 2－6－3　工　艺　卡

带槽轴编程与仿真单元数控加工工艺卡	零件代号	材料名称	零件数量
	2—02	45 钢	1
1.6　3.2　1×45°　$\phi40$　4×2　20　30 技术要求 1.未注尺寸公差按GB/T1804-m执行。 2.去除毛刺飞边。			

续表

设备名称	CAK6136 数控车床	系统型号	FANUC 0i－Tc		夹具名称	三爪卡盘	毛坯尺寸	ϕ42
工序号	工序内容			刀具号	主轴转速 /(r/min)	进给量 /(mm/r)	背吃刀量 /mm	备注
一	1. 夹住毛坯左端，伸出长 35 mm							
	2. 手动车端面，建立工件坐标系			T01	1000			
	3. 加工外轮廓，保证尺寸 ϕ40			T01	1200	0.1	1	O0202
	4. 切槽			T02	800	0.04	4	O0202
编制		审核		批准		年　月　日	共 1 页	第 1 页

（3）填写刀具卡。按表 2-6-4 填写数控刀具卡。

表 2-6-4　刀　具　卡

序号	刀具号	刀具名称	刀片/刀具规格	刀尖圆弧	刀具材料	备注
1	T01	外圆车刀	80°W 形刀片/20×20	0.4	YT15	
2	T02	切槽刀	4 mm 槽宽刀片	0.2	YT15	
编制		审核		批准		年　月　日	共 1 页	第 1 页

3. 编制加工程序

选取零件右端面中心点作为工件坐标系，编制带槽轴加工参考程序见表 2-6-5。

表 2-6-5　程　序　卡

数控车程序卡	设备名称	零件名称	零件图号	程序名
	CAK6136	带槽轴	2—02	O0202
程序段号	程序内容		程序说明	
N10	M03 S1200；		主轴正转，转速 1200 r/min	
N20	T0101；		选用 1 号外圆车刀	
N30	M08 G99；		冷却开，转进给	
N40	G00 X36 Z1；		快速定位	
N50	G01 X40 Z—1 F0.1；		倒角	

续表

程序段号	程序内容					程序说明		
N60	Z−30；					车 ϕ40 外圆		
N70	G00 X100 Z100；					退刀		
N80	T0202 S800；					换 2 号切槽刀，主轴转速 800 r/min		
N90	G00 X41 Z−20；					快速定位		
N100	G01 X36 F0.04；					切槽		
N110	G04 X2					进给暂停 2 秒		
N120	G00 X100；					退刀		
N130	Z100；							
N140	M30；					程序结束		
编制		审核		批准		年 月 日	共 1 页	第 1 页

4. 仿真、加工

(1) 利用仿真软件调试程序，校核程序的准确性；

(2) 完成车床加工操作，填写考核评分表，见表 2-6-6。

表 2-6-6 带槽轴加工考核评分表

单位		学号		姓名			
检测项目		技术要求		配分	评分标准	检测结果	得分
车床操作	1	按步骤开机、检查、润滑		3	不正确无分		
	2	回车床参考点		2	不正确无分		
	3	程序的输入、检查及修改		5	不正确无分		
	4	程序验证		5	不正确无分		
	5	工件、刀具的装夹		5	不正确无分		
	6	对刀操作		5	不正确无分		
外圆	7	ϕ40	Ra1.6	10/5	超差 0.01 扣 5 分，降级无分		
	8	ϕ36	Ra3.2	10/5	超差 0.01 扣 5 分，降级无分		
长度	9	4		8	超差无分		
	10	20		15	超差无分		
	11	30		10	超差无分		
其他	12	1×45°		2	不符无分		
	13	安全操作规程		10	违反扣总分 10 分/次		
总配分				100	总得分		
零件图号				2−02	加工日期	年 月 日	
加工开始	时 分	停工时间	分钟		加工时间	分钟	
加工结束	时 分	停工原因			实际时间	分钟	

知识关联

切槽加工过程中，切槽刀刀头狭长、刀具刚性差，刀具工作环境恶劣，切削力大、切削热集中，排屑、冷却困难，因此在选择刀头的几何参数和切削用量时应特别注意这几方面。

1. 切槽刀的安装

切槽刀在安装时应注意以下几点：

(1) 正——切槽刀中心线必须跟工件中心线垂直，以保证两个副偏角对称。

(2) 平——切槽刀的主切削刃必须与工件中心等高。

2. 切槽刀的刀位点

切槽刀有两刀尖及切削中心处三个刀位点，在编制加工程序时，要采用其中之一作为刀位点，一般选用左刀尖作为刀位点，同时在计算节点时要注意考虑刀宽。

3. 车外沟槽的方法

(1) 车削精度不高和宽度较窄的沟槽时，可以用刀宽等于槽宽的车槽刀，采用一次直进法车出(见图 2-6-2(a))。

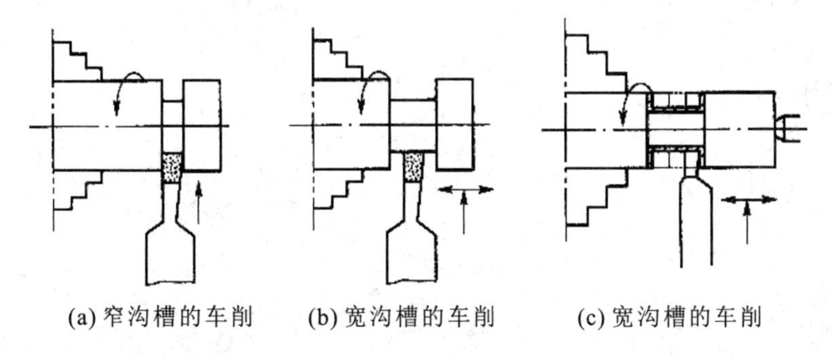

(a) 窄沟槽的车削　(b) 宽沟槽的车削　(c) 宽沟槽的车削

图 2-6-2　外沟槽的车削

(2) 有精度要求的沟槽，一般采用两次直进法车出(见图 2-6-2(b))，即第一次车槽时，槽壁两侧及槽底留精车余量，然后根据槽深、槽宽精车。

(3) 车削较宽的沟槽时，可用多次直进法切削(见图 2-6-2(c))，并在槽壁两侧及槽底留一定的精车余量，然后根据槽深、槽宽进行精车。

4. 进给暂停指令

利用暂停指令，可以推迟下个程序段的执行，推迟时间为指令的时间，其格式如下：

G04 P_；

或者

G04 X_；

其中，X 为以秒为单位指令暂停时间；P 为以毫秒为单位指令暂停时间；范围从 0.001～99 999.999 秒。

5. 拓展

若本任务中槽的精度要求较高，则应选用刀宽为 3 mm 的刀片进行切削，两侧面留 0.5 mm，槽底留 0.1 mm 进行精车。参考程序如下：(车端面、外圆略)

```
O0203;
M03 S800;
M08 G99;
T0202;
G00 X41 Z-19.5;
G01 X36.1 F0.06;
G00 X41;
W-1;
G01 X39 Z-20 F0.1;
X36.1;
G00 X41 W0.2;
Z-18;
G01 X39 Z-19;
X36;
Z-20;
G00 X100 W0.5;
Z100;
M30;
```

任务七　孔类零件加工程序的编制及加工技术训练

【任务导入】 内孔表面也是零件上的主要表面之一，根据零件在机械产品上的作用不同，不同结构的内孔有不同的精度和表面质量要求。车削是加工孔的一种工艺方法，与外圆车削相比，内孔的车削加工难度要大得多。

【任务要求】

1. 能正确编写内孔加工程序；
2. 能正确分析零件图；
3. 会正确选定刀具并设定工艺参数；
4. 会正确操作数控车床；
5. 懂得内孔车刀的正确装夹和粗、精车切削用量的选择；
6. 能正确对内孔加工时的进刀、退刀做合理分配；
7. 会正确使用内径千分尺或内径百分表测量。

【任务目标】

完成图 2-7-1 所示零件套的精镗编程及加工。

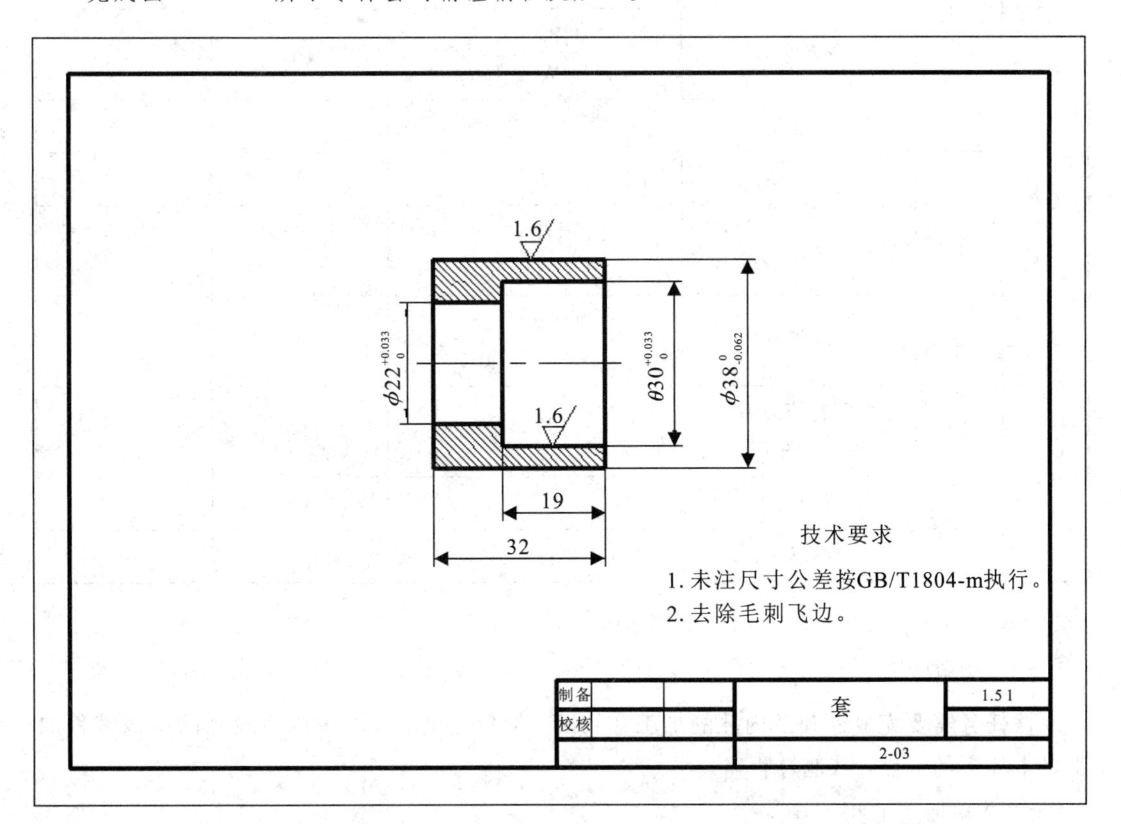

图 2-7-1　套

【任务分析】 本任务建议在内孔轮廓粗加工基础上进行，主要学习内孔轮廓精镗程序的编写及加工，要求选择合适的内孔车刀及合理的进刀、退刀轨迹。

【任务准备】

- 车床准备。车床配备与本篇任务五相同，见表 2-5-1。
- 坯料准备(见表 2-7-1)。

表 2-7-1　备料建议单

序号	材质	规格	数量
1	45 钢	$\phi40$	1

- 量、刃、辅具准备(见表 2-7-2)。

表 2-7-2　量、刃、辅具建议单

类别	序号	名称	规格	数量	备注
量具	1	游标卡尺	0～150	1	
	2	深度游标卡尺	0～150	1	
	3	外径千分尺	0～25 25～50	各 1	
	4	内径百分表	18～35	2	
刃具	5	外圆车刀	刀杆 20×20 刀片 W 型 R0.4	1	
	6	中心钻	$\phi3$	1	
	7	麻花钻	$\phi20$	1	
	8	镗孔刀	刀杆 $\phi16$ 刀片 T 型 R0.4	1	
	9	切断刀	刀杆 20×20 刀片 b=4	1	
辅具	10	计算器、笔、橡皮擦、绘图工具		自定	
	11	紫铜皮		自定	
		垫刀片	自定	自定	

任务实施

1. 分析图样

该任务需要完成外圆及内孔的加工并切断、倒角去毛刺，其中内孔轮廓的精镗编程加工是本任务的重点，其他过程略。

2. 分析加工工艺

(1) 确定加工步骤。装夹毛坯伸出长 40 mm→车端面→钻中心孔→钻孔→车外轮廓至尺寸要求→粗镗→精镗→切断→车端面去毛刺。

(2) 填写工艺卡。按表 2-7-3 填写工艺卡。

表 2-7-3　工　艺　卡

套编程与仿真单元数控加工工艺卡	零件代号	材料名称	零件数量
	2—03	45 钢	1

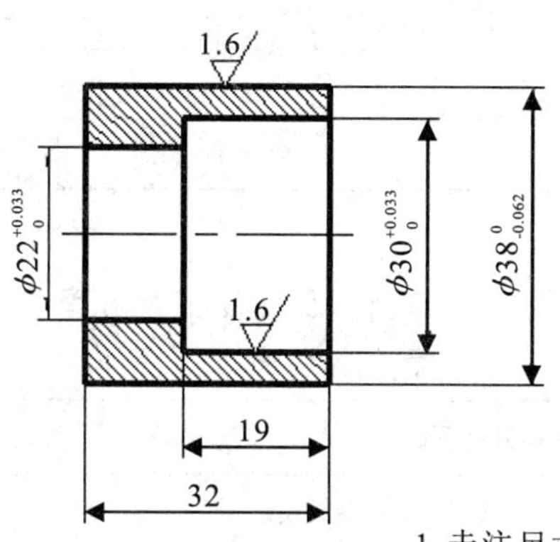

技术要求

1. 未注尺寸公差按GB/T1804-m执行。
2. 去除毛刺飞边。

设备名称	CAK6136数控车床	系统型号	FANUC 0i—Tc	夹具名称	三爪卡盘	毛坯尺寸	$\phi42$

工序号	工序内容	刀具号	主轴转速 /(r/min)	进给量 /(mm/r)	背吃刀量 /mm	备注
一	1. 夹住毛坯左端，伸出长 40 mm					
	2. 手动车端面，建立工件坐标系	T01	800			
	3. 钻中心孔		800		1.5	
	4. 钻孔		400		10	
	5. 加工外轮廓，保证尺寸 $\phi38$	T01	1200	0.1	1	
	6. 粗镗孔	T03	1500	0.2	1.5	
	7. 精镗孔	T03	1800	0.1	0.3	O0203
	8. 切断	T04	800	0.04	4	
二	1. 调头车端面保证总长，去毛刺	T01	800		0.5	

编制		审核		批准		年　月　日	共 1 页	第 1 页

(3) 填写刀具卡。按表 2-7-4 填写数控刀具卡。

表 2-7-4　刀　具　卡

序号	刀具号	刀具名称	刀片/刀具规格	刀尖圆弧	刀具材料	备注
1	T01	外圆车刀	80°W 形刀片/20×20	0.4	YT15	
2	T03	镗孔刀	60°T 形刀片/ϕ16	0.4	YT15	
3	T04	切断刀	4 mm 宽刀片/20×20	0.2	YT15	
编制		审核		批准		年　月　日	共 1 页	第 1 页

3. 编制加工程序

选取零件右端面中心点作为工件坐标系，编制镗孔精加工参考程序见表 2-7-5。

表 2-7-5　程　序　卡

数控车程序卡	设备名称	零件名称	零件图号	程序名
	CAK6136	套	2—03	O0203
程序段号	程序内容		程序说明	
N10	M03 S1800;		主轴正转，转速 1800 r/min	
N20	T0303;		选用 3 号镗孔车刀	
N30	M08 G99;		冷却开，转进给	
N40	G00 X33 Z1;		快速定位	
N50	G01 X30 Z—0.5 F0.1;		倒角	
N60	Z—19;		车 ϕ30 内孔	
N70	X23;			
N80	X22 W—0.5;		倒角	
N90	Z—33;		车 ϕ22 内孔	
N100	G00 U—1;		径向退刀	
N110	Z100;		轴向退刀	
N120	M30;		程序结束	
编制		审核		批准		年　月　日	共 1 页	第 1 页

4. 仿真、加工

(1) 利用仿真软件调试程序，校核程序的准确性。

(2) 完成数控车床加工操作，填写考核评分表，见表 2-7-6。

表 2－7－6　套加工考核评分表

<table>
<tr><td colspan="3">单位</td><td colspan="2">学号</td><td colspan="3">姓名</td></tr>
<tr><td colspan="2">检测项目</td><td colspan="2">技术要求</td><td>配分</td><td colspan="2">评分标准</td><td>检测结果</td><td>得分</td></tr>
<tr><td rowspan="6">车床操作</td><td>1</td><td colspan="2">按步骤开机、检查、润滑</td><td>3</td><td colspan="2">不正确无分</td><td></td><td></td></tr>
<tr><td>2</td><td colspan="2">回车床参考点</td><td>2</td><td colspan="2">不正确无分</td><td></td><td></td></tr>
<tr><td>3</td><td colspan="2">程序的输入、检查及修改</td><td>5</td><td colspan="2">不正确无分</td><td></td><td></td></tr>
<tr><td>4</td><td colspan="2">程序验证</td><td>5</td><td colspan="2">不正确无分</td><td></td><td></td></tr>
<tr><td>5</td><td colspan="2">工件、刀具的装夹</td><td>5</td><td colspan="2">不正确无分</td><td></td><td></td></tr>
<tr><td>6</td><td colspan="2">对刀操作</td><td>5</td><td colspan="2">不正确无分</td><td></td><td></td></tr>
<tr><td>外圆</td><td>7</td><td>$\phi38$</td><td>$Ra1.6$</td><td>10/4</td><td colspan="2">超差 0.01 扣 5 分，降级无分</td><td></td><td></td></tr>
<tr><td rowspan="2">内孔</td><td>8</td><td>$\phi30$</td><td>$Ra1.6$</td><td>10/4</td><td colspan="2">超差 0.01 扣 5 分，降级无分</td><td></td><td></td></tr>
<tr><td>9</td><td>$\phi22$</td><td>$Ra1.6$</td><td>10/4</td><td colspan="2">超差 0.01 扣 5 分，降级无分</td><td></td><td></td></tr>
<tr><td rowspan="2">长度</td><td>10</td><td colspan="2">19</td><td>10</td><td colspan="2">超差无分</td><td></td><td></td></tr>
<tr><td>11</td><td colspan="2">32</td><td>10</td><td colspan="2">超差无分</td><td></td><td></td></tr>
<tr><td rowspan="2">其他</td><td>12</td><td colspan="2">去毛刺</td><td>5</td><td colspan="2">不符无分</td><td></td><td></td></tr>
<tr><td>13</td><td colspan="2">安全操作规程</td><td>10</td><td colspan="2">违反扣总分 10 分/次</td><td></td><td></td></tr>
<tr><td></td><td></td><td colspan="2"></td><td></td><td colspan="2"></td><td></td><td></td></tr>
<tr><td colspan="4">总配分</td><td>100</td><td colspan="2">总得分</td><td colspan="2"></td></tr>
<tr><td>零件图号</td><td colspan="3">2—03</td><td colspan="3">加工日期</td><td colspan="2">年　月　日</td></tr>
<tr><td>加工开始</td><td>时　分</td><td>停工时间</td><td colspan="2">分钟</td><td>加工时间</td><td colspan="3">分钟</td></tr>
<tr><td>加工结束</td><td>时　分</td><td>停工原因</td><td colspan="2"></td><td>实际时间</td><td colspan="3">分钟</td></tr>
</table>

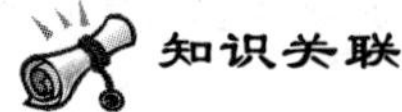

1. 钻孔的注意事项

(1) 钻孔前，先把工件端面车平，否则会影响正确定心。

(2) 必须找正尾座，使钻头轴线跟工件回转轴线重合，以防孔径扩大和钻头折断。

(3) 钻孔前可先用中心钻定心，以引导钻头钻削，防止钻偏。

(4) 钻较深的孔时，切屑不易排出，必须经常退出钻头，清除切屑。如果是很长的通孔，可以采用掉头钻孔的方法。

(5) 当孔将钻穿时，因为钻头的横刃不再参加工作，阻力大大减小，进给时就会觉得手轮摇起来很轻松，这时进给量必须减小，否则会使钻头的切削刃“咬”在工件孔内而损坏钻头，或者使钻头的锥柄在尾座锥孔内打转，把锥柄和锥孔拉毛。

(6) 钻孔时，为了防止钻头发热，应充分使用切削液降温，防止麻花钻退火。在车床上钻孔时，切削液很难深入到切削区，特别是深孔就更加困难，钻削中应经常摇出钻头，以利排屑和冷却钻头。

2. 内孔车刀的安装

(1) 刀尖应与工件中心等高或稍高，如果低于中心，由于切削抗力的作用，容易将刀柄压低而产生扎刀现象，并可造成孔径扩大。

(2) 刀柄伸出刀架不宜过长，一般比被加工孔长 5 ～ 6 mm 左右。

(3) 刀柄基本平行于工件轴线，否则在车削到一定深度时后半部容易碰到工件孔口。

(4) 盲孔车刀装夹时，内偏刀的主刀刃应与孔底平面成 3°～ 5°角，并且在车平面时要求横向有足够的退刀余量。

3. 车孔的关键技术

车内孔的关键技术是解决内孔车刀的刚性和排屑问题。

(1) 增加内孔车刀刚性可采取以下措施：

① 根据钻孔直径，尽量选取大直径的刀柄；

② 选用高强度材料制作的刀杆或者选用抗震阻尼刀杆；

③ 尽可能缩短刀柄的伸出长度。

(2) 排屑问题主要是控制切屑流出方向。精加工孔时要求切屑流向待加工表面(前排屑)，为此，采用正刃倾角的内孔车刀；加工盲孔时，应采用负的刃倾角，使切屑从孔口排出。

任务八　螺纹加工程序的编制及加工技术训练

【任务导入】 在车床上车削螺纹可采用成形车刀或螺纹梳刀。用成形车刀车削螺纹，由于刀具结构简单，是单件和小批生产螺纹工件的常用方法。

【任务要求】

1. 熟练掌握螺纹加工指令，并能区别 G92 与 G76 的运用；
2. 能正确编写螺纹加工程序；
3. 能正确分析零件图并编制加工工艺；
4. 会对零件图进行工艺分析并进行刀具、工艺参数的选择与确定；
5. 会正确操作数控车床；
6. 能灵活运用螺纹加工指令编写加工程序；
7. 能正确对螺纹深度做合理的进刀分配；
8. 会根据图纸进行程序编制并能保证零件的尺寸。

【任务目标】

完成图 2-8-1 所示螺纹轴段的编程及加工。

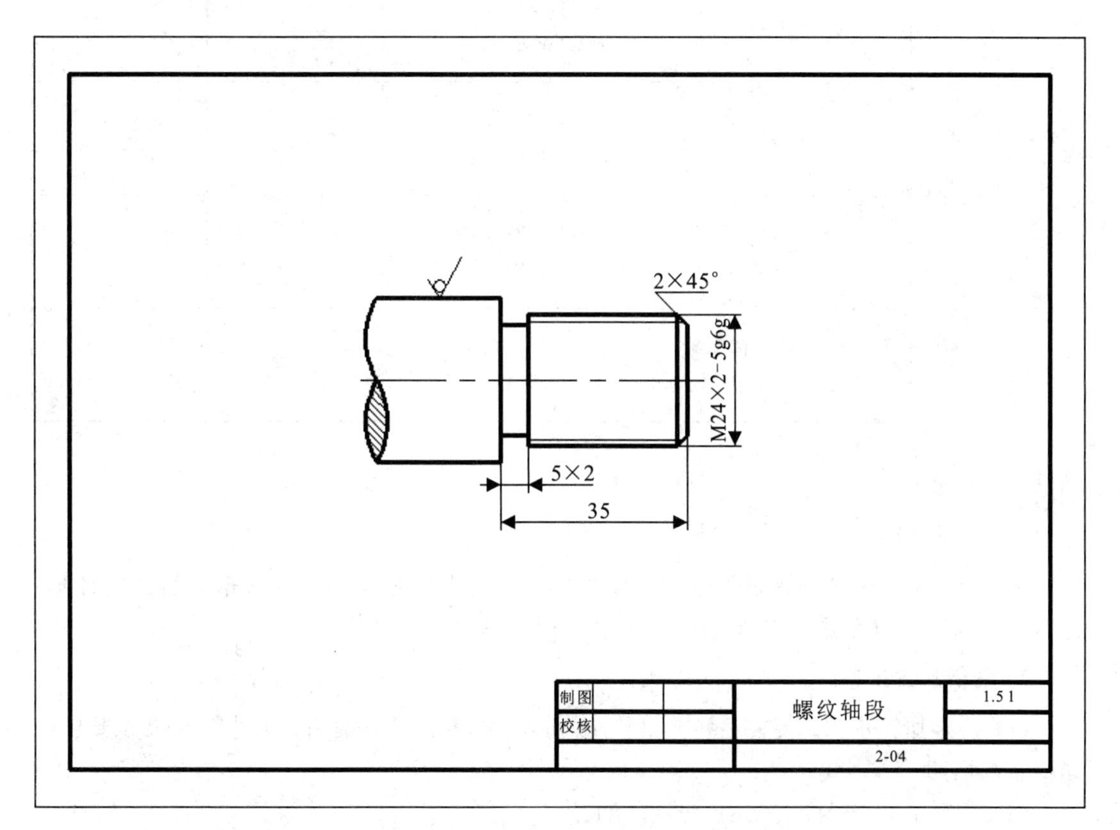

图 2-8-1　螺纹轴段

【任务分析】 本任务完成外圆、退刀槽、三角螺纹的加工，重点学习螺纹结构的编程加工，需要正确计算螺纹光圆直径、螺纹深度，并能合理分配每刀进刀深度。

【任务准备】

- 车床准备。车床配备与本篇任务五相同，见表 2-5-1。
- 坯料准备(见表 2-8-1)。

表 2-8-1 备料建议单

序号	材质	规格	数量
1	45 钢	ϕ30	1

- 量、刃、辅具准备(见表 2-8-2)。

表 2-8-2 量、刃、辅具建议单

类别	序号	名称	规格	数量	备注
量具	1	游标卡尺	0～150	1	
	2	螺纹环规	M24×2—5g6g	1	
刃具	3	外圆车刀	刀杆 20×20 刀片 W 型 R0.4	1	
	4	切槽刀	刀杆 20×20 刀片 b=4	1	
	5	外螺纹刀	刀杆 20×20 刀片 P1.5	1	
辅具	6	计算器、笔、橡皮擦、绘图工具		自定	

任务实施

1. 分析图样

该任务需要完成外圆、退刀槽及螺纹的加工，其中外圆车削直径根据经验公式计算，退刀槽根据刀宽两次进刀切削完成，螺纹编程加工是本任务的重点。

2. 分析加工工艺

(1) 确定加工步骤。装夹毛坯伸出长 45 mm→车端面、车倒角、车外圆至尺寸要求→切槽→车螺纹。

(2) 填写工艺卡。按表 2-8-3 填写工艺卡。

表 2-8-3　工　艺　卡

<table>
<tr><td colspan="3" rowspan="2">螺纹轴段编程与仿真单元数控加工工艺卡</td><td colspan="2">零件代号</td><td colspan="2">材料名称</td><td>零件数量</td></tr>
<tr><td colspan="2">2—04</td><td colspan="2">45 钢</td><td>1</td></tr>
<tr><td colspan="8">2×45°
M24×2-5g6g
5×2
35</td></tr>
<tr><td>设备名称</td><td>CAK6136 数控车床</td><td>系统型号</td><td>FANUC 0i—Tc</td><td>夹具名称</td><td>三爪卡盘</td><td>毛坯尺寸</td><td>ϕ30</td></tr>
<tr><td>工序号</td><td colspan="2">工序内容</td><td>刀具号</td><td>主轴转速 /(r/min)</td><td>进给量 /(mm/r)</td><td>背吃刀量 /mm</td><td>备注</td></tr>
<tr><td>一</td><td colspan="2">1. 夹住毛坯左端，伸出长 45 mm</td><td></td><td></td><td></td><td></td><td></td></tr>
<tr><td></td><td colspan="2">2. 手动车端面，建立工件坐标系</td><td>T01</td><td>1000</td><td></td><td></td><td></td></tr>
<tr><td></td><td colspan="2">3. 车倒角、外圆，保证尺寸 ϕ23.8</td><td>T01</td><td>1500</td><td>0.1</td><td>0.3</td><td>O0204</td></tr>
<tr><td></td><td colspan="2">4. 切槽</td><td>T02</td><td>800</td><td>0.04</td><td>4</td><td>O0204</td></tr>
<tr><td></td><td colspan="2">5. 车螺纹</td><td>T03</td><td>800</td><td>2</td><td></td><td>O0204</td></tr>
<tr><td></td><td colspan="2"></td><td></td><td></td><td></td><td></td><td></td></tr>
<tr><td></td><td colspan="2"></td><td></td><td></td><td></td><td></td><td></td></tr>
<tr><td></td><td colspan="2"></td><td></td><td></td><td></td><td></td><td></td></tr>
<tr><td></td><td colspan="2"></td><td></td><td></td><td></td><td></td><td></td></tr>
<tr><td>编制</td><td></td><td>审核</td><td>批准</td><td></td><td>年　月　日</td><td>共 1 页</td><td>第 1 页</td></tr>
</table>

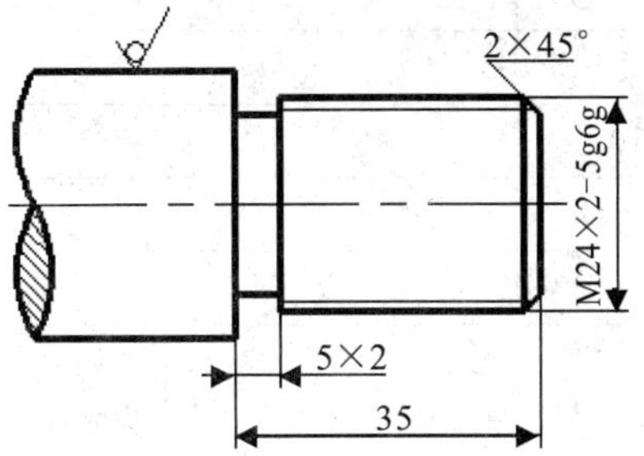

(3) 填写刀具卡。按表 2-8-4 填写数控刀具卡。

表 2-8-4　刀　具　卡

序号	刀具号	刀具名称	刀片/刀具规格	刀尖圆弧	刀具材料	备注
1	T01	外圆车刀	80°W 形刀片/20×20	0.4	YT15	
2	T02	切槽刀	4 mm 宽刀片/20×20	0.2	YT15	
3	T03	螺纹刀	P1.5/20×20	0.2	YT15	
编制		审核	批准	年　月　日	共 1 页	第 1 页

3. 编制加工程序

选取零件右端面中心点作为工件坐标系，编制螺纹轴段加工参考程序见表 2-8-5。

表2-8-5　程　序　卡

<table>
<tr><td rowspan="2">数控车程序卡</td><td>设备名称</td><td>零件名称</td><td>零件图号</td><td>程序名</td></tr>
<tr><td>CAK6136</td><td>螺纹轴段</td><td>2－04</td><td>O0204</td></tr>
<tr><td>程序段号</td><td colspan="2">程序内容</td><td colspan="2">程序说明</td></tr>
<tr><td>N10</td><td colspan="2">M03 S1500；</td><td colspan="2"></td></tr>
<tr><td>N20</td><td colspan="2">T0101；</td><td colspan="2"></td></tr>
<tr><td>N30</td><td colspan="2">M08 G99；</td><td colspan="2"></td></tr>
<tr><td>N40</td><td colspan="2">G00 X33 Z1；</td><td colspan="2"></td></tr>
<tr><td>N50</td><td colspan="2">G01 X23.8 Z－2 F0.1；</td><td colspan="2">倒角，车光圆直径（顶径）＝D－0.1P（P为螺距）；内螺纹光孔直径（顶径）＝D－1.1P</td></tr>
<tr><td>N60</td><td colspan="2">Z－35；</td><td colspan="2"></td></tr>
<tr><td>N70</td><td colspan="2">X28；</td><td colspan="2"></td></tr>
<tr><td>N80</td><td colspan="2">X32 W－2；</td><td colspan="2"></td></tr>
<tr><td>N90</td><td colspan="2">G00 X100 Z100；</td><td colspan="2"></td></tr>
<tr><td>N100</td><td colspan="2">T0202 S800；</td><td colspan="2"></td></tr>
<tr><td>N110</td><td colspan="2">G00 X31 Z－35；</td><td colspan="2"></td></tr>
<tr><td>N120</td><td colspan="2">G01 X20.1 F0.04；</td><td colspan="2"></td></tr>
<tr><td>N130</td><td colspan="2">G00 X25；</td><td colspan="2"></td></tr>
<tr><td>N140</td><td colspan="2">Z－31.5；</td><td colspan="2"></td></tr>
<tr><td>N150</td><td colspan="2">G01 X20 Z－34；</td><td colspan="2"></td></tr>
<tr><td>N160</td><td colspan="2">Z－35；</td><td colspan="2"></td></tr>
<tr><td>N170</td><td colspan="2">G00 X100 W0.5；</td><td colspan="2"></td></tr>
<tr><td>N180</td><td colspan="2">Z100；</td><td colspan="2"></td></tr>
<tr><td>N190</td><td colspan="2">T0303；</td><td colspan="2">换螺纹刀</td></tr>
<tr><td>N200</td><td colspan="2">G00 X26 Z4；</td><td colspan="2">快速定位到循环起始点，长度留空刀导入量＝（1.5～2）L（L为导程）</td></tr>
<tr><td>N210</td><td colspan="2">G92 X23.1 Z－33 F2；</td><td colspan="2">切螺纹，长度留空刀导出量＝（1～1.5）L</td></tr>
<tr><td>N220</td><td colspan="2">X22.5；</td><td colspan="2"></td></tr>
<tr><td>N230</td><td colspan="2">X21.9；</td><td colspan="2"></td></tr>
<tr><td>N240</td><td colspan="2">X21.5；</td><td colspan="2"></td></tr>
<tr><td>N250</td><td colspan="2">X21.4；</td><td colspan="2">底径＝D－1.3P</td></tr>
<tr><td>N260</td><td colspan="2">G00 X100 Z100；</td><td colspan="2"></td></tr>
<tr><td>N270</td><td colspan="2">M30；</td><td colspan="2"></td></tr>
</table>

编制	／	审核	／	批准	／	年　月　日	共1页	第1页

4. 仿真、加工

（1）利用仿真软件调试程序，校核程序的准确性；

（2）完成车床加工操作，填写考核评分表，见表2-8-6。

表2-8-6　螺纹轴段加工考核评分表

单位		学号		姓名		
检测项目		技术要求	配分	评分标准	检测结果	得分
车床操作	1	按步骤开机、检查、润滑	5	不正确无分		
	2	回车床参考点	5	不正确无分		
	3	程序的输入、检查及修改	5	不正确无分		
	4	程序验证	5	不正确无分		
	5	工件、刀具的装夹	5	不正确无分		
	6	对刀操作	5	不正确无分		
外圆	7	$\phi20$	10	超差无分		
	8	$\phi23.8$	10	超差无分		
长度	9	35	10	超差无分		
螺纹	10	M24×2	20	超差无分		
其他	11	去毛刺	10	不符无分		
	12	安全操作规程	10	违反扣总分10分/次		
总配分			100	总得分		
零件图号		2—04		加工日期	年　月　日	
加工开始	时　分	停工时间	分钟	加工时间	分钟	
加工结束	时　分	停工原因		实际时间	分钟	

知识关联

1. 螺纹车削时的切削用量选择

由于螺纹的螺距（或导程）是由图样指定的，所以选择车削螺纹时的切削用量，关键是确定主轴转速 n 和切削深度 a_p。

1）主轴转速的选择

根据车削螺纹时主轴转1转、刀具进给1个导程的机理，数控车床车削螺纹时的进给速度是由选定的主轴转速决定的。螺纹加工程序段中指令的螺纹导程（单头螺纹时即为螺距）相当于以进给量 f(mm/r)表示的进给速度 v_f：

$$v_f = nf \tag{2-8-1}$$

从式（2-8-1）可以看出，进给速度 v_f 与进给量 f 成正比关系，如果将机床的主轴转速选择过高，换算后的进给速度则必定大大超过机床额定进给速度。所以选择车削螺纹时的主轴转速要考虑进给系统的参数设置情况和机床电气配置情况，避免螺纹“乱牙”或起/终点附近螺距不符合要求等现象的发生。

另外，值得注意的是，一旦开始进行螺纹加工，其主轴转速值一般是不能进行更改的，包括精加工在内的主轴转速都必须沿用第一次进刀加工时的选定值；否则，数控系统会因为脉冲编码器基准脉冲信号的“过冲”量而导致螺纹“乱牙”。

2）切削深度的选择

螺纹牙型高度(螺纹总切深)是指在螺纹牙型上，牙顶到牙底之间垂直于螺纹轴线的距离，它是车削时车刀的总切入深度。

对于三角形普通螺纹，牙型高度按下式计算：

$$h = 0.6495P \tag{2-8-2}$$

式中，P 为螺距(mm)。一般直径总切深按 $H \approx 1.3P$ 计算。

由于螺纹车削加工为成型车削，刀具强度较差，且切削进给量较大，刀具所受切削力也很大，所以，一般要求分数次进给加工，并按递减趋势选择相对合理的切削深度。表2-8-7列出了常见米制螺纹切削的进给次数和背吃力量参考值，仅供读者查阅。

表2-8-7 常用螺纹切削的进给次数与背吃刀量 (单位：mm)

米制螺纹								
螺距		1.0	1.5	2.0	2.5	3.0	3.5	4.0
牙深		0.649	0.974	1.299	1.624	1.949	2.273	2.598
背吃刀量及切削次数	1次	0.7	0.8	0.9	1.0	1.2	1.5	1.5
	2次	0.4	0.6	0.6	0.7	0.7	0.7	0.8
	3次	0.2	0.4	0.6	0.6	0.6	0.6	0.6
	4次		0.16	0.4	0.4	0.4	0.6	0.6
	5次			0.1	0.4	0.4	0.4	0.4
	6次				0.15	0.4	0.4	0.4
	7次					0.2	0.2	0.4
	8次						0.15	0.3
	9次							0.2

2. 量具的选用

外螺纹类零件的数控车削中常用的量具有螺纹环规、螺纹千分尺。三角形螺纹的中径可用螺纹千分尺来测量，螺纹千分尺备有一系列不同的螺距和不同的牙型角测头，只需要调换测头，就可以测量不同规格的三角形螺纹中径。

3. 螺纹切削固定循环指令

1）圆柱螺纹切削循环指令(公制螺纹)

指令格式：

G92X(U)_Z(W)_F_;

切削路径如图2-8-2所示。

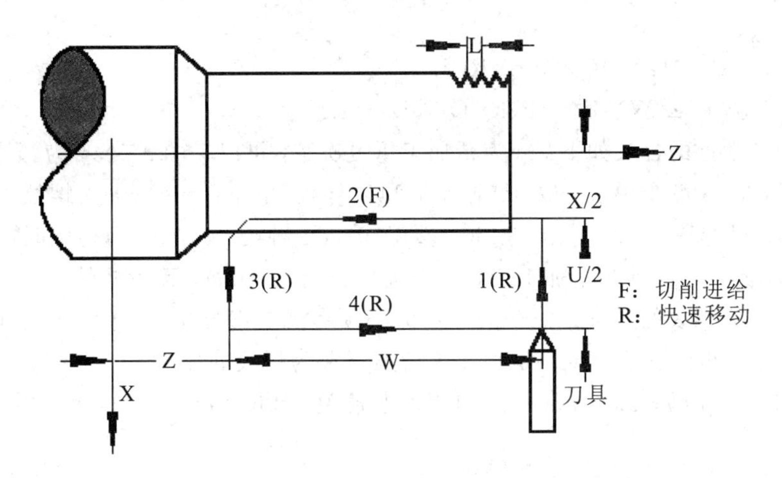

图 2-8-2　圆柱螺纹切削路径

其中，X、Z 为螺纹终点的坐标值；U、W 为螺纹终点坐标相对于循环起始点的增量坐标值；增量值指令的地址 U、W 后续数值的符号，根据轨迹 1 和 2 的方向决定，如果轨迹 1 的方向是 X 轴的负向时，则 U 的数值为负；F 为切削螺纹的导程。

2）圆锥螺纹切削循环指令

指令格式：

G92X(U)_ Z(W)__ I_　F_；

其中，I 为锥螺纹考虑空刀导入量和空刀导出量后切削螺纹起点和切削螺纹终点的半径差，有正负。切削路径如图 2-8-3 所示。

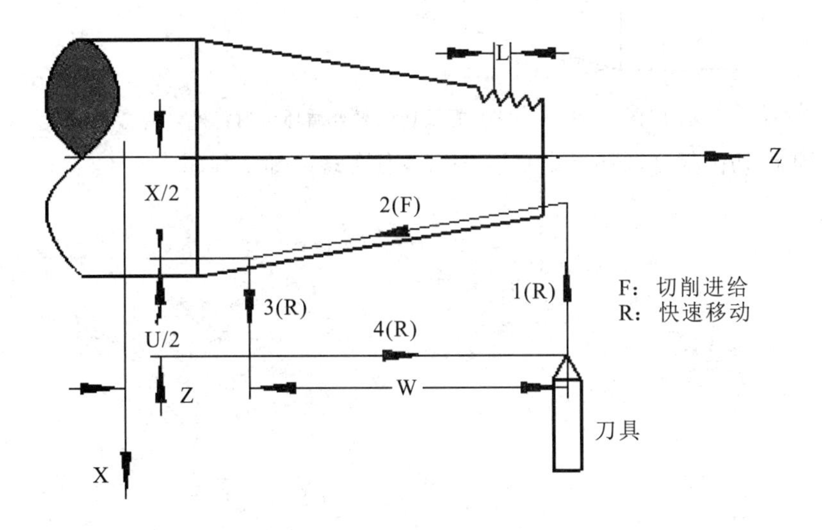

图 2-8-3　圆锥螺纹切削路径

4. 螺纹切削复合循环指令

利用螺纹切削复合循环功能，只要编写出螺纹的底径值、螺纹 Z 向终点位置、牙深及第一次背吃刀量等加工参数，数控车床即可自动计算每次的背吃刀量进行循环切削，直到加工完为止。使用该指令一般是斜进法车削。

指令格式：

G76 P(m)(r)(a) Q(Δdmin) R(d)

G76 X(U)_ Z(W)_R(i) P(k) Q(Δd) F(L)

程序段中各地址的含义如下：m 为精加工重复次数，可以 1～99 次；r 为螺纹尾部倒角量(斜向退刀)，00～99 个单位，取 01 则退 0.11×导程(单位：mm)；a 为螺纹刀尖的角度(螺牙的角度)，可选择 80°、60°、55°、30°、29°、0°六个种类；Δdmin 为切削时的最小切深量，半径值(单位：μm)；d 为精加工余量，半径值(单位：mm)；X 为螺纹底径值，直径值(单位：mm)；Z 为螺纹的 Z 向终点位置坐标，必须考虑空刀导出量；i 为螺纹部分的半径差，与 G92 中的 I 相同(I 为 0 时，是直螺纹切削)；k 为螺纹的牙深，按 k=649.5P 进行计算，半径值(单位：μm)；Δd 为第一次切深，半径值(单位：μm)；L 为螺纹导程(单位：mm)。

切削路径如图 2-8-4 所示。

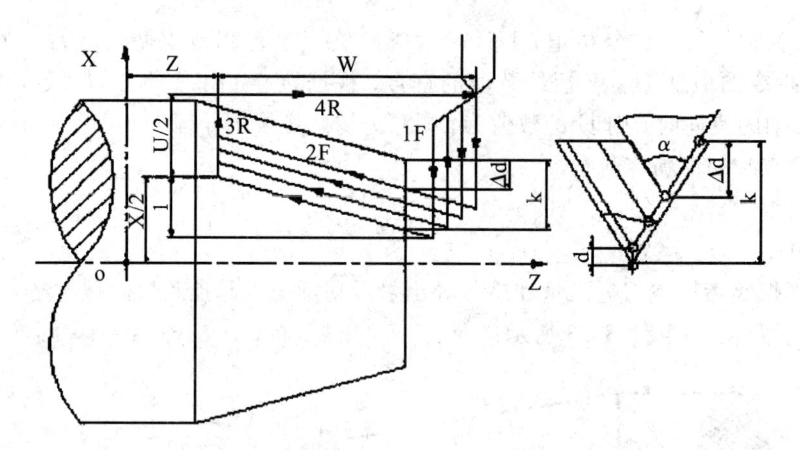

图 2-8-4　G76 螺纹切削复合循环切削路径

试运用螺纹切削复合循环指令 G76 编写本任务螺纹加工程序。

任务九 单一循环指令编程及加工技术训练

【任务导入】 当车削加工余量较大，需要多次进刀切削加工时，可采用循环指令编写加工程序，这样可以减少程序段的数量、缩短编程时间和提高数控车床工作效率。对于加工几何形状简单、刀具走刀路线单一的工件，可采用单一固定循环指令编程，即只需用一条指令、一个程序段就可以完成刀具的多步动作。

【任务要求】

1. 能熟练运用简单循环指令；
2. 能正确分析零件图并编制加工工艺；
3. 会对零件图进行工艺分析并进行刀具、工艺参数的选择与确定；
4. 会正确操作机床；
5. 会用固定循环指令 G90 编程并能保证零件加工后的尺寸。

【任务目标】

完成图 2-9-1 所示台阶轴的编程及加工。

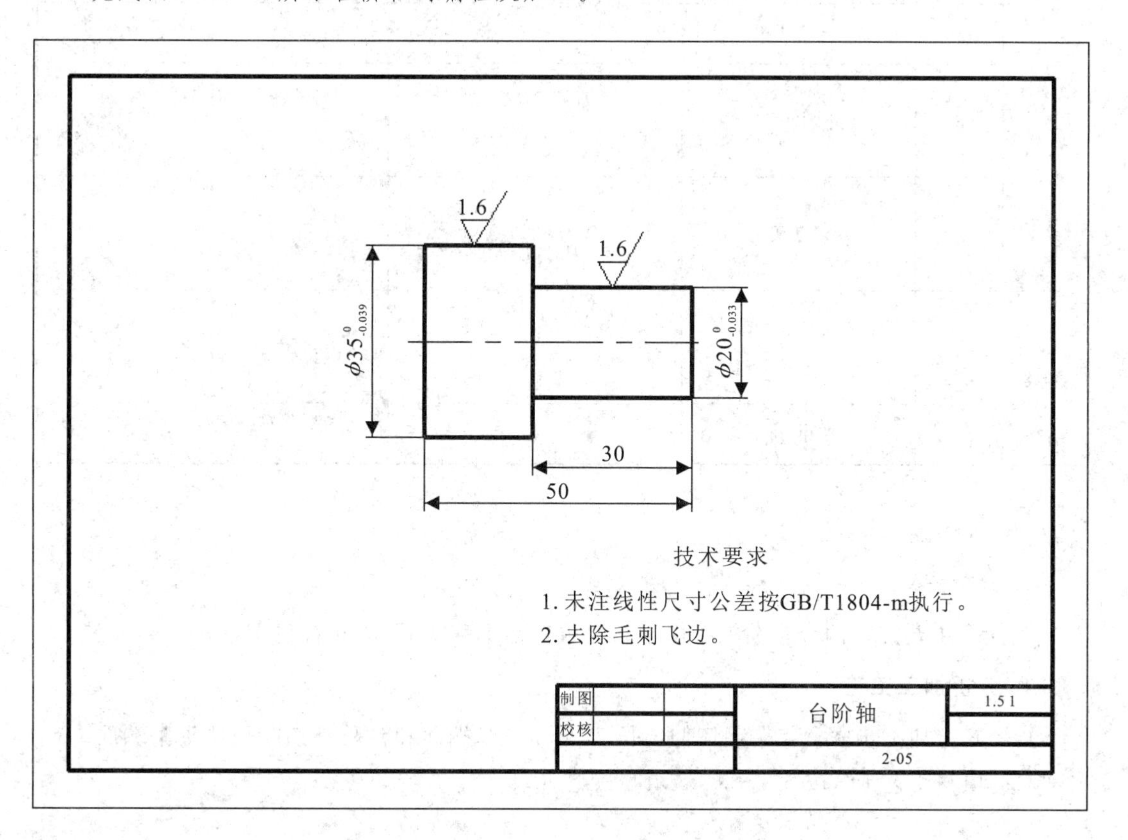

图 2-9-1 台阶轴

【任务分析】 本任务重点是掌握单一循环指令G90的功能及其应用，该指令功能可以减少编程计算量、简化编程。本任务的工艺、程序、操作较简单，学习本任务可为复合循环指令的学习打下一定的基础。

【任务准备】

- 车床准备。车床配备与本篇任务五相同，见表2-5-1。
- 坯料准备(见表2-9-1)。

表2-9-1　备料建议单

序号	材质	规格	数量
1	45钢	ϕ40	1

- 量、刃、辅具准备(见表2-9-2)。

表2-9-2　量、刃、辅具建议单

类别	序号	名称	规格	数量	备注
量具	1	游标卡尺	0～150	1	
	2	千分尺	0～25 25～50	各1	
刃具	3	外圆车刀	刀杆20×20 刀片W型R0.4	1	
	4	切断刀	刀杆20×20 刀片b=4	1	
辅具	5	计算器、笔、橡皮擦、绘图工具		自定	
	6	紫铜皮			

任务实施

1. 分析图样

该任务主要加工两个台阶，零件轮廓简单，尺寸精度IT8，粗糙度Ra1.6。

2. 分析加工工艺

(1) 确定加工步骤。装夹毛坯伸出长55 mm→车端面和台阶→切断→调头车端面。

(2) 填写工艺卡。按表2-9-3填写工艺卡。

表 2-9-3　工　艺　卡

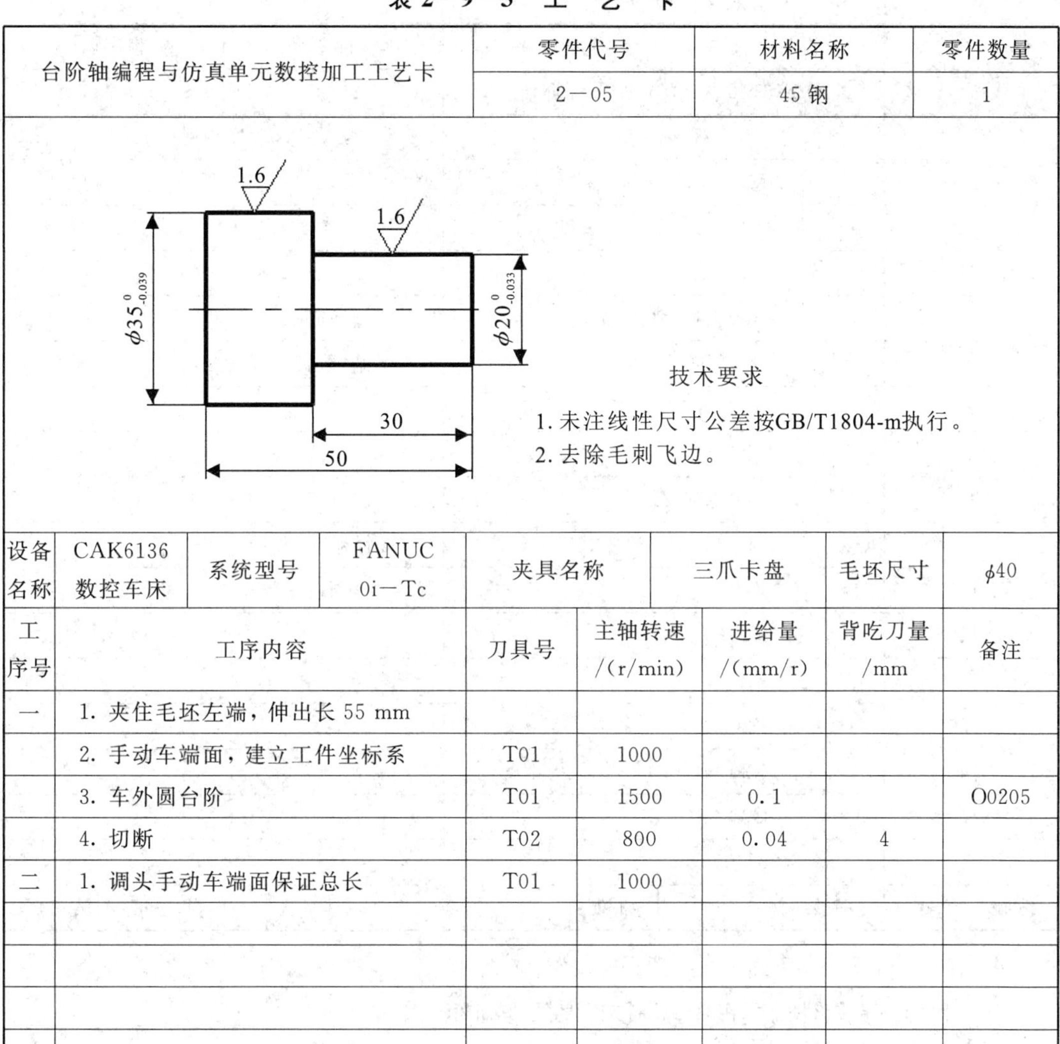

台阶轴编程与仿真单元数控加工工艺卡	零件代号	材料名称	零件数量
	2—05	45 钢	1

技术要求

1. 未注线性尺寸公差按GB/T1804-m执行。
2. 去除毛刺飞边。

设备名称	CAK6136 数控车床	系统型号	FANUC 0i—Tc	夹具名称	三爪卡盘	毛坯尺寸	ϕ40
工序号	工序内容		刀具号	主轴转速 /(r/min)	进给量 /(mm/r)	背吃刀量 /mm	备注
一	1. 夹住毛坯左端，伸出长 55 mm						
	2. 手动车端面，建立工件坐标系		T01	1000			
	3. 车外圆台阶		T01	1500	0.1		O0205
	4. 切断		T02	800	0.04	4	
二	1. 调头手动车端面保证总长		T01	1000			
编制		审核		批准	年　月　日	共 1 页	第 1 页

(3) 填写刀具卡。按表 2-9-4 填写数控刀具卡。

表 2-9-4　刀　具　卡

序号	刀具号	刀具名称	刀片/刀具规格	刀尖圆弧	刀具材料	备注
1	T01	外圆车刀	80°W 形刀片/20×20	0.4	YT15	
2	T02	切断刀	4 mm 宽刀片/20×20	0.2	YT15	
编制		审核		批准	年　月　日	共 1 页　第 1 页

3. 编制加工程序

选取零件右端面中心点作为工件坐标系，编制加工参考程序见表 2-9-5。

表 2-9-5 程 序 卡

数控车程序卡	设备名称	零件名称	零件图号	程序名
	CAK6136	台阶轴	2—05	O0205
程序段号	程序内容		程序说明	
N10	M03 S1500；			
N20	T0101；			
N30	M08 G99；			
N40	G00 X41 Z1；		设定循环起点	
N50	G90 X38 Z−54 F0.3；		单一循环切削	
N60	X35.5；			
N70	X35 F0.1；			
N80	G00 X36 Z1；		设定循环起点	
N90	G90 X32 Z−30 F0.3；		单一循环切削	
N100	X29；			
N110	X26；			
N120	X23；			
N130	X20.5；			
N140	X20 F0.1；			
N150	G00 X100 Z100；			
N160	M30；			
编制	审核	批准	年 月 日	共1页 第1页

4. 仿真、加工

(1) 利用仿真软件调试程序，校核程序的准确性；

(2) 完成车床加工操作，填写考核评分表，见表 2-9-6。

表 2-9-6 台阶轴加工考核评分表

单位		学号		姓名		
检测项目		技 术 要 求	配分	评 分 标 准	检测结果	得分
车床操作	1	按步骤开机、检查、润滑	5	不正确无分		
	2	回车床参考点	5	不正确无分		
	3	程序的输入、检查及修改	5	不正确无分		
	4	程序验证	5	不正确无分		
	5	工件、刀具的装夹	5	不正确无分		
	6	对刀操作	5	不正确无分		
外圆	7	$\phi20$ $Ra1.6$	10/5	超差无分		
	8	$\phi35$ $Ra1.6$	10/5	超差无分		

续表

单位		学号		姓名		
检测项目		技术要求	配分	评分标准	检测结果	得分
长度	9	30	10	超差无分		
	10	50	10	超差无分		
其他	11	去毛刺	10	不符无分		
	12	安全操作规程	10	违反扣总分 10 分/次		
总配分			100	总得分		
零件图号		2-05		加工日期	年　月　日	
加工开始	时　分	停工时间	分钟	加工时间	分钟	
加工结束	时　分	停工原因		实际时间	分钟	

知识关联

1. 圆柱面切削循环指令

指令格式：

G90 X(U)_　Z(W)_ F _；

其中，X、Z 为绝对值终点坐标尺寸；U、W 为相对(增量)值终点坐标尺寸；F 为切削进给速度。

走刀路线如图 2-9-2 所示，按顺序 1、2、3、4 进行(其中 1 为进刀、2 为切削、3 为退刀、4 为返回)，1、4 为快速移动，2、3 为切削进给速度(F)。每加工完一个程序段，刀具都回到 G00 刀具起点位置，再执行下一个程序段。

2. 圆锥面切削循环

指令格式：

G90　X(U)_ Z(W)_ R _　F_

其中，X、Z 为绝对值终点坐标尺寸；U、W 为相对(增量)值终点坐标尺寸；F 为切削进给速度；R 为锥体起点与终点半径之差。

走刀路线如图 2-9-3 所示，同圆柱面切削循环。

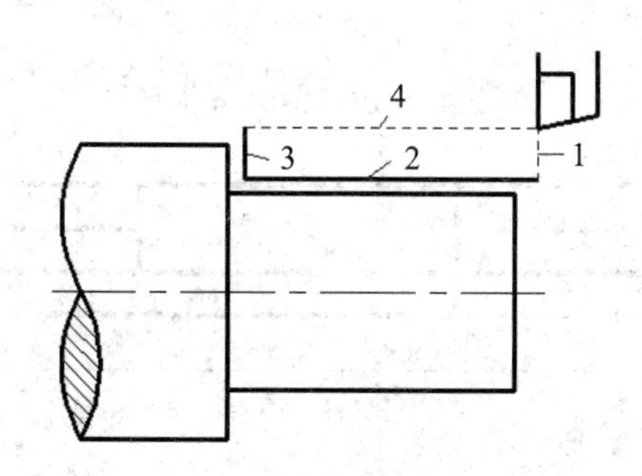

图 2-9-2　圆柱面切削循环走刀路径

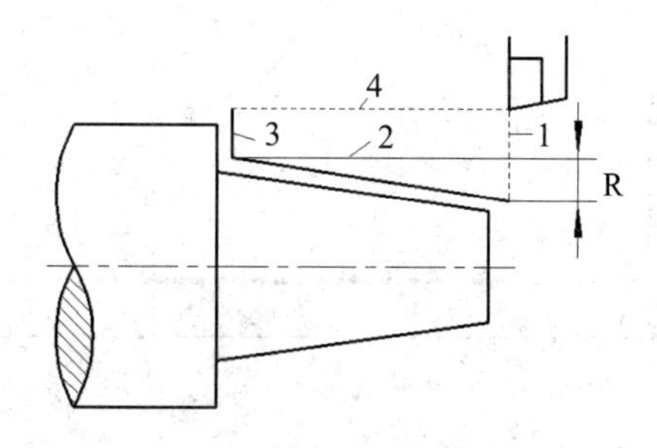

图 2-9-3　圆锥面切削循环走刀路径

任务十 固定循环指令编程及加工技术训练

【任务导入】 对于加工几何形状简单、刀具走刀路线单一的工件，可采用单一固定循环指令编程，但是对于余量大且形状复杂的零件的加工编程，则采用复合循环指令。它能有效简化编程，将多次重复的动作用一个指令完成，系统会自动重复切削，直到加工完成。

【任务要求】

1. 能正确分析零件图并编制加工工艺；
2. 会对零件图进行工艺分析并进行刀具、工艺参数的选择与确定；
3. 会正确操作机床；
4. 会用固定循环指令 G71、G70 对图纸进行程序编制并能保证零件的尺寸。

【任务目标】

完成图 2-10-1 所示台阶轴的编程及加工。

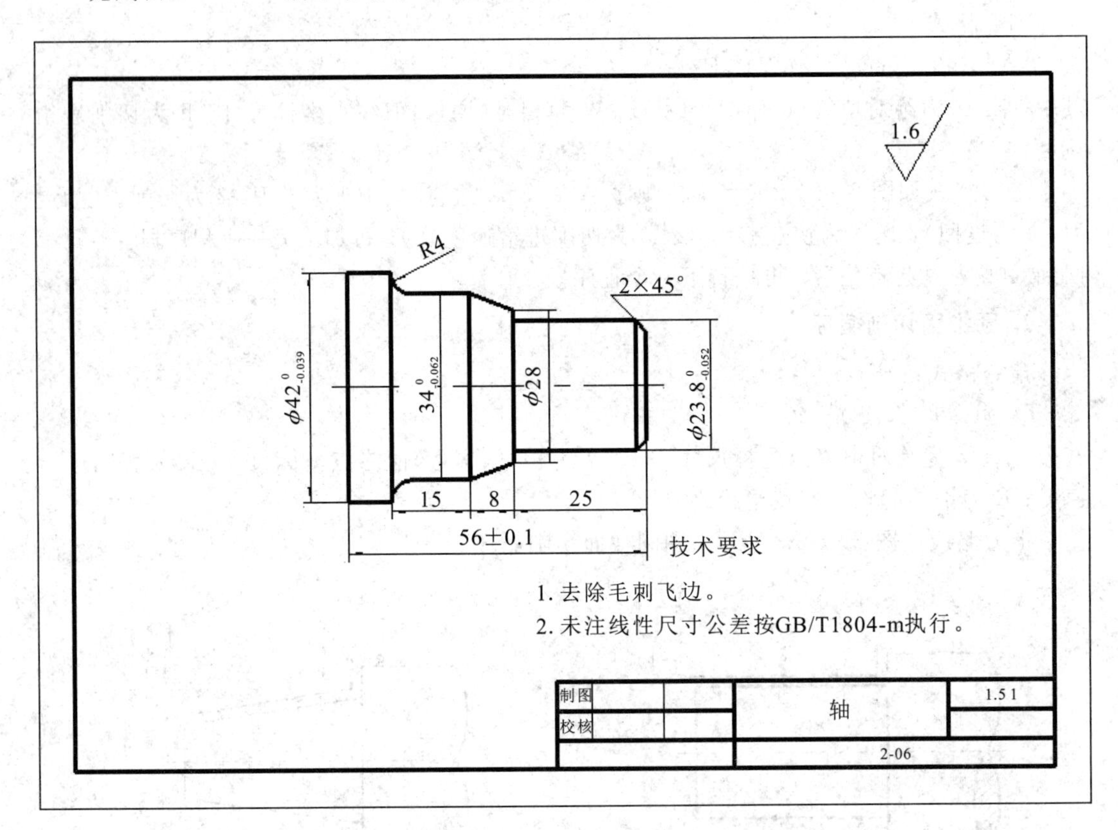

图 2-10-1 台阶轴

【任务分析】 本任务重点是掌握固定循环指令的功能及其应用，该指令功能可以减少编程计算量、简化编程。本任务的工艺、程序、操作较简单，本任务是综合加工的重要组成部分。

【任务准备】

- 车床准备。车床配备与本篇任务五相同，见表 2-5-1。
- 坯料准备(见表 2-10-1)。

表 2-10-1　备料建议单

序号	材质	规格	数量
1	45 钢	ϕ45	1

- 量、刃、辅具准备(见表 2-10-2)。

表 2-10-2　量、刃、辅具建议单

类别	序号	名称	规格	数量	备注
量具	1	游标卡尺	0～150	1	
	2	千分尺	0～25 25～50	各 1	
刃具	3	外圆车刀	刀杆 20×20 刀片 W 型 R0.4	1	
	4	切断刀	刀杆 20×20 刀片 b=4	1	
辅具	5	计算器、笔、橡皮擦、绘图工具		自定	
	6	紫铜皮			

任务实施

1. 分析图样

该任务零件轮廓简单，主要加工的表面轮廓为圆柱面、圆锥面和圆弧面，尺寸精度和表面要求较高。

2. 分析加工工艺

(1) 确定加工步骤。装夹毛坯伸出长 65 mm→车端面→粗、精车台阶轮廓→切断→调头车端面。

(2) 填写工艺卡。按表 2-10-3 填写工艺卡。

表 2-10-3 工 艺 卡

轴编程与仿真单元数控加工工艺卡				零件代号		材料名称		零件数量
				2—06		45 钢		1

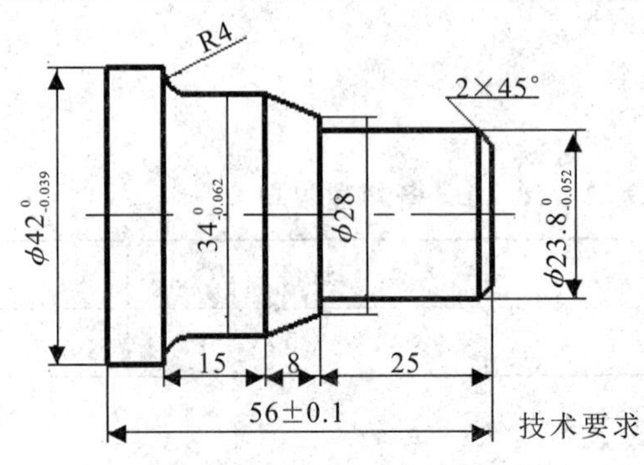

技术要求

1. 去除毛刺飞边。
2. 未注线性尺寸公差按GB/T1804-m执行。

设备名称	CAK6136 数控车床	系统型号	FANUC 0i—Tc	夹具名称	三爪卡盘	毛坯尺寸	$\phi40$

工序号	工序内容	刀具号	主轴转速 /(r/min)	进给量 /(mm/r)	背吃刀量 /mm	备注
一	1. 夹住毛坯左端，伸出长 65 mm					
	2. 手动车端面，建立工件坐标系	T01	1000			
	3. 粗车外圆台阶	T01	1000	0.25	2	O0206
	4. 精车外圆台阶	T01	1200	0.1	0.3	O0206
	5. 切断	T02	600	0.04	4	
二	1. 调头手动车端面保证总长	T01	1000			
编制		审核		批准		年 月 日	共 1 页	第 1 页

(3) 填写刀具卡。按表 2-10-4 填写数控刀具卡。

表 2-10-4 刀 具 卡

序号	刀具号	刀具名称	刀片/刀具规格	刀尖圆弧	刀具材料	备注
1	T01	外圆车刀	80°W 形刀片/20×20	0.4	YT15	
2	T02	切断刀	4 mm 宽刀片/20×20	0.2	YT15	
编制		审核		批准		年 月 日	共 1 页	第 1 页

3. 编制加工程序

选取零件右端面中心点作为工件坐标系，编制加工参考程序，见表 2-10-5。

表 2-10-5　程　序　卡

数控车程序卡	设备名称	零件名称	零件图号	程序名
	CAK6136	轴	2—06	O0206
程序段号	程序内容		程序说明	
N10	M03 S1000；			
N20	T0101；			
N30	M08 G99；			
N40	G00 X46 Z1；		设定循环起点	
N50	G71 U2 R1		外圆粗车复合循环	
N60	G71 P70 Q140 U0.6 W0.1 F0.25			
N70	G00 X17.8；		精加工程序段第一句	
N80	G01 X23.8 Z—2；			
N90	Z—25；			
N100	X28；			
N110	X34 W—8；			
N120	W—11；			
N130	G02 X42 Z—48 R4；			
N140	G01 Z—60；		精加工程序段最后一句	
N150	G70 P70 Q140 F0.1 S1200		精车循环	
N160	G00 X100 Z100；			
N170	M30；			
编制	审核	批准	年　月　日	共1页　第1页

4. 仿真、加工

（1）利用仿真软件调试程序，校核程序的准确性；

（2）完成数控车床加工操作，填写考核评分表，见表 2-10-6。

表 2-10-6　轴加工考核评分表

单位		学号		姓名		
检测项目		技 术 要 求	配分	评 分 标 准	检测结果	得分
车床操作	1	按步骤开机、检查、润滑	2	不正确无分		
	2	回车床参考点	3	不正确无分		
	3	程序的输入、检查及修改	5	不正确无分		
	4	程序验证	5	不正确无分		
	5	工件、刀具的装夹	5	不正确无分		
	6	对刀操作	5	不正确无分		

续表

检测项目		技术要求	配分	评分标准	检测结果	得分
外圆	7	$\phi 23.8$ $Ra1.6$	8/5	超差无分		
	8	$\phi 34$ $Ra1.6$	7/5	超差无分		
	9	$\phi 42$ $Ra1.6$	10/5	超差无分		
长度	10	25	5	超差无分		
	11	23	5	超差无分		
	12	8	5	超差无分		
	13	56	5	超差无分		
其他	14	倒角去毛刺	5	不符无分		
	15	安全操作规程	10	违反扣除		
总配分			100	总得分		
零件图号		2—06		加工日期	年 月 日	
加工开始	时 分	停工时间	分钟	加工时间	分钟	
加工结束	时 分	停工原因		实际时间	分钟	

知识关联

1. 内外径车削循环指令 G71

如图 2-10-2 所示，在程序中，给出 A—A′—B 之间的精加工形状，留出 ΔU/2、ΔW 精加工余量，用 ΔD 表示每次的切削深量。

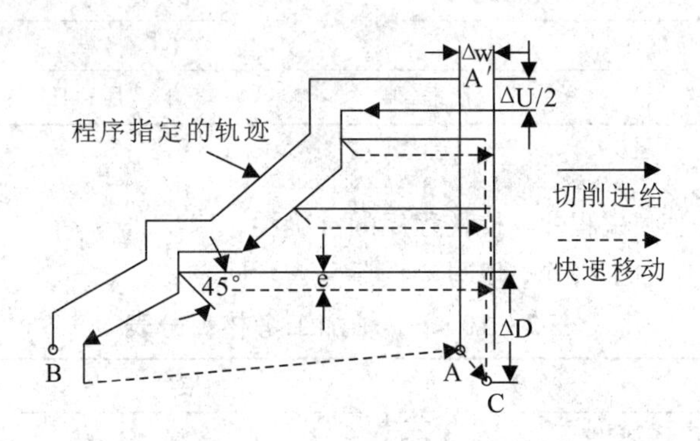

图 2-10-2 G71 循环路径

内外径粗车循环指令 G71 格式如下：

G71 U(ΔD) R(E)；

G71 P(NS) Q(NF) U(ΔU) W(ΔW) F(F) S(S) T(T)；

其中，ΔD 为切深，无符号，切入方向由 AA′方向决定(半径指定)，该指定是模态的，一直到下个指定以前均有效；E 为退刀量，是模态值，在下次指定前均有效；NS 为精加工形状程序段群的第一个程序段的顺序号；NF 为精加工形状程序段群的最后一个程序段的顺序号；ΔU 为 X 轴方向精加工余量的距离及方向(直径/半径指定)，外径车削为正值，内径车削为负值；ΔW 为 Z 轴方向精加工余量的距离及方向；F、S、T 为在 G71 循环中，顺序号 NS～NF 之间程序段中的 F、S、T 功能都无效，全部忽略，仅在有 G71 指令的程序段中，F、S、T 是有效的。

走刀路线如图 2-10-2 所示。

2. 精车循环指令 G70

指令格式：

G70 P(NS) Q(NF)F　S　T

任务十一 综合加工技术训练

【任务导入】 车削类零件都是由圆柱台阶、圆弧面、槽、螺纹等结构要素组成，在学习了相关结构要素的编程加工后，通过本任务再次提高编程加工的熟练程度。

【任务要求】

1. 能正确完整地编写加工程序；
2. 会根据零件图选用正确的刀具；
3. 会正确操作机床；
4. 掌握不同刀具的正确装夹和粗、精车切削用量的选择；
5. 会用刀具半径补偿指令 G40、G41、G42 进行编程；
6. 会正确使用各种测量工具完成加工。

【任务目标】

完成图 2-11-1 所示轴的编程及加工。

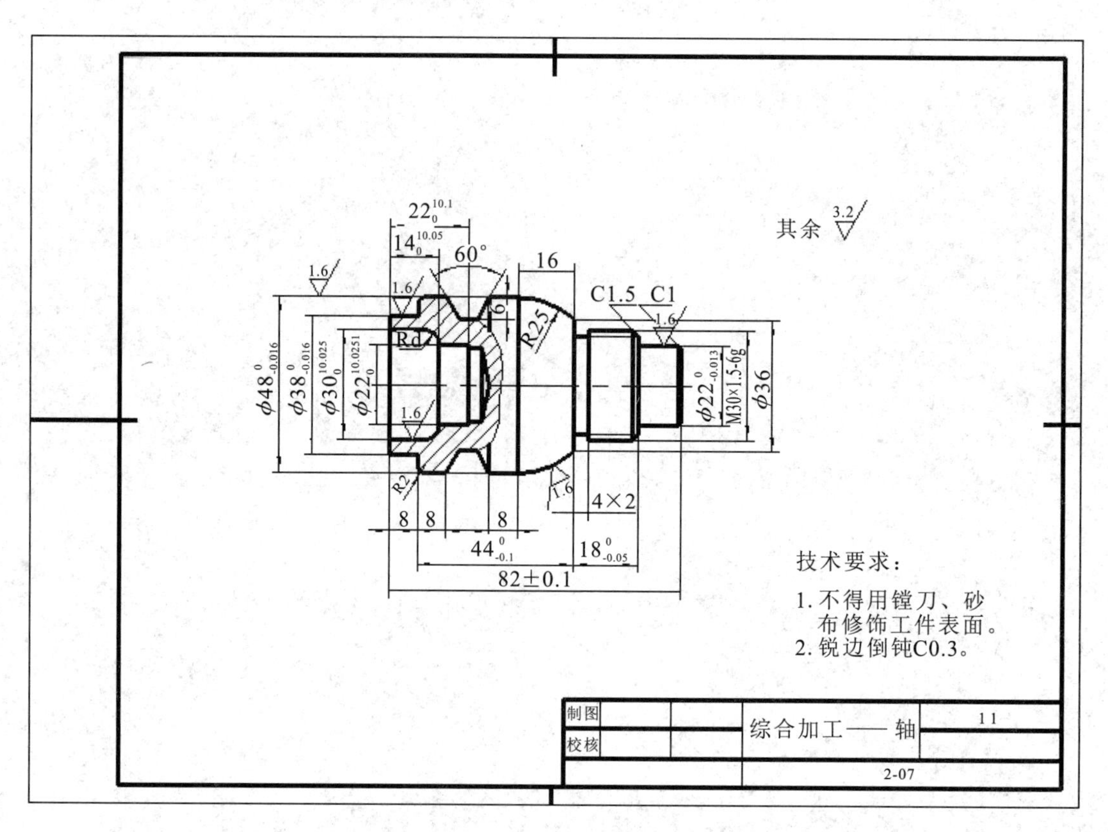

图 2-11-1 综合加工——轴

【任务分析】 本任务包含了内外轮廓的加工，结构要素包括圆柱面、圆弧面、槽、螺纹等，是对前面所学内容的综合运用。通过前期的编程及加工技术学习与训练，学习者具备了一定的编程和加工操作能力，能够完成该任务。

【任务准备】

• 车床准备。车床配备与本篇任务五相同，见表 2-5-1。

• 坯料准备(见表 2-11-1)。

表 2-11-1 备料建议单

序号	材质	规格	数量
1	45 钢	ϕ50×85	1

• 量、刃、辅具准备(见表 2-11-2)。

表 2-11-2 量、刃、辅具建议单

类别	序号	名称	规格	数量	备注
量具	1	游标卡尺	0～150	1	
	2	深度游标卡尺	0～150	1	
	3	千分尺	0～25 25～50	各 1	
	4	内径百分表	18～35	1	
刃具	5	外圆车刀	刀杆 20×20 刀片 W 型 R0.4	1	
	6	切槽刀	刀杆 20×20 刀片 b=4	1	
	7	外螺纹刀	刀杆 20×20 P1.5	1	
	8	中心钻	ϕ3	1	
	9	麻花钻	ϕ20	1	
	10	镗刀	刀杆 ϕ16 刀片 T 型 R0.4	1	
辅具	11	计算器、笔、橡皮擦、绘图工具		自定	
	12	紫铜皮		自定	
	13	垫刀片	自定	自定	

任务实施

1. 分析图样

综合加工零件包括了内圆台阶、外圆台阶、圆弧面、沟槽、螺纹的加工，先加工左端至圆弧面结合处，调头再加工右端。

2. 分析加工工艺

(1) 确定加工步骤。

左端：装夹毛坯伸出长 45 mm→手动车端面、钻中心孔、钻 ϕ20 孔→粗、精车外台阶轮廓→切槽→粗、精镗内孔。

右端：调头装夹、找正→手动车端面保证总长→粗、精车外台阶轮廓→切槽→车螺纹。

(2) 填写工艺卡。按表 2-11-3 填写工艺卡。

表 2-11-3 工 艺 卡

综合加工——轴编程与仿真单元数控加工工艺卡	零件代号	材料名称	零件数量
	2—07	45 钢	1

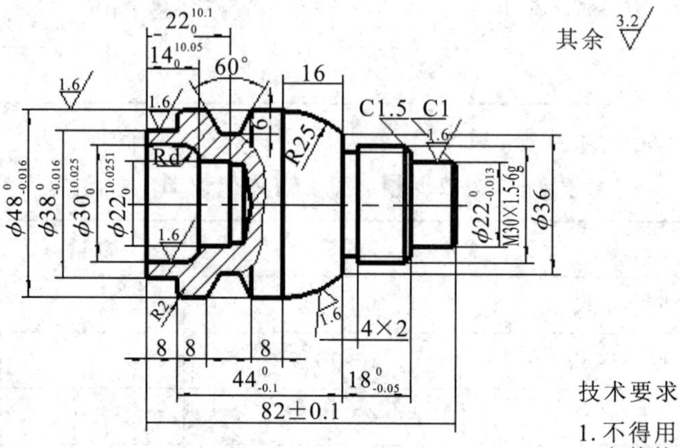

其余 3.2

技术要求：

1. 不得用镗刀、砂布修饰工件表面。
2. 锐边倒钝C0.3。

设备名称	CAK6136 数控车床	系统型号	FANUC 0i—Tc	夹具名称	三爪卡盘	毛坯尺寸	ϕ50

工序号	工序内容	刀具号	主轴转速 /(r/min)	进给量 /(mm/r)	背吃刀量 /mm	备注
一	1. 夹住毛坯左端，伸出长 45 mm					
	2. 手动车端面，建立工件坐标系	T01	1000			
	3. 钻中心孔		800			
	4. 钻 ϕ20 孔，深 25		450			
	5. 粗车外圆台阶	T01	1000	0.25	2	O0207
	6. 精车外圆台阶	T01	1200	0.1	0.3	
	7. 切槽	T02	600	0.04	4	
	8. 粗镗孔	T04	1500	0.15	1.5	
	9. 精镗孔	T04	1800	0.1	0.3	
二	1. 调头铜皮包裹，找正夹持伸出长 50 mm					
	2. 手动车端面保证总长，建立工件坐标系	T01	1000			
	3. 粗车外圆台阶	T01	1000	0.25	2	O0208
	4. 精车外圆台阶	T01	1200	0.1	0.3	
	5. 切槽	T02	600	0.04	4	
	6. 车螺纹	T03	600	1.5		

编制		审核		批准	年 月 日	共 1 页	第 1 页

(3) 填写刀具卡。按表 2-11-4 填写数控刀具卡。

表 2-11-4　刀　具　卡

序号	刀具号	刀具名称	刀片/刀具规格	刀尖圆弧	刀具材料	备注
1	T01	外圆车刀	80°W 形刀片/20×20	0.4	YT15	
2	T02	切槽刀	4 mm 宽刀片/20×20	0.2	YT15	
3	T03	外螺纹刀	P1.5/20×20	0.2	YT15	
4	T04	镗刀	60°T 形刀片/ϕ16	0.4	YT15	
编制		审核	批准	年　月　日	共 1 页	第 1 页

3. 编制加工程序

工序一：选取零件左端面中心点作为工件坐标系，编制轴加工参考程序见表 2-11-5。

表 2-11-5　程　序　卡

数控车程序卡	设备名称	零件名称	零件图号	程序名
	CAK6136	综合加工——轴	2—07	O0207
程序段号	程序内容		程序说明	
N10	M03 S1000；			
N20	T0101；			
N30	M08 G99；			
N40	G00 X51 Z1；		设定循环起点	
N50	G71 U2 R1；		外圆粗车复合循环	
N60	G71 P70 Q120 U0.6 W0.1 F0.25；			
N70	G00 X35.4；		精加工程序段第一句	
N80	G01 X38 Z—0.3；			
N90	Z—8；			
N100	X44；			
N110	G03 X48 W—2 R2；			
N120	G01 Z—40；		精加工程序段最后一句	
N130	G00 Z4；			
N140	G42 Z1；		建立刀尖圆弧半径补偿	
N150	G70 P70 Q120 F0.1 S1200；		精车循环	
N160	G00 G40 X100 Z100；		退刀，取消刀尖圆弧半径补偿	
N170	T0202 S600；		换切槽刀切槽	
N180	G00 X49 Z—24.04；			

续表

程序段号	程序内容	程序说明
N190	G01 X36.1 F0.04;	
N200	G00 X49;	
N210	Z−28.29;	
N220	G01 X36 Z−24.54;	
N230	G00 X49;	
N240	Z−19.71;	
N250	G01 X36 Z−23.46;	
N260	Z−24.54;	
N270	G00 X100;	退刀
N280	Z100;	
N290	T0404 S1500;	换刀
N300	G00 X20 Z1;	
N310	G71 U1.5 R0.5;	粗镗孔循环
N320	G71 P330 Q380 U−0.3 W0.1 F0.15;	
N330	G00 X32.6;	
N340	G01 X30 Z−0.3;	
N350	Z−10;	
N360	G03 X22 Z−14 R4;	
N370	G01 Z−22.05;	
N380	X20;	
N390	G00 Z4;	
N400	G41 Z1;	建立刀尖圆弧半径补偿
N410	G70 P330 Q380 F0.1 S1800;	精镗孔
N420	G00 G40 Z100;	退刀，取消刀尖圆弧半径补偿
N430	M30;	

编制		审核		批准		年　月　日	共1页	第1页

工序二：调头加工程序自行编写。

4. 仿真、加工

(1) 利用仿真软件调试程序，校核程序的准确性；

(2) 完成车床加工操作，填写考核评分表，见表2-11-6。

表 2－11－6　轴加工考核评分表

单位		学号		姓名		
检测项目		技术要求	配分	评分标准	检测结果	得分
车床操作	1	按步骤开机、检查、润滑	2	不正确无分		
	2	回车床参考点	3	不正确无分		
	3	程序的输入、检查及修改	5	不正确无分		
	4	程序验证	5	不正确无分		
	5	工件、刀具的装夹	5	不正确无分		
	6	对刀操作	5	不正确无分		
外圆	7	$\phi48^{0}_{-0.016}$　$Ra1.6$	4/1	尺寸精度每超差 0.01 mm 扣 2 分，粗糙度增值时扣该项全部分		
	8	$\phi38^{0}_{-0.016}$　$Ra1.6$	4/1	同上		
	9	$\phi22^{0}_{-0.013}$　$Ra1.6$	4/1	同上		
圆弧	10	R25　$Ra1.6$	3/1	同上		
内孔	11	$\phi30^{+0.025}_{0}$　$Ra1.6$	4/1	同上		
	12	$\phi22^{+0.021}_{0}$　$Ra1.6$	4/1	同上		
螺纹	13	M30x1.5—6 g　$Ra3.2$	4/1	同上		
梯形槽	14	60°　$Ra1.6$	3/1	同上		
	15	槽深 6　$Ra3.2$	2/1	同上		
	16	侧面对称　$Ra1.6$	2/1	同上		
长度	17	82±0.1	4	同上		
	18	$44^{0}_{-0.1}$	4	同上		
	19	$18^{0}_{-0.05}$	4	同上		
	20	$22^{+0.1}_{0}$	4	同上		
	21	$14^{+0.05}_{0}$	4	同上		
其他	22	倒角去毛刺	5	不符无分		
	23	轮廓形状有无缺陷	6	违反扣除		
总配分			100	总得分		
零件图号		2—07		加工日期	年　月　日	
加工开始	时　分	停工时间	分钟	加工时间	分钟	
加工结束	时　分	停工原因		实际时间	分钟	

知识关联 刀具补偿功能

刀具补偿功能是数控车床的主要功能之一，它分为两类：刀具的偏移（即刀具长度补偿）和刀尖圆弧半径补偿。

1. 刀具的偏移

刀具的偏移是指当车刀刀尖位置与编程位置（工件轮廓）存在差值时，可以通过刀具补偿值的设定，给刀具在 X、Z 轴方向加以补偿。它是操作者控制工件尺寸的重要手段之一。

刀具偏移可以根据实际需要分别或同时对刀具轴向和径向的偏移量实行修正。在程序中必须事先编入刀具及其刀补号（例如在粗加工结束后精加工开始前，在程序中专门编入"T0101"），每个刀补号中的 X 向补偿值或 Z 向补偿值根据实际需要由操作者输入，当程序在执行如"T0101"后，系统就调用了补偿值，使刀尖从偏离位置恢复到编程轨迹上，从而实现刀具偏移量的修正。

2. 刀具半径补偿

在实际加工中，由于刀具产生磨损及精加工时车刀刀尖磨成半径不大的圆弧，为确保工件轮廓形状，加工时不允许刀具中心轨迹与被加工工件轮廓重合，而应与工件轮廓偏移一个半径值 R，这种偏移称为刀具半径补偿。

在数控系统编程时，不需要计算刀具中心运动轨迹，而只按零件轮廓编程，在程序中使用刀具半径编程指令，在"刀具刀补设置"窗口中设置好刀具半径，数控系统在自动运行时能自动计算出刀具中心轨迹，即刀具自动偏离工件轮廓一个刀具半径值，从而加工出所要求的工件轮廓。

G41——刀具半径左补偿指令，即沿刀具运动方向看（假设工件不动），刀具位于工件左侧时的刀具半径补偿，如图 2－11－2(a)所示。

G42——刀具半径右补偿指令，即沿刀具运动方向看（假设工件不动），刀具位于工件右侧时的刀具半径补偿，如图 2－11－2(b)所示。

G40——刀具半径补偿取消指令，即使用该指令后，G41、G42 指令无效。

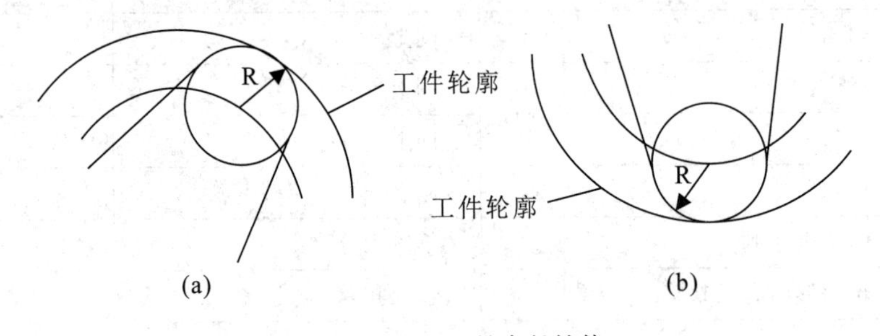

图 2－11－2　刀具半径补偿

第三篇　数控铣削/加工中心工艺及加工技术训练

【项目描述】 数控铣床/加工中心适合于各种箱体类和板类零件的加工。铣削加工是机械加工中最常用的加工方法之一，它主要包括平面铣削和轮廓铣削，也可以对零件进行钻、扩、铰、锪及螺纹加工等。数控铣床/加工中心在航空航天、汽车制造、一般机械制造加工和模具制造业中应用非常广泛。

【项目目标】

1. 熟悉数控铣床/加工中心的操作。
2. 掌握程序输入、调出、参数设置的方法。
3. 掌握平面铣削、轮廓铣削、型腔和槽的铣削及孔加工的相关工艺知识及方法。
4. 能根据零件特点正确选择刀具，合理选用切削参数及装夹方式。
5. 掌握数控铣床/加工中心铣削常用编程指令与方法。
6. 熟悉宏程序的编程方法。

【技能目标】 熟悉FANUC系统数控铣床的操作面板与结构，掌握其操作方法，能编制零件的加工工艺和加工程序，并能完成零件加工和检测的全过程。

任务一 熟悉数控铣床/加工中心的整体结构和安全操作规程

【任务导入】 以各小组为单位在数控铣削加工车间参观，了解数控铣床是由哪几部分组成，可分为哪几类。

【任务要求】

1. 了解数控铣床的组成结构及作用；
2. 了解数控铣床安全操作的规程；
3. 能遵守安全操作规程进行操作。

【任务目标】

通过教师演示、讲解，要求学生参照数控铣床操作说明书掌握铣床的各组成结构。

知识关联

一、数控铣床/加工中心的种类、组成

1. 数控铣床/加工中心的种类

数控铣床/加工中心是用计算机数字化信号控制的铣床，它把加工过程中所需的各种操作(如主轴变速、进刀与退刀、主轴启动与停止、选择刀具及供给冷却液等)和步骤以及刀具与工件之间的相对位移量都用数字化的代码表示，通过控制介质或数控面板等将数字信息送入专用或通用的计算机，由计算机对输入的信息进行处理与运算，发出各种指令来控制铣床的伺服系统或其他执行结构，使铣床自动加工出所需要的工件。数控铣床/加工中心的种类如图 3-1-1 至图 3-1-5 所示。

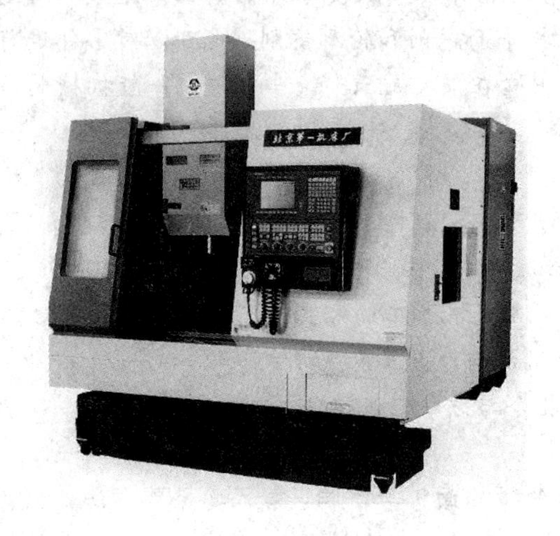

图 3-1-1 立式数控铣床

图 3-1-2 卧式数控铣床

图 3-1-3　立式加工中心

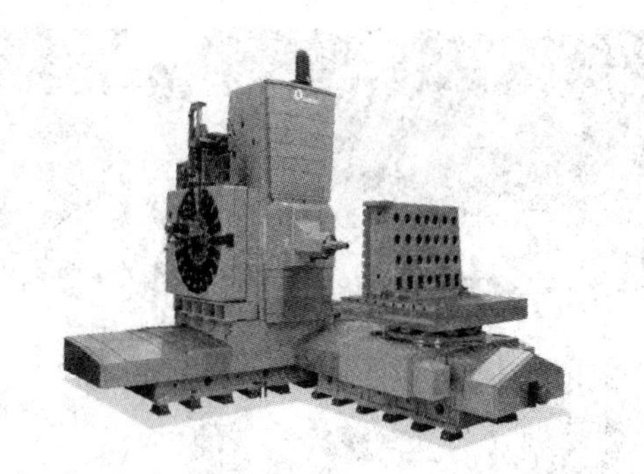

图 3-1-4　卧式加工中心

图 3-1-5　龙门式加工中心

2. 数控铣床的组成

数控铣床一般由铣床主体、控制部分、驱动部分及辅助部分组成。图 3-1-6 所示为卧式加工中心的组成，图 3-1-7 所示为 FANUC 系统数控铣床操作控制面板。

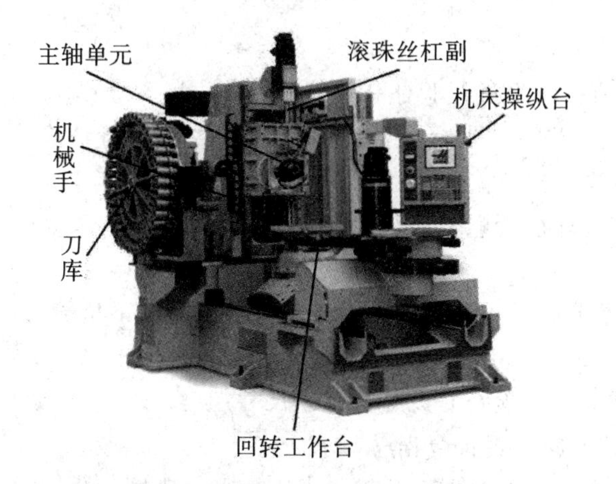

图 3-1-6　卧式加工中心的组成

图 3-1-7　FANUC 系统数控铣床操作控制面板

(1) 铣床主体：包括床身、床鞍、工作台、立柱、主轴箱、进给系统等。

(2) 控制部分：数控铣床的核心，由各种数控系统完成对数控铣床的控制。

(3) 驱动部分：数控铣床执行机构的驱动部件，包括主轴电动机和进给伺服电动机，图 3-1-8 所示为传动系统的机械结构，图 3-1-9 所示为主轴变频电动机。

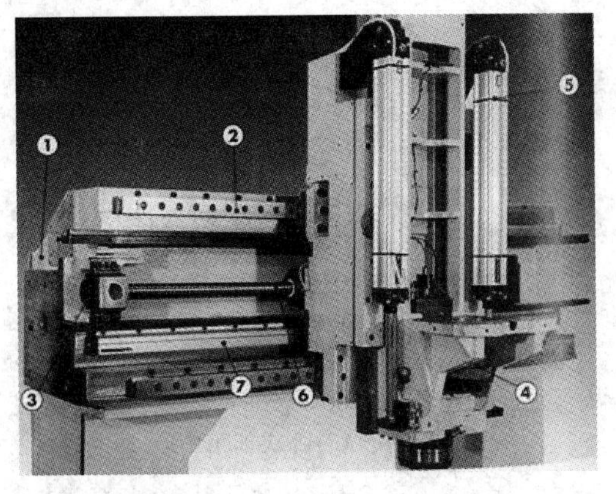

1—铣床基础件；2—导轨；3—轴承支架；4—主轴；
5—气缸；6—滚珠丝杠螺母副；7—光栅尺

图 3-1-8 数控铣床传动系统的机械结构

图 3-1-9 主轴变频电动机

二、数控铣床/加工中心安全操作规程

1. 加工工件前的注意事项

(1) 铣床通电前，检查各开关、按钮和键是否正常，铣床有无异常现象。

(2) 通电后，检查电压、油压、气压是否正常，有手动润滑的部位先要进行手动润滑。

(3) 各坐标轴手动回零。若某轴在回零前已处在零点位置，必须先将该轴移动到距离原点 100 mm 以外的位置，再进行手动回零。

(4) 在进行工作台回转交换时，台面、护罩和导轨上不得有异物。

(5) 为了使铣床达到热平衡状态，必须使铣床空运转 15 min 以上。

(6) NC 程序输入完毕后，应认真校对，确保无误，包括代码、指令、地址、数值、正负号、小数点及语法的检查等。

(7) 按工艺规程安装、找正夹具。

(8) 正确测量和计算工件坐标系，并对所得结果进行验证和验算。

(9) 将工件坐标系输入到偏置页面，并对坐标、坐标值、正负号及小数点进行认真核对。

(10) 装工件前，程序空运行一次，检查程序能否顺利执行，刀具长度选取和夹具安装是否合理，有无超程现象。

(11) 刀具补偿值(刀长、半径)输入偏置页面后，要对刀具补偿号、补偿值、正负号、小数点进行认真核对。

(12) 装夹工件，避免螺钉压板妨碍刀具运动，检查有无零件毛坯尺寸超常。

(13) 检查各刀头的安装方向及刀具旋转方向是否符合程序要求。

(14) 查看各刀杆前后部位的形状和尺寸是否符合加工工艺要求，要避免碰撞工件与夹具。

(15) 镗刀尾部露出刀杆直径部分，必须小于刀尖露出刀杆直径部分。

(16) 检查每把刀柄在主轴孔中是否都能拉紧。

2. 加工工件中的注意事项

(1) 无论是首次加工的零件还是周期性重复加工的零件，首先都必须按照图样、工艺规程、加工程序和刀具调整卡，进行逐把刀、逐段程序的试切。

(2) 单段试切时，快速倍率开关必须置于较低挡。

(3) 每把刀在首次使用时，必须先验证它的实际长度与所给补偿值是否相符。

(4) 在程序运行中，要重点观察显示屏上的以下几种显示：

① 坐标显示。可了解目前刀具运动点在铣床坐标系及工件坐标系中的位置，了解这一程序段的运动量以及还剩余多少运动量等。

② 寄存器和缓冲寄存器显示。可看出正在执行程序段各状态指令和下一程序段的内容。

③ 主程序和子程序。可了解正在执行程序段的具体内容。

(5) 在试切进行中，当刀具运行至距工件表面 30～50 mm 处时，必须在进给保持下，验证 Z 轴剩余坐标值和 X、Y 轴坐标值与图样是否一致。

(6) 对一些有试刀要求的刀具，应采用"渐进"的方法。如镗孔，可先试镗一小段长度，经检测合格后，再镗完整个长度。对于使用刀具半径补偿功能的刀具数据，可由大到小、边试切边修改。

(7) 试切和加工中，刃磨刀具和更换刀具辅具后，一定要重新测量刀长并修改好刀具补偿值，检查刀补号。

(8) 程序检索时应注意光标所指位置是否合理、正确，并观察刀具与铣床运动方向坐标是否正确。

(9) 程序修改后，对修改部分一定要仔细计算和认真核对。

(10) 手摇进给和手动连续进给操作时，必须检查各种开关所选择的位置是否正确，弄清正负方向，认准按键，然后再进行操作。

3. 加工工件完毕后的注意事项

(1) 全批零件加工完毕后，应核对刀具号、刀补值，使程序、偏置页面、调整卡及工艺单中的刀具号、刀补值完全一致。

(2) 从刀库中卸下刀具，按调整卡或程序清理编号入库。

(3) 工艺单和刀具调整卡成套入库。

(4) 卸下夹具。某些夹具应记录安装位置及方位，并做好记录，存档。

(5) 清扫铣床。

(6) 将各坐标轴停在中间位置。

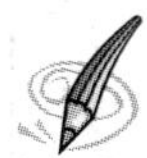

任务反思

1. 说说数控铣床安全操作规程。

2. 数控铣床有哪几个种类？

任务二　熟悉数控铣床的操作面板及系统面板

【任务导入】 认识图 3-2-1 所示的操作面板，了解数控铣床是如何实现自动加工的。

【任务要求】

1. 能通过面板按键操作控制数控铣床；
2. 掌握数控系统的基本功能。

【任务目标】

了解 FANUC 0i 系统操作面板按钮的功能是操作数控铣床的首要任务。

知识关联

FANUC 0i 系统操作面板如图 3-2-1 所示，操作面板中各键功能见表 3-2-1。

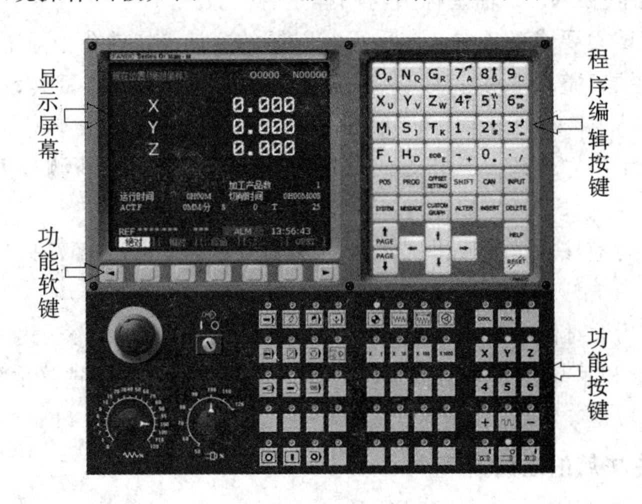

图 3-2-1　操作面板

表 3-2-1　机床操作面板中各按键功能

按 键	名 称	功 能
	紧急停止按钮	按下急停按钮，机床移动立即停止，并且所有的输出(如主轴的转动等)都会关闭
	程序编辑锁定开关	选择此开关可以进行程序保护，防止程序被误删除，置于 位置，可编辑或修改程序
	进给速度(F)调节旋钮	调节程序运行中的进给速度，调节范围从 0～120%
	主轴转速调节旋钮	调节主轴转速，调节范围从 0～120%

续表一

按 键	名 称	功 能
	自动加工模式	自动加工方式，用于自动执行数控程序进行加工
	编辑方式	用于直接通过操作面板输入数控程序和编辑程序
	MDI 方式	手动数据输入，实现单段程序的编辑与加工
	文件传输	用 232 电缆线连接 PC 和数控机床，选择程序传输加工
	回参考点方式	设置回 X、Y、Z 轴的参考点
	手动方式	通过 X、Y、Z 方向移动键，实现各自的连续运动
	增量进给方式	通过 X、Y、Z 方向移动键，实现轴的单步点动
	手轮模式移动台面或刀具	选择手轮控制 X、Y、Z 轴各自的连续运动
	单步	自动方式下按下此键，每按一次程序启动按钮，执行一条数控指令
	程序段跳过	自动方式下按下此键，跳过开头带有“/”的程序段
	可选择暂停	自动方式下按下此键，程序执行到含有 M01 指令的程序段时暂停执行；再按循环启动按钮，程序继续往下执行
	手动示教	
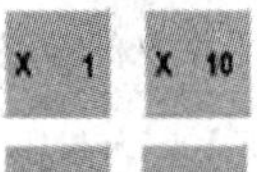 X 1　X 10　X 100　X1000	手动进给倍率	选择移动机床轴时，每一步的距离：×1 为 0.001 毫米，×10 为 0.01 毫米，×100 为 0.1 毫米，×1000 为 1 毫米
	程序重启动	自动方式下，由于刀具破损等原因程序停止执行后，按下此键程序可以从指定的程序段重新启动
	机床锁定开关	按下此键，执行程序时机床各轴被锁住
	机床空运行	按下此键，各轴以固定的速度运行
	程序运行停止	在程序运行中，按下此按钮停止程序运行

续表二

按 键	名 称	功 能
	程序运行开始	模式选择旋钮在“AUTO”和“MDI”位置时按下有效，其余时间按下无效
	M00 停止	程序运行中，M00 停止
X Y Z	轴选择键	选择要手动移动的轴
+ −	手动轴运动	手动方式下选中要移动轴的正、负方向
	快速移动	与轴运动方向按键同时按下，各轴以手动快进速度移动
	主轴正转	手动方式下，启动机床主轴正转
	主轴停止	手动方式下，机床主轴停止转动
	主轴反转	手动方式下，启动机床主轴反转
	数字和字母键	进行数字和字母的输入
POS	坐标显示键	工件坐标系、相对坐标系、综合坐标系的位置显示
PROG	程序显示与编辑	打开程序显示界面，进行程序的查看、编辑，与编辑键配合使用
OFFSET SETTING	偏置量显示	刀具磨损补偿，刀具几何补偿，对刀参数的设置，工件坐标系原点偏置
SHIFT	上档键	按键里的上档字符切换
CAN	修改	删除输入区域内的数据
INPUT	输入	把输入区域中的数据插入到对应的参数值中
SYSTEM	参数设定	对铣床内部参数进行修改

续表三

按 键	名 称	功 能
MESSAGE	报警信号显示	报警信息显示页面
CUSTM GRAPH	轨迹显示	程序运行时，模拟工件图形及走刀路径
ALTER	替换	用输入区域中的数据替换光标包含的数据
INSERT	插入	把输入区域中的数据插入到当前光标之后的位置
DELETE	删除	删除光标所在的数据，或者删除一个数控程序，或者删除全部程序
↑PAGE　PAGE↓	上下翻页键	上翻或下翻显示器内的显示画面
← ↑ ↓ →	光标移动键	可上下左右移动光标
HELP	帮助	
RESET	复位	解除报警、CNC 复位、程序复位

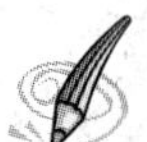

任务反思

1. 说出急停按钮有什么作用。
2. 开启数控铣床后为什么要回参考点？
3. 正确识别数控铣床/加工中心的各坐标轴。

任务三　数控铣床/加工中心操作技术基础训练

【任务导入】 数控铣床/加工中心的操作有多种方式，那么如何实现机床的自动加工呢？

【任务要求】

1. 掌握数控铣床坐标系的基本概念；
2. 能通过面板按钮操作控制机床的各种运动；
3. 能够通过数控铣床/加工中心编辑面板输入、编辑、修改程序，调用、校验程序；
4. 能够结合编程指令解读程序，说出程序中每一个指令的功能。

【任务目标】

表 3-3-1 是图 3-3-1 所示零件的加工程序，请在仿真软件(数控机床)上完成零件的加工。

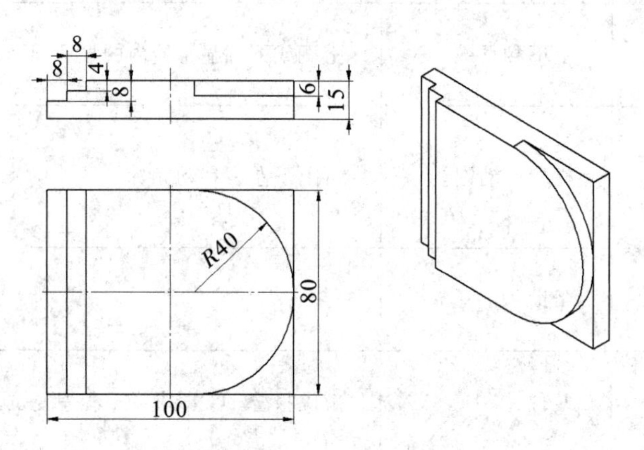

图 3-3-1　零件

表 3-3-1　零件加工程序

加工程序	程序说明
O0302	程序名
G90G94G21G17；	初始化指令
G91G28Z0；	Z 轴回参考点
G90G54 M03S350；	绝对值编程，主轴正转，转速为 350 r/m
G00X－52.0Y－50.0；	快速定位到 A 点
Z5.0 M08；	Z 轴快速定位到 Z5.0 的位置，并打开切削液
G01 Z－8.0 F50；	切削进给至 Z－8.0 的深度
Y50.0 F52；	切削进给至 B 点
G00Z5.0；	Z 轴快速定位到 Z5.0 的位置
X－44.0Y－50.0；	快速定位到 C 点

续表

加工程序	程序说明
O0302	程序名
G01Z－4.0 F50；	切削进给至Z－4的深度
Y50.0 F52；	切削进给至D点
G00 Z5.0；	Z轴快速定位到Z5.0的位置
X10.0 Y50.0；	快速定位到E点
G01Z－6.0 F50；	切削进给至Z－6的深度
G02 X10.0 Y－50.0 R50.0 F52；	顺时针圆弧切削进给至F点
G00Z20.0 M09；	Z轴快速定位到Z20.0的位置关闭切削液
G91 G28 Z0；	Z轴回参考点
M30；	程序结束

知识关联

一、数控铣床/加工中心操作基础

1. 数控铣床/加工中心操作步骤

数控铣床/加工中心操作步骤如图3-3-2所示。

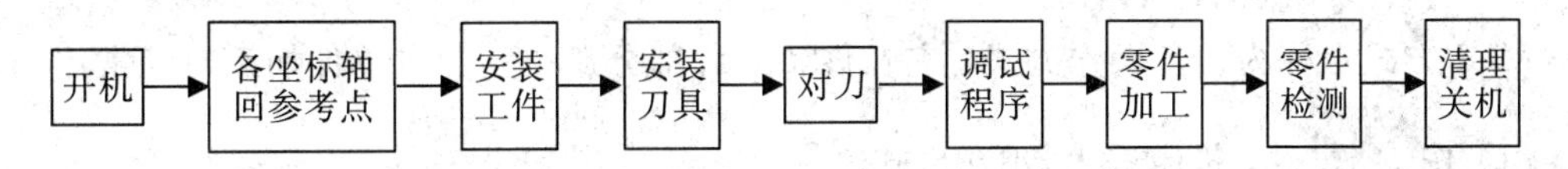

图3-3-2　操作步骤

(1) 开机：合上电源总开关，机床送电；开稳压器、气源等辅助设备电源开关；开控制柜总电源；按下控制面板上的电源按钮，数控系统上电；将急停按钮旋起，处于开启状态。

(2) 各坐标轴回参考点：选择机床“回零”方式，将各轴依次返回原点。

(3) 安装工件：一般常用机用虎钳或压板，必要时采用专用夹具。安装夹具和工件都要找正和找平，保证铣削余量均匀。

(4) 安装刀具：合理选择刀具并将刀具装入刀柄，然后将刀柄装入主轴。加工中心的刀具可通过机械手或主轴将刀具装入刀库。

(5) 对刀：通过对刀，建立工件坐标系并进行刀具补偿值的设定。

(6) 程序调试：输入程序，然后利用机床的程序预演功能或以抬刀运行程序方式调试程序。

(7) 零件加工：选择机床自动加工模式，按循环启动键运行程序，对工件进行自动加工。

(8) 零件检测：卸下加工好的零件，根据零件不同尺寸精度、表面粗糙度、位置度的要求选用不同的测量工具进行检测。

(9) 清理机床和关机：零件加工完成后，清理机床和现场，再按与开机相反的顺序依次关闭电源。

2. 数控铣床/加工中心的手动操作

1）回参考点操作

（1）置模式旋钮在 位置。

（2）选择各轴，分别按住 X Y Z 按钮，即回参考点。

2）手动移动机床轴的方法

（1）快速移动，这种方法用于较长距离的工作台移动。

① 置模式在“JOG”位置；

② 选择各轴，点击方向键 + －，机床各轴移动，松开后停止移动；

③ 按 键，各轴快速移动。

（2）增量移动，这种方法用于微量调整，如用在对基准操作中。

① 置模式在 位置，选择 X 1 X 10 X 100 X1000 步进量；

② 选择各轴，每按一次，机床各轴移动一步。

3. MDI 运行操作

MDI 方式也称为键盘操作方式，它在修整工件部分遗留问题或单件加工时经常用到。

（1）按 键，机床进入 MDI 模式。

（2）按 PROG 键，再按 MDI → EOB E，输入程序如：G00X50Y50，分程序段号“N100”。

（3）按 INSERT 键“N100G00X50Y50” 程序被输入。

（4）按 键程序启动。

二、数控铣床/加工中心坐标系

1. 机床坐标系

（1）永远假定工件静止，刀具相对于工件移动。

（2）机床坐标系是以机床参考点为零点建立起来的坐标系。

2. 工件坐标系

（1）用数控铣床进行加工时，工件可以通过虎钳夹持于机床坐标系下的任意位置，这样一来在机床坐标系下编程就很不方便，所以，编程人员在编写零件加工程序时通常要选择一个工件坐标系，也称编程坐标系，程序中的坐标值均以工件坐标系为依据。

(2) 工件坐标系原点一般称为加工原点，在加工时该原点往往与编程原点一致，如图 3-3-3 所示。

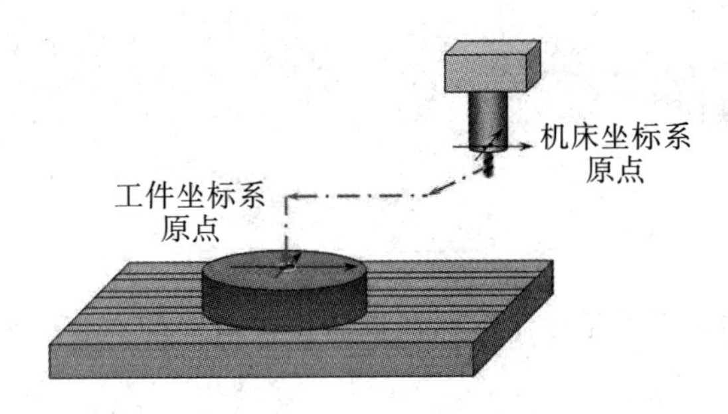

图 3-3-3　坐标系原点

3. 坐标轴确定的方法及步骤

标准的机床坐标系是一个右手笛卡儿直角坐标系。如图 3-3-4 中拇指、食指和中指分别代表 X、Y、Z 三个直线移动轴。围绕 X、Y、Z 坐标旋转的旋转坐标分别用 A、B、C 表示，根据右手螺旋定则，大拇指的指向为 X、Y、Z 坐标中任意轴的正向，则其余四指的旋转方向即为旋转坐标 A、B、C 的正向。

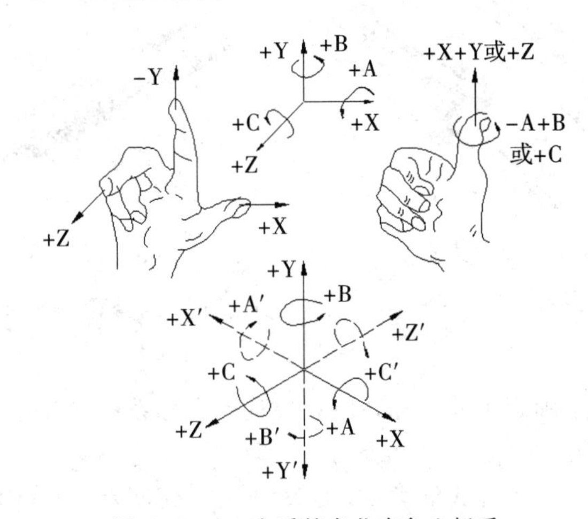

图 3-3-4　右手笛卡儿直角坐标系

1) Z 坐标

Z 坐标的运动方向是由传递切削动力的主轴所决定的，即平行于主轴轴线的坐标轴即为 Z 坐标，Z 坐标的正向为刀具离开工件的方向。

2) X 坐标

X 坐标平行于工件的装夹平面，一般在水平面内。确定 X 轴的方向时，要考虑两种情况：

(1) 如果工件作旋转运动，则刀具离开工件的方向为 X 坐标的正方向。

(2) 如果刀具作旋转运动，则分为两种情况：Z 坐标水平时，观察者沿刀具主轴向工件看，＋X 运动方向指向右方；Z 坐标垂直时，观察者面对刀具主轴向立柱看，＋X 运动方向指向右方。

3）Y 坐标

在确定 X、Z 坐标的正方向后，可以根据 X 和 Z 坐标的方向，按照右手直角坐标系来确定 Y 坐标的方向。

三、数控铣床对刀操作

1. 对刀工具

1）寻边器

寻边器主要用于确定工件坐标系原点在机床坐标系中的 X、Y 值，也可以测量工件的简单尺寸。

寻边器有偏心式和光电式等类型，如图 3－3－5 所示，其中以偏心式较为常用。偏心式寻边器的测头一般为 ϕ10 mm 和 ϕ4 mm 两种圆柱体，用弹簧拉紧在偏心式寻边器的测杆上。光电式寻边器的测头一般为 ϕ10 mm 的钢球，用弹簧拉紧在光电式寻边器的测杆上，碰到工件时可以退让，并将电路导通，发出光信号，通过光电式寻边器的指示和机床坐标位置可得到被测表面的坐标位置。

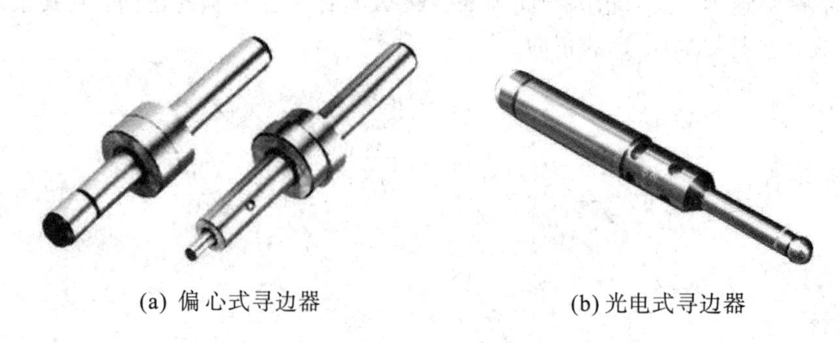

(a) 偏心式寻边器 (b) 光电式寻边器

图 3－3－5 寻边器

2）Z 轴设定器

Z 轴设定器主要用于确定工件坐标系原点在机床坐标系的 Z 轴坐标，或者说是确定刀具在机床坐标系中的高度。

Z 轴设定器有光电式和指针式等类型，如图 3－3－6 所示。通过光电指示或指针判断刀具与对刀器是否接触，对刀精度一般可达 0.005 mm。Z 轴设定器带有磁性表座，可以牢固地附着在工件或夹具上，其高度一般为 50 mm 或 100 mm。

(a) 光电式Z轴设定器 (b) 指针式Z轴设定器

图 3－3－6 Z 轴设定器

3）对刀仪

由于加工中心具有多把刀具并能实现自动换刀，因此需要测量所用各把刀具的基本尺寸，并存入数控系统，以便在加工中调用，即进行加工中心的对刀。加工中心通常采用机外对刀仪实现对刀，对刀仪的基本结构如图 3-3-7 所示。

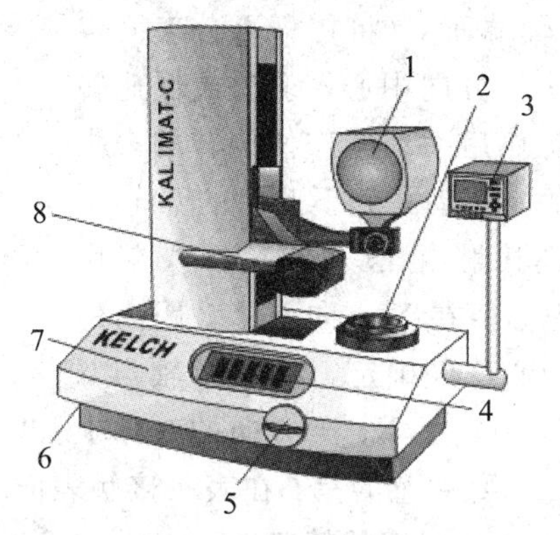

1—显示屏；2—刀柄夹持孔；3—数字显示器；4—快速移动单键旋钮；
5、6—微调旋钮；7—对刀仪平台；8—光源发射器

图 3-3-7　对刀仪

图中，对刀仪平台 7 上装有刀柄夹持孔 2，用于安装被测刀具，通过快速移动单键按钮 4 和微调旋钮 5 或 6，可调整刀柄夹持孔 2 在对刀仪平台 7 上的位置。当光源发射器 8 发光，将刀具刀刃放大投影到显示屏幕 1 上时，即可测得刀具在 X(径向尺寸)、Z(刀柄基准面到刀尖的长度尺寸)方向的尺寸。

钻削刀具的对刀操作过程如下：

(1) 将被测刀具与刀柄连接安装为一体。

(2) 将刀柄插入对刀仪上的刀柄夹持孔并紧固。

(3) 打开光源发射器，观察刀刃在显示屏幕上的投影。

(4) 通过快速移动单键按钮和微调旋钮，可调整刀刃在显示屏幕上的投影位置，使刀具的刀尖对准显示屏幕上的十字线中心，如图 3-3-8 所示。

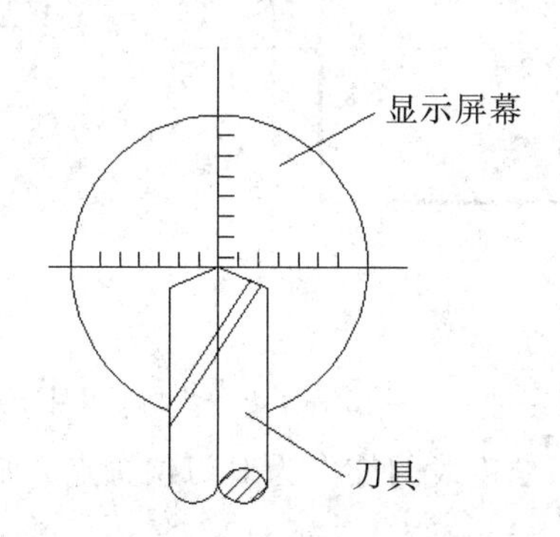

图 3-3-8　钻削刀具对刀

(5) 如测得 X 为 20，即刀具直径为 ϕ20 mm，该尺寸可用作刀具半径补偿。

(6) 如测得 Z 为 180.002，即刀具长度尺寸为 180.002 mm，该尺寸可用作刀具长度补偿。

(7) 将测得尺寸输入加工中心的刀具补偿页面。

(8) 将被测刀具从对刀仪上取下后，即可装上加工中心使用。

2. 对刀方法

1) 双边分中对刀

(1) 用杠杆百分表找孔中心。如图 3-3-9 所示，用磁性表座将百分表粘在机床主轴端面上(将杠杆百分表固定在机床可旋转主轴上)，对正 X 方向中心，手动或低速转动主轴并手动操作移动主轴，然后手动操作使旋转的表头接触内孔(右侧)表面，Y 轴固定不动并记下此时的 X 轴坐标值或将相对坐标清零，反向接触内孔(左侧)表面，然后反向移动主轴至内孔中心(坐标值在 X 方向上移动距离的一半)。此时 X 方向的对称中心已经确定，对正 Y 轴与 X 轴对正方法一样。这样就依次确定了 X、Y 方向的对称中心，最终确定了孔中心的位置。要注意的是：在表头接触表面时，指针的跳动量在允许的对刀误差内(如 0.02 mm)，要保证对刀的精确性。

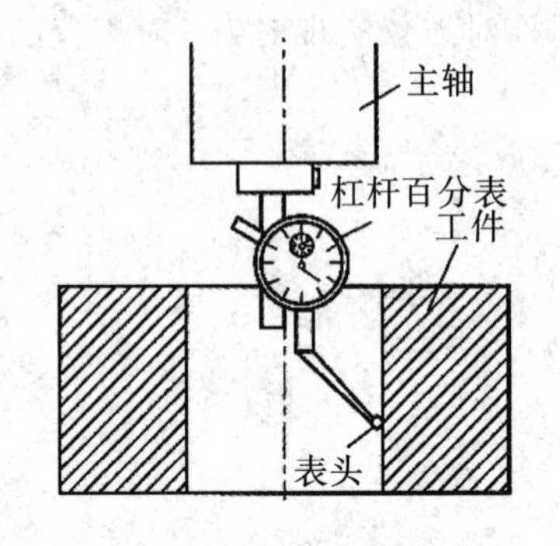

图 3-3-9　杠杆百分表找孔中心

(2) 用寻边器找毛坯对称中心。将电子寻边器和普通刀具一样装夹在主轴上，其柄部和触头之间有一个固定的电位差，当触头与金属工件接触时，即通过床身形成回路电流，寻边器上的指示灯就被点亮；逐步降低步进增量，使触头与工件表面处于极限接触(进一步即点亮，退一步则熄灭)，即认为定位到工件表面的位置处。

如图 3-3-10 所示，先后定位到工件正对的两侧表面，记下对应的 X1、X2、Y1、Y2 坐标值，则对称中心在机床坐标系中的坐标应是((X1+X2)/2，(Y1+Y2)/2)。

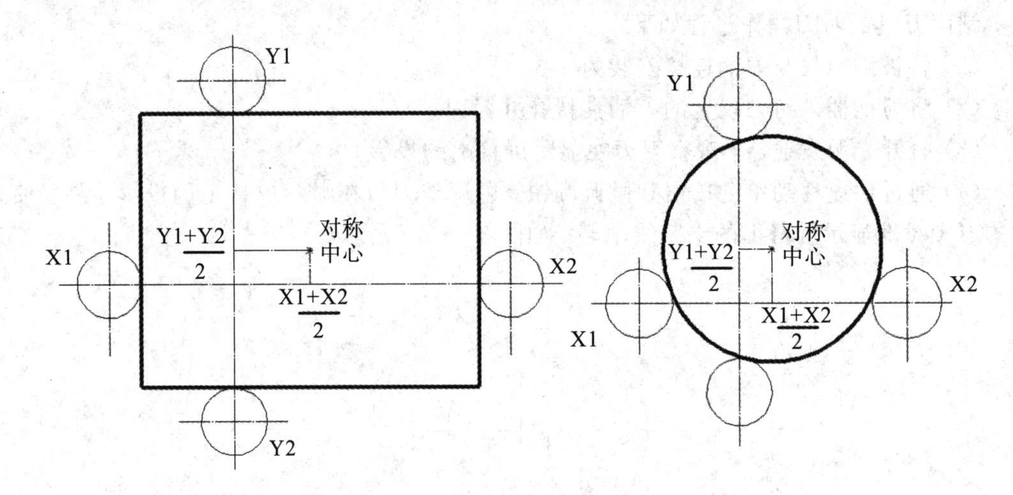

图 3-3-10　寻边器找对称中心

(3) 以毛坯相互垂直的基准边线的交点为对刀位置点，如图 3-3-11 所示，使用寻边器或直接用刀具对刀。

① 按 X、Y 轴移动方向键，令刀具或寻边器移到工件左(或右)侧空位的上方，再让刀具下行，最后调整移动 X 轴，使刀具圆周刃口接触工件的左(或右)侧面，记下此时刀具在机床坐标系中的 X 坐标 Xa；然后按 X 轴移动方向键使刀具离开工件左(或右)侧面。

② 用同样的方法调整移动刀具圆周刃口接触工件的前(或后)侧面，记下此时的 Y 坐标 Ya；最后，让刀具离开工件的前(或后)侧面，并将刀具回升到远离工件的位置。

③ 如果已知刀具或寻边器的直径为 D，则基准边线交点处的坐标应为(Xa＋D/2，Ya＋D/2)。

注： 由于图 3－3－11 所示机床的工作区域在坐标系下属于第三象限，则坐标 Xa、Ya、Za 为负值。图中 W 为工件中心点，Xb 为工件左边离工件原点的距离，Yb 为下边离工件原点的距离，Zb 为上表面离工件中心点的距离。

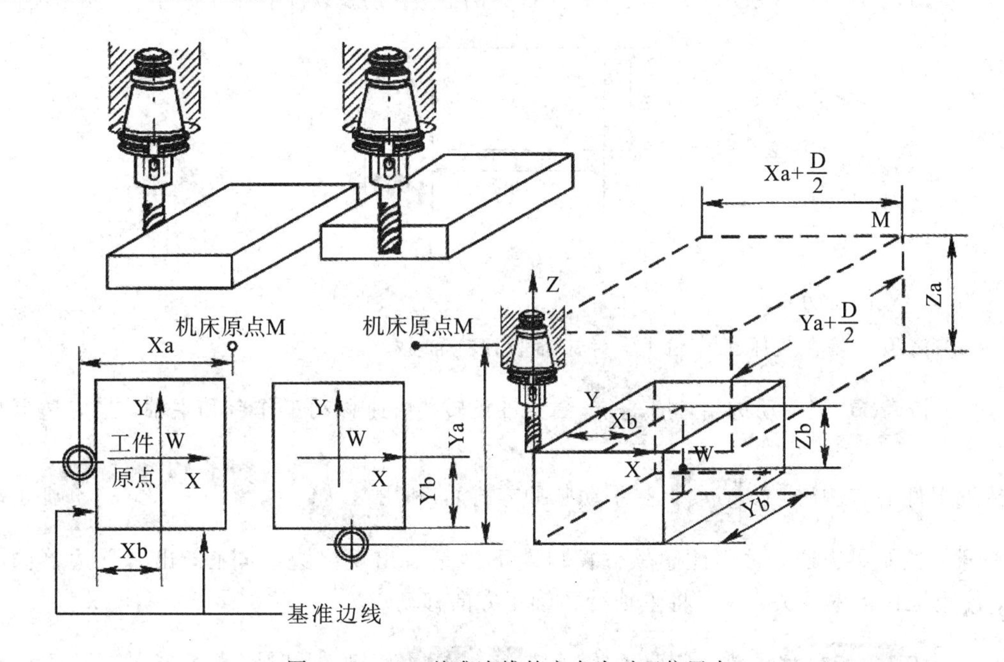

图 3－3－11　基准边线的交点为对刀位置点

2) 单边对刀

以图 3－3－12 中长方体工件左下角为基准角，左边为 X 方向的基准边，下边为 Y 方向的基准边。通过正确寻边，寻边器与基准边刚好接触(误差不超过机床的最小手动进给单位，一般为 0.01 mm，精密机床可达 0.001 mm)。

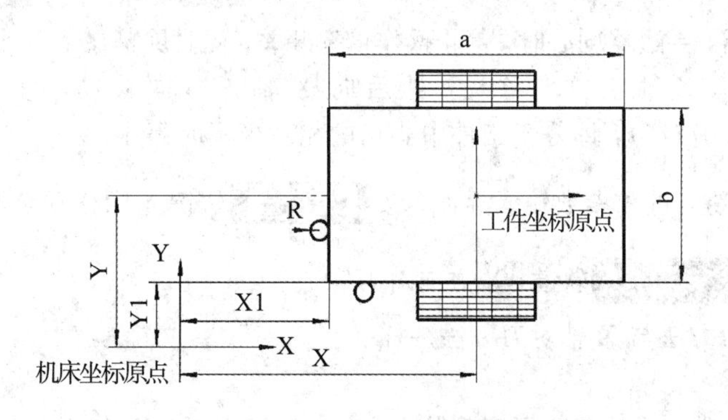

图 3－3－12　单边对刀

在左侧边寻边，在机床控制台显示屏上读出机床坐标值 X0(即寻边器中心的机床坐标)。左侧边基准边的机床坐标为 X1＝X0＋R(R 为寻边器半径)；工件坐标原点的机床坐标值为 X＝X1＋a/2＝X0＋R＋a/2(a/2 为工件坐标原点离基准边的距离)。

在下侧边寻边，在机床控制台显示屏上读出机床坐标值 Y0(即寻边器中心的机床坐标)。下侧边基准边的机床坐标为 Y1＝Y0＋R；工件坐标原点的机床坐标值为 Y＝Y1＋b/2＝Y0＋R＋b/2(b/2 为工件坐标原点离基准边的距离)。

3. 对刀操作实例

下面以图 3－3－13 所示 60×100×30 工件为例给出在仿真软件上各方向的对刀操作步骤。

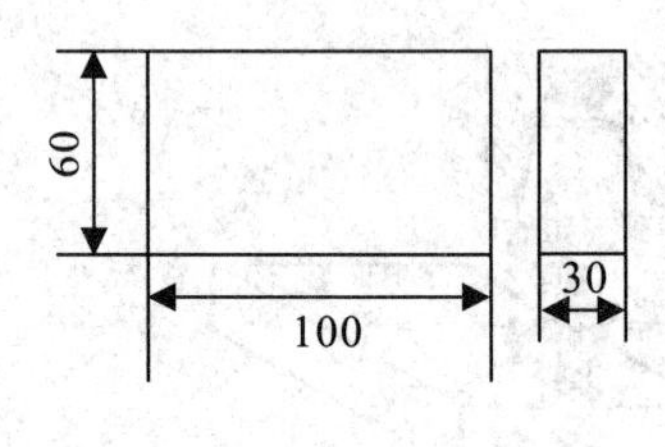

图 3－3－13　工件

1) X、Y 向对刀

(1) 将工件装在机床工作台上，寻边器装在主轴上。

(2) 按键手动进给，按键主轴正转，快速移动工作台和主轴，当寻边器测头接近工件的右侧时，按键(手动脉冲方式)，利用 X 1 X 10 X 100 X1000 手动倍率开关控制寻边器，时刻注意软件窗口左下角是否出现寻边器同心，出现寻边器同心时，停止操作倍率开关，然后将主轴沿 Z 轴正方向移动。

(3) 按[相对]软键，按 X_U 键，按[起源]软键，此时屏幕 X 方向坐标显示 0。

(4) 按键手动进给，快速移动工作台和主轴，使寻边器测头靠近工件的左侧，寻边器接近工件左侧时，按键(手动脉冲方式)，利用 X 1 X 10 X 100 X1000 手动倍率开关控制寻边器，寻边器同心时，停止操作倍率开关，此时屏幕显示 X 坐标－106.073。

(5) 将主轴沿 Z 轴正方向移动，然后向 X 轴正方向移动，移动到相对坐标为(－53.37，－106.073/2)，即等于工件中心点的相对坐标时停止。

(6) 按 OFFSET SETTING 键，进入参数输入界面，按[坐标系]软键光标移动至 G54 X 坐标值上，然后输入 X0，按[测量]软键，X 方向对刀完成。

(7) Y 轴对刀方法与 X 轴对刀方法一样。

2) Z 向对刀

(1) 卸下寻边器，将加工所用刀具装上主轴，装上 Z 向对刀仪。

(2) 按键手动进给，缓慢向 Z 轴负方向移动，接近 Z 向对刀仪时，按键改用手动脉冲，用 X 1　X 10　X 100　X1000 倍率开关控制主轴的移动，当 Z 向对刀仪灯亮时停止移动。

(3) 按 OFFSET SETTING 键，进入参数输入界面，按[坐标系]软键光标移动至 G54 Z 坐标值上，输入 Z100(100 为 Z 向对刀仪的高度)，按[测量]软键，Z 方向对刀完成。

四、加工中心对刀

加工中心加工时使用的刀具很多，每把刀的长度和到 Z 坐标零点的距离都不相同。因此加工中心对刀时要将每把刀的长度都输入系统，否则会出现过切或欠切的危险。这种操作称为刀具长度补偿设置。刀具长度补偿设置一般有两种方法。

1. 机内设置

机内设置长度补偿步骤如下：

(1) 把工件放在平口钳上，夹紧。

(2) 加工一个零件需要几把刀时，把其中的一把刀具作为基准刀(T01)，在主轴上装上基准刀具，使它接近工件表面。

(3) 通过手动操作移动要进行测量的刀具(T01)使其与工件上表面接触，如图 3-3-14 所示，记录 Z 轴的机床坐标系的坐标值，假设 Z1＝－230 mm。

(4) 在工件坐标系中设定(在 G54 中的 Z 坐标中进行设定)Z 值为－230，也可按 Z0 然后按[测量]软键进行设置。

(5) 依次换上所要使用的其他刀具(T02、T03)如图 3-3-14 所示，通过手动操作移动要进行测量的刀具使其与工件上表面接触，记录 Z 轴的机床坐标系的坐标值，假设分别为：Z2＝－230－a，Z3＝－230＋b。

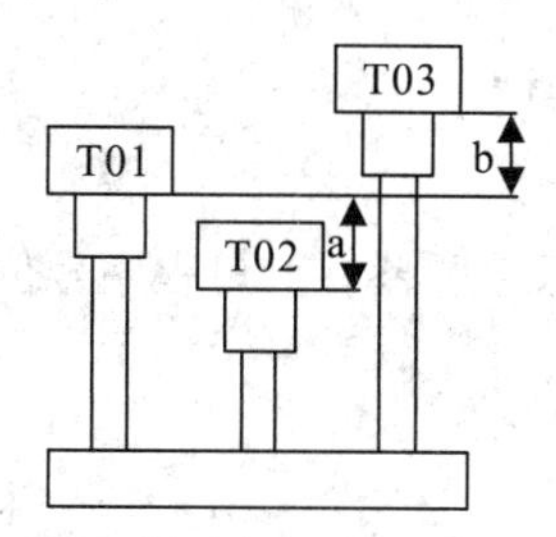

a、b 分别为 T02、T03 与标准刀具 T01 的长度差值

图 3-3-14　刀具长度补偿

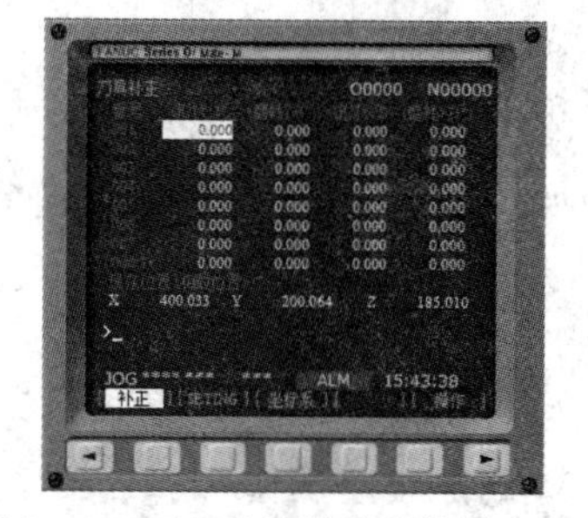

图 3-3-15　刀具补偿参数设定画面

(6) 按 MDI 面板上的 OFFSET SETTING 键，屏幕显示如图 3-3-15 所示(刀具补偿参数设定画面)，将基准刀(T01)作为 1 号刀，Z2(T02)、Z3(T03)依次为 2 号、3 号刀，将 Z2 与 Z3 的机床坐标系的坐标值减去基准刀具的坐标值，作为不同刀具间的长度补偿值，如图 3-3-14 所示，基准刀为 0，Z2 为－a、Z3 为 b，分别输入 H01、H02、H03 中。

2. 机外设置

(1) 利用刀具预调仪精确测量每把在刀柄上装夹的刀具的轴向和径向尺寸。

(2) 在机床上用其中最长或最短的一把刀具进行Z向对刀，设定工件坐标系。

(3) 确定每把刀具的长度补偿值，输入机床。

五、程序的编辑操作

1. 程序的输入操作

(1) 置模式开关在“EDIT”。

(2) 按PROG键，再按DIR键进入程序页面。

(3) 按O_P键，输入“0302”程序名(输入的程序名不可以与已有程序名重复)。

(4) 按EOB_E→INSERT键，开始输入程序。

(5) 按EOB_E→INSERT键，换行后再继续输入。

(6) 以后的程序段输入方法都一样操作。

2. 调用存储器中储存的程序操作

(1) 选择模式放在“EDIT”。

(2) 按PROG键输入字母“O”。

(3) 按1,键输入数字“1”，输入搜索的号码“O1”。

(4) 按光标键↓开始搜索，找到后，“O1”显示在屏幕右上角程序号位置，“O1”NC程序显示在屏幕上。

3. 删除程序操作

(1) 选择模式在“EDIT”。

(2) 按PROG键，再按DIR键输入字母“O”。

(3) 按1,键，再按DIR键输入数字“1”，输入要删除的程序的号码“1”。

(4) 按DELETE键，“0001”NC 程序被删除。

4. 检验程序运行情况

(1) 按自动键，进入程序运行方式。

(2) 按机床锁定键。

(3) 按循环启动键，进入程序运行方式。

注意：在运行方式时应观察各轴的坐标变化。

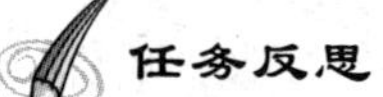

任务反思

1. 说出下面这些按钮的功能是什么。

2. 根据表 3-3-1 的程序，在仿真软件上输入程序并检验程序的正确性。
3. 说出急停按钮有什么作用。
4. 说出数控铣床(加工中心)操作步骤是什么。

任务四　数控铣床/加工中心日常维护保养技术训练

【任务导入】 数控铣床的日常维护及保养的意义是什么？

【任务要求】 了解数控铣床的维护意义和要求，并掌握各种维护和保养的方法及措施。

【任务目标】

数控铣床的操作，一定要做到规范，以避免发生人身、设备、刀具等的安全事故。在生产实习中要牢记安全文明生产，同时还需掌握一些数控铣床/加工中心日常保养及维护的知识及方法。

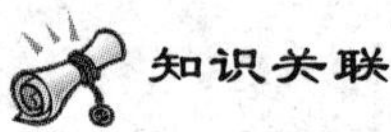

一、数控机床维护保养的有关知识

1. 数控机床维护与保养的目的和意义

数控机床是一种综合应用了计算机技术、自动控制技术、自动检测技术和精密机械设计和制造等先进技术的高新技术的产物，是技术密集度及自动化程度都很高的、典型的机电一体化产品。与普通机床相比较，数控机床不仅具有零件加工精度高、生产效率高、产品质量稳定、自动化程度极高的特点，而且它还可以完成普通机床难以完成或根本不能加工的复杂曲面的零件加工，因而数控机床在机械制造业中的地位显得愈来愈重要。

在机械制造业中，数控机床的档次和拥有量，是反映一个企业制造能力的重要标志。我们应当清醒地认识到：在企业生产中，数控机床能否达到加工精度高、产品质量稳定、提高生产效率的目标，这不仅取决于机床本身的精度和性能，很大程度上也与操作者在生产中能否正确地对数控机床进行维护保养和使用密切相关。与此同时，我们还应当注意到：数控机床维修的概念，不能单纯地理解为只在数控系统或者数控机床的机械部分和其他部分发生故障时，仅仅依靠维修人员排除故障和及时修复，使数控机床能够尽早地投入使用就可以了，还应包括正确使用和日常保养等工作。综上所述，只有坚持做好对机床的日常维护保养工作，才可以延长元器件的使用寿命，延长机械部件的磨损周期，防止意外恶性事故的发生，争取机床长时间稳定工作；也才能充分发挥数控机床的加工优势，达到数控机床的技术性能，确保数控机床能够正常工作。因此，无论是对数控机床的操作者还是对数控机床的维修人员来说，数控机床的维护与保养都非常重要，我们必须高度重视。

维护保养的意义：数控机床使用寿命的长短和故障率的高低，不仅取决于机床的精度和性能，很大程度上也取决于它的正确使用和维护。正确的使用能防止设备非正常磨损，避免突发故障，精心的维护可使设备保持良好的技术状态，延缓劣化进程，及时发现和消除隐患，从而保障安全运行，保证企业的经济效益，实现企业的经营目标。因此，机床的正确使用与精心维护是设备管理以防为主的重要环节。

2. 数控机床维护保养必备的基本知识

数控机床具有机、电、液集于一体及技术密集和知识密集的特点，因此，数控机床的维护人员不仅要有机械加工工艺及液压、气动方面的知识，还要具备电子计算机、自动控制、驱动及测量技术等知识，这样才能全面了解、掌握数控机床操作技术以及做好机床的维护保养工作。维护人员在维修前应详细阅读数控机床有关说明书，对数控机床有一个详细的了解，包括机床结构特点、数控的工作原理和框图以及它们的电缆连接等。

二、数控机床维护与保养的基本要求

（1）在思想上要高度重视数控机床的维护与保养工作，尤其是对数控机床的操作者更应如此，我们不能只管操作，而忽视对数控机床的日常维护与保养。

（2）提高操作人员的综合素质。数控机床的使用比普通机床的使用难度要大，因为数控机床是典型的机电一体化产品，它牵涉的知识面较宽，即操作者应具有机、电、液、气等方面的宽广的专业知识；此外，由于其电气控制系统中的CNC系统升级、更新换代比较快，如果不定期参加专业理论培训学习，就不能熟练掌握新的CNC系统应用，因此对操作人员的素质要求是很高的。为此，必须对数控操作人员进行培训，使其对机床原理、性能、润滑部位及其方式进行较系统的学习，为更好地使用机床奠定基础。同时在数控机床的使用与管理方面，制定一系列切合实际、行之有效的措施。

（3）要为数控机床创造一个良好的使用环境。由于数控机床中含有大量的电子元件，它们最怕阳光直接照射，也怕潮湿和粉尘、振动等，这些均可使电子元件受到腐蚀变坏或造成元件间的短路，引起机床运行不正常。为此，对数控机床的使用环境应做到保持清洁、干燥、恒温和无振动；对于电源应保持稳压，一般只允许±10％的电压波动。

（4）严格遵循正确的操作规程。无论是什么类型的数控机床，它都有一套自己的操作规程，这既是保证操作人员人身安全的重要措施之一，也是保证设备安全、加工的产品质量等的重要措施，因此，使用者必须按照操作规程正确操作。如果机床是第一次使用或长期没有使用后再次开启时，应先使其空转几分钟；并要特别注意使用中开机、关机的顺序和注意事项。

（5）在使用中，要尽可能提高数控机床的开动率。对于新购置的数控机床应尽快投入使用，设备在使用初期故障率相对较高，用户应在保修期内充分使用机床，使其薄弱环节尽早暴露出来，在保修期内得以解决。即使在缺少生产任务时，也不能空闲不用，要定期通电，每次空运行1小时左右，利用机床运行时的发热量来去除或降低机床内部的湿度。

（6）制定并且严格执行数控机床管理的规章制度。除了对数控机床的日常维护外，还必须制定并且严格执行数控机床管理的规章制度，主要包括：定人、定岗和定责任的“三定”制度，定期检查制度，规范的交接班制度等，这也是数控机床管理、维护与保养的主要内容。数控机床日常保养检查要求见表3－4－1，数控机床一般操作步骤见表3－4－2。

表3－4－1　数控机床日常保养一览表

序号	检查周期	检查部位	检查要求
1	每天	导轨润滑油箱	检查油标、油量，及时添加润滑油，润滑泵能定时启动打油及停止
2	每天	X、Y、Z轴向导轨面	清除切屑及脏物，检查润滑油是否充分，导轨面有无划伤损坏
3	每天	压缩空气气源力	检查气动控制系统压力，应在正常范围内

续表

序号	检查周期	检查部位	检查要求
4	每天	气源自动分水滤气器	及时清理分水器中滤出的水分，保证自动工作正常
5	每天	气液转换器和增压器油面	发现油面不够时及时补足油
6	每天	主轴润滑恒温油箱	工作正常，油量充足并调节温度范围
7	每天	机床液压系统	油箱、液压泵无异常噪声，压力指示正常，管路及各接头无泄漏，工作油面高度正常
8	每天	液压平衡系统	平衡压力指示正常，快速移动时平衡阀工作正常
9	每天	CNC 的输入/输出单元	光电阅读机清洁，机械结构润滑良好
10	每天	各种电气柜散热通风装置	各电柜冷却风扇工作正常，风道过滤网无堵塞
11	每天	各种防护装置	导轨、机床防护罩等应无松动、漏水
12	每半年	滚珠丝杠	清洗丝杠上旧的润滑脂，涂上新油脂
13	每半年	液压油路	清洗溢流阀、减压阀、滤油器，清洗油箱底，更换或过滤液压油
14	每半年	主轴润滑恒温油箱	清洗过滤器，更换润滑脂
15	每年	检查并更换直流伺服电动机碳刷	检查换向器表面，吹净碳粉，去除毛刺，更换长度过短的电刷，并应跑合后才能使用
16	每年	润滑液压泵，滤油器清洗	清理润滑油池底，更换滤油器
17	不定期	检查各轴导轨上镶条、压滚轮松紧状态	按机床说明书调整
18	不定期	冷却水箱	检查液面高度，冷却液太脏时需要更换并清理水箱底部，经常清洗过滤器
19	不定期	排屑器	经常清理切屑，检查有无卡住等
20	不定期	清理废油池	及时清除滤油池中废油，以免外溢
21	不定期	调整主轴驱动带松紧	按机床说明书调整

表 3-4-2　数控机床一般操作步骤

序号	操作步骤	简要说明
1	书写或编程	加工前应首先编制工件的加工程序，如果工件的加工程序较长且比较复杂，最好不在机床上编程，而采用编程机编程，这样可以避免占用机时；对于短程序，也应写在程序单上
2	开机	一般是先开机床，再开系统，有的设计二者是互锁的，机床不通电就不能在 CRT 上显示信息

续表

序号	操作步骤	简要说明
3	回参考点	对于增量控制系统(使用增量式位置检测元件)的机床，必须首先执行这一步，以建立机床各坐标的移动基准
4	调加工程序	根据程序的存储介质(纸带或磁带、磁盘)，可以用纸带阅读机或盒式磁带机、编程机输入程序，若是简单程序，可直接采用键盘在CNC装置面板上输入，若程序非常简单且只加工1件，程序没有保存的必要，可采用MDI方式，逐段输入，逐段加工。另外，程序中用到的工件原点、刀具参数、偏置量、各种补偿量在加工前也必须输入
5	程序的编辑	输入的程序若需要修改，则要进行编辑操作，此时，将方式选择开关置于EDIT位置(编辑)，利用编辑键进行增加、删除、更改。关于编辑方法可见相应的说明书
6	机床锁住，运行程序	此步骤是对程序进行检查，若有错误，则需重新进行编辑
7	上工件、找正、对刀	采用手动增量移动、连续移动或采用手播盘移动机床，将起刀点对到程序的起始处，并对好刀具的基准
8	启动坐标进给，进行连续加工	一般是采用存储器中的程序加工，这种方式比采用纸带上的程序加工故障率低。加工中的进给速度可采用进给倍率开关调节。加工中可以按进给保持按钮FEEDHOLD，暂停进给运动，观察加工情况或进行手工测量；再按CYCLESTART按钮，即可恢复加工。为确保程序正确无误，加工前应再复查一遍。在铣削加工时，对于平面曲线工件，可采用铅笔代替刀具在纸上画工件轮廓，这样比较直观。若系统具有刀具轨迹模拟功能则可用其检查程序的正确性
9	操作显示	利用CRT的各个画面显示工作台或刀具的位置、程序和机床的状态，以利于操作工人监视加工情况
10	程序输出	加工结束后，若程序有保存的必要，可以留在CNC的内存中，若程序太长，可以把内存中的程序输出给外部设备(例如穿孔机)，在穿孔纸带(或磁带、磁盘等)上加以保存
11	关机	一般应先关机床，再关系统

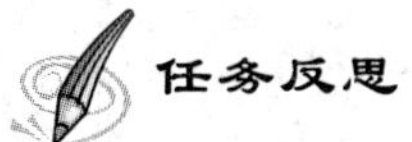

1. 说出数控机床保养的基本要求。
2. 说出数控机床一般操作步骤。

任务五　编制外轮廓加工工艺及程序

【任务导入】 选择合适的夹具对工件进行定位与装夹是数控加工的一个重要环节，工件的定位与装夹不仅影响加工质量，而且对生产率、加工成本等都有直接影响。尽管铣削零件千变万化，图形复杂，但是零件都是由基本的特征所构成的，即由直线和圆弧组成的，而直线与圆弧插补指令则是描绘这样一个加工轨迹的基本指令。本次任务所要完成的是正确使用面铣刀和立铣刀进行加工，同时也为以后综合零件的加工打下基础。

【任务要求】

1. 掌握工件的定位及装平方法；
2. 能熟练操作对工件的找正；
3. 熟悉刀具半径补偿功能的指令并能正确应用；
4. 掌握基本指令(G00,G01、G02/G03 等)的使用；
5. 掌握长度插补指令、与坐标相关的指令的使用方法和规则；
6. 熟悉子程序的调用；
7. 掌握绝对坐标编程和相对坐标编程的方法。

【任务目标】

零件的外形轮廓可以描述成由一系列直线、圆弧或曲线通过拉伸形成的凸形结构，其侧面一般与零件底面垂直，如图 3－5－1 所示。轮廓铣削是数控加工中最基本最常用的切削方式，复杂的、高精度的二维外形轮廓，都离不开这种加工方式。铣削零件外形轮廓主要是控制轮廓的尺寸精度、表面粗糙度及部分结构的形位精度。

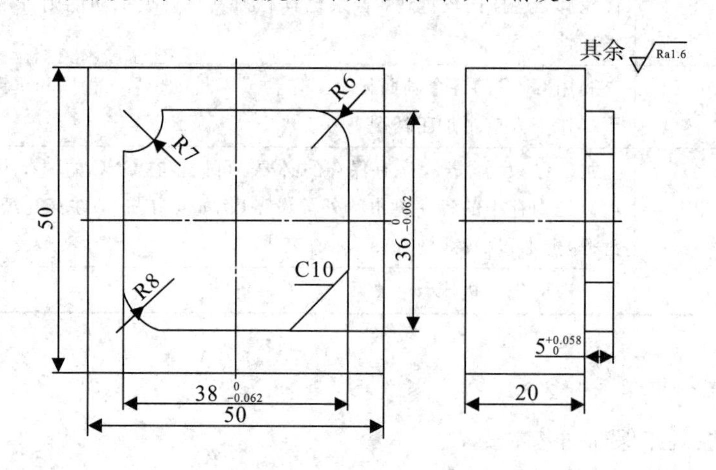

图 3－5－1　零件外形

一、工艺分析

1. 零件图工艺分析

图 3－5－1 所示零件的加工部位为凸模板零件侧面轮廓，其中包括直线轮廓及圆弧轮

廓，尺寸$38_{-0.062}^{0}$、$36_{-0.062}^{0}$、$5_{0}^{+0.058}$是本次加工重点保证的尺寸，但精度不高(公差等级为IT9级)，同时轮廓侧面的表面粗糙度为Ra6.3，表面质量要求一般。

2. 确定装夹方案

(1) 机床及装夹方式选择：由于零件轮廓尺寸不大，决定选择XK714型数控铣床完成本次任务。另外，零件毛坯为50 mm×50 mm方形钢件，故决定选择平口钳装夹工件。

(2) 刀具选择及刀路轨迹设计：由于本次加工的凸模板零件加工精度要求不高，最小加工圆弧为R6，故决定仅用一把直径为ϕ12 mm高速钢立铣刀(4刃)来完成零件轮廓的粗、精加工。

为有效保护刀具，提高表面加工质量，本次加工将采用顺铣方式铣削工件，XY向刀路设计如图3-5-2所示，图中O为工件原点，A为起刀点，B、K、C、D……为基点，刀具AB段轨迹为建立刀具半径左补偿，CA段轨迹为取消刀具半径补偿，因零件轮廓深度仅有5 mm，故Z向刀路采用一次铣至轮廓底面的方式铣削工件。

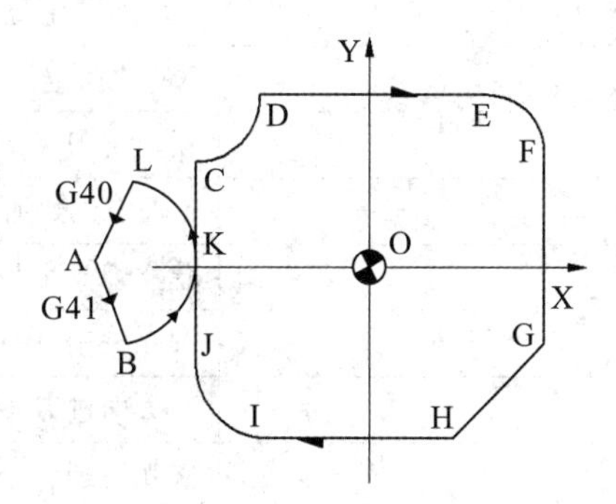

图3-5-2　凸模板零件刀具轨迹设计

刀具卡见表3-5-1。

表3-5-1　数控刀具卡

序号	刀具号	刀具名称及规格	数量	刀长/mm	加工表面	备注
1	T0101	ϕ12 mm高速钢立铣刀	1		外轮廓	Z=4

(3) 切削用量选择：采用计算方法及查表法选择切削用量，选择结果详见表3-5-2。

(4) 工件原点的选择：选择图3-5-2的工件中心点为工件坐标系原点。

3. 编制加工工序卡

编制加工工序卡见表3-5-2。

表3-5-2　加工工序卡

工序号	加工内容	切削速度/(m/min)	每齿进给量/(mm/z)	侧吃刀量/(mm/z)	主轴转速/(r/min)	进给速度/(mm/min)
1	粗铣削凸模板零件外轮廓留侧余量0.5 mm，底余量0.2 mm	15	0.1		400	160
2	精铣削凸模板零件外轮廓达图样要求	25	0.05	0.5	650	130

4. 编制加工程序

选取工件上表面中心O点作为工件原点，如图3-5-2所示。数控加工程序见表3-5-3，表中粗加工程序，刀具半径补偿值D01设为6.5 mm，保证外轮廓0.5 mm余量；铣刀底面对刀Z=0(工件表面)，刀具长度补偿H01设为0.2，保证0.2的底余量。精加工基本不需修改源程序，只需将D01改设为6 mm，H01改设为0。

表3-5-3 加工程序

段号	FANUC0i—MC系统程序	程序说明
	00001	主程序名
N10	G54G90G40G17G21	程序初始化
N20	M03S350	主轴正转，350 r/min
N30	M08	开冷却液
N40	G00 Z100	Z轴快速定位
N50	X−35 Y0	XY快速定位至A点
N60	Z5	快速下刀
N70	G01 Z−5 F160	Z轴定位到加工深度Z−5
N80	G41 X−29 Y−10 D1	建立刀具半径左补偿(A→B)
N90	G03 X−19 Y0 R10	圆弧铣削(B→K)
N100	G01 Y11	Y方向进刀 (K→C)
N110	G03 X−12 Y18 R7	圆弧铣削(C→D)
N120	G01 X13	X方向进刀(D→E)
N130	G02 X19 Y12 R6	圆弧铣削(E→F)
N140	G01 Y−8	Y方向进刀(F→G)
N150	X9 Y−18	XY方向进刀(G→H)
N160	X−11	X方向进刀(H→I)
N170	G02 X−19 Y−10 R8	圆弧铣削(I→J)
N180	G01 Y0	Y方向进刀(J→K)
N190	G03 X−29 Y10 R10	圆弧退刀(K→L)
N200	G01 G40 X−35 Y0	取消刀具半径补偿(L→A)
N210	G00 Z100 M09	快速提刀至安全高度，关冷却液
N220	M30	程序结束

二、仿真加工

(1) 进入数控仿真软件。

(2) 选择机床、数控系统并开机。

① 从机床列表项中选择FANUC OIM；

② 启动系统：按下操作面板上的启动按钮，松开急停按钮。

(3) 机床各轴回参考点：进入数控系统后首先应将 Z 轴返回参考点，再将 X、Y 轴返回参考点。

(4) 安装工件。

① 设定毛坯；

② 工件装夹：选用工艺板装夹。

(5) 对刀。

① 选择寻边器，进行 X、Y 向对刀；

② 选取合适的刀具：ϕ12 立铣刀；

③ 采用加工刀具加塞尺进行 Z 向对刀。

④ 设置工件坐标系：将测得的工件坐标系原点在机床坐标系中的坐标值 X、Y、Z 输入到机床工件坐标系存储地址 G54 中。

(6) 输入程序及加工与测量。

① 输入加工程序并检查调试；

② 进行自动加工；

③ 测量工件。

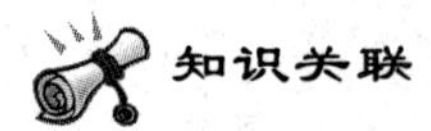

知识关联

一、工件定位的相关概念

1. 自由度

对于一个尚未定位的工件，其位置是不确定的。长方体工件放在直角坐标系中，可沿 X、Y、Z 轴移动，也可以绕 X、Y、Z 轴转动，因此，一个未定位的工件有 6 个自由度(见图 3-5-3)。

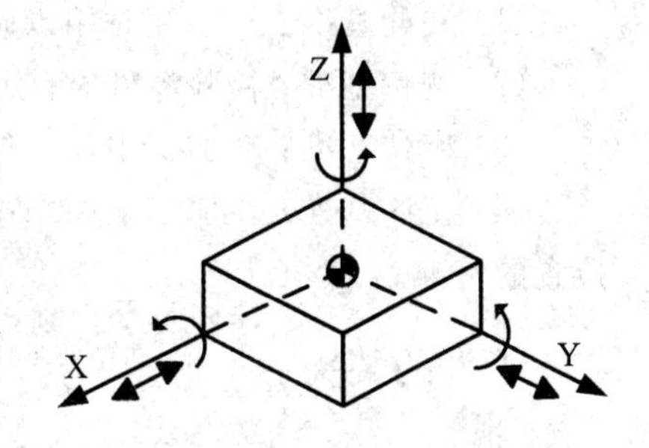

图 3-5-3　工件的六个自由度

若在 XOY 平面设定一个固定点，使长方体的底面与固定点保持接触，我们就可以认为该工件沿 Z 轴移动的自由度被限制，限制工件自由度的固定点称为定位支撑点。

2. 工件的定位

工件定位的实质就是限制对加工有不良影响的自由度。

1) 六点定位原则

工件在空间直角坐标系中有 6 个自由度，在夹具中可用 6 个定位支撑点限制 6 个自由度，使工件在夹具中的位置完全确定。这种用适当分布的 6 个支撑点限制工件 6 个自由度的法则，称为六点定位原则。

2) 工件的定位形式

工件的定位形式有以下四种。

(1) 完全定位：当一个工件的 6 个自由度都被限制了，称为完全定位。

(2) 不完全定位：根据工件的加工要求，并不需要限制工件的全部自由度，这样的定位称为不完全定位。

(3) 欠定位：工件的定位未能满足应限制的自由度数目，称为欠定位。

(4) 过定位：一个自由度被多于一个定位元件来限制，称为过定位。

3) 工件定位的基本原理

工件定位的基本原理可归纳如下：

(1) 支承钉对应法则，即一个支承钉对应限制工件一个自由度。

(2) 从定位原理出发，定位支承钉的数目(或被限制的自由度)及分布主要取决于工件的工序相互位置精度要求、基准状况以及定位的稳定。

(3) 工件定位时，定位支承钉的数目(或被限制的自由度)不得少于三个(一般应具备限制工件两个转动自由度及一个移动自由度的能力)。

(4) 任意两个支承钉所限制的自由度名称不应重复，否则应采取相应措施将重复定位的影响减小或消除到许可范围内。

3. 工件的基准

在零件或工艺文件中，必须根据一些指定的元素(点、线、面)来确定另一些元素的位置，这些指定的元素即称为基准。

1) 设计基准

设计基准是设计图上用来确定其他点、线、面位置的基准。

2) 工艺基准

工艺基准包括下列四种。

(1) 装配基准：在装配时用以确定零件或部件在机械产品中位置的基准。

(2) 测量基准：检验零件时，用以测量已加工表面尺寸和位置所用的基准。

(3) 定位基准：在加工中使工件在机床或夹具上占有正确位置所采用的基准。

(4) 工序基准：在加工工序图中，用来确定本工序被加工表面加工后的尺寸、形状及位置的基准。

二、工件的装夹

1. 机床夹具

1) 夹具的作用

夹具是机械加工工艺系统的重要组成部分，工件在加工前必须通过夹具使其固定在机床工件台面上。

金属切削机床上的夹具统称为机床夹具，其主要作用是保证工件的加工质量、提高加工效率、降低加工成本、减轻劳动强度等。

2) 夹具的分类

(1) 通用夹具。通用夹具指已标准化，在一定范围内可用于不同工件装夹的夹具，数控车床用的卡盘、顶尖和数控铣床上的平口钳、分度头等，均属于通用夹具。这类夹具已实现了标准化，其特点是通用性强、结构简单，装夹工件时无需调整或稍加调整即可，主要用于单件小批量生产。

(2) 专用夹具。专用夹具是专为某个零件的某道工序设计的，其特点是结构紧凑、操作迅速方便。但这类夹具的设计和制造的工作量大、周期长、投资大，只有在大批大量生产中才能充分发挥它的经济效益。专用夹具有结构可调式和结构不可调式两种类型。

(3) 组合夹具。组合夹具是由一套预先制造好的标准元件组装而成的专用夹具。它具有专用夹具的优点，用完后可拆卸存放，从而缩短了生产准备周期，减少了加工成本，因此，组合夹具既适用于单件及中、小批量生产，又适用于大批量生产。

(4) 成组夹具。成组夹具是随着成组加工技术的发展而产生的，它是根据成组加工工艺，把工件按形状尺寸和工艺的共性分组，针对每组相近工件而专门设计的，特点是使用对象明确、结构紧凑和调整方便。

3) 数控机床夹具的基本要求

(1) 精度和刚度要求。数控机床具有多型面连续加工的特点，所以对数控机床夹具的精度和刚度的要求也比一般机床要高，这样可以减少工件在夹具中的定位和夹紧误差以及粗加工的变形误差。

(2) 定位要求。工件相对夹具一般应完全定位，且工件的基准相对于机床坐标系原点应具有严格的确定位置，以满足刀具相对于工件正确运动的要求；同时，夹具在机床上也应完全定位，夹具上的每个定位面相对于数控机床的坐标系原点均应有精确的坐标尺寸，以满足数控机床简化定位和安装的要求。

(3) 敞开性要求。数控机床加工为刀具自动进给加工，夹具及工件应为刀具的快速移动和换刀等快速动作提供较宽敞的运行空间。尤其对于需多次进出工件的多刀、多工序加工，夹具的结构更应尽量简单、开放，使刀具容易进入，以防刀具运动中与夹具工件系统相碰撞。此外，夹具的敞开性还体现在排屑通畅，清除切屑方便。

(4) 快速装夹要求。为适应高效、自动化加工的需要，夹具结构应适应快速装夹的要求，以尽量减少工件装夹辅助时间，提高机床切削运转效率。

2. 数控铣床常用装夹工件的方法及校正

1) 用平口钳装夹

(1) 机用平口钳的分类：机用平口钳又称虎钳、平口钳(见图 3-5-4)，常用的机用平口钳有回转式和非回转式两种。当装夹的工件需要回转角度时，可按回转式机用平口虎钳的回转底盘上的刻度线和虎钳体上的零位刻线直接读出所需的角度值。非回转式机用平口虎钳没有下部的回转盘。回转式机用平口虎钳在使用时虽然方便，但由于多了一层结构，其高度增加，刚性较差，所以在铣平面、垂直面、平行面时，一般都采用非回转式机用平口虎钳。

图 3-5-4 平口虎钳

(2) 机用平口钳的校正：把机用平口虎钳装到工作台上，钳口与主轴的方向应根据工件的长度来确定，对于长的工件，钳口应与主轴垂直，在立式铣床上应与进给方向一致。对于短的工件，钳口与进给方向垂直较好。在粗铣和半精铣时，希望使铣削力指向固定钳口，因为固定钳口比较牢靠。在铣削平面时，对钳口与主轴的平行度和垂直度要求不高，一般目测就可以。在铣削沟槽时，则要求有较高的平行度或垂直度精度。

平口钳校正方法如下：

用百分表校正的步骤是：先把带有百分表的弯杆用固定环压紧在刀轴上，或者用磁性表座将百分表吸附在悬梁(槽梁)导轨或垂直导轨上，并使虎钳的固定钳口接触百分表测头，然后利用手动移动纵向或横向工作台，并调整虎钳位置使百分表上指针的摆差在允许范围内。对钳口方向的准确度要求不太高时，也可用划针或大头针代替百分表校正。

2）用压板装夹工件

对于大型工件，无法采用平口虎钳或其他夹具装夹时，可直接采用压板进行装夹。加工中心压板通常采用T形螺母与螺栓的夹紧方式。在具体装夹时，应使垫铁的高度略高于工件，以保证夹紧效果；压板螺栓应尽量靠近工件，以增大压紧力；压紧力要适中，或在压板与工件表面安装软材料垫片，以防工件变形或工件表面受到损伤；工件不能在工作台面上拖动，以免工作台面划伤。

若工件上没有台阶时，可在卧式铣床上用面铣刀铣平行面，如图3-5-5所示。装夹时，可采用定位键定位，使基准面与纵向平行。若底面与基准面垂直，就不需再作校正；若底面与基准面不垂直，则需垫平或把底面重新铣平，垫平时，需用直角尺对基准面作检查。如精度要求较高时，可把百分表通过表架固定在悬梁上，使工作台作上下移动，把基准面校正。

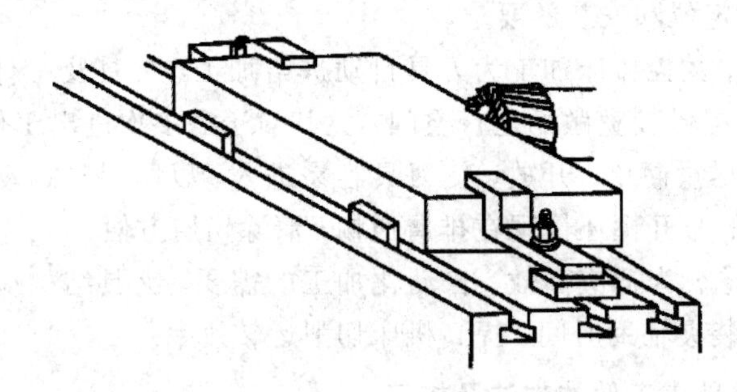

图3-5-5 卧式铣床上用面铣刀铣削平行面

3）用卡盘装夹工件

数控铣床/加工中心上使用较多的是三爪自定心卡盘和四爪单动卡盘(见图3-5-6)。特别是三爪自定心卡盘，由于其具有自动定心作用和装夹简单的特点，因此，加工中小型圆柱形工件时，常采用三爪自定心卡盘进行装夹。使用卡盘时，通常用压板将卡盘压紧在工件台面上，使卡盘轴心线与主轴平行。

图3-5-6 铣床卡盘

三爪自定心卡盘装夹圆柱形工件找正时，将百分表固定在主轴上，触头接触外圆侧母线，上下移动主轴，根据百分表的读数用铜棒或木锤轻敲工件进行调整，当主轴上下移动过程中百分表读数不变时，表示工件母线平行于 Z 轴。

在加工具有固定角度或角向平均分配的零件时，常采用分度头来进行装夹(见图 3-5-7)。

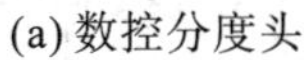

(a) 数控分度头

(b) 手动分度头

图 3-5-7　分度头

单件、小批量工件通常采用上述通用夹具进行装夹，装夹后要进行找正才能加工；中小批量工件和大批量工件的装夹，可采用组合夹具、专用夹具或成组夹具进行装夹，通常无需进行找正即可直接加工。

4) 用直角铁装夹铣削平面

对基准面比较宽而加工面比较窄的工件，在铣削垂直面时，可利用直角铁来装夹(见图 3-5-8)。

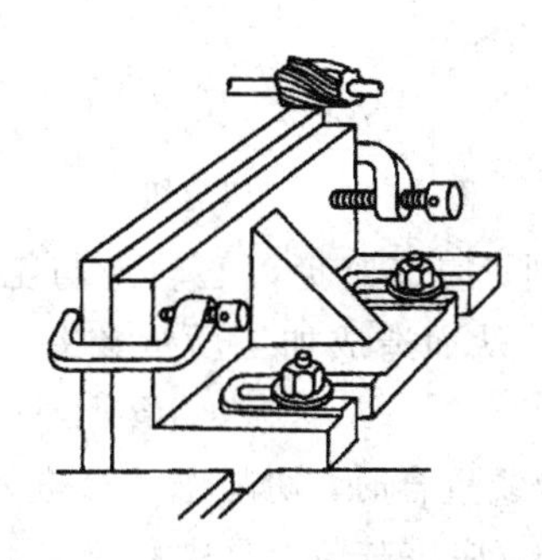

图 3-5-8　铣宽而薄的垂直面

三、平面铣削工艺

1. 平面铣削加工需要考虑的几个问题

平面铣削是控制加工工件高度的加工。平面铣削相对复杂的轮廓运动显得比较简单，通常使用的切削刀具是面铣刀，为多齿刀具。但在小面积范围内有时也使用立铣刀进行平面铣削，面铣刀加工垂直于它的轴线的工件上表面。

在 CNC 编程中，需要考虑以下几个问题：刀具直径的选择，铣削中刀具相对于工件的位置，刀具的刀齿。

1) 铣刀直径的选择

平面铣削最重要的一点是对面铣刀直径尺寸的选择。对于单次平面铣削，平面铣刀最理想的宽度应为材料宽度的 1.3～1.6 倍。如果需要切削的宽度为 80 mm，那么选用直径

120 mm 的面铣刀比较合适，1.3～1.6 倍的比例可以保证切屑较好地形成和排出。

对于面积太大的平面，由于受到多种因素的限制，如考虑到机床功率等级、刀具和可转位刀片几何尺寸、安装刚度、每次切削的深度和宽度以及其他加工因素，面铣刀刀具直径不可能比平面宽度更大时，宜多次铣削平面。

应尽量避免面铣刀刀具的全部刀齿参与铣削，即应该避免对宽度等于或稍微大于刀具直径的工件进行一次铣削平面。面铣刀整个宽度全部参与铣削(全齿铣削)会迅速磨损镶刀片的切削刃，并容易使切屑黏结在刀齿上。此外，工件表面质量也会受到影响，严重时会造成镶刀片过早报废，从而增加加工的成本。

2) 铣削中刀具相对于工件的位置

CNC 编程中，铣削中刀具相对于工件的位置可用面铣刀进入工件材料时的铣刀切入角来确定。

平面铣刀的切入角由刀心位置相对于工件边缘的位置决定。如图 3－5－9 (a)所示刀心位置在工件内(但不与工件中心重合)，切入角为负；如图 3－5－9 (b)所示刀具中心在工件外，切入角为正。刀心位置与工件边缘线重合时切入角为零。

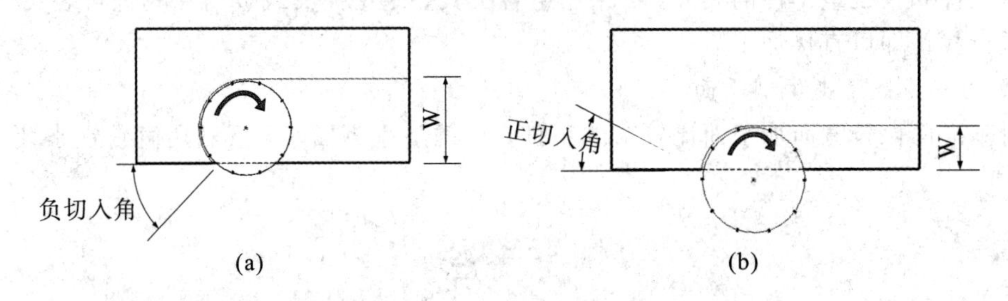

图 3－5－9　切削切入角

(1) 如果工件只需一次切削，应该避免刀心轨迹与工件中心线重合。刀具中心处于工件中间位置时容易引起颤振，从而造成加工质量较差，因此，刀具轨迹应偏离工件中心线。

(2) 当刀心轨迹与工件边缘线重合时，切削镶刀片进入工件材料时的冲击力最大，是最不利刀具和加工的情况，因此，应该避免刀具中心线与工件边缘线重合。

(3) 如果切入角为正，刚刚切入工件时，刀片相对于工件材料的冲击速度大，引起的碰撞力也较大，所以正切入角容易使刀具破损或产生缺口，基于此，拟定刀心轨迹时，应避免产生正切入角。

(4) 使用负切入角时，已切入工件材料的镶刀片承受的切削力最大，而刚切入(撞入)工件的刀片受力较小，引起的碰撞力也较小，从而可延长镶刀片寿命，且引起的振动也小一些。

因此使用负切入角是首选的方法。通常尽量应该让面铣刀中心在工件区域内，这样就可确保切入角为负。且工件只需一次切削时避免刀具中心线与工件中心线重合。

再比较如图 3－5－10 所示的两个刀路，虽然都使用负切入角．但图 3－5－10(a)面铣刀整个宽度全部参与铣削，刀具容易磨损；图 3－5－10(b)所示的刀削路线是正确的。

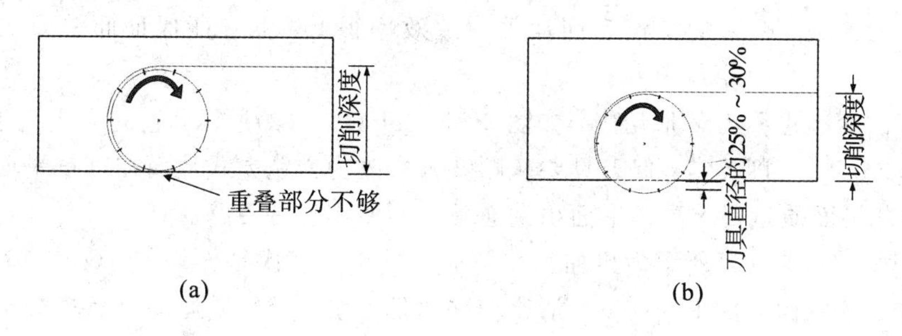

图 3-5-10　负切入角的两种路线的比较

3）*刀具的刀齿*

CNC 加工中，典型的面铣刀为具有可互换的硬质合金可转位刀片的多齿刀具。平面铣削操作中并不是所有的镶刀片都同时参与加工，每一可转位刀片只在主轴旋转一周内的部分时间中参与工作，这种断续切削的特点与刀具寿命有重要的关联。可转位刀片的几何角度、切削刀片的数量都对面铣加工产生重要的影响。

平面铣刀为多齿切刀，刀具可转位刀片数量与刀具有效直径之间的关系通常称为刀具密度或刀具节距。

根据刀具刀齿密度，可将常见的平面铣刀分为下面三类：

① 小密度——可转位刀片之间距离较大；

② 中密度——可转位刀片之间距离一般；

③ 大密度——可转位刀片之间距离较小。

常见的小密度类型的刀具通常是比较合适的选择。密齿铣刀因为镶刀片密度过大，所以同时进入工件的刀片越多，所需的机床功率就越大，而且不一定能保证足够的切削间隙，以使切屑能够及时排出而不堵塞切刀，因此它用在切屑量小的精加工场合。刀齿密度选择时要保证在任何时刻刀具至少有一个刀片正在切削材料，这样可避免由于突然中断切削引起的冲击从而对刀具或机床造成损坏，尤其使用大直径平面铣刀加工小宽度工件时可能会发生这种情况。

综上所述平面铣削加工中应考虑的问题有：

(1) 通常要在与工件有足够的安全间隙的地方移动刀具至所需加工深度。

(2) 为得到较好的切削条件，要保证刀具中点在工件区域内。

(3) 选择的刀具直径通常为切削宽度的 1.5 倍。

(4) 平面铣削覆盖的区域比较大，因此应该仔细考虑起点到终点之间的实际刀具路径。

(5) 平面铣削需要较大机床功率，切削用量应适当。

2. 多次平面铣削的刀具路线

单次平面铣削的一般规则同样也适用于多次铣削。由于平面铣刀的直径通常太小而不能一次切除较大材料区域内的所有材料，因此在同一深度需要多次走刀。

铣削大面积工件平面时，分多次铣削的刀路有好几种，每一种方法在特定环境下具有各自的优点。最为常见的方法为同一深度上的单向多次切削和双向多次切削。

单向多次切削时，切削起点在工件的同一侧，另一侧为终点的位置，每完成一次切削后，刀具从工件上方回到切削起点的一侧，如图 3-5-11 (a)、图 3-5-11(b)，这是平面铣削中常见的方法。频繁的快速返回运动导致效率很低，但它能保证面铣刀的切削总是顺铣。

双向多次切削也称为Z形切削，如图3－5－11(c)、(d)所示，它的应用也很频繁。它的效率比单向多次切削要高，但刀具要从顺铣方式改为逆铣方式从而在精铣平面时影响加工质量，因此平面质量要求高的平面精铣通常并不使用这种刀路。

图3－5－11(a)、(b)所示为粗加工和精加工的单向多次平面切削，(c)、(d)所示为粗加工和精加工的双向多次平面切削。请比较这两种方法的X、Y运动以及粗加工与精加工刀具路径的差异。注意两图中的起点位置(S)和终点位置(E)。为了安全起见，不管使用哪种切削方法，起点和终点都在间隙位置，切削方向可以沿X轴或Y轴方向，它们的原理完全一样。

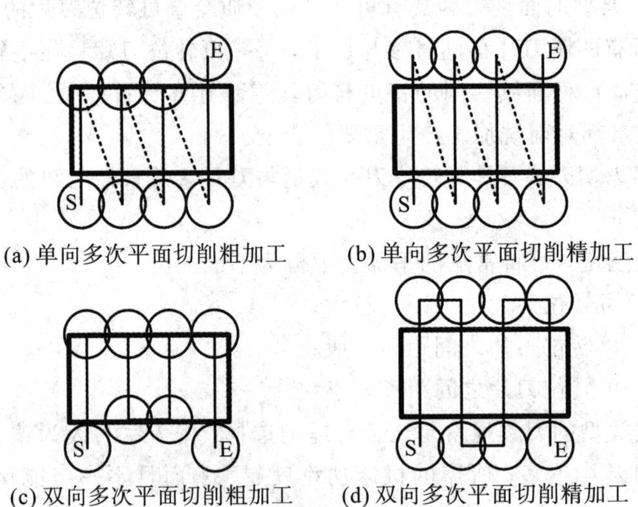

(a) 单向多次平面切削粗加工　(b) 单向多次平面切削精加工

(c) 双向多次平面切削粗加工　(d) 双向多次平面切削精加工

图3－5－11　面铣多次切削刀路

四、立铣刀的圆周铣削工艺

1. 立铣刀圆周铣削时考虑的问题

圆周铣削中最常用的刀具为立铣刀。立铣刀的应用范围很广，它应用在铣削加工中大多数的结构加工中。在铣削加工中，应对立铣刀的直径、刀具形式、切削刃、R角、刀柄以及刀具材料等予以考虑。

1) 立铣刀的加工内容

立铣刀能够完成的加工内容包括圆周铣削和轮廓加工、槽和键槽铣削、开放式和封闭式型腔、小面积的表面加工、薄壁的表面加工、镗平底沉头孔、孔面加工、倒角和修边等。

2) 立铣刀的形状

立铣刀常见的形状有平底铣刀(机械加工中最常用的形状)、球头铣刀(端部为球面)以及R形铣刀(端部有圆角)。每种类型的立铣刀适用于特定类型的加工。标准平底铣刀用于需要平底或工件侧壁与底面成90°角的面铣加工；球头铣刀用于各种表面上的三维加工；R刀与球头铣刀类似，它可以用于三维加工，也可以用于工件侧面与底面有圆角的加工。对于一些特殊的加工还需要用到其他形状的刀具，例如键槽立铣刀(也称开槽钻头)或锥形球头铣刀。如图3－5－12所示为三类常见的立铣刀及其刀具R角半径与刀具直径D之间的关系。

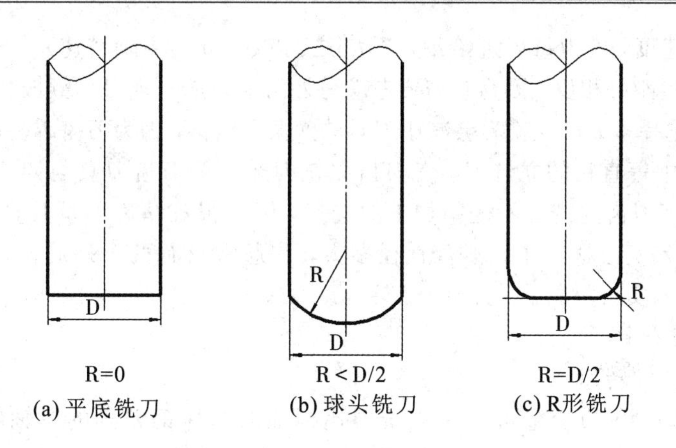

图 3-5-12　三类常见立铣刀及其刀具半径与刀具直径之间的关系

3）立铣刀的尺寸

CNC加工中，必须考虑的立铣刀尺寸因素包括立铣刀直径、立铣刀长度和螺旋槽长度。CNC加工中，立铣刀的直径必须非常精确，立铣刀的直径包括名义直径和实测的直径。名义直径为刀具厂商给出的值；实测的直径是精加工用作半径补偿的半径补偿值。CNC工作中必须区别对待非标准直径尺寸的刀具。例如，对重新刃磨过的刀具，使用实测的直径作为刀具半径偏置，且不宜将它用在精度要求较高的精加工中。立铣刀铣削周边轮廓(如盘类零件)，所用的立铣刀的刀具半径一定要小于零件内轮廓的最小曲率半径，一般取最小曲率半径的0.8～0.9倍。另外，直径大的刀具比直径小的刀具的抗弯强度大，加工中不容易引起受力弯曲和振动。

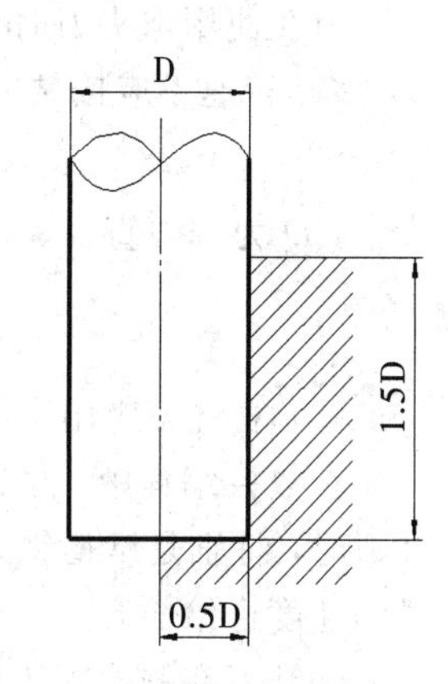

图 3-5-13　铣削加工中螺旋槽长度与宽度的最大比值

刀具从主轴伸出的长度和立铣刀从刀柄夹持工具的工作部分中伸出的长度也值得认真考虑，立铣刀的长度越长，抗弯强度越小，受力弯曲程度越大，这会影响加工质量，并容易产生振动，加速切削刃的磨损。

不管刀具总长如何，螺旋槽长度(1.5D左右)决定切削的最大深度，如图3-5-13所示。实际应用中一般让Z方向的吃刀深度不超过刀具的半径；直径较小的立铣刀，一般可选择刀具直径的1/3作为切削深度。

4）刀齿数量

选择立铣刀时，尤其加工中等硬度的工件材料时，刀齿数量的考虑应引起重视。

小直径或中等直径的立铣刀通常有两个、三个、四个刀齿(或更多的刀齿)。被加工的工件材料类型和加工的性质往往是选择刀齿数量的决定因素。

在加工塑性大的工件材料时，如铝、镁等，为避免产生积屑瘤，常用刀齿少的立铣刀，如两齿(两个螺旋槽)的立铣刀。立铣刀刀齿少一方面可避免在切削量较大时产生积屑瘤(这是因为螺旋槽之间的容屑空间较大)，另一方面可减小编程的进给率($F=f_z\times Z\times n$。

其中，F 为进给速度，f_z为每齿进给量，Z 为铣刀齿数，n 为主轴转速)。

对较硬的材料刚好相反，因为它需要考虑另外两个因素——刀具颤振和刀具偏移。在加工脆性材料时，选择多刀齿立铣刀会减小刀具的颤振和偏移，因为刀齿越多切削越平稳。

对小直径或中等直径的立铣刀，三刀齿立铣刀兼有两刀齿刀具与四刀齿刀具的优点，加工性能好，但三刀齿立铣刀不是精加工的选择，因为很难精确测量其直径尺寸。键槽铣刀沿 Z 轴方向切入实心材料中，不管直径多大，它通常只有两个螺旋槽，它与钻头相似，可沿 Z 轴方向切入实心材料。

5）转速和进给率

(1) 立铣刀主轴转速。

在加工钢材时，硬质合金可转位立铣刀比标准的高速钢刀具的主轴转速应相对高一些，因为硬质合金刀具在加工中，随着主轴转速的提高，与刀具切削刃接触的钢材的温度也升高，从而降低了材料的硬度。硬质合金刀具使用的主轴转速通常为标准高速钢刀具的3～5 倍，硬质合金可转位立铣刀加工时若使用较低主轴转速容易使硬质合金刀具崩裂甚至损坏。而对于高速钢刀具，使用较高主轴转速会加速刀具的磨损。

对一般立铣刀主轴转速 n 单位是 r/min，一般根据切削速度 v_c来选定，计算公式为

$$n=\frac{v_c\times1000}{\pi\times D}$$

式中，D 为刀具直径(mm)。

但在使用球头刀时要做一些调整，球头铣刀的计算直径 D_Q要小于球头铣刀名义直径 D，实际转速不应按铣刀名义直径 D 计算，而应按计算直径 D_Q计算

$$D_Q=\sqrt{D^2-(D-2\times a_p)^2}$$

式中，D 为铣刀直径；a_p为切削深度。而主轴转速计算式为

$$n=\frac{v_c\times1000}{\pi\times D_Q}$$

(2) 立铣刀应用中的进给速度。

在数控编程中，立铣刀加工应考虑在不同情形下选择不同的进给速度。如在初始切削进刀时，特别是键槽铣刀 Z 轴向下，刀进行深度 Z 方向铣削，受力较大，所以应以相对较慢的速度进给。

立铣刀在铣槽加工中，若从平面侧进刀，可能产生全刀齿切削时，刀具底面和周边都要参与切削，切削条件相对较恶劣，可以设置较低的进给速度。

6）余量的去除

圆周铣削主要是半精加工和精加工，有时也可用于粗加工。

(1) 立铣刀粗加工。

常见的粗加工铣毛坯面的立铣刀具有波刃，称为波形立铣刀，最好选用硬质合金波纹立铣刀，它在机床、刀具、工件系统允许的情况下，可以进行强力切削。去除毛坯大余量时，一个比较实用的方法是选用直径较大而长度较小的立铣刀，这样，在强力切削时，可以避免刀具颤振或刀具偏斜，至少可以将颤振和偏斜限制在最低程度。

(2) 立铣刀铣内部结构。

立铣刀加工开放边界的内结构时，因开放边界并不是真正意义上的型腔，刀具可以在工件的侧面调整到所需的深度，再垂直侧面引入切削，所以加工刀路设计比较方便。

立铣刀加工封闭边界的较浅的型腔如浅凹槽时，为了提高槽宽的加工精度，减少铣刀的种类，加工时采用直径比槽宽小的铣刀，先铣槽的中间部分，然后再利用刀具半径补偿功能对槽的两边进行铣加工。

对于较深的细小部位的加工，可使用整体式硬质合金刀，能够取得较高的加工精度，但是注意刀具悬升不能太大，否则刀具不但让刀量大、易磨损，而且会有折断的危险。

对于较深的内部型腔，常用的方法是预先钻削一个到所需深度(或者接近全孔深度)的孔，然后再使用比孔尺寸小的平底立铣刀从 Z 向进入预定深度，随后进行侧面铣削加工，将型腔扩大到所需的尺寸、形状。

(3) 立铣刀轮廓外形加工。

加工空间曲面和变斜角轮廓外形时，由于球头刀具的球面端部切削速度为零，而且在走刀时，每两行刀位之间，加工表面不可能重叠，总存在没有被加工去除的部分，每两行刀位之间的距离越大，没有被加工去除的部分就越多，其高度(通常称为“残余高度”，如图 3-5-14 所示)就越大，加工出来的表面与理论表面的误差就越大，表面质量也就越差。加工精度要求越高，走刀步长和切削行距就越小，编程加工效率也就越低。因此，在保证不发生干涉和工件不被过切的前提下，无论是曲面的粗加工还是精加工，都应优先选择平头刀或 R 刀(带圆角的立铣刀)。不过，由于平头立铣刀和球头刀的加工效果是明显不同的，当曲面形状复杂时，为了避免干涉，建议使用球头刀，调整好加工参数也可以达到较好的加工效果。

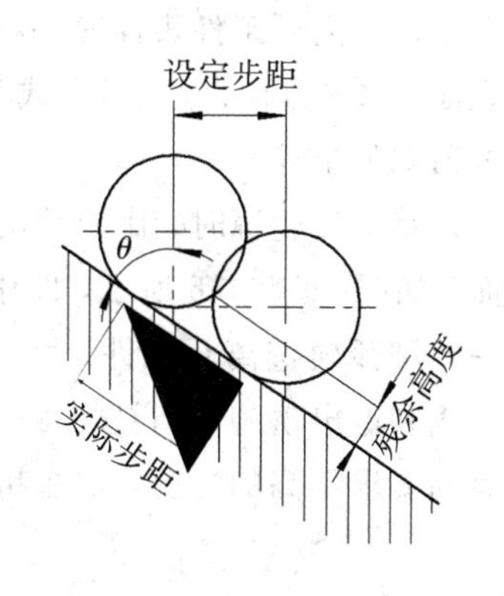

图 3-5-14　球头刀的残余高度

7) 立铣刀切削的进/退刀控制方法

在数控铣削中由于其控制方式的加强，与普通铣床只能手工控制相比有很大的差别。在进刀时可以采取更加合理的方式以达到最佳的切削状态。切削前的进刀方式有两种形式：一是垂直方向进刀(常称为下刀)和退刀，另一种是水平方向进刀和退刀。对于数控加工来说，这两个方向的进刀都与普通铣削加工不同。

(1) 深度方向切入工件的进/退刀方式。

在数控加工中，数控编程软件通常有三种深度方向切入工件进刀的方式：一是直接垂直向下进刀；二是斜线轨迹进刀方式，如图 3-5-15 所示；三是螺旋式轨迹进刀方式。

① 直接垂直向下进刀加工实体时只能用具有垂直吃刀的键槽铣刀，如较深型腔、封闭槽或其他实心材料的切入。值得注意的是，并不是所有立铣刀都可以进行这种操作。对于其他的立铣刀只能在很小的切削深度时，才能使用。在非切削状态的下刀一般使用直接进刀方式，但应特别注意刀具与工件的安全间隙。

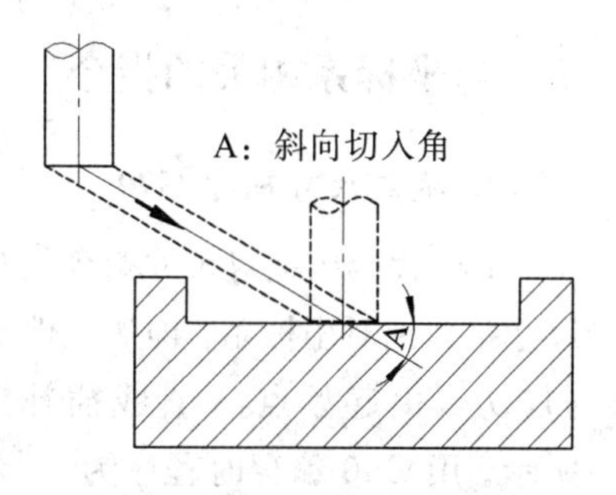

图 3-5-15　斜线进刀示意图

② 斜线进刀及螺旋进刀都是靠铣刀的侧刃逐渐向下铣削而实现向下进刀的，所以这两种进刀方式可以用于端部切削能力较弱的端铣刀(如最常用的可转位硬质合金刀)的向下进给。同时斜线或螺旋进刀可以改善进刀时的切削状态，保持较高的速度和较低的切削负荷。

斜向切入同时使用Z轴和X轴或Y轴进给。斜角角度随着立铣刀直径的不同而不同，如ϕ25 mm刀具的常见斜角为25°，ϕ50 mm的刀具为8°，ϕ100 mm的刀具为30°，这种切入方法适用于平底、球头和R形立铣刀。小于ϕ2 mm的刀具要使用较小的角度，为3°～10°。

(2) 水平方向进/退刀方式。

为了改善铣刀开始接触工件和离开工件表面时的状况，数控编程时一般要设置刀具接近工件和离开工件表面时的特殊运行轨迹，以避免刀具直接与工件表面相撞和保护已加工表面。水平方向进/退刀方式分为“直线”与“圆弧”两种方式，分别需要设定进刀线长度和进刀圆弧半径。

精加工轮廓时，比较常用的方式是以与被加工表面相切的圆弧方式接触和退出工件表面，如图3-5-16所示，图中的切入轨迹是以圆弧方式与被加工表面相切，退出时也是以一个圆弧轨迹离开工件。另一种方式是以被加工表面法线方向进入接触和退出工件表面，进入和退出轨迹是与被加工表面相垂直(法向)的一段直线，此方式相对轨迹较短，适用于表面要求不高的情况，常在粗加工或半精加工中使用。

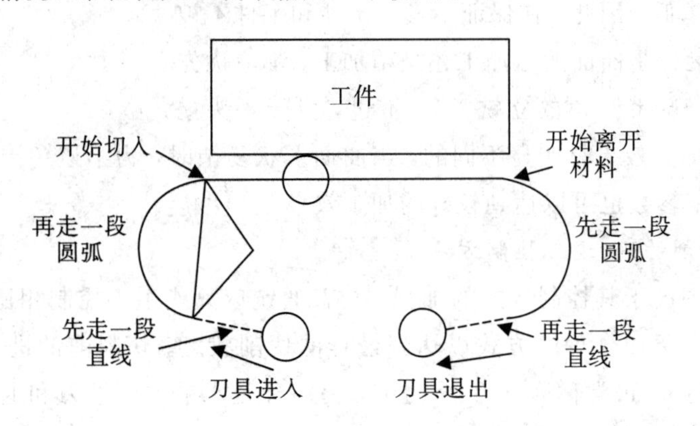

图3-5-16 水平方向切入轨迹

五、与坐标系相关的指令

1. 绝对尺寸指令G90

ISO代码中绝对尺寸指令用G90指定，它表示程序段中的尺寸字为绝对坐标系，即从工件坐标系原点开始的坐标值。例如，刀具由起始点A直线插补到目标点B，如图3-5-17所示。用G90编程时程序为

G90 G01 X30 Y60 F100；

其中，X30 Y60为终点相对于工件坐标系X、Y坐标的绝对尺寸。

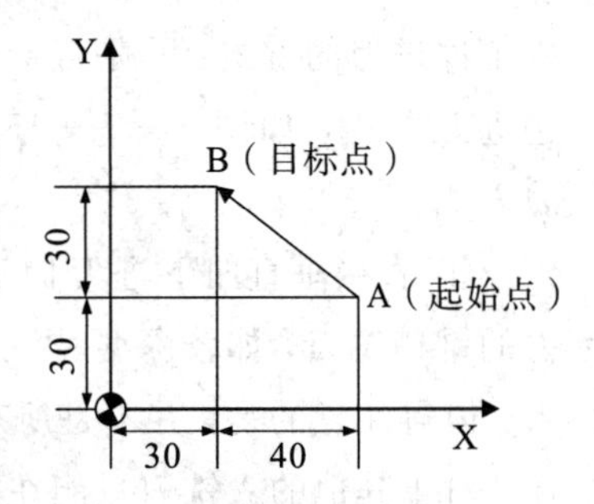

图3-5-17 G90 G91编程示例

2. 增量尺寸指令 G91

ISO 代码中增量尺寸指令用 G91 指定，表示程序段中的尺寸字为增量坐标值，即刀具运动的终点相对于起点坐标值的增量，如图 3-5-17 所示，当用 G91 指令编程时程序为

G91　G01 X−40　Y30　F100；

其中，X−40　Y30 为目标点 B 相对于起始点 A 的增量值。

在实际编程中，是选用 G90 还是 G91 指令，要根据具体的零件确定。如图 3-5-18(a) 所示的尺寸都是根据零件上某一设计基准给定的，这时可以选用 G90 指令编程；图 3-5-18(b) 所示的尺寸就应该选用 G91 指令编程，这样就避免了在编程时计算各点坐标。

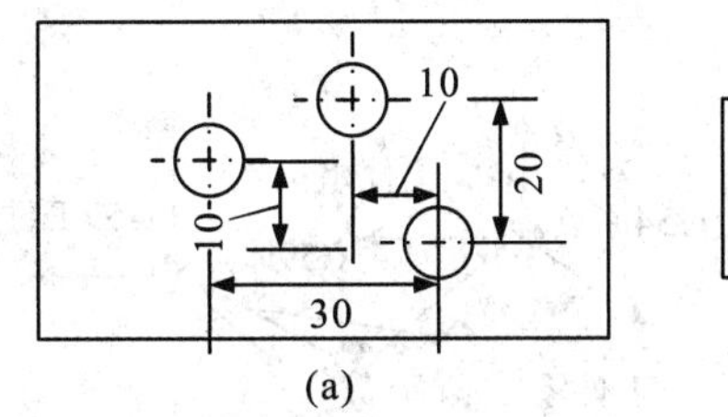

(a)

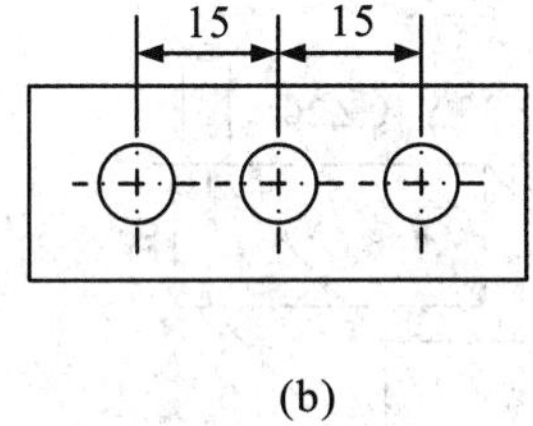

(b)

图 3-5-18　G90 G91 的选择

举例：刀具由原点按顺序向 1、2、3 点移动时用 G90、G91 指令编程(见图 3-5-19)。

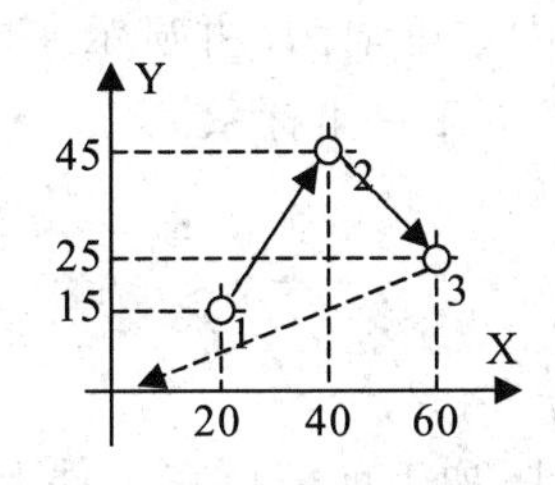

G90编程

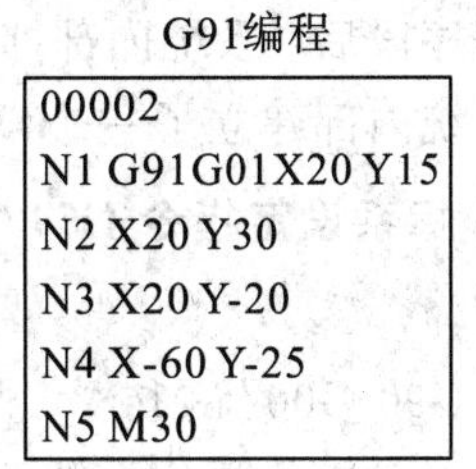

```
00001
N1 G92 X0 Y0
N2 G90G01X20 Y15
N3 X40 Y45
N4 X60 Y25
N5 X0 Y0
N6 M30
```

G91编程

```
00002
N1 G91G01X20 Y15
N2 X20 Y30
N3 X20 Y-20
N4 X-60 Y-25
N5 M30
```

图 3-5-19　G90、G91 编程举例

注意：

(1) 绝对模式下，所有的尺寸都是从程序原点开始测量。

(2) 增量模式下，所有程序尺寸都是指定方向上的间隔距离。

3. 坐标平面指令 G17、G18、G19

右手直角笛卡儿坐标系的 3 个互相垂直的轴 X、Y、Z 分别构成 3 个平面，如图 3-5-20 所示，即 XY 平面、ZX 平面和 YZ 平面。对于三坐标的铣床，常用这些指令确定铣床在哪个平面内进行插补运动。用 G17 表示在 XY 平面加工；G18 表示在 ZX 平面加工；G19 表示在 YZ 平面加工。

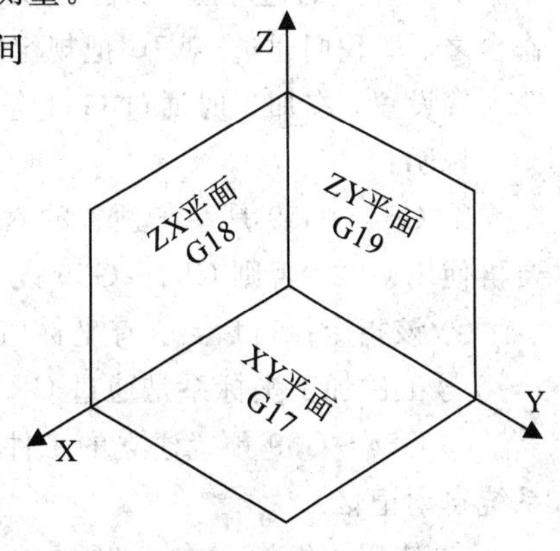

图 3-5-20　平面选择

4. 工件坐标系设定指令 G92

格式：

G92 X_ Y_ Z_；

说明： X_Y_Z_设定工件坐标系原点到刀具起点的有向距离；G92 指令通过设定刀具起点相对于要建立的工件坐标原点的位置建立坐标系，工件坐标系一旦建立，后续的绝对值指令坐标位置都是此工件坐标系中的坐标值。执行此程序段只建立工件坐标系，刀具并不产生运动，G92 指令为非模态指令，一般放在一个零件程序的第一段。G92 指令指定的坐标系通常用于临时工件加工时的找正，不具有记忆功能，当机床关机后，设定的坐标系即消失。

举例： 使用 G92 指令建立如图 3-5-21 所示的工件坐标系。

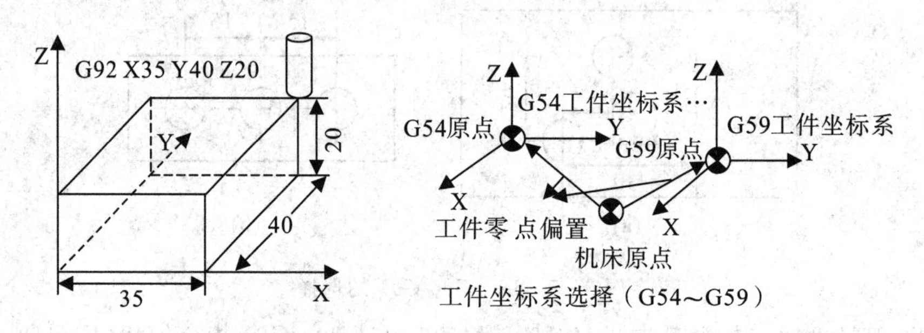

图 3-5-21　工件坐标系设定

执行该程序段后，系统内部即对起刀点(35，40，20)进行记忆，并显示在显示器上，这就相当于在系统内部建立了一个以工件原点为坐标原点的工件坐标系。

5. 工件坐标系设定指令 G54～G59

格式：

G54 G90 G00/G01 X_ Y_ Z_ (F_)；

对已通过夹具安装定位在数控机床工作台上的工件，加工前需要在工件上确定一个坐标原点，以便刀具在切削加工过程中以此点为基准，完成坐标移动的加工指令。我们把以此点所建立的坐标系，称为工件坐标系(见图 3-5-21)。

对工件上的这一点，其位置实际在对工件进行编程时就已经预定好了，工件装夹到工作台之后，我们通过“对刀”把规定的工件坐标系原点所在的机床坐标值确定下来，然后用 G54 等设置，在加工时通过 G54 等指令进行工件坐标系的调用。

说明：

① G54～G59 是系统预置的六个坐标系，可根据需要选用，使用该组指令后，就没必要再使用 G92，否则 G54～G59 设定的工件坐标系会被 G92 替代。

② 该指令执行后，所有坐标值指定的坐标尺寸都是选定的工件加工坐标系中的位置。1～6 号工件加工坐标系是通过 CRT/MDI 方式设置的。

③ G54～G59 预置建立的工件坐标原点在机床坐标系中的坐标值可用 MDI 方式输入，系统自动记忆。

④ 使用该组指令前，必须先回参考点。

⑤ G54～G59 为模态指令，可相互注销。

如图 3-5-22 所示，刀具从 A 点定位到 B 点，设置加工坐标系编程如下：

N010　G54 G90 G00 X60 Y50　(刀具快速定位至 G54 坐标 A 点处)

N020　G59;　(将 G59 设定为当前工件坐标系)

N030　G00 X30 Y60;　(快速移至 G59 坐标中 B 点处)

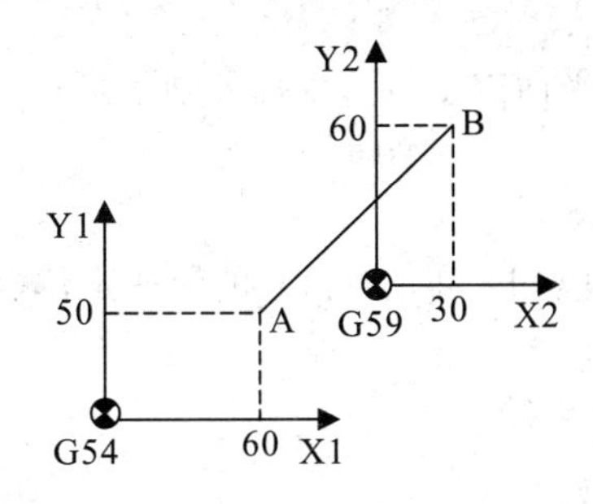

图 3-5-22　G54～G59 设置加工坐标系

6. 选择机床坐标系指令 G53

格式：

(G90) G53 X_ Y_ Z_;

功能：刀具根据这个指令执行快速移动到机床坐标系里的 X_Y_Z 位置。仅仅在程序段里有 G53 指令的地方起作用。此外，它在绝对指令(G90)里有效，且 X_Y_Z 均为负值，在增量指令(G91)里无效。为了把刀具移动到机床固有的位置，如换刀位置，程序应当用 G53 指令在机床坐标系里编程。

说明：刀具半径补偿、刀具长度补偿应当在 G53 指令调用之前取消。在执行 G53 指令之前，必须返回机床参考点建立机床坐标系。

六、基本编程指令

1. 快速点定位指令 G00

(1) 指令说明。

G00 指令使刀具以点位控制方式从刀具当前点以最快速度(由机床生产厂家在系统中设定)运动到另一点，其运动轨迹是一条折线。例如，在图 3-5-23 中从 A(10, 10, 10)运动到 D(65, 30, 45)，其运动轨迹从点 A→点 B→点 C→点 D，即运动时首先是以立方体(由三轴移动量中最小的量为边长)的对角线三轴联动，然后以正方形(由其余两轴中移动量最小的量为边长)的对角线二轴联动，最后一轴移动，执行 G00 指令时不能对工件进行加工。

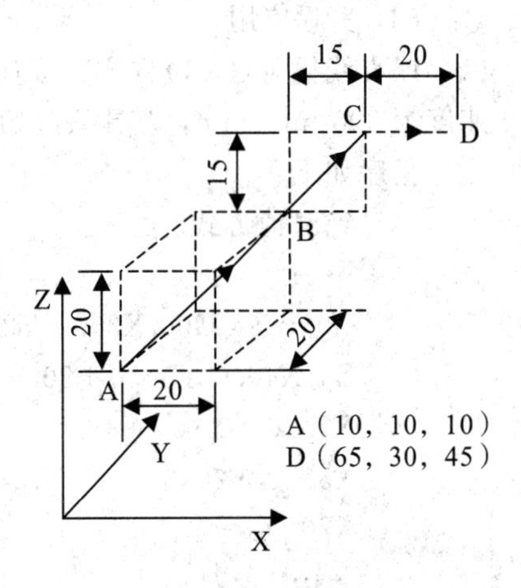

图 3-5-23　G00 快速点移动轨迹

(2) 指令格式(所有数控系统均用)。

G00 X_　Y_　Z_;

参数说明：X、Y、Z 表示直角坐标中的终点位置。

在执行 G00 指令时，为避免刀具与工件或夹具相撞，一般不采用三轴联动的编程方法。

刀具从上往下移动时，编程格式为

G00 X_ Y_；Z_；

刀具从下往上移动时，编程格式为

G00 Z_；X_ Y_；

即刀具从上往下时，先在 XY 平面内定位，然后 Z 轴下降；刀具从下往上时，Z 轴先上升，然后再在 XY 平面内定位。

(3) 实际应用。

从起点 A(10,10，10)到终点 D(65,30，45)的快速定位(见图 3-5-23)程序如下：

绝对方式：

G90 G00 X65.0 Y30.0 Z45.0

增量方式：

G91 G00 X55.0 Y20.0 Z35.0

2. 直线插补指令 G01

(1) 指令说明。

① G01 指令刀具从当前位置以联动的方式，按程序段中 F 指令规定的合成进给速度，按合成的直线轨迹移动到程序段所指定的终点。

② 实际进给速度等于指令速度 F 与进给速度修调倍率的乘积。

③ G01 和 F 都是模态代码，如果后续的程序段不改变加工的线型和进给速度，可以不再书写这些代码。

④ G01 可由 G00、G02、G03 或 G33 功能注销。

(2) 指令格式(所有数控系统均用)。

G01 X__ Y__ Z__ F__；

参数说明：X、Y、Z 为直角坐标中的终点坐标，F 为进给速度。

(3) 实际应用。

以直线插补(G01)方式完成如图 3-5-24 所示的刀具轨迹(P1→P2→P3→P4)。刀具速度为 300 mm/min，刀具从起始位置(坐标原点)到 P1 点可用 G00 快速定位方式。

程序如下：

绝对值方式：

……

G90 G94 G00 X20.0 Y20.0

G1 X40.0 Y50.0 F300

X70.0

X50.0 Y20.0

X20.0

……

增量值方式：

……

G90 G94 G0 X20.0 Y20.0

G91 G1 X20.0 Y30.0 F300

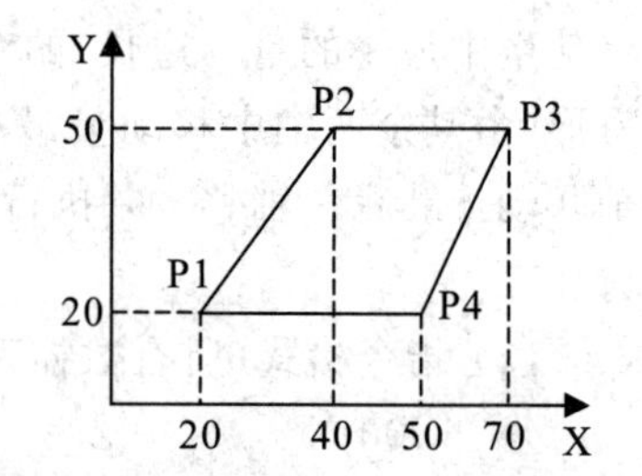

图 3-5-24 直线插补刀具轨迹

```
X30.0
X－20.0 Y－30.0
X－30.0
……
```

七、长度补偿指令

刀具长度补偿是一个很重要的概念。我们在对一个零件编程的时候，首先要指定零件的编程中心，然后才能建立工件编程坐标系，而此坐标系只是一个工件坐标系，零点一般在工件上。长度补偿只是和 Z 坐标有关，它不像 X、Y 平面内的编程零点，因为刀具是由主轴锥孔定位而不改变，而对于 Z 坐标的零点就不一样了，每一把刀的长度都是不同的。例如，我们要钻一个深为 50 mm 的孔，然后攻丝深为 45 mm，分别用一把长为 250 mm 的钻头和一把长为 350 mm 的丝锥。先用钻头钻孔深 50 mm，此时机床已经设定工件零点，当换上丝锥攻丝时，如果两把刀都从设定零点开始加工，丝锥因为比钻头长而攻丝过长，会损坏刀具和工件。如果设定刀具补偿，把丝锥和钻头的长度进行补偿，此时机床零点设定之后，即使丝锥和钻头长度不同，因补偿的存在，在调用丝锥工作时，零点 Z 坐标已经自动向 Z＋(或 Z－)补偿了丝锥的长度，保证了加工零点的正确。

1. 刀具长度补偿指令格式

刀具长度补偿指令格式如下：

$$\left\{\begin{array}{l}G43\\G44\\G49\end{array}\right\}\left\{\begin{array}{l}G00\\G01\end{array}\right\}X\_Y\_Z\_H\_;$$

参数说明：

(1) G43：刀具长度正补偿。

(2) G44：刀具长度负补偿。

(3) G49：取消刀具长度补偿。

(4) X、Y、Z：刀具长度补偿建立或取消的终点坐标。

(5) 刀具长度补偿指刀具在 Z 方向的实际位移比理论给定值增加或减少一个偏离值。

(6) H 为刀具长度补偿偏置寄存器号(H00～H99)，用两位数字表示，是刀具长度补偿寄存器的地址符，如 H01 指 01 号寄存器，在该寄存器中存对应刀具长度的补偿值。

(7) G43、G44、G49 均为模态指令。

2. 刀具长度补偿的作用

(1) 用于刀具轴向(Z 向)的补偿。

(2) 使刀具在轴向的实际位移量比程序给定值增加或减少一个偏置量。

(3) 刀具长度尺寸变化时，可以在不改动程序的情况下，通过改变偏置量达到加工尺寸。

(4) 利用该功能，还可在加工深度方向上进行分层铣削，即通过改变刀具长度补偿值的大小，通过多次运行程序而实现。

3. 刀具长度补偿的方法

(1) 将不同长度刀具通过对刀操作获取差值。

(2) 通过 MDI 方式将刀具长度参数输入刀具参数表。

(3) 执行程序中刀具长度补偿指令。

4. 刀具长度补偿的原理

刀具长度补偿原理如图 3-5-25 所示。

(1) 执行 G43 指令时,(刀具长时,离开工件补偿)

Z 实际值 = Z 指令值+(H_)

(2) 执行 G44 指令时,(刀具短时,趋近工件补偿)

Z 实际值 = Z 指令值-(H_)

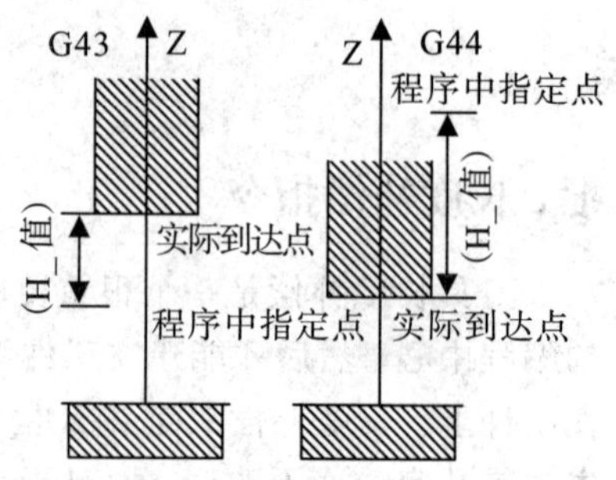

图 3-5-25　刀具长度补偿原理

其中(H_)是指寄存器中的补偿量,其值可以是正值或者是负值。当刀具长度补偿量取负值时,G43 和 G44 指令的功效将互换。使用 G43、G44 指令时,不管用绝对尺寸还是用增量尺寸指令编程,程序中指定的 Z 轴移动指令的终点坐标值,都要与 H 代码指令的寄存器中的偏移量进行运算。

5. 实际应用

用长度补偿指令编写图 3-5-26 所示的加工的程序。

设(H02)=200 mm 时

N1 G92 X0 Y0 Z0	设定当前点 O 为程序零点
N2 G0 G00 G44 Z10.0 H02	指定点 A,实到点 B
N3 G01 Z-20.0	实到点 C
N4 Z10.0	实际返回点 B
N5 G00 G49 Z0	实际返回点 O

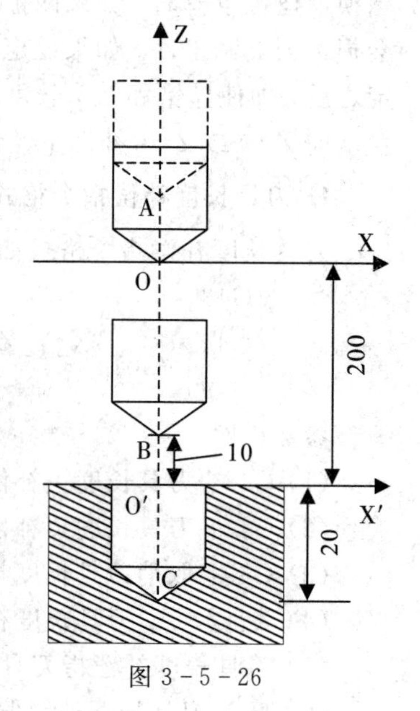

图 3-5-26

从上述应用中可知,使用 G43、G44 指令相当于平移了 Z 轴原点,即将坐标原点 O 平移到了 O′点处,后续程序中的 Z 坐标均相对于 O′进行计算。使用 G49 时则又将 Z 轴原点平移回到了 O 点。实际应用中可以用在机床上提高 Z 轴位置的方法来校验运行程序。

八、子程序的相关知识

1. 子程序的概念

1) 子程序的定义

机床的加工程序可以分为主程序和子程序两种。所谓主程序,即一个完整的零件加工程序,或是零件加工程序的主体部分。它和被加工零件或加工要求一一对应,不同的零件或不同的加工要求,都有唯一的主程序。

在编制加工程序中,有时会遇到一组程序段在一个程序中多次出现,或者在几个程序中都要使用它。这个典型的加工程序可以做成固定程序并单独命名,这组程序段就称为子程序。

子程序一般都不可以作为独立的加工程序使用,它只能通过调用,实现加工中的局部动作。子程序执行结束后,能自动返回到调用的程序中。

2) 子程序的嵌套

为了进一步简化程序,可以让子程序调用另一个子程序,这一功能称为子程序的嵌套(见图 3-5-27)。

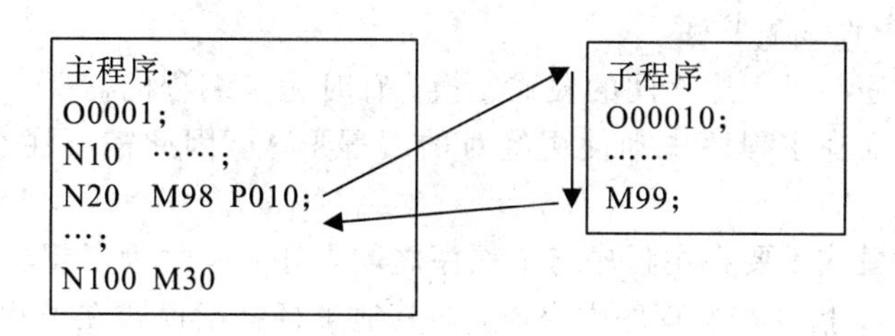

图 3-5-27　子程序嵌套

当主程序调用子程序时，该子程序被认为是一级子程序。系统不同，其子程序的嵌套级数也不相同。

2. 子程序的格式与调用

1）子程序的格式

在大多数数控系统中，子程序和主程序并无本质区别。子程序和主程序在程序号及程序内容方面基本相同，但结束标记不同。主程序用 M02 或 M30 表示主程序结束，而子程序则用 M99 表示子程序结束，并实现自动返回主程序功能，子程序格式如下：

例 1：O1000；

G91 G01 Z－2.0；

……

G91 G28 Z0；

M99；

2）子程序的调用

在 FANUC 0i 系统中，子程序的调用可通过辅助功能代码 M98 指令进行，且在调用格式中将子程序的程序号地址改为 P，其常用的子程序调用格式有两种。

格式一：

M98 PXXXX LXXXX；

例 2：

M98 P100 L5；

例 3：

M98 P100；

其中，地址 P 后面的四位数字为子程序序号，地址 L 的数字表示重复调用的次数，子程序号及调用次数前的 0 可省略不写。如果只调用子程序一次，则地址 L 及其后的数字可省略。如例 2 表示调用 100 号子程序 5 次，而例 3 表示调用 100 号子程序 1 次。

格式二：

M98 PXXXX XXXX。

例 4：

M98 P50010；

例 5：

M98 P0510；

其中，地址 P 后面的 8 位数字中的前 4 位表示调用次数，后 4 位表示子程序序号。采用此种调用格式时，调用次数前的 0 可以省略不写，但子程序号前的 0 不可省略。如例 4 表示调用 10 号子程序五次，而例 5 则表示调用 510 号子程序一次。

3）使用子程序的注意事项

（1）注意主程序与子程序之间的模式变换。有时为了编程的需要，在子程序中采用了增量的编程形式，而在主程序中却使用绝对的编程形式，因此需要注意及时进行 G90 与 G91 模式的变换。

（2）半径补偿模式不要在主程序与子程序之间调用：有时为了粗、精加工调用子程序的需要，会使用 G41 指令在主程序中完成，而其他半径补偿模式在子程序中进行。在这种情况下，由于可能会有调用子程序程序段连续两段以上的非补偿平面内移动指令，刀具很容易出现过切和干涉。在编程过程中应尽量避免编写这种形式的程序，应使刀具半径补偿的引入与取消全部在子程序中完成。

九、自动换刀指令

1. 指令编程格式

自动换刀指令编程格式：

M06

2. 指令作用说明

M06 指令用于自动换刀或显示待换刀号。换刀过程为换刀和选刀两类动作，将刀具从主轴上取下，换上所选用的刀具，大致过程为：主轴定向停→松开刀具→换刀→锁紧刀具→主轴启动。

3. 换刀程序的编制方法

（1）主轴返回参考点和刀库选刀同时进行，选好刀具后进行换刀。程序如下：

…

N02 G28 Z0 T02；（Z 轴回零，选 T02 号刀）

N03 M06；（换上 T02 号刀）

…

（2）在 Z 轴回零换刀前就选好刀。程序如下：

…

N10 G01 X_ Y_ Z_ F_ T02；　　（直线插补，选 T02 号刀）

N11 G28 Z0 M06；　　（Z 轴回零，换 T02 号刀）

…

N20 G01 Z_ F_ T03；　　（直线插补，选 T03 号刀）

N30 G02 X_ Y_ I_ J_ F_；　　（顺圆弧插补）

十、圆弧插补指令(G02、G03)

1. 功能

该指令控制刀具在指定坐标平面内以给定的进给速度从当前位置(圆弧起点)沿圆弧移动到指令给出的目标位置(圆弧终点)。G02 为顺时针圆弧插补指令，G03 为逆时针圆弧插补指令。因加工零件为立体的，在不同平面上其圆弧切削方向如图 3-5-28 所示。其判断方法为：在右手直角笛卡儿坐标系中，从垂直于圆弧所在平面轴的正方向往负方向看，顺时针为 G02，逆时针为 G03。

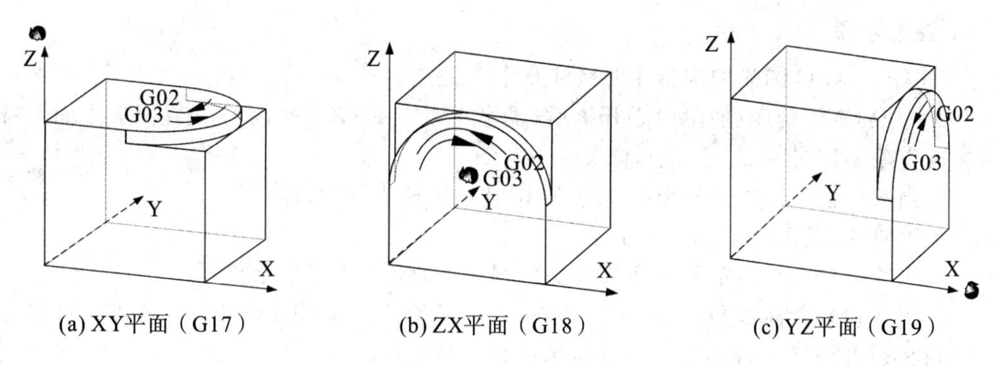

图 3-5-28　圆弧切削方向与平面的关系

2. 指令格式

（1）XY 平面上的圆弧：

$$G17\begin{Bmatrix}G02\\G03\end{Bmatrix}X\_Y\_\begin{Bmatrix}I\_J\_\\R\_\end{Bmatrix}F\_$$

（2）ZX 平面上的圆弧：

$$G18\begin{Bmatrix}G02\\G03\end{Bmatrix}X\_Z\_\begin{Bmatrix}I\_K\_\\R\_\end{Bmatrix}F\_$$

（3）YZ 平面上的圆弧：

$$G19\begin{Bmatrix}G02\\G03\end{Bmatrix}X\_Y\_\begin{Bmatrix}J\_K\_\\R\_\end{Bmatrix}F\_$$

其中 X、Y、Z 值为圆弧终点坐标。

I、J、K 值为圆心分别在 X、Y、Z 轴相对圆弧起点的增量坐标(简称 IJK 编程)，R 为圆弧半径(简称 R 编程)，如图 3-5-29 所示。

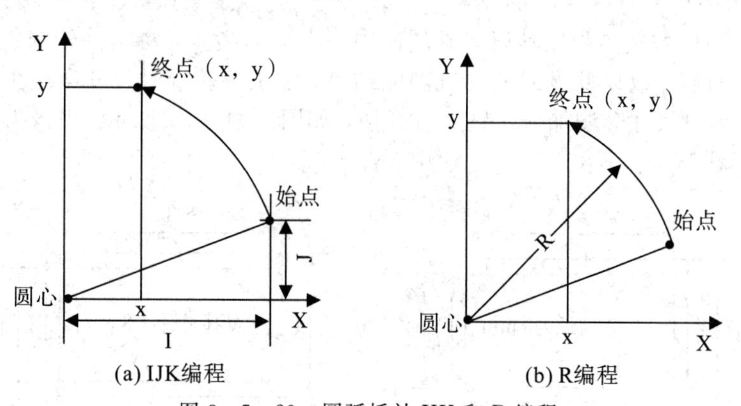

图 3-5-29　圆弧插补 IJK 和 R 编程

3. 说明

使用 G02 和 G03 指令编程与坐标平面的选择有关。圆弧终点坐标可分别用增量坐标方式(G91)或绝对坐标方式(G90)指令，用 G91 指令时表示圆弧终点相对圆弧起点的增量坐标。用 R 编程时，如果圆弧圆心角 $\alpha\leqslant180^\circ$，R 取正值；若 $\alpha>180^\circ$，R 取负值。如果加工的是整圆，则不能直接用 R 编程，而应用 IJK 编程。

4. 注意事项

使用 G02、G03 圆弧切削指令时应注意下列几点：

(1) 一般 CNC 铣床/加工中心开机后，即设定为 G17(XY 平面)，故在 XY 平面上铣削圆弧，可省略 G17 指令。

(2) 当某一程序段中同时出现 I、J 和 R 时，以 R 为优先(即有效)，I、J 无效。

(3) I0 或 J0 或 K0 可省略不写。

(4) 当终点坐标与指定的半径值未交于同一点时，会报警显示。

(5) 直线切削后面接圆弧切削时，其 G 指令必须转换为 G02 或 G03，若再执行直线切削时，则必须再转换为 G01 指令，这些是很容易被疏忽的。

(6) 使用切削指令(G01、G02、G03)须先指令主轴转动，且须指令进给速度 F。

5. 应用举例

如图 3-5-30 所示，刀具以 50 mm/min 的线速度切削，完成圆弧加工路径的程序编制。

```
O0001;
G90 G54 G00 X80 Y0;
G03 X0 Y80 I－80 J0 F50;        加工圆弧①
G02 X80 Y0 I0 J－80;            加工圆弧②
```

或者

```
G03 X0 Y80 R80 F50;
G02 X80 Y0 R－80;
```

图 3-5-30　圆弧加工路径及程序

十一、刀具半径补偿

1. 刀具半径补偿的目的

在前面我们所举例的程序均以刀具端面中心点为刀尖点，沿工件轮廓铣削。但实际上铣刀有一定的直径，故以此方式实际铣削的结果，加工外轮廓时尺寸会减少一个铣刀直径值；加工内轮廓时尺寸会增加一个铣刀直径值，如图 3-5-31 所示。引入刀具半径补偿就能解决以上问题。

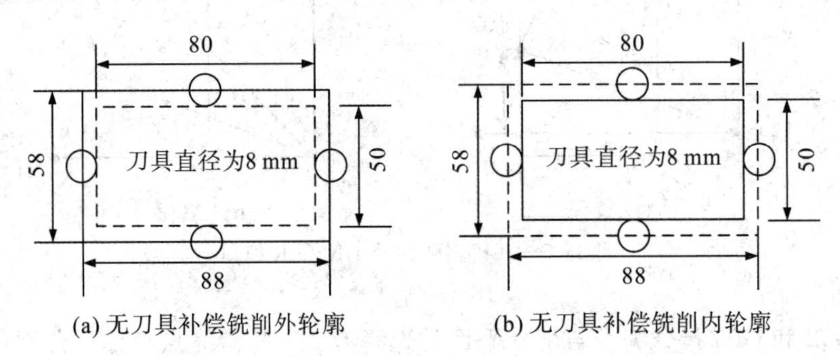

(a) 无刀具补偿铣削外轮廓　　(b) 无刀具补偿铣削内轮廓

图 3-5-31　无刀具补偿情况

若以图 3-5-32 所示铣刀的刀尖点向内偏一个半径值，如虚线所示，则可铣出正确的尺寸，但如此写法，每次都要加、减一个半径值才能找到真正的刀具中心路径，编写程序时十分不方便，所以为了简化编程，最好能以工件图上的尺寸为程序路径再利用刀具半径补偿功能，命令刀具向右或向左自动偏移一个刀具半径值，如此就不必每次都要计算铣刀的中心坐标值。

由以上得知若刀具沿工件轮廓铣削，因刀具有一定的直径，故铣削的结果会增加或减少一个刀具直径值。

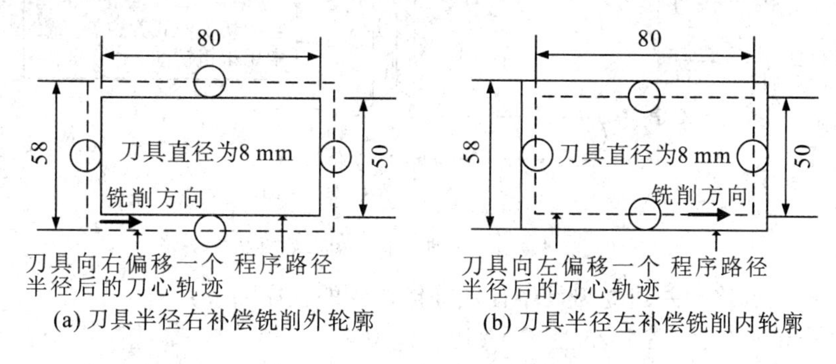

图 3-5-32　有刀具补偿情况

2. 指令格式

刀具半径补偿指令格式如下：

$$\begin{Bmatrix} G17 \\ G18 \\ G19 \end{Bmatrix} \begin{Bmatrix} G40 \\ G41 \\ G42 \end{Bmatrix} \begin{Bmatrix} G00 \\ G01 \end{Bmatrix} \begin{Bmatrix} X-Y-D- \\ X-Z-D- \\ Y-Z-D- \end{Bmatrix}$$

其中，G40 为刀具半径补偿撤销指令；G41 为刀具半径左刀补偿指令；G42 为刀具半径右刀补偿指令。

3. 说明

(1) X、Y、Z：G00/G01 的参数，即刀补建立或取消的终点。

(2) D：G41/G42 的参数，即刀补号码(D00～D99)，它代表了刀补表中对应的半径补偿值存放的地址。这是一组模态指令，默认为 G40。建立和取消刀具半径补偿必须与 G01 或 G00 指令组合来完成，实际编程时建议与 G01 组合。D 以及后面的数字表示刀具半径补偿号。

(3) 刀具半径左、右补偿的判断依据：站在程序路径上，向铣削前进方向看，铣刀位于零件轮廓左边时为刀具半径左补偿(见图 3-5-33)；反之，为刀具半径右补偿(见图3-5-34)。

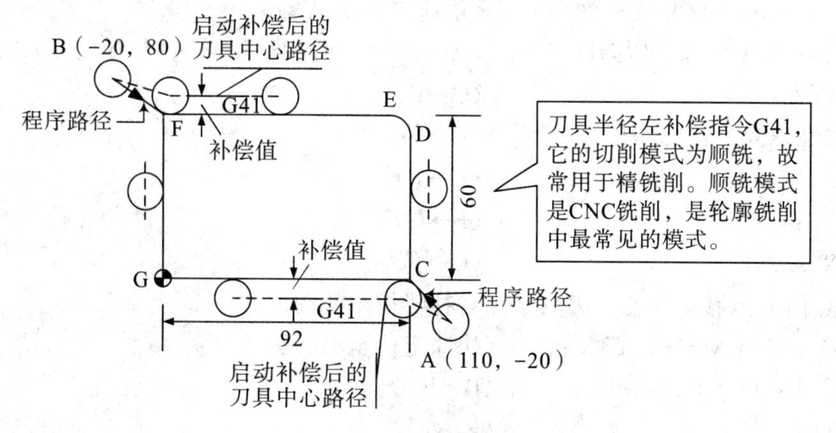

图 3-5-33　刀具半径左补偿(G41)

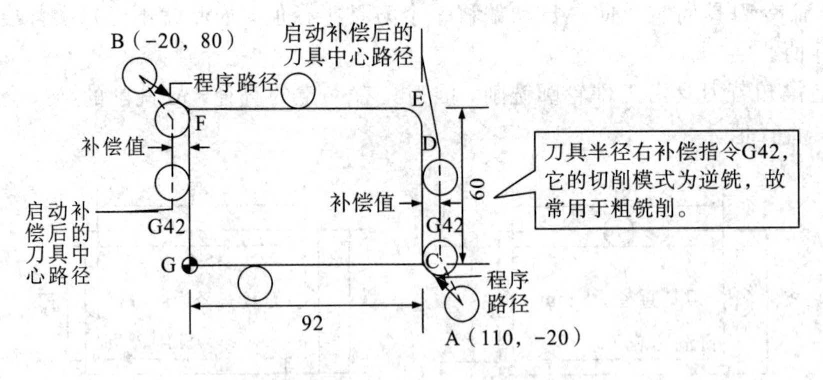

图 3-5-34　刀具半径右补偿(G42)

由A点向C点移动并建立刀具半径左补偿指令的程序如下：

G90 G00 X110. Y－20.；　　（快速定位至A点）

G01 G41 X92. Y0 D11 F80；（A→C）

X0；　　（C→G）

Y60.；　　（G→F）

X84.；　　（F→E）

G02 X92. Y52. R8.；　　（E→D）

G01 Y0；　　（D→C）

由B点向F点移动并建立刀具半径左补偿指令的程序如下：

G90 G00 X－20. Y80.；　　（快速定位至B点）

G01 G41 X0 Y60. D11 F80；　　（B→F）

X84.；　　（F→E）

G02 X92. Y52. R8.；　　（E→D）

G01 Y0；　　（D→C）

X0.；　　（C→G）

Y60.；　　（G→F）

由A点向C点移动并建立刀具半径右补偿指令的程序如下：

G90 G00 X110. Y－20.；　　（快速定位至A点）

G01 G41 X92. Y0 D11 F80；（A→C）

Y52.；　　（C→D）

G03 X84. Y60. R8.；　　（D→E）

G01 X0；　　（E→F）

Y0；　　（F→G）

X92.；　　（G→C）

由B点向F点移动并建立刀具半径右补偿指令的程序如下：

G90 G00 X－20. Y80.；　　（快速定位至B点）

G01 G42 X0 Y60. D11 F80；（B→F）

Y0；　　（F→G）

X92.；　　（G→C）

```
Y52.;                    (C→D)
G03 X84. Y60. R8.;       (D→E)
G01 X0;                  (E→F)
```

4. 刀具半径补偿建立方式

(1) 先下刀后，再在X、Y轴移动中建立刀具半径补偿，如图3-5-35(a)。

(2) 先建立刀具半径补偿后，再下刀到加工深度位置，如图3-5-35(b)。

(3) X、Y、Z三轴同时移动建立刀具半径补偿后再下刀，如图3-5-35(c)。

一般取消刀具半径补偿的过程与建立过程正好相反。

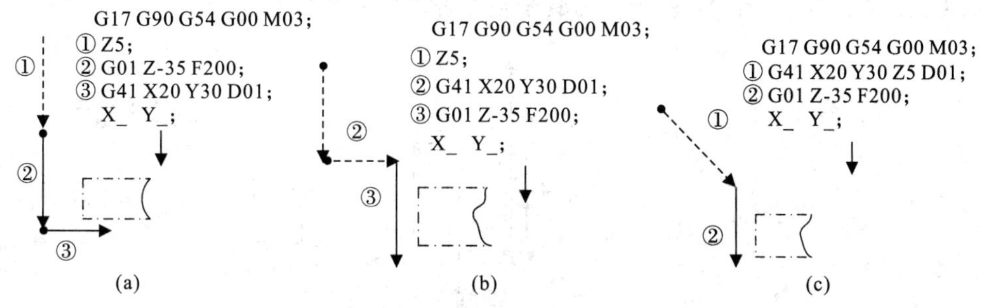

图3-5-35　建立刀具半径补偿的方法

5. 刀具半径补偿的过程

刀具半径补偿过程的运动轨迹分为三个组成部分：形成刀具半径补偿的建立补偿程序段、零件轮廓切削程序段和补偿取消程序段。

(1) 刀具半径补偿建立。数控系统一启动，总是处在补偿取消状态。刀具由起刀点(位于零件轮廓及零件毛坯之外，距离加工零件轮廓切入点较近)以进给速度接近工件，刀具半径补偿偏置方向由G41(左补偿)或G42(右补偿)指令确定。

(2) 刀具半径补偿取消。刀具撤离工件，回到退刀点，取消刀具半径补偿。与建立刀具半径补偿过程类似，退刀点也应位于零件轮廓之外，退出点距离加工零件轮廓较近，可与起刀点相同，也可以不相同。

6. 注意事项

使用刀具半径补偿时应注意下列事项：

(1) G41和G42指令不能与G02、G03指令一起使用，只能与G00或G01指令一起使用，且刀具必须要移动(即刀具半径补偿指令必须在前一程序段建立)。

(2) 程序编制时，程序中只给予刀具半径补偿号，如D11、D12…每一个刀具半径补偿号均代表一个补偿值，此补偿值可由参数设定为铣刀的直径或半径值(使用上，一般皆设定成铣刀的半径值)，而铣刀半径值在加工时，是预先由操作者输入到控制系统的刀具补偿号的画面中相对应的号码内的。

(3) 补偿值的正负号改变时，G41及G42指令的补偿方向会改变。如G41指令输入正值时，其补偿方式为左补偿；若输入负值时，其补偿方式为右补偿。同理G42指令输入正值时，其补偿方式为右补偿；若输入负值时，其补偿方式为左补偿。由此可见，当补偿值符号改变时，G41与G42指令的功能刚好互换。所以一般输入补偿值(即铣刀半径值)，采用正值较合理。

(4) 当程序处于刀具半径补偿(模态指令)状态时，若加入 G28、G29、G92 指令，则当这些指令被执行时，刀具半径补偿状态将暂时被取消，但是控制系统仍记忆着该补偿状态，因此当执行下一程序段时，又自动恢复补偿状态。

(5) 若实施刀具半径补偿功能，待加工完成后须以 G40 指令将补偿状态取消，使铣刀的中心点回复至实际的坐标点上，即执行 G40 指令时，系统会将向左或向右的补偿值往相反的方向释放，因此，铣刀会移动一个铣刀半径值。所以使用 G40 指令的时机，最好是铣刀已远离工件。

7. 刀具半径补偿的应用

例 1：建立如图 3-5-36 所示的刀具半径左补偿的有关指令。

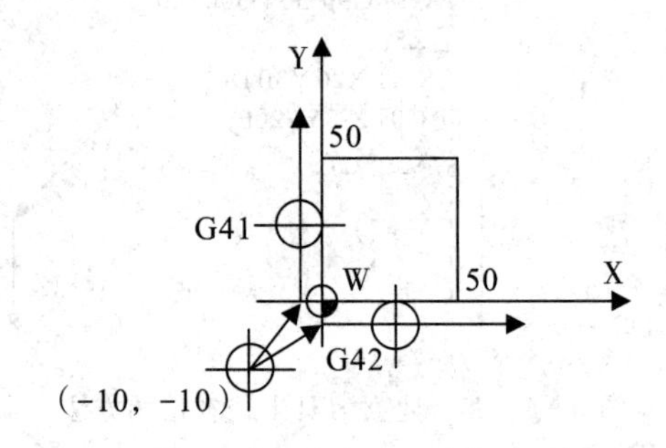

图 3-5-36

N10 G17 G90 G54 G00 X-10.0Y-10.0 Z0；/定义编程原点，起刀点 2 点为(-10.0,-10.0)

N20 S900 M03；　/主轴正转

N30 G01 G41 X0 Y0 D01；　/建立刀具半径左补偿，刀具半径偏置存储器号为 D01

N40 Y50.0；　/定义首段零件轮廓

其中，D01 为调用 D01 号刀具半径偏置存储器中存放的刀具半径值。

建立刀具半径右补偿的有关指令如下：

N30 G17 G42 X0 Y0 D01；　/建立刀具半径右补偿

N40 X50.0；　/定义首段零件轮廓

如图 3-5-36 所示，假如退刀点与起刀点相同的话，其刀具半径补偿取消过程的程序如下：

N100 G01 X0 Y0；　/*加工到工件原点

N110 G01 G40 X-10.0 Y-10.0；/*取消刀具半径补偿，退回到起刀点

N110 也可以这样写：

N110 G01 G41 X-10.0 Y-10.0 D00；

或

N110 G01 G42 X-10.0 Y-10.0 D00；因为 D00 中的偏置量永远为 0

例 2：加工零件如图 3-5-37 所示。选择零件编程原点在 O 点，刀具直径为 ϕ12 mm，铣削深度为 5 mm，主轴转速为 600 r/min，进给速度为 600 mm/min，刀具偏移代号为 H03，程序名为 O0600，起刀点在(0，0，10)。

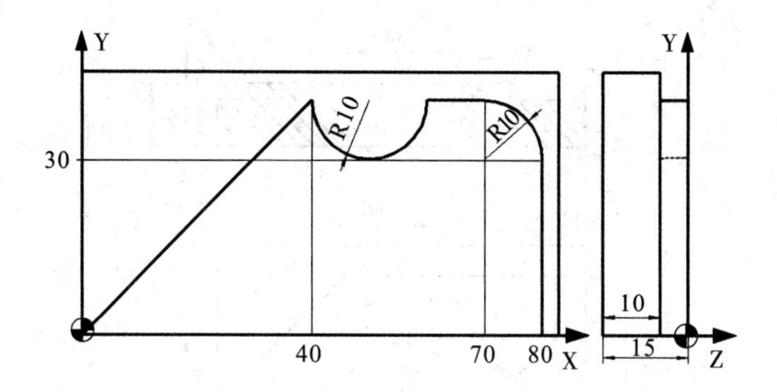

图 3-5-37 刀具半径补偿指令应用

程序如下：

```
O0600
N10  G80 G40 G17 G90 G49;
N20  G43 G00 Z200. H03
N30  M03 S600;
N40  G54 G00 X-30. Y0;
N50  G00 Z10.;
N60  G01 Z-5. F200;
N70  G42 X-8 D03 F200;
N80  G91 G01 X88. Y0;
N90  Y30.;
N100 G03 X-10. Y10 R10. F200;
N110 G01 X-10.;
N120 G02 X-20. I-10. J0 F200;
N130 G01 X-50. Y-50.;
N140 G00 Z200.;
N150 G40 X-30. Y0;
N160 M05;
N170 M30;
```

参数设置：D03=6

任务再训练

零件如图 3-5-38 所示，已知材料为 45 钢，硬度为 220 HBW，毛坯为 120 mm×100 mm×20 mm，其外轮廓和 ϕ38 mm 孔已经由前道工序加工，本工序的任务是加工其凸轮廓。试分析零件的加工工艺，填写工艺文件，编写零件的加工程序，并能进行零件的检验加工。

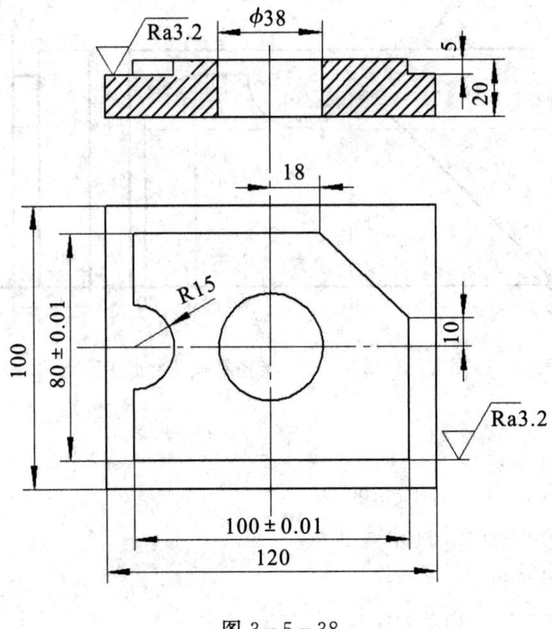

图 3-5-38

任务六　编制挖槽与型腔的加工工艺与程序

【任务导入】

尽管型腔类零件的型腔千变万化，图形复杂，但是都是由基本的特征所构成的，本次任务所要完成的是如何正确使用立铣刀和键槽铣刀进行加工，为以后综合零件的加工打下基础。

【任务要求】

1. 掌握型腔铣削相关的工艺知识及方法；
2. 能根据零件特点正确选择刀具、合理选用切削参数及装夹方式；
3. 掌握型腔铣削相关的编程指令与方法；
4. 掌握型腔铣削的精度控制方法。

【任务目标】

型腔零件如图 3－6－1 所示，要求分析其数控加工工艺，设计数控加工工艺方案，编制数控加工刀具卡和数控加工工序卡，编写加工程序单。本项目以此加工零件为载体，把零件加工中所需要的相关工艺知识融入到项目实施过程中，通过本项目任务的实施，让学生在做中学、学中做，在学做一体的过程中掌握型腔类零件的加工工艺与基本技能。

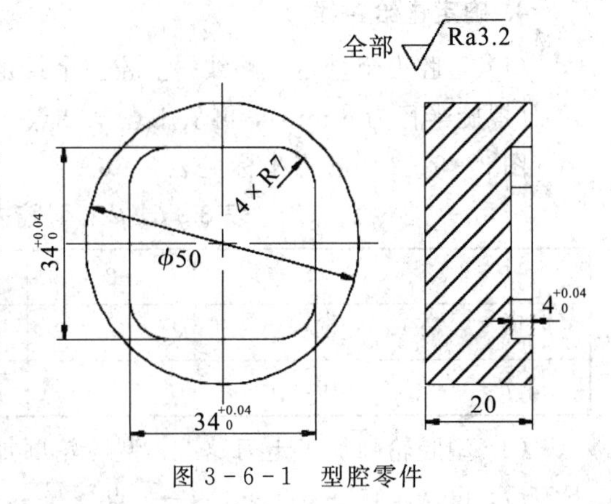

图 3－6－1　型腔零件

任务实施

一、分析零件图样

该零件要求加工矩形型腔，表面粗糙度要求为 Ra3.2 mm。

二、工艺分析

1. 确定加工方案

根据零件的要求，型腔加工方案为：型腔去余量—型腔轮廓粗加工—型腔轮廓精加工。

2. 确定装夹方案

选三爪卡盘夹紧，使零件伸出 5 mm 左右。

3. 确定加工工艺

加工工艺见表 3－6－1。

表 3-6-1 数控加工工艺卡

<table>
<tr><td colspan="2" rowspan="2">数控加工工艺卡片</td><td colspan="2">产品名称</td><td>零件名称</td><td>材料</td><td colspan="2">零件图号</td></tr>
<tr><td colspan="2"></td><td></td><td>45 钢</td><td colspan="2"></td></tr>
<tr><td>工序号</td><td>程序编号</td><td>夹具名称</td><td>夹具编号</td><td colspan="2">使用设备</td><td colspan="2">车间</td></tr>
<tr><td></td><td></td><td>三爪卡盘</td><td></td><td colspan="2"></td><td colspan="2"></td></tr>
<tr><td>工步号</td><td>工步内容</td><td>刀具号</td><td>主轴转速 /(r/mm)</td><td>进给速度 /(mm/min)</td><td>背吃刀量 /mm</td><td>侧吃刀量 /mm</td><td>备注</td></tr>
<tr><td>1</td><td>型腔去余量</td><td>T01</td><td>400</td><td>100</td><td>4</td><td></td><td></td></tr>
<tr><td>2</td><td>型腔轮廓粗加工</td><td>T01</td><td>400</td><td>120</td><td>4</td><td>0.7</td><td></td></tr>
<tr><td>3</td><td>型腔轮廓精加工</td><td>T01</td><td>600</td><td>60</td><td>4</td><td>0.3</td><td></td></tr>
</table>

4. 确定进给路线

(1) 型腔去余量走刀路线。型腔去余量走刀路线如图 3-6-2 所示。刀具在 1 点螺旋下刀(螺旋半径为 6 mm)，再从 1 点至 2 点，采用行切法去余量。

图 3-6-2 中各点坐标见表 3-6-2。

表 3-6-2 型腔去余量加工基点坐标

1	(−4,−7)	2	(−10,−10)	3	(10,−10)
4	(10,−3)	5	(−10,−3)	6	(−10, 3)
7	(10, 3)	8	(10, 10)	9	(−10, 10)

(2) 型腔轮廓加工走刀路线。型腔轮廓加工走刀路线如图 3-6-3 所示。刀具在 1 点下刀后，再从 1 点→2 点→3 点→4 点→……采用环切法加工型腔轮廓。

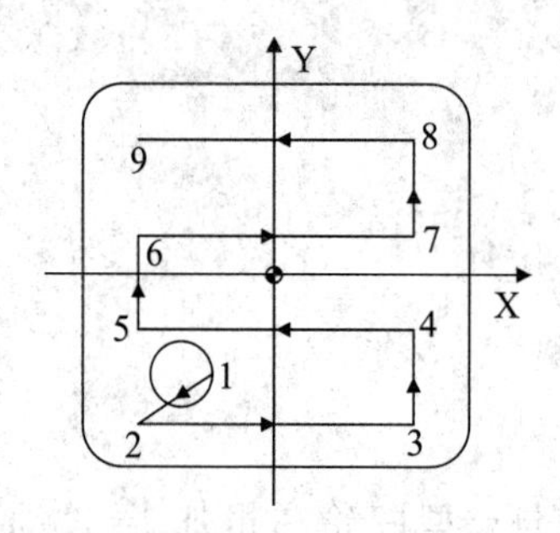

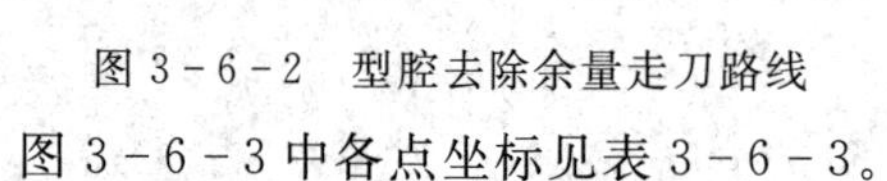
图 3-6-2 型腔去除余量走刀路线

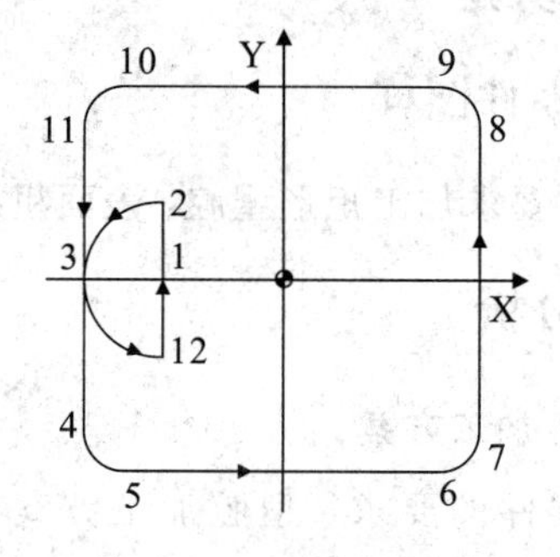

图 3-6-3 型腔轮廓加工走刀路线

图 3-6-3 中各点坐标见表 3-6-3。

表 3-6-3 型腔轮廓加工基点坐标

1	(−10, 0)	2	(−10, 7)	3	(−17, 0)
4	(−17,−10)	5	(−10,−17)	6	(10,−17)
7	(17,−10)	8	(17, 10)	9	(10, 17)
10	(−10, 17)	11	(−17, 10)	12	(−10,−7)

5. 确定刀具及切削参数

刀具及切削参数见表 3-6-4。

表 3-6-4 数控加工刀具卡

数控加工刀具卡片	工序号	程序编号	产品名称	零件名称	材料	零件图号
					45 钢	

序号	刀具号	刀具名称	刀具规格/mm		补偿值/mm		刀补号		备注
			直径	长度	半径	长度	半径	长度	
1	T01	立铣刀(3 齿)	$\phi12$	实测	6.36	实测	D01		高速钢
					6		D02		

6. 工件坐标系的建立

以图示的上表面中心作为 G54 工件坐标系原点。

三、编制程序

参考程序见表 3-6-5。

表 3-6-5 参考程序

	程 序	说 明
	O0008	主程序名
N5	G54 G90 G17 G40 G80 G49 G21	设置初始状态
N10	G00 Z50	安全高度
N15	G00 X-4 Y-7 S400 M03	启动主轴，快速进给至下刀位置(点 1，如图 3-6-2 所示)
N20	G00Z5 M08	接近工件，同时打开冷却液
N25	G01 Z0 F60	接近工件
N30	G03 X-4 Y-7 Z-1 I-3	螺旋下刀
N35	G03 X-4 Y-7 Z-2 I-3	
N40	G03 X-4 Y-7 Z-3 I-3	
N45	G03X-4 Y-7 Z-4 I-3	修光底部
N50	G01 X-10 Y-10 F100	1→2(3-6-3)
N55	X10	2→3
N60	Y-3	3→4
N65	X-10	4→5
N70	Y3	5→6
N75	X10	6→7
N80	Y10	7→8
N85	X-10	8→9

续表

	程　序	说　明
N90	G01 X−10 Y0	进给至型腔轮廓加工起点(点 1，图 3-6-3)
N95	M98 P00021 D01 F120	调子程序 O0021，粗加工型腔轮廓
N100	M98P00021 D02 F60 S600	调子程序 O0021，精加工型腔轮廓
N105	G00Z50 M09	Z 向抬刀至安全高度并关闭冷却液
N110	M05	主轴停
N115	M30	主程序结束
	O0021	
N5	G41 G01 X−10 Y7	1→2
N10	G03 X−17 Y0 R7	2→3
N15	G01 Y−10	3→4
N20	G03X−10 Y−17 R7	4→5
N25	G01 X10	5→6
N30	G03 X17 Y−10 R7	6→7
N35	G01X17 Y10	7→8
N40	G03 X10 Y17 R7	8→9
N45	G01X−10	9→10
N50	G03 X−17 Y10 R7	10→11
N55	G0l Y0	11→3
N60	G03 X−10 Y−7 R7	3→12
N65	G40 G00 X−10 Y0	12→1，取消刀具半径补偿
N70	M99	子程序结束

7. 仿真加工

(略)

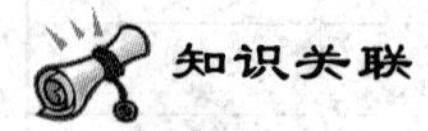

一、槽加工工艺

1. 槽的种类

槽可以分为封闭型槽和开放型槽，开放型槽有一端开放的，也有两端开放的，如图 3-6-4 所示。封闭型槽只能选择立铣刀在槽内某一点下刀，但槽内下刀会在槽的两侧壁和槽的底面留下刀痕，使表面质量降低，而且立铣刀底刃的切削能力较差，必要时可用钻头在下刀点预制一个孔。开放型槽最好在槽外下刀，槽外下刀可有效避免下刀痕迹，两端开放型的直线槽除可用立铣刀加工外，还可根据槽宽尺寸选用错齿三面刃圆盘铣刀加工，对较窄的两端开放型直线槽则可以选用锯片铣刀加工。

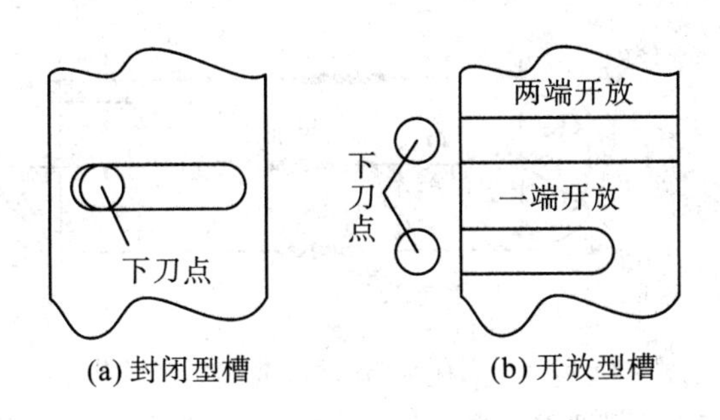

(a) 封闭型槽　(b) 开放型槽

图 3-6-4　槽的种类

槽的断面形状可有多种形式，常见的有矩形、梯形、半圆形、T形及燕尾形等，槽的断面形状决定于铣刀的外形，也就是说铣刀的刀形决定铣出的槽形。

2. 槽加工的走刀路线

铣削半封闭式或封闭式矩形槽时，常用的铣刀有立铣刀与键槽铣刀。

一般加工要求的窄槽，可选择直径等于或略小于矩形槽宽度的立铣刀与键槽铣刀，由刀具直径保证槽宽。铣刀安装时，铣刀的伸出长度要尽可能小。

(1) 当槽宽尺寸与标准铣刀直径相同且槽宽精度要求不高时，可直接根据槽的中心轨迹编程加工，但由于槽的两壁一侧是顺铣，一侧是逆铣，会使两侧槽壁的加工质量不同。

(2) 当槽宽有一定尺寸精度和表面质量要求时，要粗、精分工序加工才可达到图样要求的加工精度。粗、精加工需使用不同直径的刀具，粗加工时使用直径小于槽宽的铣刀，精加工时使用与槽宽等径的铣刀，粗加工余量为粗、精加工所用刀具的半径差。

(3) 具有较高加工精度要求的窄槽应分粗加工和精加工。粗、精加工刀具的直径应小于槽宽，精加工时，为保证槽宽尺寸公差，用半径补偿铣削内轮廓的加工方法。

开放窄槽加工时，刀具可从工件侧面外水平切入工件。

封闭窄槽加工时，刀具不可从侧面水平切入工件的位置，必须沿Z轴方向切入工件。

如果没有预钻孔，可用键槽铣刀沿Z轴方向切入工件。键槽铣刀具有直接垂直向下进刀的能力，它的端面中心处有切削刃，而立铣刀端面中心处无切削刃，立铣刀只能作很小的深度切削。

在铣削较深封闭式矩形槽时，可先钻落刀孔，立铣刀从落刀孔引入切削。

铣削较深沟槽时，切削条件较差，铣刀切削时排屑不畅，散热面小，不利于切削，应分层铣削到要求的深度。

(4) 精铣沟槽铣削刀具路线设计。粗加工时，采用直径比槽宽小的铣刀，铣槽的中间部分在两侧及槽底留下一定余量，精加工时，为保证槽宽尺寸公差，用半径补偿的加工方法铣削内轮廓。

① 封闭窄槽加工刀具路线设计。图 3-6-5 所示是封闭窄槽的粗、精加工路线设计。粗加工时选择直径比槽宽略小的刀具，保证粗加工后留有一定的精加工余量。X、Y起点选择在工件槽的一端圆弧轮廓的圆心位置，如选择右侧圆弧的中心点S为起始位置点，Z起点选择在距上表面有足够安全间隙的高度位置，PQ为切入切出圆弧。然后，以较小的进给率切入所需的深度(在底部留出精加工余量)，再以直线插补SA运动在两个圆弧中心点之间进行粗加工。

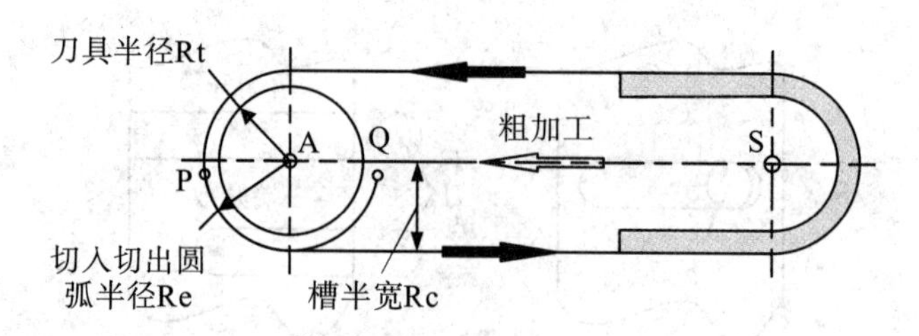

图 3-6-5 封闭窄槽的粗、精加工路线设计

若槽的粗、精加工选用同把刀，则粗加工后并不需要退刀，可以在同一个位置进给到最终深度。选择顺铣模式，主轴正转，刀具必须左补偿，应先精加工下侧轮廓。

精加工时，刀具法向趋近轮廓建立半径补偿并不合适，因为这样会让刀具在加工轮廓上有停留并产生接刀痕迹。

设计趋近轮廓的路线为与轮廓相切的一个辅助切入圆弧，其目的是引导刀具平滑地过渡到轮廓上，避免接刀痕迹。但刀具半径补偿不能在圆弧插补模式中启动，因此用 AP 直线运动 G01 指令建立半径补偿，然后用圆弧运动自然切入到工件下侧轮廓。这样轮廓精加工前增加了两个辅助运动：一是进行直线运动并启动刀具半径补偿；二是切线趋近圆弧运动。

这里值得注意的是趋近圆弧半径大小的选择(位置选择很简单——圆弧必须与轮廓相切)，趋近圆弧半径必须符合一定的要求，那就是该圆弧的半径必须大于刀具半径又小于刀具引入起点到轮廓的距离(这里是窄槽轮廓的半宽)，三种半径的关系为

$$Rt < Re < Rc$$

② 开放窄槽的加工路线设计。图 3-6-6 所示是对开放窄槽的粗、精加工路线设计。对开放窄槽加工，刀具的起点可选择在工件侧面外，图中刀具的起点选在槽中线上并在工件之外具有一定安全间隙的适当位置(S 点)。

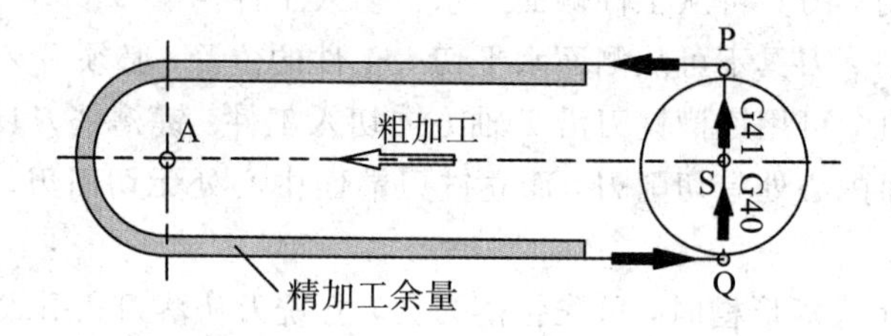

图 3-6-6 开放窄槽的加工路线设计

粗加工时，选择直径比槽宽略小的刀具，刀具经直线进给切削后，侧面留下适当的精加工余量，槽的底面亦宜留有适当的精加工余量。

精加工时，刀具沿 Z 向进给运动至窄槽底部深度，通过垂直于窄槽轮廓的 SP 线段进给建立半径补偿，刀具在顺铣模式下对窄槽沿轮廓进行精加工到轮廓延长线的 Q 点，并通过 QS 线段的进给取消半径补偿。

3. 下刀方式

加工槽时，常用的下刀方式有三种：

(1) 在工件上预制孔，沿孔直线下刀。

在工件上刀具轴向下刀点的位置，预制一个比刀具直径大的孔，立铣刀的轴向沿已加工的孔引入工件，然后从刀具径向切入工件，这是常用的方法。

(2) 按具有斜度的走刀路线切入工件——倾斜下刀。

在工件的两个切削层之间，刀具从上一层的高度沿斜线切入工件到下一层位置。要控制节距，即每沿水平走一个刀径长，背吃刀量应小于0.5 mm。

(3) 按螺旋线的路线切入工件——螺旋下刀。

刀具从工件的上一层的高度沿螺旋线切入到下一层位置，螺旋线半径尽量取大一些，这样切入的效果会更好。

4. 槽加工的刀具选择

加工矩形槽常用键槽铣刀和立铣刀。

5. 铣削用量选用

铣削加工矩形沟槽工件时，加工余量一般都比较大，工艺要求也比较高，不应一次加工完成，而应尽量分粗铣和精铣数次进行加工完成。

在深度上，常有一次铣削完成和多次分层铣削完成两种加工方法，这两种加工方法的工艺利弊分析不容忽视。

(1) 设计将键槽深度一次铣削完成时，能够提高加工效率，但对铣刀的使用较为不利，因为铣刀在用钝时，其切削刃上的磨损长度等于键槽的深度，若刃磨圆柱面切削刃，则因铣刀直径磨小，而不能再作精加工，若把端面一段磨去，又不经济。

(2) 设计深度方向多次分层铣削键槽时，每次铣削层深度只有0.5～1 mm，以较大的进给量往返进行铣削。在键槽铣床上加工时，每次的铣削层深度和往复进给都是自动进行的，一直切到预定键槽深度为止。这种加工方法的优点是铣刀用钝后，只需刃磨铣刀的端面(磨短不到1 mm)，铣刀直径不受影响，铣削加工时也不会产生让刀现象；但在通用铣床上进行这种加工，操作不方便，生产效率也较低。

铣削加工沟槽时，排屑不畅，铣刀周围的散热面小，不利于切削；铣削窄而深的沟槽时，切削条件更差。选用铣削用量时，应充分考虑这些因素，不宜选择较大的铣削用量，而应采用较小的铣削用量。

二、型腔铣削加工工艺

1. 型腔铣削方法

型腔的加工分粗、精加工。先粗加工切除内部大部分材料，粗加工不可能都在顺铣模式下完成，也不可能保证所有地方留作精加工的余量完全均匀，所以在精加工之前通常要进行半精加工。

对于较浅的型腔，可用键槽铣刀插削到底面深度，先铣型腔的中间部分，然后再利用刀具半径补偿对垂直侧壁轮廓进行精铣加工。

对于较深的内部型腔，宜在深度方向分层切削，常用的方法是预先钻削一个所需深度孔，然后再使用比孔尺寸小的平底立铣刀从Z向进入预定深度，随后进行侧面铣削加工，将型腔扩大到所需的尺寸、形状。

型腔铣削时有两个重要的工艺要考虑：① 刀具切入工件的方法；② 刀具粗、精加工的刀路设计。

2. 刀具选用

适合于型腔铣削的刀具有平底立铣刀、键槽铣刀，型腔的斜面、曲面区域要用R形立铣刀或球头刀加工。

型腔铣削时，立铣刀是在封闭边界内进行加工，立铣刀加工方法受到型腔内部结构特点的限制。

立铣刀对内轮廓精铣削加工时，其刀具半径一定要小于零件内轮廓的最小曲率半径，刀具半径一般取内轮廓最小曲率半径的0.8～0.9倍。粗加工时，在不干涉内轮廓的前提下，尽量选用直径较大的刀具，直径大的刀具比直径小的刀具的抗弯强度大，加工中不容易引起受力弯曲和振动。

在刀具切削刃(螺旋槽长度)满足最大深度的前提下，尽量缩短刀具从主轴伸出的长度和立铣刀从刀柄夹持工具的工作部分中伸出的长度。立铣刀的长度越长，抗弯强度就越小，受力弯曲程度则越大，这会影响加工的质量，并容易产生振动，加速切削刃的磨损。

3. 型腔铣削的工艺路线设计

1）型腔铣削加工的刀具引入方法

与外轮廓加工不同，型腔铣削时，要考虑如何Z向切入工件实体的问题。通常刀具Z向切入工件实体有如下几种方法：

(1) 使用键槽铣刀沿Z轴垂直向下进刀切入工件。

(2) 预先钻一个孔，再用直径比孔径小的立铣刀切削。

(3) 斜线进刀及螺旋进刀。

2）圆形型腔铣削方法

圆形型腔加工一般从圆心开始，根据所用刀具，也可预先钻一孔，以便进刀。圆形型腔加工多用立铣刀或键槽铣刀。

如图3-6-7所示，挖腔时，刀具快速定位到R点，从R点转入切削进给，先铣一层，切深为Q，在一层中，刀具按宽度(行距)H进刀，按圆弧走刀，H值的选取应小于刀具直

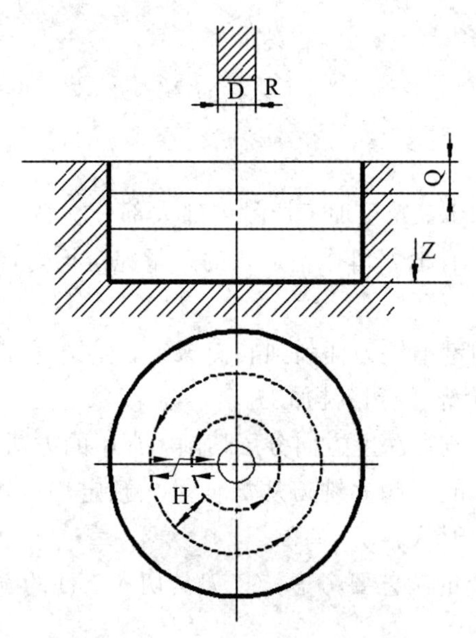

图3-6-7 圆形型腔铣削方法

径，以免留下残留，在实际加工中根据情况选取。然后依次进刀，直至孔的尺寸。加工完一层后，刀具快速回到孔中心，再轴向进刀(层距)，加工下一层，直至到达孔底尺寸 Z，最后快速退刀，离开孔腔。

3) 方形型腔铣削方法

方形型腔铣削与圆形型腔铣削相似，但走刀路径可有以下三种，如图 3-6-8 所示。

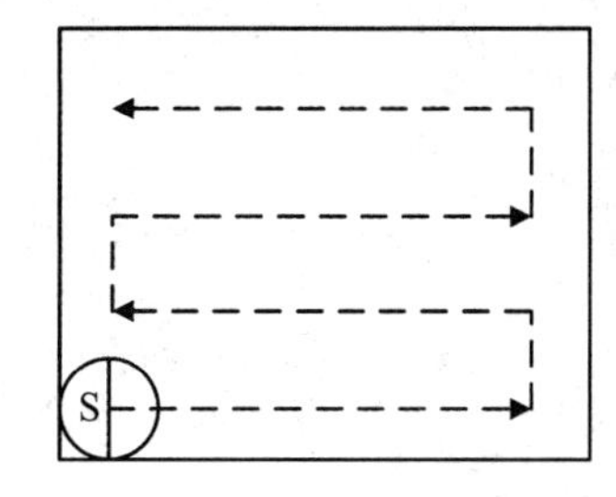

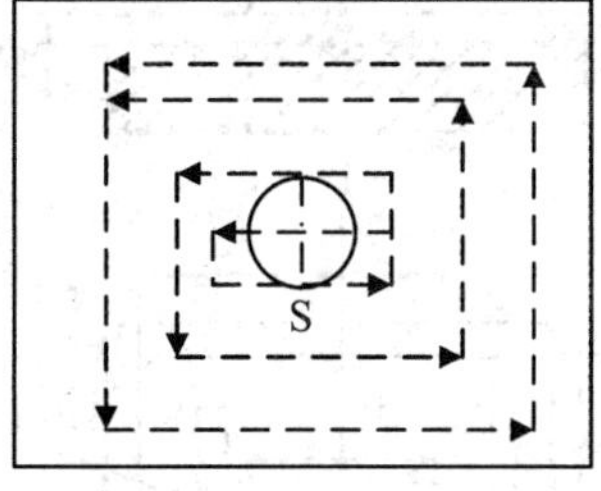

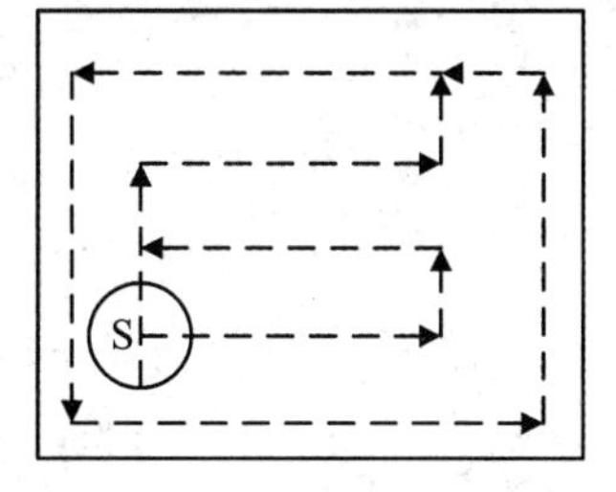

图 3-6-8　方形型腔铣削走刀路径

图 3-6-8(a)的走刀是从角边起刀，按 Z 字形排刀。这种走刀路线，编程简单，但行间在两端有残留。

图 3-6-8(b)的走刀是从中心起刀，或从长边的(长一宽)/2 处起刀，按逐圈扩大的路线走刀，因每圈需变换终点位置尺寸，故编程复杂，但腔中无残留。

图 3-6-8(c)的走刀结合了图 3-6-8(a)和图 3-6-8(b)的优点，先以 Z 字形排刀，最后沿腔轮廓走刀，切去残留。

编程时，刀具先快速定位在 S 点，Z 向快速定位在安全高度，再切削进给至第一层切深，按上述三种走刀方式选一种，切去一层后，刀具回到出发点，再纵向进刀，切除第二层，直到腔底，切完后，刀具快速离开方形腔，以上动作可参阅圆形腔铣削正向视图。

同样，有的系统已将上述加工过程作为宏指令，在编程时，只需指令相应参量，即可铣削方形腔。

4) 不规则形状型腔铣削方法

对于不规则形状的型腔，加工程序较规则形状的型腔要复杂，计算工作量有时较大。为简化编程，编程员可先将其变成内轮廓进行加工，再将剩余部分变成无界平面进行铣削加工，如图 3-5-9 所示，由于所剩部分已远离边界，故可用方格纸进行近似取值，只要不碰边界即可，这样可以简化编程。如图 3-6-9 所示双点划线为剩余轮廓腔，近似取值加工，编程并不困难。

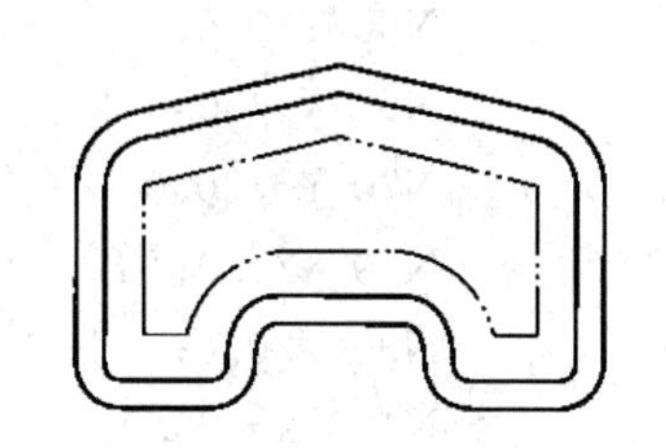

图 3-6-9　不规则形状型腔铣削

5) 带弧岛的型腔铣削方法

带弧岛的型腔铣削，不但要照顾到轮廓，还要保证弧岛。为简化编程，编程员可先将腔的外形按内轮廓进行加工，再将弧岛按外轮廓进行加工，使剩余部分远离轮廓及弧岛，再按无界平面进行挖腔加工。可用方格纸进行近似取值，以简化编程。注意如下问题：

(1) 刀具要足够小，尤其用改变刀具半径补偿的方法进行粗、精加工时，保证刀具不碰型腔外轮廓及弧岛轮廓。

(2) 有时可能会在弧岛和边槽或 2 个弧岛之间出现残留，可用手动方法除去。

(3) 为下刀方便，有时要先钻出下刀孔。

举例：带弧岛的型腔铣削，零件如图 3-6-10 所示。

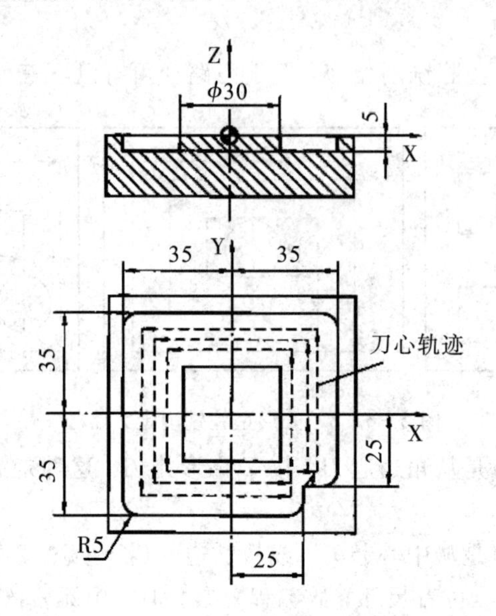

图 3-6-10 带弧岛的型腔铣削

因型腔内角为 R5，所以选择 ϕ10 立铣刀。为走刀方便，下刀点选在 A 点(20,－20)，并预先钻 ϕ10 的孔。铣削程序如下：

```
……
N10 G90 G00 X20.0 Y－20.0;        快进到 A 点
N20 G00 Z3.0;
N30 G01 Z－5.0 F100;
N40 X30.0 F50;                   N40－N80 铣腔内轮廓，刀位点为刀具中心
N50 Y30.0;
N60 X－30.0;
N70 Y－30.0;
N80 X20.0;
N90 Y20.0;                       N90－N120 铣弧岛
N100 X－20.0;
N110 Y－20.0;
N120 X25;
N130 Y25.0;                      N130－N150 去残留
N140 X－25.0;
N150 X18.0;
N160 G00 Z200.0 M05;
……
```

6）型腔铣削用量

粗加工时，为了得到较高的切削效率，选择较大的切削用量，但刀具的切削深度与宽度应与加工条件（机床、工件、装夹、刀具）相适应。

实际应用中，一般让 Z 方向的吃刀深度不超过刀具的半径；直径较小的立铣刀，切削深度一般不超过刀具直径的 1/3。切削宽度与刀具直径大小成正比，与切削深度成反比。一般切削宽度取 0.6～0.9 倍刀具直径。值得注意的是，型腔粗加工开始的第一刀，刀具为全宽切削，切削力大，切削条件差，应适当减小进给量和切削速度。

精加工时，为了保证加工质量，避免工艺系统受力变形和减小振动，精加工切深应小，数控机床的精加工余量可略小于普通机床，一般在深度和宽度方向留 0.2～0.5 mm 余量进行精加工。精加工时，进给量大小主要受表面粗糙度要求的限制，切削速度大小主要取决于刀具耐用度。

三、镜像功能指令 G51.1、G50.1

指令格式：

G51.1 X　Y　Z

M98 P

G50.1 X　Y　Z

举例：编制如图 3－6－11 所示的镜像功能程序。

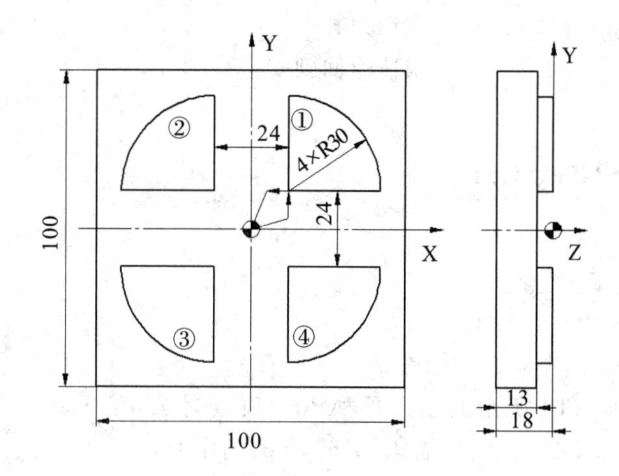

图 3－6－11　镜像功能

程序如下：

O24；	主程序
G90 G54 G00 Z100；	加工前准备指令
X0Y0；	快速定位到工件零点位置
S600 M03；	主轴正转
M008；	冷却液开
Z5；	快速定位到安全高度
M98 P100；	加工①
G51.1 X0；	Y 轴镜像

```
M98 P100;             加工②
G51.1 X0 Y0;          X、Y轴镜像
M98 P100;             加工③
G50.1 X0;             Y轴镜像取消，X轴镜像继续有效
M98 P100;             加工④
G50.1 Y0;             X轴镜像取消
G00 Z100;             快速返回
M09;                  冷却液关
M05;                  主轴停
M30;                  程序结束

O100;                 子程序(①轮廓的加工程序)
子程序结束
G90 G01 Z−5 F100;     切削深度进给
G41 X12 Y10 D01;      建立刀补
Y42;                  直线插补
G02 Z42 Y12 R30;      圆弧插补
G01 Z10;              直线插补
G40 Z0 Y0;            取消刀补
G00 Z5;               快速返回到安全高度
M99;
```

四、缩放功能指令 G50、G51

指令格式：

```
G51 X_ Y_ Z_ P_
    M98 P
    G50
```

举例：如图 3-6-12 所示的三角形 ABC，顶点为 A(30，40)、B(70，40)、C(50，80)，若以 D(50，50)为中心，放大 2 倍，则缩放程序为

G51 X50 Y50 P2

执行该程序，将自动计算出 A′、B′、C′三点坐标数据为 A′(10，30)、B′(90，30)、C′(50，110)从而获得放大一倍的 A′B′C′。

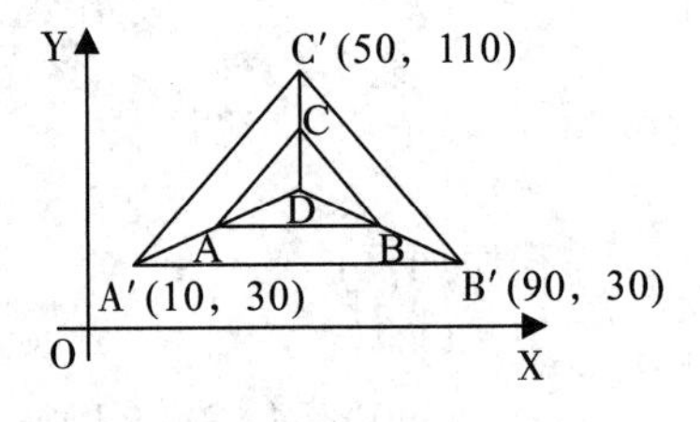

图 3-6-12　三角形缩放功能

缩放不能用于补偿量，并且对 A、B、C、U、V、W 轴无效。

对于某些围绕中心旋转得到的特殊的轮廓加工，如果根据旋转后的实际加工轨迹进行编程，就可能使坐标计算的工作量大大增加，而通过图形旋转功能，可以大大简化编程的工作量。

任务再训练

如图 3-6-13 所示的某一型腔零件，材料为 45 钢，硬度 220 为 HBW，毛坯尺寸为 200 mm×170 mm×40 mm。外表面已经过前道工序加工，要求分析零件的加工工艺，填写工艺文件，编写零件的加工程序。

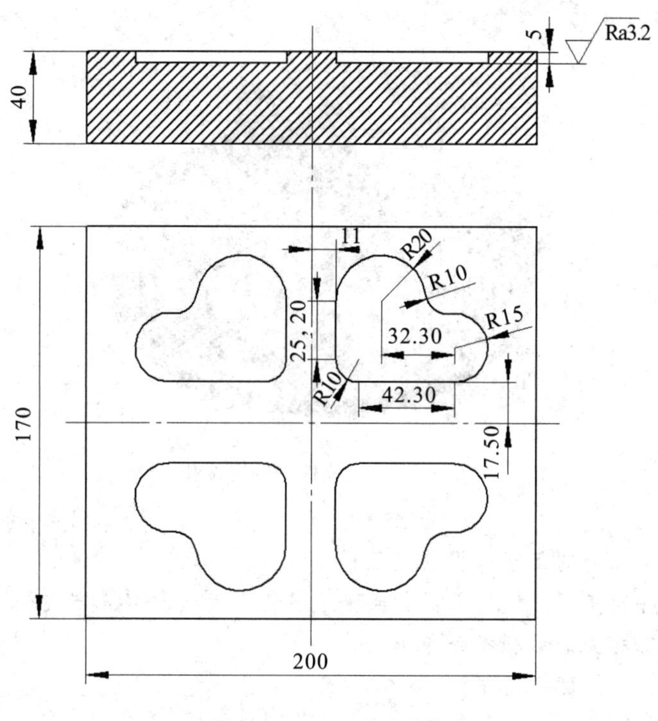

图 3-6-13　型腔零件

任务七 编制孔加工程序

【任务导入】 通过图 3-7-1 所示零件中定位孔的加工工艺设计，掌握孔加工方法的选择、孔加工刀具的选择，合理选用切削参数。

图 3-7-1 零件中的定位孔

【任务要求】

1. 掌握孔加工相关的工艺知识及方法；
2. 能根据零件特点正确选择刀具，合理选用切削参数及装夹方式；
3. 掌握孔加工相关的编程指令与方法；
4. 掌握孔加工的精度控制方法。

【任务目标】

本任务以图 3-7-2 所示的孔类零件数控加工为例，对各种孔类加工刀具的基本结构、工艺要求、数控加工的固定循环指令功能代码和数控编程的基本格式进行了较为详细的阐述，将一个典型课题件的加工工艺、程序编制与加工、测量等内容集中归纳于本项目中，使学生能够简捷、清晰地学习并掌握该项目的综合知识与技能。

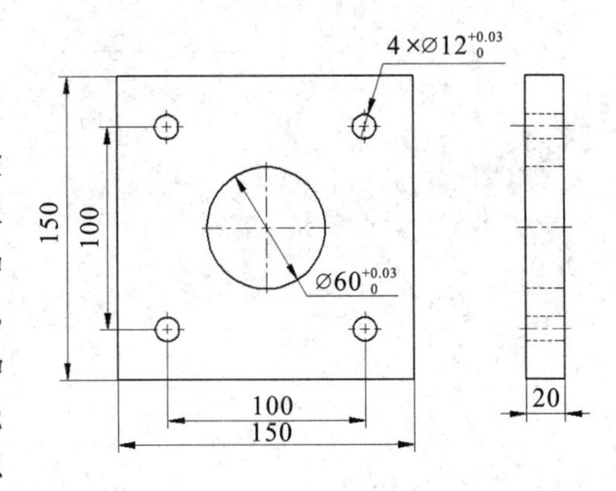

图 3-7-2 孔类零件

任务实施

1. 工艺分析

该零件要加工五个孔，孔的精度要求为(0，+0.03)，ϕ12 要经过钻孔和铰孔才能达到尺寸要求，ϕ60 要经过钻孔、扩孔和镗孔才能达到尺寸要求。为了使孔的位置准确，钻孔之前要钻中心孔。

将工件坐标系原点设在工件上表面中心。数控铣削加工工艺卡片如表 3-7-1 所示。

表 3-7-1　数控铣削加工工艺卡片

产品名称	零件名称	工序名称	工序号	程序编号	毛坯材料	使用设备	夹具名称
	孔类零件	数控铣			45 号钢	数控铣床	平口钳
工步号	工步内容	刀具			主轴转速/(r/min)	进给速度/(mm/min)	切削深度/mm
		类型	材料	规格			
1	钻中心孔	中心钻	高速钢	A2	1800	100	1
2	钻 5 个 ϕ11.5 孔	麻花钻	高速钢	ϕ11.5	1000	100	5.75
3	铰 4 个 ϕ12 孔，达到尺寸要求	铰刀	高速钢	ϕ12	800	120	0.25
4	扩中心处 ϕ11.5 孔至 ϕ55	麻花钻	高速钢	ϕ55	500	100	21.75
5	镗中心处 ϕ55 孔至 ϕ59.5	镗刀	硬质合金	ϕ59.5	500	100	2.75
6	镗中心处 ϕ59.5 孔至 ϕ60，达到尺寸要求	镗刀	硬质合金	ϕ60	500	100	0.25

2. 编制程序

本任务的参考程序如表 3-7-2 所示。

表 3-7-2　参考程序

段号	程　序	说 明
	O0600	程序名
N10	G90 G17 G54 G40 G49 G80;	
N15	M03 S1800;	
N20	G00 X0 Y0 Z40;	
N25	G99 G81 X0 Y0 Z-3 R3 F100;	打中心孔
N30	X50 Y-50;	
N35	X-50;	
N40	Y50;	
N45	X50;	
N50	G00 X0 Y0 Z40;	快速定位，退回到安全位置
N55	M05;	主轴停，换 ϕ1.5 钻头
N60	M03 S1000;	
N65	G99 G81 X0 Y0 Z-30 R3 F100;	用 ϕ1.5 钻头钻中间孔
N70	X-50 Y-50;	
N75	Y50;	
N80	X50;	
N85	Y-50;	
N90	G80 G49 G00 X0 Y0 Z40;	返回安全高度
N95	M05;	主轴停，换 ϕ12 铰刀
N100	M03 S800;	

续表

段号	程 序	说 明
N105	G99;	
N110	G81 X50 Y50 Z−30 R3 F120;	
N115	Y−50;	
N120	X−50;	
N125	Y50;	
N130	G80 G00 X0 Y0 Z40;	
N135	M05;	换 ϕ55 钻头
N140	M03 S500;	
N145	G00 X0 Y0 Z40;	
N150	G99 G81 X0 Y0 Z−30 R30 F100;	扩孔至 ϕ55
N155	G00 Z40;	返回
N160	M05;	主轴停，换 ϕ59.5 镗刀
N165	G99 G85 X0 Y0 Z− 30 R30 F100;	镗孔至 ϕ59.5
N170	M05;	主轴停，换 ϕ60 镗刀
N175	G99 G85 X0 Y0 Z−30 R3 F100;	镗孔至 ϕ60
N180	G80 G00 X0 Y0 Z50;	
N185	M30;	

3. 注意事项

加工孔系时，如果被加工的孔在一个平整的平面上，则应使用 G99 指令，因为使用 G99 指令时，加工完一个孔后，刀具先返回 R 点再进行下一个孔的定位。在编程中，一般 R 点非常靠近工件表面，这样可以缩短零件加工时间。

加工孔系时，如果工件表面有高于被加工孔的凸台或筋，使用 G99 指令就很可能使刀具和工件发生碰撞；这时，就应该使用 G98 指令，使 Z 轴返回初始点后再进行下一个孔的定位，这样就比较安全。

4. 仿真加工

（略）

一、孔加工循环动作

孔加工循环一般由以下六个动作组成，如图 3-7-3 所示。

动作(1)：刀具在 X 轴和 Y 轴定位。

动作(2)：刀具快速移动到 R 点平面。

动作(3)：刀具进行孔加工。

动作(4)：刀具在孔底的动作。

动作(5)：刀具返回到 R 点。

动作(6)：刀具快速移动到初始平面。

对孔加工固定循环指令的执行有影响的指令主要有 G90/G91 及 G98/G99 指令。

G98/G99 决定固定循环在孔加工完成后返回 R 点还是起始点，G98 模态下，孔加工完成后 Z 轴返回起始点；在 G99 模态下则返回 R 点。

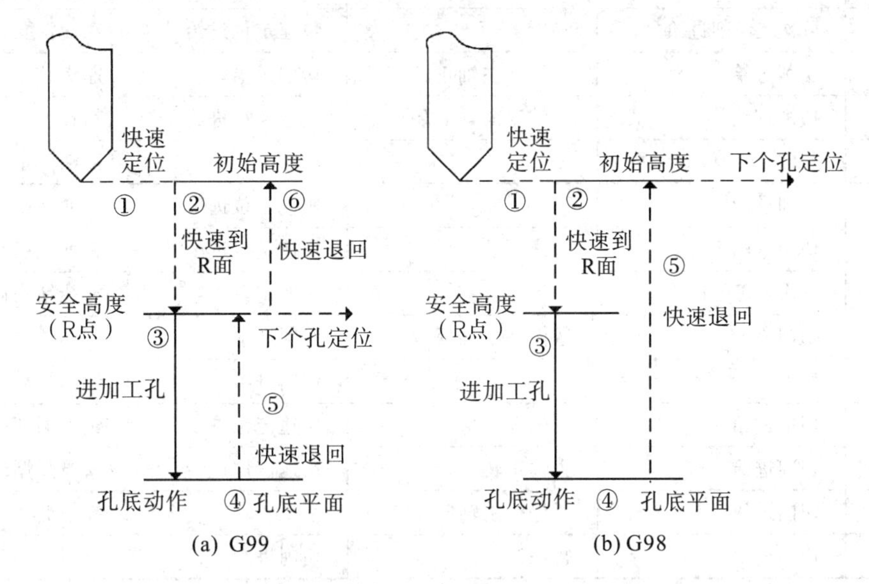

图 3-7-3　孔加工循环动作 G98/G99

一般地，如果被加工的孔在一个平整的平面上，我们可以使用 G99 指令，因为 G99 模态下返回 R 点进行下一个孔的定位，而一般编程中 R 点非常靠近工件表面，这样可以缩短零件加工时间，但如果工件表面有高于被加工孔的凸台或筋时，使用 G99 指令有可能使刀具和工件发生碰撞，这时，就应该使用 G98 指令，使 Z 轴返回初始点后再进行下一个孔的定位，这样就比较安全，G98 为默认模式。参见图 3-7-3(a)、图 3-7-3(b)。

图 3-7-4(a)及(b)示意了 G90/G91 对孔加工固定循环指令的影响。

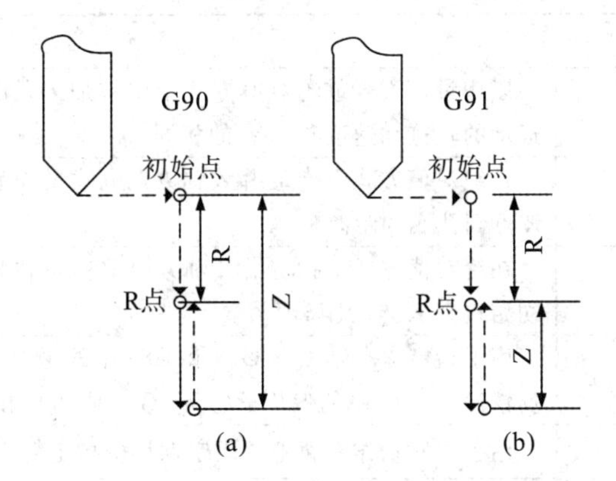

图 3-7-4　G90/G91 对孔加工固定循环指令的影响

二、孔循环指令

孔加工循环指令为模态指令，一旦某个孔加工循环指令有效，在其后的所有(X，Y)位置均采用该孔加工循环指令进行加工，直到用 G80 指令取消孔加工循环指令为止。孔加工循环指令见表 3-7-3。

表 3-7-3　孔加工固定循环指令

G代码	加工运动 (Z轴负向)	孔底动作	返回运动 (Z轴正向)	应用
G73	分次，切削进给	—	快速定位进给	高速深孔钻削
G74	切削进给	暂停→主轴正转	切削进给	左螺纹攻丝
G76	切削进给	主轴定向，让刀	快速定位进给	精镗循环
G80	—	—	—	取消固定循环
G81	切削进给	—	快速定位进给	普通钻削循环
G82	切削进给	暂停	快速定位进给	钻削或粗镗削
G83	分次，切削进给	—	快速定位进给	深孔钻削循环
G84	切削进给	暂停→主轴反转	切削进给	右螺纹攻丝
G85	切削进给	—	切削进给	镗削循环
G86	切削进给	主轴停	快速定位进给	镗削循环
G87	切削进给	主轴正转	快速定位进给	反镗削循环
G88	切削进给	暂停→主轴停	手动	镗削循环
G89	切削进给	暂停	切削进给	镗削循环

固定循环的程序格式如下：

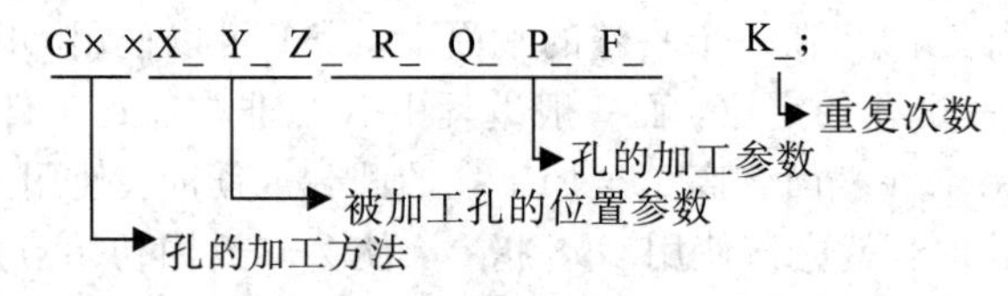

表 3-7-4 说明了各地址指定的加工参数的含义。

表 3-7-4　各地址指定的加工参数含义

孔加工方法 G	含　义
被加工孔位置参数 X、Y	以增量值方式或绝对值方式指定被加工孔的位置，刀具向被加工孔运动的轨迹和速度与 G00 的相同
孔加工参数 Z	在绝对值方式下指定沿 Z 轴方向孔底的位置，增量值方式下指定从 R 点到孔底的距离
孔加工参数 R	在绝对值方式下指定沿 Z 轴方向 R 点的位置，增量值方式下指定从初始点到 R 点的距离
孔加工参数 Q	用于指定深孔钻循环 G73 和 G83 中的每次进刀量，精镗循环 G76 和反镗循环 G87 中的偏移量(无论 G90 或 G91 模态，总是增量值指令)
孔加工参数 P	用于孔底动作有暂停的固定循环中指定暂停时间，单位为秒
孔加工参数 F	用于指定固定循环中的切削进给速率，在固定循环中，从初始点到 R 点及从 R 点到初始点的运动以快速进给的速度进行，从 R 点到 Z 点的运动以 F 指定的切削进给速度进行，而从 Z 点返回 R 点的运动则根据固定循环的不同可能以 F 指定的速率或快速进给速率进行
重复次数 K	指定固定循环在当前定位点的重复次数，如果不指令 K，NC 认为 K=1，如果指令 K0，则固定循环在当前点不执行

1. 高速深孔钻削循环指令 G73

指令格式：

G73 X_ Y_ Z_ R_ Q_ F_ ；

功能：该循环用于深孔加工。

孔加工动作如图 3-7-5 所示，钻头先快速定位至 X、Y 所指定的坐标位置，再快速定位至 R 点，接着以 F 所指定的进给速度向下钻削至 Q 所指定的距离(Q 必须为正值，用增量值表示)，再快速回退 d 距离(d 是 CNC 系统内部参数设定的)。依此方式进刀若干个 Q，最后一次进刀量为剩余量(小于或等于 Q)，到达 Z 所指的孔底位置。G73 指令是在钻孔时间断进给，有利于断屑、排屑，冷却、润滑效果佳。

2. 左螺纹攻丝循环指令 G74(右螺纹攻丝循环 G84)

指令格式：

G74 X_ Y_ Z_ R_ P_ F_

功能：该循环用于左螺纹攻丝循环加工。

孔加工动作如图 3-7-6 所示，与钻孔加工不同的是，攻螺纹结束后的返回过程不是快速运动，而是以进给速度反转退出。攻螺纹过程要求主轴转速与进给速度成严格的比例关系，因此，编程时要求根据主轴转速计算进给速度。该指令执行前，用辅助功能使主轴旋转。

攻螺纹时进给速度计算方法如下：

$$F=SP$$

式中：F 为进给速度，mm/min；S 为主轴转速，r/min；P 为螺纹导程，mm。

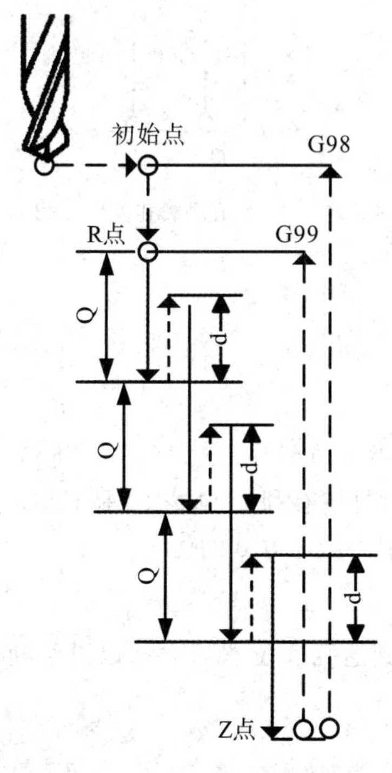

图 3-7-5　高速深孔钻削循环 G73

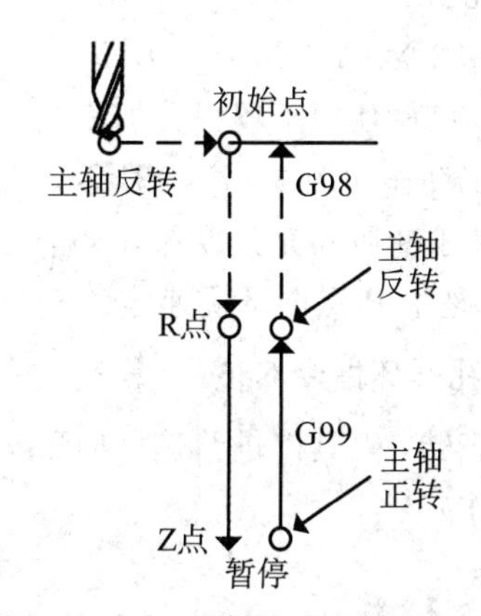

图 3-7-6　左螺纹攻丝循环 G74

3. 钻孔循环指令 G81

指令格式：

G81 X _ Y_ Z_ R_ F_ ；

功能：该循环用作一般的钻孔加工或打中心孔。

孔加工动作如图 3-7-7 所示，钻头先快速定位至 X、Y 所指定的坐标位置，再快速定位至 R 点，接着以 F 所指定的进给速度向下钻削至 Z 所指定的孔底位置，最后快速退刀至 R 点或初始点，完成循环。

4. 钻孔、锪孔循环指令 G82

指令格式：

G82 X_ Y_ Z_ R_ P_ F_；

功能：该循环一般用于锪孔和台阶孔加工。

孔加工动作如图 3-7-8 所示，G82 与 G81 比较唯一不同之处是 G82 在孔底有暂停动作，即当钻头加工到孔底位置时，刀具不做进给运动而保持旋转状态，以提高孔底的精度及孔的光洁度。

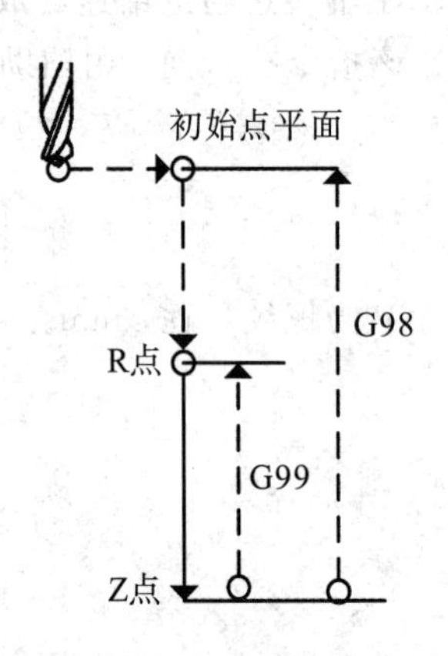

图 3-7-7　钻孔循环 G81

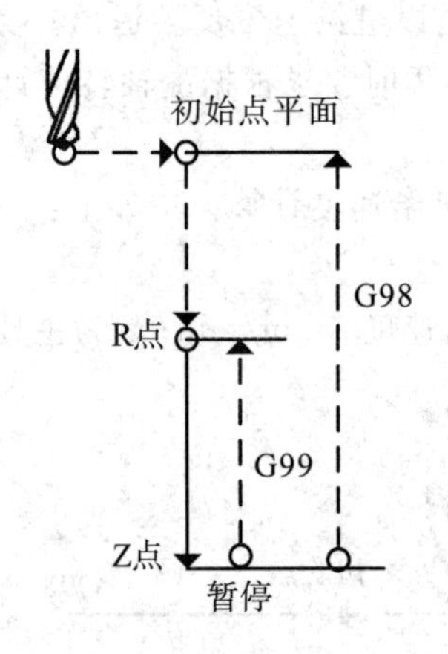

图 3-7-8　钻孔、锪孔循环 G82

5. 啄式深孔钻循环指令 G83

指令格式：

G83 X_ Y_ Z_ R_ Q_ F_ ；

功能：该循环用于较深孔加工。

孔加工动作如图 3-7-9 所示。与 G73 略有不同的是，每次刀具间歇进给后回退至 R 点平面，利于断屑和充分冷却，这样对深孔钻削时排屑有利。其中 d(d 是 CNC 系统内部参数设定的)是指 R 点向下快速定位于距离前一切削深度上方 d 的位置。

6. 镗孔循环指令 G85

主轴正转，刀具以进给速度向下运动镗孔，到达孔底位置后立即以进给速度退出(没有孔底动作)。

格式：

G85 X _ Y_ Z_ R_ F_；

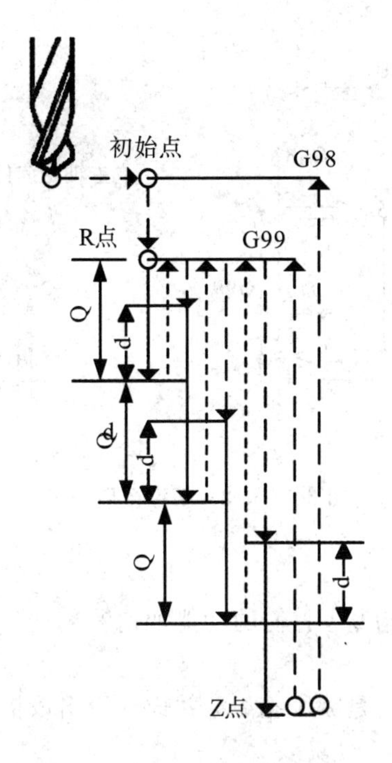

图 3-7-9　啄式深孔钻循环 G83

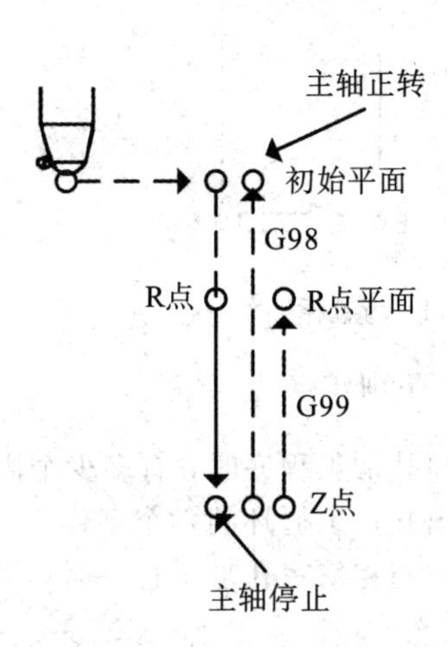

图 3-7-10　镗孔循环 G86

7. 镗孔循环指令 G86

与 G85 的区别是，G86 在到达孔底位置后，主轴停止并快速退出。动作如图 3-7-10。

格式：

G86 X_ Y_ Z_ R_ F_

8. 镗孔循环指令 G89

与 G85 的区别是，G89 在到达孔底位置后，加进给暂停。

格式：

G89 X_ Y_ Z_ R_ F_ P_

9. 背镗循环指令 G87

如图 3-7-11 所示，刀具从 A 点开始运动到起始点 B(X，Y)后，主轴准停，刀具沿刀尖的反方向偏移 Q 值，然后快速运动到孔底位置，接着沿刀尖正方向偏移回 E 点，主轴正转，刀具向上进给运动，到 R 点，再主轴准停，刀具沿刀尖的反方向偏移 Q 值，快退，接着沿刀尖正方向偏移到 B 点，主轴正转，本次加工循环结束，继续执行下一段程序。

格式：

G87 X_Y_ Z_ R_ Q_ F_ P_

说明：Q 为偏移值。

10. 精镗循环指令 G76

如图 3-7-12 所示，与 G85 的区别是，G76 在孔底有四个动作：进给暂停、主轴准停(定向停止)、刀具沿刀尖的反方向偏移 Q 值、快速退出。这样可以保证刀具不划伤孔的表面。

格式：

G76 X_ Y_ Z_ R_ Q_ F_ P_

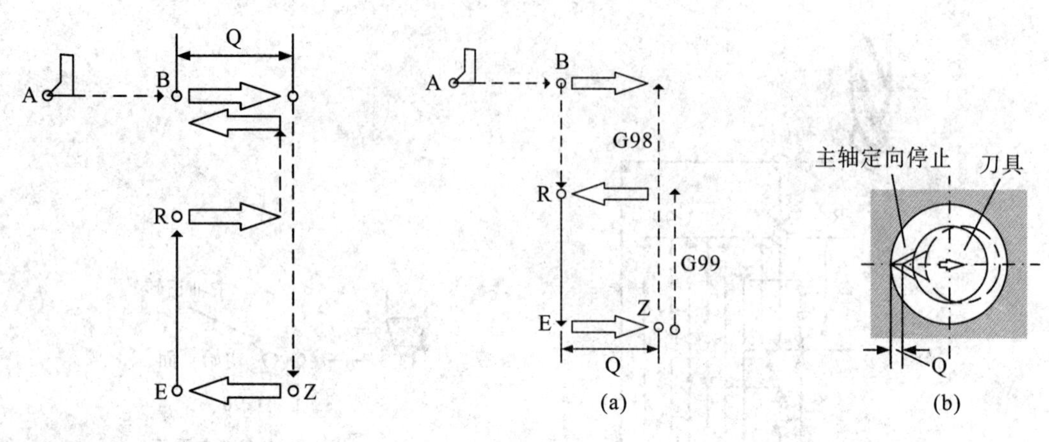

图 3－7－11 背镗循环 G87

图 3－7－12 精镗循环 G76

任务再训练

1. 编写孔加工程序时，有多少个固定循环指令？它们的功能如何？

2. 说出孔加工循环的六个动作。

3. 请说明在编写孔加工程序时，用得最多的是哪个指令，并详细说出该指令所使用的参数含义。

4. 图 3－7－13 所示零件材料为 45＃，技术要求见图。试完成以下任务：

（1）分析零件加工要求及工装要求；

（2）编制工艺卡片；

（3）编制刀具卡片；

（4）编制加工程序。

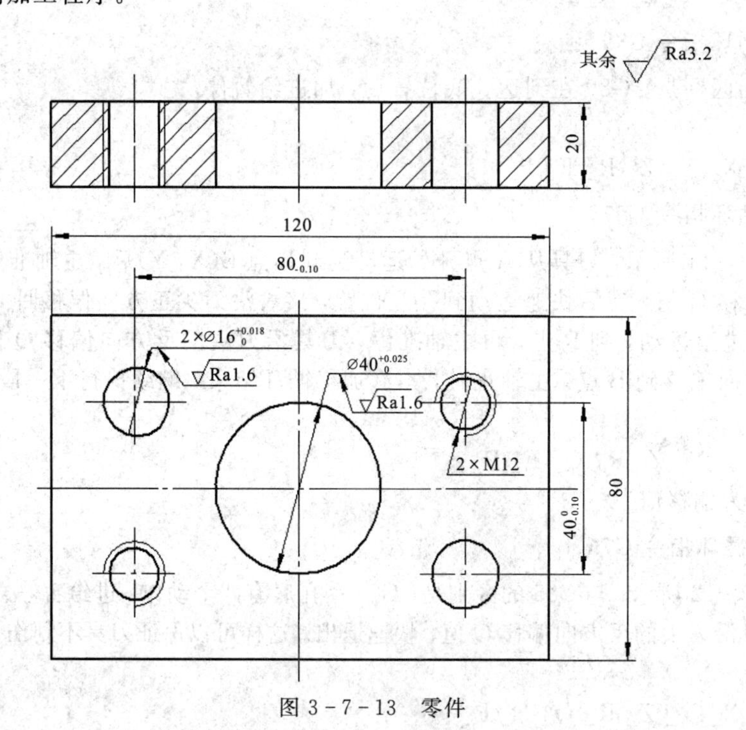

图 3－7－13 零件

任务八　坐标变换与宏程序编程

【任务导入】 你能读懂下面的程序吗？

```
 #2=30
WHILE #2 GT 0;
 G91G01X10;
  #2=#2-3;
ENDW;
G90 G00 z50;
```

【任务要求】

1. 掌握宏程序的基本概念及宏程序运算；
2. 熟悉宏程序的执行流程；
3. 掌握调用宏程序的方法；
4. 会制定非圆曲线轮廓类零件的加工工艺；
5. 掌握坐标变换指令的使用方法。

【任务目标】

加工如图3-8-1所示的凸球面，毛坯为50 mm×50 mm×40 mm，材料为45钢，单件生产。长方块(六面均已加工)，图中是一个凸球面的形状，这需要用宏程序来加工这种曲面类零件。

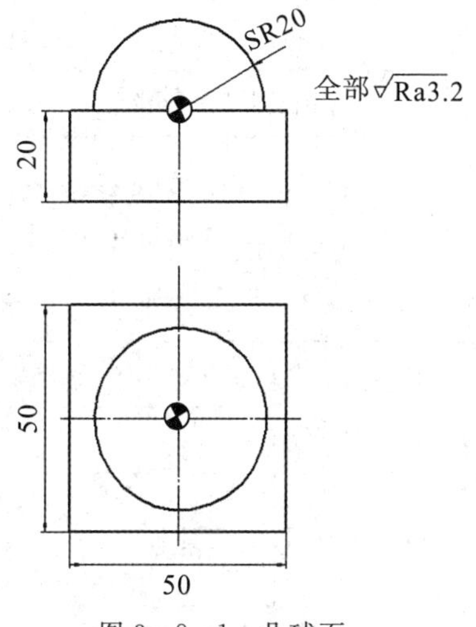

图3-8-1　凸球面

任务实施

一、分析零件图样

图3-8-1所示零件要求加工的只是凸球面及四方底座的上表面，其表面粗糙度为Ra3.25 μm，无其他要求。

二、工艺分析

1. 确定加工方案

根据表面粗糙度R3.2 μm的要求，凸球面的加工方案为粗铣→精铣；四方底座上表面的加工方案为粗铣→精铣。

2. 确定装夹方案

选用平口虎钳装夹，工件上表面高出钳口约24 mm。

3. 确定加工工艺

加工工艺见表3-8-1。

表 3-8-1 数控加工工艺卡

数控加工工艺卡片			产品名称		零件名称	材料		零件图号	
						45 钢			
工序号	程序编号	夹具名称	夹具编号		使用设备		车间		
		虎钳							
工步号	工步内容		刀具号	主轴转速 /(r/min)	进给速度 /(mm/min)	背吃刀量 /mm		侧吃刀量 /mm	备注
1	粗铣圆柱 ϕ41		T01	300	80	10			
2	粗加工凸球面		T01	300	120	2			
3	精加工凸球面及台阶面		T02	1600	200				

4. 确定刀具及切削参数

刀具及切削参数见表 3-8-2。

表 3-8-2 数控加工刀具卡

数控加工刀具卡片		工序号	程序编号		产品名称	零件名称		材料	零件图号	
								45 钢		
序号	刀具号	刀具名称	刀具规格/mm		补偿值/mm		刀补号			备注
			直径	长度	半径	长度	半径		长度	
1	T01	立铣刀(3 齿)	ϕ20	实测		实测				高速钢
2	T02	立铣刀(4 齿)	ϕ20	实测	10	实测	D01			硬质合金

三、参考程序编制

1. 建立工件坐标系

以球面中心为工件坐标系原点，建立工件坐标系。

2. 计算基点坐标

(略)

3. 参考程序

1) 粗加工

凸球面粗加工使用平底立铣刀，自上而下以等高方式逐层去除余量，每层以 G03 方式走刀，相关参数如图 3-8-2 所示。参考程序见表 3-8-3。

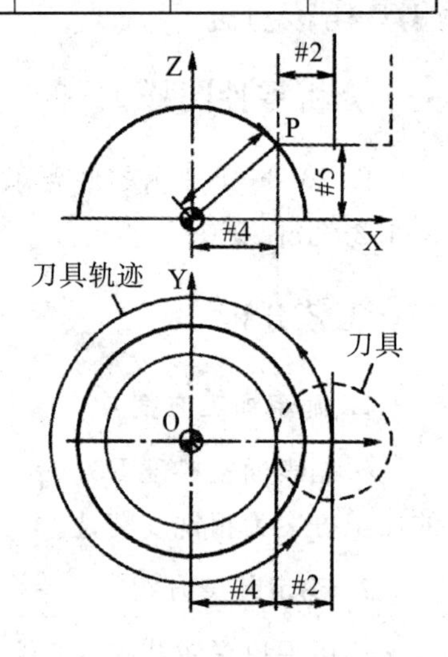

图 3-8-2 凸球面粗加工参数

表 3-8-3　粗加工参考程序

段号	程 序	说 明
	O7003	主程序名
N10	G54 G90 G17 G40 G80 G49 GZI	设置初始状态
N20	M03 S300	启动主轴
N30	G00 X30.5 Y－40	快速进给至粗铣圆柱 ϕ41 下刀位置
N40	Z100	安全高度
N50	Z25 M08	接近工件同时打开冷却液
N60	G01 Z10 F80	下刀至 Z10 mm
N70	Y0	直线切入
N80	G03 I－30.5	粗铣圆柱 ϕ41，深度为 10 mm
N90	G00 Z12	快速提刀
N100	Y－40	快速进给至粗铣圆柱 ϕ41 下刀位置
N110	G01 Z0.5 F80	下刀至 Z0.5 mm
N120	Y0	直线切入
N130	G03 I－30.5	粗铣圆柱 ϕ41，深度为 19.5 mm
N140	G00 Z25	快速提刀
N150	G90 G00 X32 Y0	快进到凸球面粗加工下刀点
N160	G65 P7013 A20 B10 C2 J18	调用子程序 07013
N170	G00 Z100 M09	快速提刀并关闭冷却液
N180	M05	主轴停
N190	M30	程序结束
	自变量赋值说明：#1＝A，凸球面半径；#2＝B，立铣刀半径；#3＝C，Z 坐标每次递减量(Z 向层间距)；#5＝J，凸球面上点 P 的 Z 坐标；	
	子程序	
段号	程 序	说 明
	O7013	子程序名
N10	WHILE[#5 GT 0] D0 1	如果#5 大于 0，循环 1 继续
N20	#4＝SQRT[#1 * #1－#5 * #5]	凸球面上点 P 的 X 坐标
N30	G0l Z #5 F80	Z 向下刀
N40	G01 X[#4＋#2＋0.3] F120	法向切入，留 0.3 mm 精加工余量
N50	G02 I－[#4＋#2＋0.3]	整圆加工
N60	G91 G00 Z2	相对提刀 2 mm
N70	G90 G00 X32 Y0	快进到下刀点
N80	#5＝#5－#3	Z 坐标#5 每次递减#3
N90	END1	循环 1 结束
N100	M99	子程序结束返回

2）精加工

凸球面精加工使用平底立铣刀，自下而上以等角度水平环绕方式逐层去除余量，每层以G02方式走刀，相关参数如图3-8-3所示。参考程序见表3-8-4。

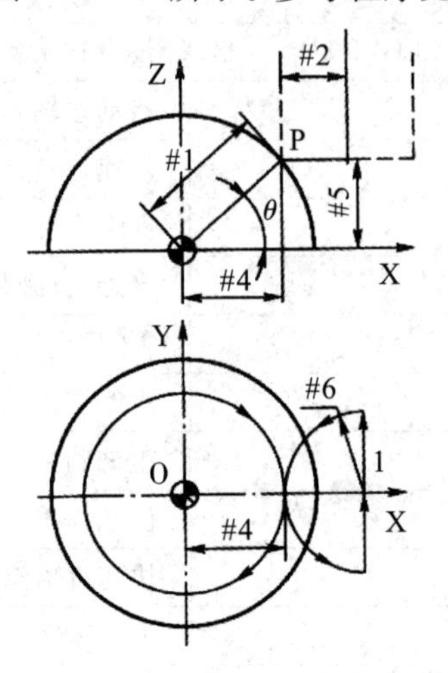

图3-8-3 凸球面精加工

表3-8-4 精加工参考程序

主程序		
段号	程 序	说 明
	O7005	主程序名
N10	G54 G90 G17 G40 G80 G49 G21	设置初始状态
N20	M03 S1600	启动主轴
N30	G00 Z100	安全高度
N40	G00 Z5 M08	接近工件同时打开冷却液
N50	G65 P9014 A20 B10 C1 K12 D0	调用子程序O7014
N60	G00 Z100 M09	快速提刀并关闭冷却液
N70	M05	主轴停
N80	M30	程序结束
	自变量赋值说明： ＃1＝A，凸球面半径；＃2＝B，立铣刀半径； ＃3＝C，角度每次递增量；＃6＝K，圆弧进刀半径； ＃7＝D，角度设为自变量，赋初始值；	
	子程序	
段号	程 序	说 明
	O7014	子程序名
N10	WHILE[＃7 LT 90] DO 1	如果＃7小于90，循环1继续
N20	＃4＝＃1＊COS[＃7]	凸球面上点P的X坐标
N30	＃5＝＃1 ＊ SIN[＃7]	凸球面上点P的Z坐标

续表

子程序		
段号	程序	说明
N40	G00 X[＃4＋＃6] Y0	快进到1点
N50	G01 Z＃5 F80	Z向下刀
N60	G41 G01 Y＃6 D01 F200	走直线，建立刀具半径补偿
N70	G03 X＃4 Y0 R＃6	圆弧切向切入
N80	G02 I－＃4	整圆加工
N90	G03 X[＃4＋＃6] Y－＃6　R＃6	圆弧切向切出
N100	G40 G01 Y0	走直线，取消刀具半径补偿
N110	＃7＝＃7＋＃3	角度＃7每次递增＃3
N120	G00 Z[＃5＋1]	相对当前高度快速提刀1 mm
N130	END1	循环1结束
N140	M99	子程序结束返回

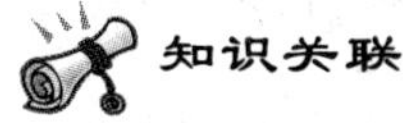

一、宏程序的概念

什么是数控加工宏程序？在数控系统中存储的带有变量并能实现某种功能的一组子程序，称为用户宏程序，简称宏程序。调用宏程序的指令称为用户宏程序指令，简称宏指令。用户宏程序的实质与应用都与子程序相似。在主程序中，只要编入相应的调用指令就能实现调用宏程序进行零件加工的功能。

宏程序与普通程序相比较而言，普通程序的程序字为常量，一个程序只能描述一个几何形状，所以缺乏灵活性和适用性；而在用户宏程序中，可以使用变量进行编程，还可以用宏指令对这些变量进行赋值、运算等处理。通过使用宏程序能执行一些有规律的变化加工(如非圆二次曲线轮廓)的动作。

宏程序具有如下些特点：

(1) 使用了变量或表达式(计算能力)，例如：

① G01 X[4＋5]；　　　　有表达式4＋5

② G00 X4 F[＃2]；　　　有变量＃2

③ G01 Y[60＊SIN[3]]；　有函数运算

(2) 使用了程序流程控制(决策能力)，例如：

① IF ＃3 GE 9；　　　　　有选择执行命令

…

ENDIF

② WHILE ＃1 LT ＃4＊5；有条件循环命令

…

ENDW

二、用宏程序编程的优点

（1）宏程序引入了变量和表达式，还有函数功能，具有实时动态计算能力，可以加工非圆曲线，如抛物线、椭圆、双曲线、三角函数曲线等；

（2）宏程序可以完成图形一样、尺寸不同的系列零件加工；

（3）宏程序可以完成工艺路径一样、位置不同的系列零件加工；

（4）宏程序具有一定的决策能力，能根据条件选择性地执行某些部分；

（5）使用宏程序能极大地简化编程、精简程序，适合于复杂零件加工的编程。

三、宏变量及宏常量

1. 宏变量的形式

先看一段简单的程序：

```
G00 X25.0
```

上面的程序在X轴作一个快速定位，其中数据25.0是固定的，引入变量后可以写成：

```
#1=25.0;              #1是一个变量
G00 X[#1];            #1就是一个变量
```

宏程序中，用“#”号后面紧跟1～4位数字表示一个变量，如#1、#50、#101……变量可以用来代替程序中的数据，如尺寸、刀补号、G指令编号等，变量的使用，给程序的设计带来了极大的灵活性。

使用变量前，变量必须带有正确的值，如

```
#1=25;
G01 X[#1];            表示G01 X25
#1=-10;               运行过程中可以随时改变#1的值
G01 X[#1];            表示G01 X-10
```

用变量不仅可以表示坐标，还可以表示G、M、F、D、H、M、X、Y……各种代码后的数字。如：

```
#2=3;
G[#2] X30;            表示G03 X30
```

举例：使用了变量的宏子程序。

```
O1000
#50=20;               先给变量赋值
M98 P1001;            然后调用子程序
#50=350;              重新赋值
M98 P1001;            再调用子程序
M30
O1001
```

G91 G01 X[＃50]；　　同样一段程序，＃50 的值不同，X 移动的距离就不同
M99；

2. 变量的引用

在地址符后的数值可以用变量置换。例如，若写成 F＃12，则当＃12＝200 时，与 F200 相同；再如，Z－＃15，当＃15＝4 时，与 Z－4 指令相同。

3. 变量的种类

1)空变量

尚未被定义的变量称为空变量。变量＃0 经常被用作空变量使用。空变量不能被赋值。

2) 局部变量

编号＃0～＃33 的变量是局部变量。局部变量的作用范围是当前程序(在同一个程序号内)。如果在主程序或不同子程序里出现了相同名称(编号)的变量，它们不会相互干扰，值也可以不同。

举例：

```
O100
N10 ＃3＝30；          主程序中＃3 为 30
M98 P101；             进入子程序后＃3 不受影响
＃4＝＃3；             ＃3 仍为 30，所以＃4＝30
M30；
O101
＃4＝＃3；             这里的＃3 不是主程序中的＃3，所以＃3=0(没定义)，则：＃4=0
＃3＝18；              这里使＃3 的值为 18，不会影响主程序中的＃3
M99；
```

3) 公共变量(全局变量)

编号＃100～＃199、＃500～＃999 为公共变量，公共变量在不同的宏程序中意义相同。当断电时，变量＃100～＃199 被初始化为空，而变量＃500～＃999 的数据不会丢失。

全局变量的作用范围是整个零件程序。不管是主程序还是子程序，只要名称(编号)相同就是同一个变量，带有相同的值，在某个地方修改它的值，所有其他地方都受影响。

举例：

```
O100
N10 ＃100＝30；        先使＃100 为 30
M98 P101；             进入子程序
＃4＝＃100；           ＃100 变为 18，所以＃4＝18
M30；
O101
＃4＝＃100；           ＃100 的值在子程序里也有效，所以＃4＝30
```

```
#100=18;            这里使#100=18，然后返回
M99;
```

什么时候用全局变量？什么时候用局部变量？在一般情况下，你应优先考虑选用局部变量。局部变量在不同的子程序里，可以重复使用，不会互相干扰。如果一个数据在主程序和子程序里都要用到，就要考虑用全局变量。用全局变量来保存数据，可以在不同子程序间传递、共享以及反复利用。

4）系统变量

#1000以上的变量是系统变量。系统变量是具有特殊意义的变量，它们是数控系统内部定义好了的，不可以改变它们的用途。系统变量是全局变量，使用时可以直接调用。#0～#100是可读写的，#1000以上的变量是只读的，不能直接修改。有时候需要判断系统的某个状态，以便程序作相应的处理，就要用到系统变量。

4. 变量的赋值

变量的赋值有地址赋值和直接赋值两种方法。

（1）地址赋值。宏程序是以子程序方式出现的，所用的变量可在宏程序调用时由主程序通过G65指令进行地址赋值。

举例：

```
G65  P102  X120.  Y30.  Z25.  F200.;
```

经赋值后#24=120，#25=30，#26=25，#9=200；

该处的X、Y、Z不代表坐标字，F也不代表进给字，而是对应于宏程序中的变量地址号，变量的具体数值由地址后的数值决定。在地址赋值方式下，宏程序中的变量号与其地址的对应关系如表3-8-5所示。此外，G、L、N、O、P不能作为地址进行变量赋值。

表3-8-5 常用的地址和变量号的对应关系

地址（自变量）	变量号	地址（自变量）	变量号	地址（自变量）	变量号
A	#1	I	#4	T	#20
B	#2	J	#5	U	#21
C	#3	K	#6	V	#22
D	#7	M	#13	W	#23
E	#8	Q	#17	X	#24
F	#9	R	#18	Y	#25
H	#11	S	#19	Z	#26

（2）直接赋值。变量可以在操作面板上用“MIDI”方式直接赋值，也可在程序中以等式方式赋值，但等号左边不能用表达式。B类宏程序的赋值为带小数点的值。在实际编程中，大多采用在程序中以等式方式赋值的方法。

举例：

```
N20 #100=40.;
```

N30 ＃100＝＃100＋15.；

N40　G01　X＃100；

执行 N40 程序段时，刀具将直线插补加工至 X55 坐标点处。

5. 常量

PI 表示圆周率，TRUE 为条件成立(真)，FALSE 为条件不成立(假)。

四、运算符与表达式

1. 算术运算符

算术运算符有加(＋)、减(－)、乘(＊)、除(/)。

2. 条件运算符

条件运算符见表 3－8－6。

表 3－8－6　条件运算符

宏程序运算符	EQ	NE	GT	GE	LT	LE
数学意义	＝	≠	＞	≥	＜	≤

条件运算符用在程序流程控制 IF 和 WHILE 的条件表达式中，作为判断两个表达式大小关系的连接符。

注意： 宏程序条件运算符与计算机编程语言的条件运算符表达习惯不同。

3. 逻辑运算符

在 IF 或 WHILE 语句中，如果有多个条件，用逻辑运算符来连接多个条件。

AND (且)：多个条件同时成立才成立；

OR　(或)：多个条件只要有一个成立即可；

NOT (非)：取反(如果不是)。

举例：

＃1 LT 50 AND ＃1 GT 20　　　表示：[＃1＜50]且[＃1＞20]；

＃3 EQ 8 OR ＃4 LE 10　　　表示：[＃3＝8]或者[＃4≤10]；

有多个逻辑运算符时，可以用方括号来表示结合顺序，如：

NOT[＃1 LT 50 AND ＃1GT 20]　表示：如果不是“＃1＜50 且 ＃1＞20”。

更复杂的例子，如：

[＃1 LT 50]　AND　[＃2GT 20 OR ＃3 EQ 8]　AND　[＃4 LE 10]。

4. 函数

正弦：SIN[a]；余弦：COS[a]；正切：TAN[a]。

反正切：ATAN[a]　(返回：度，范围：－90～＋90)；

　　　　ATAN2[a]/[b]　(返回：度，范围：－180～＋180)。

注：a 为角度，单位是“度”。

绝对值：ABS[a]，表示|a|。

取整：INT[a]，采用去尾取整，非“四舍五入”。

取符号：SIGN[a]，a 为正数返回 1，0 返回 0，负数返回−1。

开平方：SQRT[a]，表示 e^a。

指数：EXP[a]，表示 e^a。

5. 表达式与括号

包含运算符或函数的算式就是表达式。表达式里用方括号来表示运算顺序。宏程序中不用圆括号，因圆括号是注释符。

例如：

175/SQRT[2] * COS[55 * PI/180]

#3 * 6 GT 14

6. 运算符的优先级

方括号 → 函数 → 乘除 → 加减 → 条件 → 逻辑

技巧：常用方括号来控制运算顺序，以便更容易阅读和理解。

7. 赋值号＝

把常数或表达式的值送给一个宏变量称为赋值，格式如下：

宏变量 ＝ 常数或表达式

例如：

#2 ＝ 175/SQRT[2] * COS[55 * PI/180]

#3 ＝ 124.0

#50 ＝ #3＋12

特别注意，赋值号后面的表达式里可以包含变量自身，如：

#1 ＝ #1＋4；

此式表示把#1 的值与 4 相加，结果赋给#1。这不是数学中的方程或等式，如果#1 的值是 2，执行#1 ＝ #1＋4 后，#1 的值变为 6。

五、B 类宏程序的控制结构

程序流程控制形式有许多种，都是通过判断某个“条件”是否成立来决定程序走向的。所谓“条件”，通常是对变量或变量表达式的值进行大小判断的式子，称为“条件表达式”。

B 类宏程序的控制结构包括分支结构、循环结构、顺序结构等常用类型。下面就常用控制结构加以介绍。

1. 无条件转移 GOTO

格式：

GOT( ) n；　　n 为顺序号(1～9999)

例如：

GOTO 20；

……　　　　　语句组

N20　G00　X35　Y60；

执行 GOTO 20 语句时，转去执行 N20 的程序段。

2. 条件分支 IF

需要选择性地执行程序，就要用 IF 命令。

格式 1：(条件成立则执行)

IF 条件表达式

条件成立执行的语句组

ENDIF

功能：条件成立执行 IF 与 ENDIF 之间的程序，不成立就跳过。其中 IF、ENDIF 称为关键词，不区分大小写。IF 为开始标识，ENDIF 为结束标识。IF 语句的执行流程如图 3-8-4(a)所示。

举例：

```
IF ＃1 EQ 10                ；如果＃1＝10
 M99                        ；成立则，执行此句(子程序返回)
ENDIF                       ；条件不成立，跳到此句后面
```

举例：

```
IF  ＃1 LT 10 AND ＃1 GT 0  ；如果＃1＜10 且 ＃1＞0
G01 x20                     ；成立则执行
Y15
ENDIF                       ；条件不成立，跳到此句后面
```

格式 2：(二选一，选择执行)

形式：

IF 条件表达式

条件成立执行的语句组

ELSE

条件不成立执行的语句组

ENDIF

举例：

```
IF ＃51 LT 20
G91G01 X10F250
ELSE
G91G01X35F200
ENDIF
```

功能：条件成立执行 IF 与 ELSE 之间的程序，不成立就执行 ELSE 与 ENDIF 之间的程序。IF 语句的执行流程如图 3-8-4(b)所示。

3. 条件循环 WHILE

格式：

　　WHILE 条件表达式

　　条件成立循环执行的语句

　　ENDW

功能：条件成立执行 WHILE 与 ENDW 之间的程序，然后返回到 WHILE 再次判断条件，直到条件不成立才跳到 ENDW 后面。WHILE 语句的执行流程如图 3－8－4(c)所示。

举例：

```
#2=30
WHILE #2 GT 0          ；如果#2>0
 G91G01X10             ；成立就执行
  #2=#2-3              ；修改变量
ENDW                   ；返回
G90 G00 z50            ；不成立跳到这里执行
```

WHILE 中必须有“修改条件变量”的语句，使得其循环若干次后，条件变为“不成立”而退出循环，不然就成为死循环。

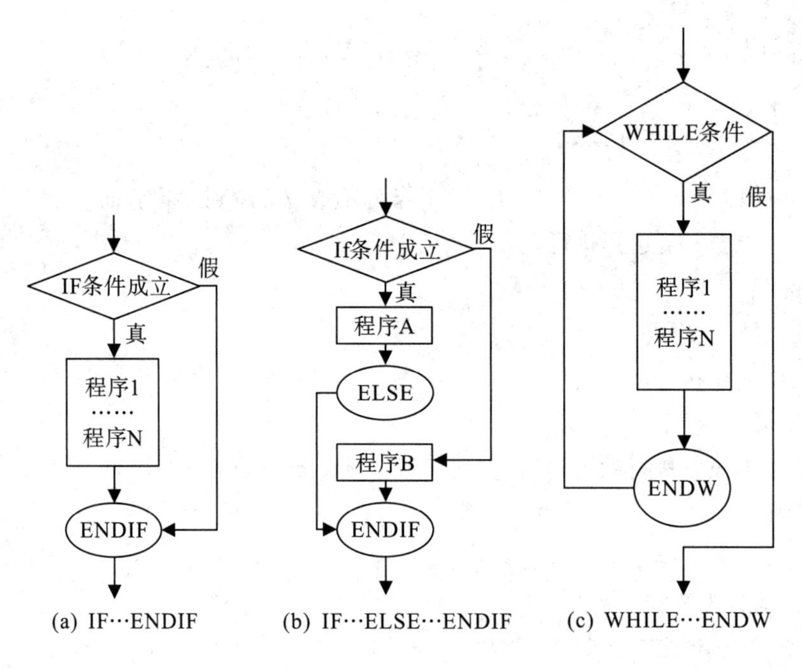

图 3－8－4　流程控制

六、子程序及参数传递

1. 普通子程序

普通子程序指没有宏的子程序，程序中各种加工的数据是固定的，子程序编好后，子程序的工作流程就固定了，程序内部的数据不能在调用时“动态”地改变，只能通过“镜像”、“旋转”、“缩放”、“平移”来有限地改变子程序的用途。

举例：

```
O4001
G01 X80 F100
M99
```

子程序中数据固定，普通子程序的效能有限。

2. 宏子程序

宏子程序可以包含变量，不但可以反复调用简化代码，而且通过改变变量的值就能实现加工数据的灵活变化或改变程序的流程，实现复杂的加工过程处理。

举例：

```
O4002
G01 Z[#1] F[#10]；Z坐标是变量；进给速度也是变量，可适应粗、精加工。
M99
```

举例： 对圆弧往复切削时，指令G02、G03交替使用。参数#31改变程序流程，自动选择。

```
O4003
IF #31 GE 1；
G02 X[#30] R[#30]；          条件满足执行G02
ELSE；
G03 X[-#30] R[#40]；         条件不满足执行G03
ENDIF；
#31=#31*[-1]；               改变条件，为下次做准备
M99；
```

子程序中的变量，如果不是在子程序内部赋值的，则在调用时，就必须给变量一个值。这就是参数传递问题，变量类型不同，传递值的方法也不同。

3. 全局变量传参数

如果子程序中用的变量是全局变量，调用子程序前，先给变量赋值，再调用子程序。

举例：

```
O400
#101=40；                    #101为全局变量，给它赋值
M98 P401；                   进入子程序后#101的值是40
#101=25；                    第二次给它赋值
M98 P401；                   再次调用子程序，进入子程序后#101的值是25
M30；
O401                         子程序
```

```
G91G01X[#101]F150;          #101的值由主程序决定
M99;
```

4. 局部变量传参数

问题：

```
O400
N1   #1=40;                 为局部变量#1赋值
N2   M98 P401;              进入子程序后#1的值是40吗?
M30;
O401
N4   G91G01X[#1];           子程序中用的是局部变量#1
M99
```

结论：主程序中N1行的#1与子程序中N4行的#1不是同一个变量，子程序不会接收到40这个值。怎么办呢?

局部变量的参数传递，是用在宏调用指令后面添加参数的方法来传递的。上面的程序中，把N1行去掉，把N2行改成如下形式即可：

```
N2   M98 P401 A40;
```

比较一下，可知多了个A40，其中A代表#1，紧跟的数字40代表#1的值是40。这样就把参数40传给了子程序O401中的#1(见表3-8-4)。

七、宏程序的调用与返回

宏程序的调用包括非模态调用G65，模态调用G66、G67，G代码调用，M代码调用，T代码调用等很多方法。下面仅介绍应用广泛的G65宏程序非模态调用的方法。

1. 主程序中的调用格式

G65非模态调用是指在主程序中，宏程序可以被单个程序段单次调用。调用指令格式如下：

G65 P(宏程序号) L，(重复次数)(变量分配)

其中，G65为宏程序调用指令；P(宏程序号)为被调用的宏程序代号；L(重复次数)为宏程序重复运行的次数，重复次数为1时可省略不写；(变量分配)为宏程序中使用的变量进行地址赋值。

宏程序与子程序相同的一点是，一个宏程序可被另一个宏程序调用，最多嵌套4层。

2. 宏程序的开始与返回

宏程序的编写格式与子程序相同，其格式为：

```
O0101;((O001～8999为宏程序号)    宏程序名
N××  …
  ⋮                              宏程序体
N××  M99                         宏程序结束
```

八、宏程序编写应用

试编制如图 3-8-5 所示零件的宏程序加工椭圆轮廓。

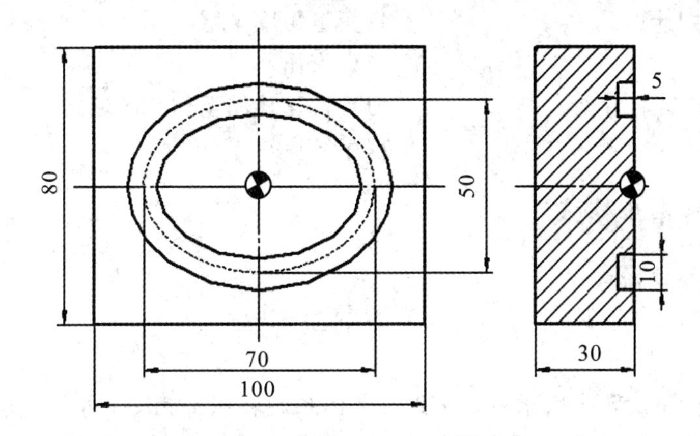

图 3-8-5　椭圆轮廓的宏程序加工应用

1. 确定椭圆的参数方程

如图 3-8-6 所示，椭圆的参数方程为

$$Xi = a \times \cos\phi$$

$$Yi = b \times \sin\phi$$

式中：a 为长半轴；b 为短半轴；ϕ 为角度参数；a＞b＞0；ϕ 是椭圆加工的自变量，当 ϕ 从 0°～360°递增时，Xi、Yi 的坐标值相应变化。本例凹槽宽度 10 mm，选用 ϕ10 的键槽铣刀直接在工件表面下刀至 Z－5 加工平面，用刀心运动轨迹直接编制椭圆宏程序。根据图纸标注尺寸，可知刀心运动的椭圆长半轴为 35 mm，短半轴为 25 mm。将工件坐标系原点设在椭圆中心上表面。设定 ϕ 的增量角度为 0.5°。为了确保椭圆凹槽轮廓完整，将最后判断条件设计为大于 370°后结束加工。

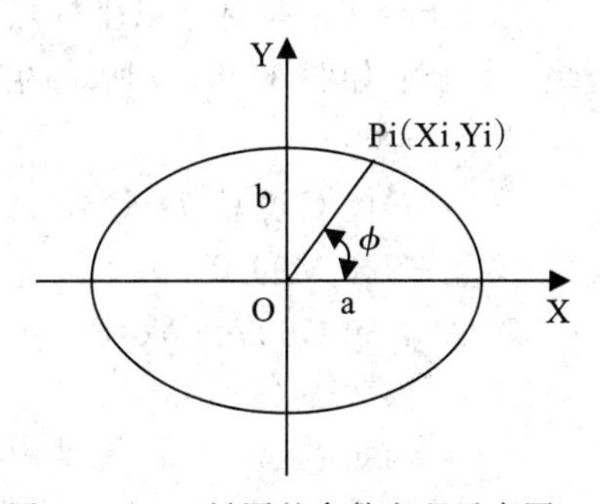

图 3-8-6　椭圆的参数方程示意图

2. 编写宏加工程序

本例椭圆凹槽的宏加工程序如下：

程序	说明
O106	程序名
G54　G49 M03　S800；	建立工件加工坐标系，主轴正转，程序头初始化
G00 Z30.；	快速抬刀至初始平面，确保程序的通用性
G00 X35.　Y0.；	刀具快速移动至下刀点上方
G00　Z5.；	刀具快速下刀至安全平面
G01　Z－5.；	键槽刀直接在工件表面下刀至加工深度
＃1＝0；	自变量角度 ϕ 初始设定为 0°开始
WHILE[＃1 LE370] DO 1；	设定宏程序循环的判断条件，角度小于等于 370°时一直运行宏程序

```
#24 =30. * COS[#1];          第 i 点的 X 坐标
#25 =20. * SIN[#1];          第 i 点的 Y 坐标
G01  X#24  Y#25  F200;       直线插补加工至 Xi，Yi
#1=#1+0.5;                   自变量角度小增量 0.5°
END1;                        结束宏循环
G00  Z30.;                   刀具快速移动至加工区域之外
M30;                         程序结束
```

九、坐标系旋转指令格式

坐标系旋转指令格式如下：

```
G17 G68X_ Y_ R_;
G69;
```

其中，G68 为坐标系旋转生效指令；G69 为坐标系旋转取消指令；X_ Y_用于指定坐标系旋转的中心；R 用于指定坐标系旋转的角度，该角度一般取 0°～360°的正值。旋转角度的零度方向为第一坐标轴的正方向，逆时针方向为角度方向的正方向。不足 1°的角度以小数点表示，如 10°54′用 10.9°表示。

举例：

```
G68 X30.0  Y50.0  R45.
```

该指令表示坐标系以坐标点(30，50)作为旋转中心，逆时针旋转 45°。

举例：如图 3-8-7 所示的旋转变换功能程序。

```
O000                    主程序
N10 G90 G17 M03;
N20 M98 P100;           加工
N30 G68 X0 Y0 P45;      旋转 45°
N40 M98 P100;           加工②
N50 G69;                取消旋转
N60 G68 X0 Y0 P90;      旋转则 90°
M70 M98 P100;           加工③
N80 G69 M05 M30;        取消旋转
O100                    子程序(①的加工程序)
N100 G90 G01 X20 Y0 F100;
N110 G02 X30 Y0 15;
N120 G03 X40 Y0 15;
N130 X20 Y0-10;
N140 G00 X0 Y0;
N150 M99;
```

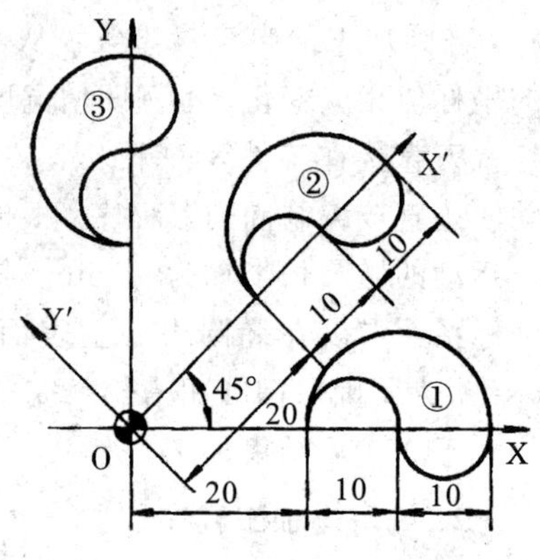

图 3-8-7 旋转变换功能

坐标系旋转编程说明：

(1) 在坐标系旋转取消指令(G69)以后的第一个移动指令必须用绝对值指定。如果采用增量值指令，则不执行正确的移动。

(2) CNC 数据处理的顺序是：① 程序镜像；② 比例缩放；③ 坐标系旋转；④ 刀具半径补偿 C 方式。在指定这些指令时，应按顺序指定：取消时，应按相反顺序取消。在旋转方式或比例缩放方式中不能指定镜像指令，但在镜像指令中可以指定比例缩放指令或坐标系旋转指令。

(3) 在指定平面内执行镜像指令时，如果在镜像指令中有坐标系旋转指令，则坐标系旋转方向相反，即顺时针变成逆时针，相应地，逆时针变成顺时针。

(4) 如果坐标系旋转指令前有比例缩放指令，则坐标系旋转中心也被缩放，但旋转角度不被比例缩放。

(5) 在坐标系旋转方式中，返回参考点指令(G27、G28、G29、G30)和改变坐标系指令(G54～G59，G92)不能指定。如果要指定其中的某一个，则必须在取消坐标系旋转指令后指定。

十、坐标变换加工实例

零件如图 3-8-8 所示，前面工序已把表面及侧面加工到零件尺寸，现要求加工三个深为 4 mm 的槽，试编写零件的加工工艺，编制加工程序。

1. 工艺分析与工艺设计

(1) 选择刀具。根据工件加工尺寸、结构及材料，考虑腰形槽轮廓加工中需垂直下刀切削，同时内圆弧最小半径为 8 mm，故选择 $\phi12$ 的普通高速钢键槽铣刀；采用面铣刀铣削平面。

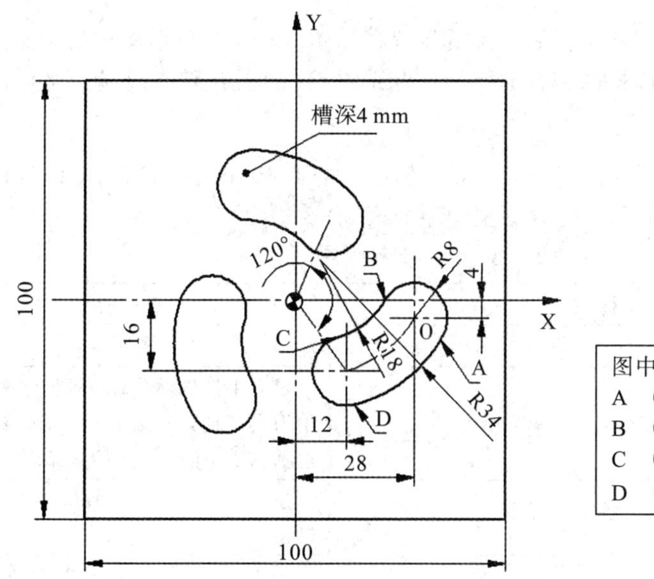

图中ABCD四点坐标为：
A (34.892, -8.062)
B (21.108, 0)
C (10.031, -8.246)
D (13.969, -23.754)

图 3-8-8　腰形槽零件

(2) 加工工艺方案。操作步骤如下：

① 采用 $\phi80$ 面铣刀铣平面；

② 采用 $\phi12$ 键槽铣刀粗、精铣削腰形槽轮廓。

(3) 加工工艺路线。表面采用 $\phi80$ 面铣刀往复循环路径切削。腰形槽轮廓分粗、精加工，一次垂直下刀 2 mm 切削深度。选择刀具沿轮廓以圆弧轨迹切向切入和切出，以顺铣加工路线对沟槽轮廓进行切削。调用子程序对相同沟槽结构进行加工。通过改变刀具半径补偿值来去除加工余量。

加工路线的基点如图 3-8-8 所示，腰形槽轮廓参考加工工艺路线为刀具从工件起刀点位置开始下刀，刀具以圆弧切向切入到 A 点，依次经过 A→B→C→D，刀具再以圆弧切向切出到起刀点，快速抬刀到安全高度。起刀点位置可以设置在腰形槽圆弧轮廓圆心点上，然后以小于该圆弧半径的内切圆弧光滑过渡到切入点，切出时以相同圆弧从切出点光滑切出。

(4) 选择切削用量。工件材料为硬铝，硬度较低，切削力较小。主轴转速选择 600～800 r/min，粗加工及去除余量时选较小值，精加工时选较大值。刀具直径较小，进给速度应选较小值。轮廓深 2 mm，一次下刀到深度。

数控铣削加工工艺卡片如表 3-8-7 所示。

表 3-8-7 数控铣削加工工艺卡片

产品名称	零件名称	工序名称	工序号	程序编号	毛坯材料	使用设备	夹具名称
	沟槽零件	数控铣				数控铣床	平口钳
工步号	工步内容	刀具			主轴转速/(r/min)	进给速度/(mm/min)	切削深度/mm
		类型	材料	规格			
1	铣上表面	面铣刀	硬质合金	$\phi80$	700	100	1.0
2	粗铣腰形槽	键槽铣刀	高速钢	$\phi12$	600	150	2
3	精铣腰形槽	键槽铣刀	高速钢	$\phi12$	1000	100	0.5

2. 编制程序

(1) 确定编程原点。该工件编程原点位置设置在如图 3-8-8 所示图中的中心点。

(2) 基点坐标计算。以选择的编程原点为坐标系原点，计算出该工件基点坐标。

3. 编写程序

(1) 腰形槽主程序。程序名为 O0001。粗、精加工共用一个程序，修改 S、F 和 D01，粗加工时 D01=6.5，精加工时 D01=6.0。主程序如表 3-8-8。

表 3-8-8 参考程序

段号	程 序	说 明
	O0001	程 序 名
N10	G54 G90 G40 G17 G21 G94 G69	建立工件坐标系，绝对坐标编程，取消刀具补偿，公制坐标，每分钟进给，选择 XY 平面，取消固定循环
N20	M03 S1000 T02	主轴正转，1000 r/min，T02 号 $\phi12$ 键槽铣刀
N30	G00 Z50	刀具从当前点快速移动到工件上方50 mm 处
N40	X0 Y0	刀具快速定位到下刀点上方
N50	Z10	快速定位到工件上方 10 mm 处
N60	M98 P0002	调用子程序加工
N70	G68 X0 Y0 8120	坐标系绕当前原点逆时针旋转 120°
N80	M98 P0002	调用子程序加工
N90	G69	取消坐标系旋转
N100	G68 X0 Y0 R240	坐标系绕当前原点逆时针旋转 240°

续表

段号	程 序	说 明
N110	M98 P0002	调用子程序加工
N120	G69	取消坐标系旋转
N130	G00 Z50	快速抬刀
N140	M30	程序结束

(2) 腰形槽加工子程序，程序名 O0002，见表 3-8-9。

表 3-8-9　参考程序

段号	程 序	说 明
	O0002	程 序 名
N10	X28 Y−4	刀具快速定位到下刀点上方
N20	G01 Z−4 F100	下刀到切削深度，进给速度 100 mm/min
N30	G41 X34.892 Y−8.062 D01	建立刀具半径左补偿，粗加工：D01=6.5；精加工：D01=6.0，进给至 A 点
N40	G03 X21.108 Y0 R8	圆弧逆时针插补加工进给至 B 点
N50	G02 X10.031 Y−8.246 R18	圆弧顺时针插补加工进给至 C 点
N60	G03 X13.969 Y−23.754 R8	圆弧逆时针插补加工进给至 D 点
N70	G03 X34.892 Y−8.062 R34	圆弧逆时针插补加工进给至 A 点
N80	G03 X21.108 Y0 R8	圆弧逆时针插补加工进给至 B 点
N90	G40 G01X28 Y−4	取消刀具半径补偿，返回下刀点
N100	G00 Z20	快速抬刀到工件上方 20 mm 处
N110	M99	子程序结束

任务再训练

1. 通过本次任务的学习，请编写图 3-8-9 所示椭圆凸台的加工程序。

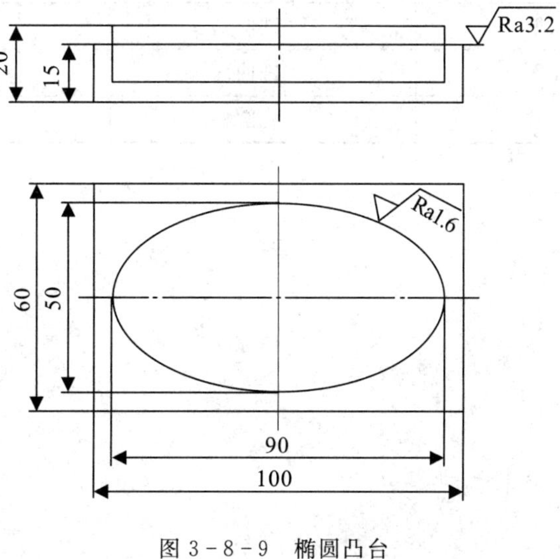

图 3-8-9　椭圆凸台

2. 请仔细阅读图 3-8-10 所示零件，这是一个有曲面的零件，根据下面的提示完成该零件的加工工艺和程序编写。

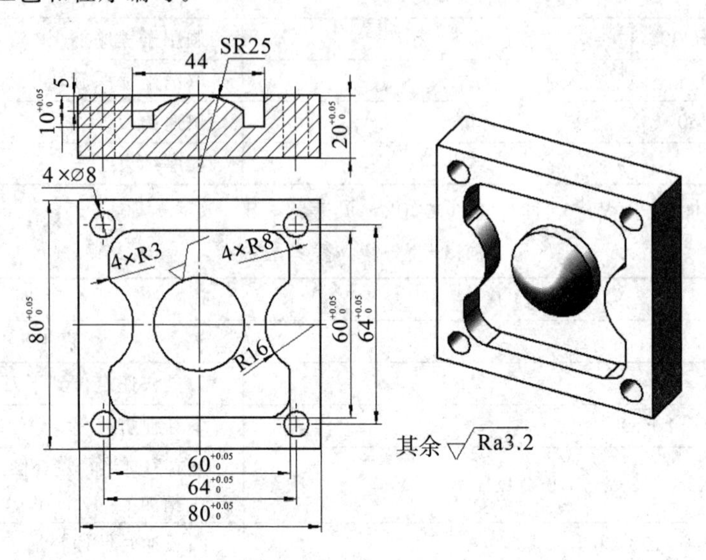

图 3-8-10 曲面零件

提示：表 3-8-10 是该零件的加工步骤和所用刀具。

表 3-8-10 零件的加工步骤和所用刀具

工序号	加工内容	工序内容	刀 具
1	铣上面及四周	铣上表面	ϕ75 mm 面铣刀
		铣四周	ϕ12 mm 立铣刀
2	铣下面及四周	铣下表面	ϕ80 mm 面铣刀
		铣四周	ϕ12 mm 立铣刀
3	定位	定位中心孔	中心钻
4	钻孔	钻 ϕ8 mm 四个通孔	ϕ8 钻头
5	铣凹槽	铣凹槽	ϕ6 键槽铣刀
6	铣曲面	铣曲面	ϕ10 球头刀
7	铣圆柱	铣圆柱	ϕ6 键槽铣刀

第四篇　数控线切割加工工艺及编程技术训练

项目一 数控线切割机床概述

【项目描述】 电火花线切割加工是电火花加工的一种，也是应用最广泛的电火花成型加工方法。

【项目目标】

知识目标：

1. 了解电火花加工的发展；
2. 熟悉线切割机床的组成结构；
3. 掌握线切割加工原理；
4. 了解线切割加工机床的应用、分类、特点及型号。

技能目标：熟悉 DK7725E 线切割机床的操作面板与结构。

任务一 线切割机床结构组成

【任务导入】 随着机械产品种类的不断增加，其形状结构日趋复杂，质量和精度要求也不断提高，普通机床已经难以满足生产发展的需要，线切割机床的普及应用则是大势所趋。我们就从了解电火花的发展与电火花线切割机床的整体结构开始学习。

【任务要求】

1. 了解电火花加工的发展历程；
2. 熟悉线切割机床的机构组成及作用。

【任务目标】

1. 介绍电火花的发展情况；
2. 说出线切割机床的结构。

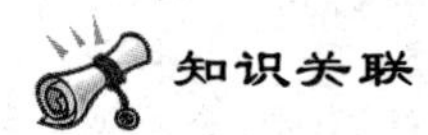

一、电火花的发展历程

早在 19 世纪初，人们就发现，插头或电器开关触点在闭合或断开时，会出现明亮的蓝白色的火花，并且烧损接触部位。人们在研究如何延长电器触头使用寿命的过程中，认识了产生电腐蚀的原因，掌握了电腐蚀的规律。前苏联学者拉扎连柯夫妇在研究电腐蚀现象的基础上，首次将电腐蚀原理运用到了生产制造领域。电器触点电腐蚀后的相貌是随机的，没有确定的尺寸和公差，要使电腐蚀原理用于尺寸加工，需使脉冲电源和放电间隙自动进给控制系统在具有一定绝缘强度和一定黏度的电介质中进行放电加工。这种在液体介质中进行重复性脉冲放电，从而对导电材料进行尺寸加工的方法就称为“电火花加工法”，它是在 20 世纪 40 年代开始研究和逐步应用到生产中的。

电火花加工技术作为特种加工领域的重要技术最早应用于二战时期折断丝锥取出时的加工。随着人类进入信息化时代，电火花加工技术取得了突飞猛进的发展，可控性更高，数字化程度更好。

1. 国外电火花加工的发展

目前计算机技术广泛应用于工业领域，电火花加工实现了数控化和无人化。美国、日本的一些电火花加工设备生产公司依靠其精密机械制造的雄厚实力，通过两轴、三轴和多轴数控系统、自动工具交换系统及采用多方向伺服的平动、摇动方案，解决了电火花加工技术中一系列实质性的问题。随着具有高精度、高刚度、高自动化、高加工表面粗糙度的机床的不断出现，使加工的功能及范围也不断扩大。如今在国际上，电火花加工可以加工大至数十吨重的模具和零件，小至只有几微米的微孔。

在电火花线切割方面，目前已过渡到全面计算机控制的阶段。变截面三维图形的线切割工艺、自动穿丝系统及镜面线切割技术都已达到了实用化阶段。

2. 我国电火花加工的发展

20 世纪 50 年代初期，我国开始研究和试制电火花镀敷设备，即把硬质合金用电火花工艺镀敷在高速钢金属切削刀具和冷冲模刃口上，以提高金属切削刀具和模具的使用寿命。同时我国还成功研制了电火花穿孔机并广泛应用于柴油机喷嘴小孔的加工。

60 年代初，上海科学院电工研究所成功模仿研制了我国第一台电火花线切割机床。随后又出现了具有我国特色的冷冲模工艺，即直接采用凸模打凹模的方法，使凸凹模配合的均匀性得到了保证，大大简化了工艺过程。

60 年代末，上海电表厂张维良工程师在阳极切割的基础上发明了我国独有的高速走丝线切割机床，上海复旦大学研制出电火花线切割数控系统。

70 年代随着电火花工艺装备的不断进步，电火花型腔模具成型加工工艺已经成熟。线切割工艺也从加工小型冷冲模发展到可以加工中型和较大型模具，切割厚度不断增加，加工精度也不断提高。

80 年代以来计算机技术飞速发展，电火花加工也引进了数控技术和电脑编程技术，数控系统的普及，使人们从繁重、琐碎的编程工作中解放出来，极大地提高了效率。

二、电火花线切割机床

电火花线切割加工是在电火花加工基础上发展起来的一种工艺形式，是利用一根移动着的金属线(电极丝)作为工具电极，与工件之间产生连续的火花放电对工件进行切割，故称为电火花线切割加工，简称线切割。

线切割机床主要由机床主机和控制台两大部分组成，如图 4-1-1 所示。

1. 机床主机

机床主机主要包括床身、工作台、运丝装置、丝架和冷却系统五个部分。

1）工作台

如图 4-1-2 所示，工作台由上滑板、中滑板、下滑板、滚珠丝杠、步进电动机和传动机构等组成，用来装夹工件。滑板的纵向、横向运动采用滚动导轨，分别由两台步进电动机经传动机构内两对消隙齿轮及滚珠丝杠传动来实现。

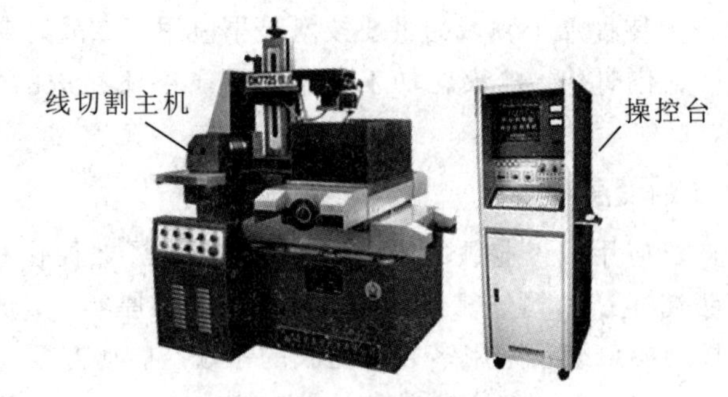

图 4-1-1 线切割机床

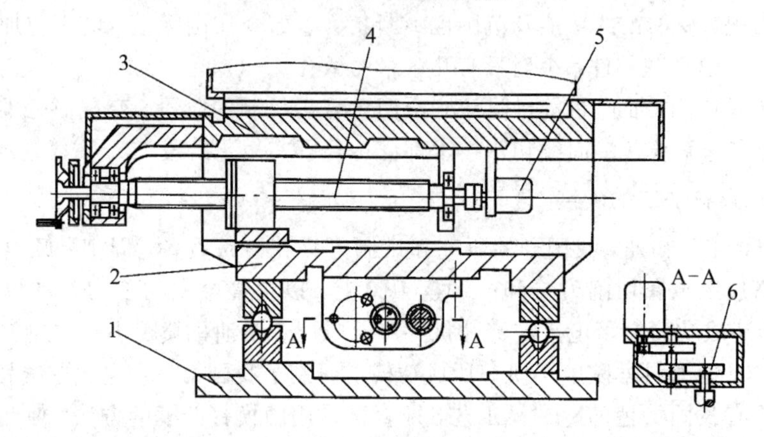

1—下滑板；2—中滑板；3—上滑板；4—滚珠丝杠；5—步进电动机；6—传动机构

图 4-1-2 工作台

2）运丝装置

运丝装置用来控制电极丝与工件之间产生相对运动，结构如图 4-1-3 所示。储丝筒、电动机、齿轮传动机构都安装在两个支架 4 和 9 上，支架与丝杠安装在滑板 8 上，螺母 6 安装在底座 1 上，滑板在底座上沿着导轨方向来回移动。储丝筒 5 由电动机 2 通过弹性联轴器 3 带动，电动机通过换向装置的控制可以实现正反转。

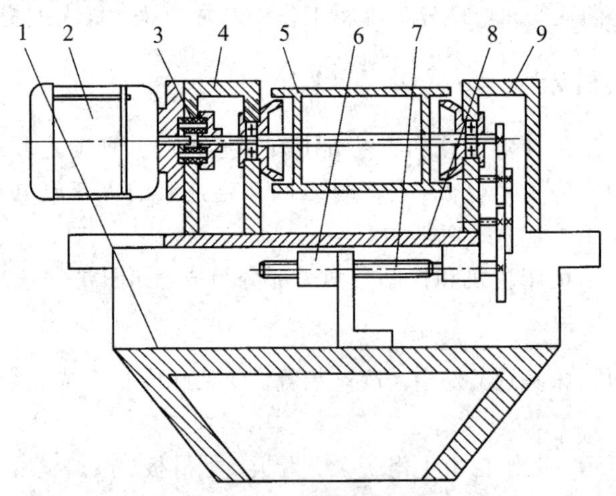

1—底座；2—电动机；3—联轴器；4，9—支架；5—储丝筒；6—螺母；7—丝杠；8—滑板

图 4-1-3 运丝装置

3）丝架

丝架与运丝装置一起构成电极丝的运动系统，对电极丝起支撑作用，并能使电极丝工作部分与工作台平面保持一定的几何角度，以满足各种工件（如带锥度工件）加工的需要。如图4－1－4所示，丝架采用丝臂张开、高度可调的分离式结构，其调节的顺序是先松开固定螺钉，旋转丝杠，使活动丝臂移动到合适的位置，再拧紧固定螺钉。

4）冷却系统

冷却系统用来提供工作液，同时对工件和电极丝进行冷却。如图4－1－5所示，冷却系统由工作液箱、工作液泵、进液管、流量控制阀、上进液管、下进液管、工作台、回液管、过滤器等组成。

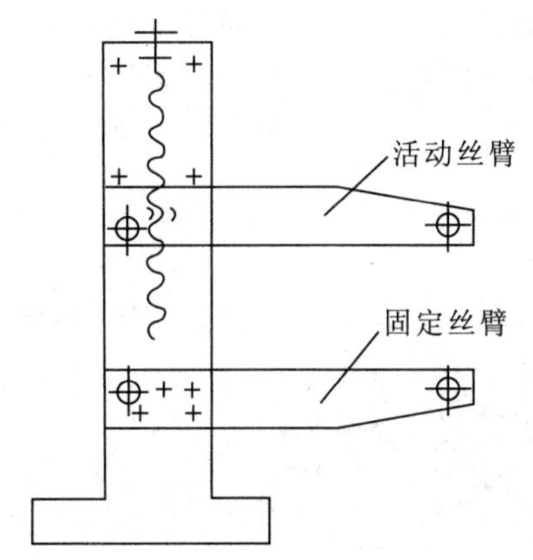

图4－1－4　丝架

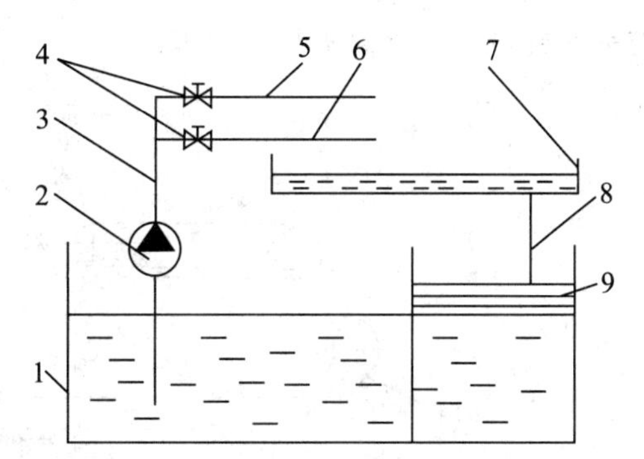

1—工作液箱；2—工作液泵；3—进液管；4—流量控制阀；
5—上进液管；6—下进液管；7—工作台；8—回液管；9—过滤器

图4－1－5　冷却系统

2. 控制台

控制台中装有脉冲电源、机床电气箱、编程控制系统等，用来输出脉冲电源、编程或控制机床运动。

任务二　线切割机床的工作原理及特点

【任务导入】

电火花线切割加工是在电火花加工的基础上发展起来的一种工艺形式，我们就从了解线切割机床的工作原理与应用开始。

【任务要求】

1. 熟悉线切割机床工作原理；
2. 了解线切割的加工范围、特点与分类；
3. 了解线切割机床型号意义。

【任务目标】

1. 介绍线切割机床工作原理；
2. 介绍线切割的加工范围、特点与分类情况；

3. 介绍线切割机床型号意义。

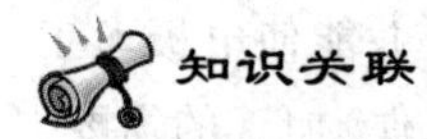

一、线切割加工原理

数控线切割机床，又称数控电火花线切割机床，其加工过程是利用一根移动着的金属丝(钼丝、钨丝或铜丝等)作工具电极，在金属丝与工件间通以脉冲电流，使之产生脉冲放电而进行切割加工。如图4-1-6所示，电极丝穿过工件上预先钻好的小孔(穿丝孔)，经导向轮由走丝机构(卷丝筒)带动进行轴向走丝运动。工件通过绝缘板安装在工作台上，由数控装置按加工程序指令控制沿X、Y两个坐标方向移动而合成所需的直线、圆弧等平面轨迹。在移动的同时，线电极和工件间不断地产生放电腐蚀现象，工作液通过喷嘴注入，将电蚀产物带走，最后在金属工件上留下细丝切割形成的细缝轨迹线，从而达到了使一部分金属与另一部分金属分离的加工要求。

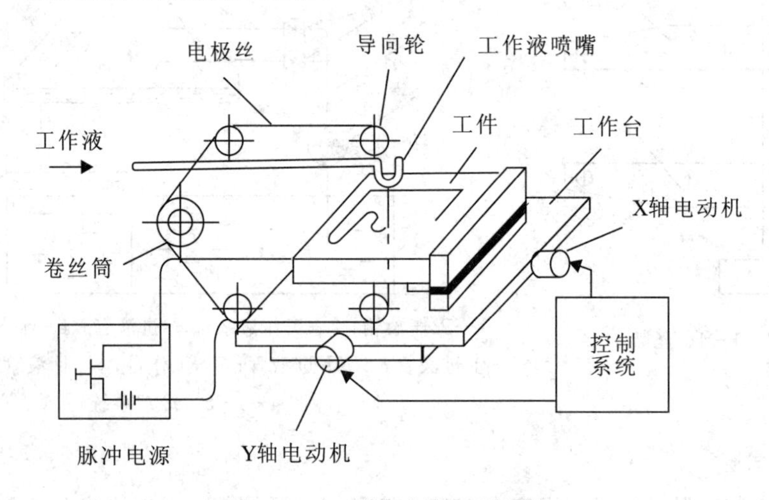

图4-1-6 线切割加工原理图

二、线切割加工的应用范围

线切割加工为新产品试制、精密零件及模具制造开辟了一条新的工艺途径，主要应用于以下几个方面。

1. 加工模具

线切割加工适用于各种形状的冲模，调整不同的间隙补偿量，只需一次编程就可以切割凸模、凸模固定板、凹模及卸料板等，模具配合间隙、加工精度通常都能达到要求。此外，还可以加工挤压模、粉末冶金模、弯曲模、塑压模等通常带锥度的模具。

2. 加工电火花成形加工用的电极

线切割加工一般用于加工穿孔的电极以及加工带锥度型腔的电极，对于铜钨、银钨合金之类的材料，用线切割加工特别经济，同时也适用于加工微细复杂形状的电极。

3. 加工零件

在试制新产品时，用线切割在板料上直接割出零件，例如切割特殊微电机硅钢片定转子铁心。由于不需另行制造模具，可大大缩短制造周期，降低成本，另外修改设计、变更加工程序比较方便。加工薄件时还可以多片叠在一起加工。在零件制造方面，可用于加工品种多、数量少的零件，特殊难加工材料的零件，材料试验样件，各种型孔、凸轮、样板、成型刀具等。同时还可以进行微细加工、异形槽和标准缺陷的加工等。

电火花线切割加工的应用领域如表 4－1－1 所示。

表 4－1－1　电火花线切割加工的应用领域

电火花切割加工	平面形状的金属模具加工	冲模、粉末冶金模、拉拔模、挤压模的加工
	立体形状的金属模具加工	冲模用凹模的退刀槽、塑料金属压模、塑料模等分离面的加工
	电火花成形加工用电极加工	形状复杂的电极、穿孔用电极、带锥度电极的加工
	试制品及零件加工	试制零件、小批量零件、特殊材料的零件、材料试件的加工
	刀具与量具加工	各种卡板量具的加工、模板加工、成形车刀的加工
	微细加工	化纤喷嘴加工、异形槽和窄槽的加工

三、线切割加工特点

线切割加工有以下几个特点：

(1) 电火花线切割加工以直径为 0.03～0.35 mm 的金属线为工具电极，与电火花成形加工相比，它不需制造特定形状的电极，省去了成形电极的设计和制造，缩短了生产准备时间，加工周期短。

(2) 电火花线切割加工的主要对象是平面形状，除了在加工零件的内侧形状拐角处有最小圆弧半径限制外(最小圆弧半径为电极丝的半径加放电间隙)，其他任何复杂的形状都可以加工。

(3) 无论被加工工件的硬度如何，只要是导体或半导体的材料都能实现加工。

(4) 由于加工中电极丝不直接接触工件，故工件几乎不受切削力，适合加工低刚度工件和细小工件。

(5) 电火花线切割加工由于电极丝的直径比较小，在加工过程中总的材料蚀除量比较少，所以在加工中比较节省材料，特别在加工贵重材料时，能有效地提高材料的利用率。

(6) 由于电极丝比较长，在加工过程中可以不考虑电极丝的损耗。目前普遍使用钼丝作为电极丝材料，通过对直径为 0.18 mm 电极丝的使用检测发现，在电极丝的使用寿命期间电极丝的直径损耗约为 0.02 mm，对于单一零件来说电极丝的损耗就更小；在慢走丝线切割加工中采用单向连续的供丝方式，在加工区总能保持新电极丝加工，因而加工精度更高。

(7) 电火花线切割在加工过程中的工作液一般为水基液或去离子水，因此不必担心发生火灾，可以实现安全无人加工。

(8) 电火花线切割机床一般都是依靠微型计算机来控制电极丝的轨迹和间隙补偿，所以在加工凸模与凹模时，它们的配合间隙可任意调节。

(9) 直接利用电能、热能加工，便于实现加工过程的自动化。

(10) 对于线切割机来说，加工速度是指在单位时间内的工件被切面积，单位为 mm^2/min。

电火花线切割加工所能达到的切割速度一般为 20～60 mm^2/min，最高可达 300 mm^2/min；加工精度一般为±0.01～±0.02 mm，最高可达±0.004 mm；表面粗糙度 Ra 一般为2.5～1.25 μm，最高可达 0.63 μm；切割厚度一般为 40～60 mm，最厚可达 600 mm。

四、电火花线切割加工设备的分类

1. 按电极丝运动速度分类

根据电极丝的运行速度不同，电火花线切割机床通常分为以下两类：

1）高速走丝电火花线切割机床（WEDM—HS）

高速走丝电火花线切割机床也称为快走丝数控电火花线切割加工机床，是我国生产和使用的主要机种，也是我国独创的电火花线切割加工模式。这类机床的电极丝运行速度快，一般在 6～10 m/s，而且是双向往复循环运行，如图 4-1-7 所示，即电极丝反复通过加工间隙，一直使用到断丝为止。电极丝主要采用钼丝和钨钼合金丝，电极丝的直径一般在 0.03～0.25 mm 之间，常用的电极丝直径为 0.12～0.2 mm。工作液一般为水基液或去离子水，常用的水基液有植物油乳化液和线切割专用乳化液等。由于电极丝的快速移动能将工作液带进狭窄的加工间隙，以保持加工间隙的“清洁”状态，有利于切割速度的提高。

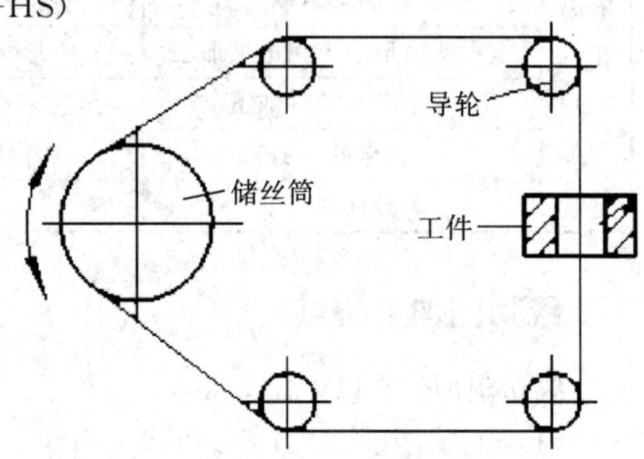

1—储丝筒；2、3—导轮；4—工件

图 4-1-7 快走丝示意图

相对来说，快走丝线切割加工机床结构比较简单，价格比慢走丝线切割加工机床便宜。但由于它的运丝速度快，机床、电极丝的振动较大，导轮磨损较快，给提高加工精度带来较大困难；另外电极丝在加工中反复运行时的损耗对加工精度也有一定的影响，因而要得到高的加工精度和维持加工精度是相当困难的。目前能达到的加工精度为 0.01 mm，表面粗糙度 Ra 值为 1.25～0.63 μm。一般情况下加工精度为 0.01～0.04 mm，表面粗糙度 Ra 值为 3.2～1.6 μm，可满足一般模具的需要。

2）低速走丝电火花线切割机床（WEDM－LS）

低速走丝电火花线切割机床也称为慢走丝数控电火花线切割加工机床，是国外生产和使用的主要机种。这类机床的运丝速度一般在 0.2 m/s 以内，可使用铜、黄铜及以铜为主体的合金或镀覆材料作为电极丝，其直径一般在 0.003～0.30 mm 之间，常用的电极丝直径一般为0.2 mm。电极丝只是单方向通过加工间隙，如图 4-1-8 所示，不重复使用，可避免电极丝损耗给加工精度带来的影响。工作液主要是去离子水和煤油，使用去离子水工作效率高，没有引起火灾的危险。这类机床

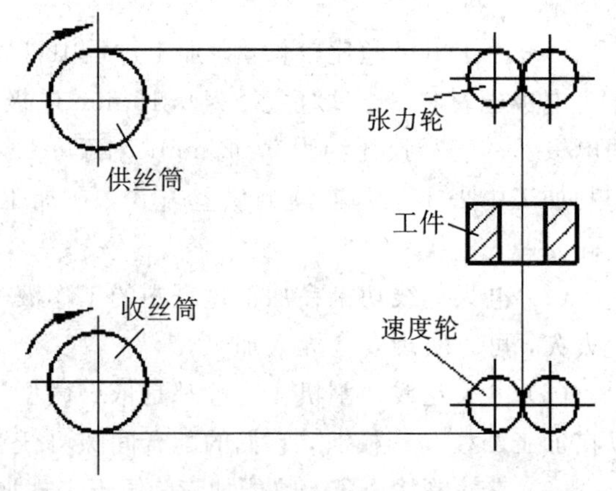

1—供丝筒；2—收丝筒；3—张力轮；4—速度轮；5—工件

图 4-1-8 慢走丝示意图

的切割速度目前最高已达到 350 mm^2/min，一般切割速度在 20～240 mm^2/min 之间，加工精度为 0.005～0.01 mm，表面粗糙度 Ra 值为 1.6～0.2 μm。慢走丝电火花线切割加工机床由于能自动卸除加工废料、自动搬运工件、自动穿电极丝及自适应控制技术的应用，已能实现无人操作的加工；目前已有慢走丝电火花线切割加工中心问世，它能够在 45 s 内实现三种电极丝之间的自动换丝。

2. 按对电极丝运动轨迹的控制分类

根据对电极丝运动轨迹的控制形式不同，电火花线切割机床又可分为三种：

（1）靠模仿形控制电火花线切割机床。

在进行线切割加工前，预先制造出与工件形状相同的靠模，加工时把工件毛坯和靠模同时装夹在机床工作台上，在切割过程中电极丝紧贴着靠模边缘移动，从而切割出与靠模形状和精度相同的工件来。

（2）光电跟踪控制电火花线切割机床。

在进行线切割加工前，先根据零件图样按一定放大比例绘制一张光电跟踪图，加工时将图样置于机床的光电跟踪台上，跟踪台上的光电头始终追随墨线图形的轨迹运动，再借助于电气、机械的联动，控制机床工作台连同工件相对电极丝做相似的运动，从而切割出符合要求的工件。

（3）数字程序控制电火花线切割机床。

采用先进的数字化自动控制技术，驱动机床按照加工前预先编制好的数控加工程序自动完成加工，不需要制作靠模样板也无需绘制放大图，比前面两种控制形式具有更高的加工精度和广阔的应用范围。

此外，按加工尺寸范围还可分为大、中、小型以及普通型与专用型电火花线切割机床等。

五、数控线切割加工机床的型号

1. 线切割机床的型号

我国线切割机床型号的编制是根据 GB/T 15375—1994《金属切削机床型号编制方法》的规定进行的，机床型号由汉语拼音字母和阿拉伯数字组成，分别表示机床的类别、特性和基本参数。

现以型号为 DK7732B 的数控电火花线切割机床为例，其型号中各字母与数字的含义解释如下：

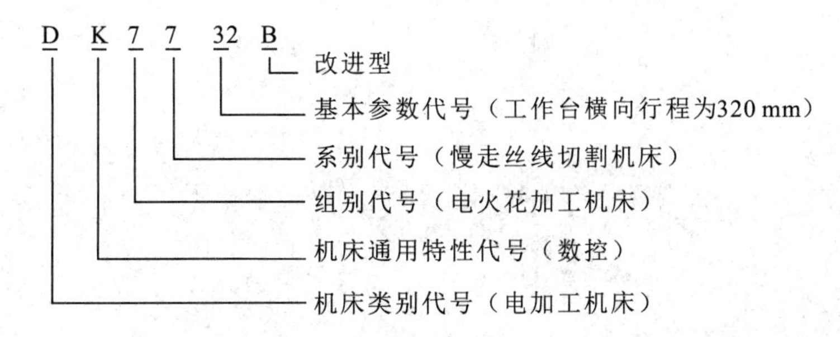

2. 数控电火花线切割机床的主要技术参数

数控电火花线切割机床的主要技术参数包括工作台行程(纵向行程×横向行程)、最大切割厚度、加工表面粗糙度、加工精度、切割速度以及数控系统的控制功能等。

表 4-1-2 为国家颁布的《电火花线切割机(往复走丝型)参数》(GB/T 7925—2005)标准(部分)。表 4-1-3 为 DK77 系列数控电火花线切割机床的主要型号及技术参数。

表 4-1-2 电火花线切割机参数(GB/T 7925—2005)

工作台	横向行程/mm	100		125		160		200		250		320		400		500		630	
	纵向行程/mm	125	160	160	200	200	250	250	320	320	400	400	500	500	630	630	800	800	1000
	最大承载/kg	10	15	20	25	40	50	60	80	120	160	200	250	320	500	500	630	960	1200
工件厚度	最大宽度/mm	125		160		200		250		320		400		500		630		800	
	最大长度/mm	200	250	250	320	320	400	400	500	500	630	630	800	800	1000	1000	1250	1250	1600
	最大切割厚度/mm	40、60、80、100、120、180、200、250、300、350、400、450、500、550、600																	
最大切割锥度/(°)		0、3、6、9、12、15、18(18 以上，每档增加 6)																	

表 4-1-3 DK77 系列数控电火花线切割机床的主要型号及技术参数

机床型号	DK7716	DK7720	DK7725	DK7732	DK7740	DK7750	DK7763	DK77120
工作台行程/mm	200×160	250×200	320×250	500×320	500×400	800×500	800×630	2000×1200
最大切割厚度/mm	100	200	140	300(可调)	400(可调)	300	150	500(可调)
表面粗糙度 Ra μm	2.5	2.5	2.5	2.5	6.3～2.5	2.5	2.5	2.5
加工精度/mm	0.01	0.012	0.012	0.015	0.02	0.02	0.02	0.025
切割速度/(mm^2/min)	70	80	80	100	120	120	120	120
加工锥度/(°)	3～60 各厂家的型号不同							
控制方式	各种型号均有单板(或单片)机或计算机控制							

项目二　数控线切割加工工艺

【项目描述】

数控电火花线切割机床利用电蚀加工原理，采用金属导线(钼丝)作为工具电极切割工件，它有着自身的工艺特点与编程方法。

【项目目标】

知识目标：

1. 熟悉线切割加工的工艺路线、工艺指标及工艺要点；
2. 掌握线切割加工的编程方法。

技能目标：熟悉DK7725E线切割机床的操作面板与结构，掌握其应用。

任务一　线切割工艺及编程基础

【任务导入】 线切割加工，一般作为工件加工的最后工序，要达到零件的加工精度及表面粗糙度要求，应安排好零件的工艺路线及线切割加工前的准备加工，同时应合理控制线切割加工时的各种工艺参数。

【任务要求】

1. 熟悉线切割加工工艺路线；
2. 熟悉线切割加工工艺指标；
3. 掌握线切割加工工艺要点。

【任务实施】

1. 根据生产实例给出线切割加工工艺流程；
2. 说出工件常用的装夹方式及特点；
3. 介绍常用电极丝材料的种类、性能及特点。

知识关联　线切割加工工艺

制定零件的线切割加工工艺时，首先需要对零件图进行分析，了解工件的结构特点，明确加工要求；根据加工零件的尺寸精度、几何形状精度、各表面的相互位置精度、表面粗糙度和零件材料牌号、热处理等要求，合理地确定有关的工艺参数；根据图样分析确定定位基准、装夹方式、加工坐标系，从编程的角度出发，使图样的尺寸便于编程；考虑加工过程中的变形，采取合理的切割起点和加工路线。有关快速走丝电火花线切割加工的工艺路线，如图4-2-1所示。

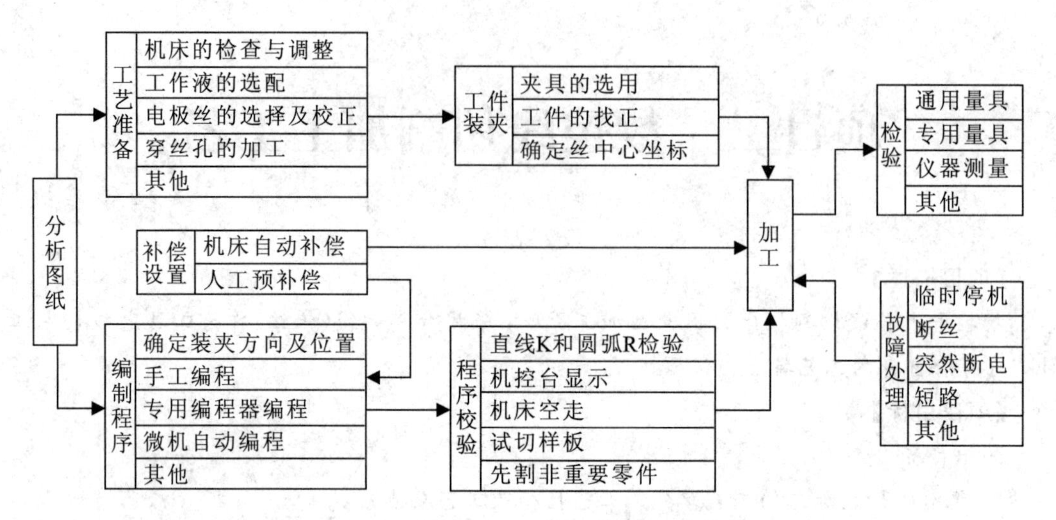

图 4-2-1 快速走丝线切割加工的工艺路线

一、线切割加工的主要工艺指标

线切割加工的主要工艺指标如表 4-2-1 所示。

表 4-2-1 线切割加工的主要工艺指标

序号	工艺指标	含 义
1	切割速度	在保持一定表面粗糙度的切割过程中，单位时间内电极丝中心线在工件上切过的面积总和，单位为 mm^2/min；通常所说的加工快慢就是指切割速度的大小
2	表面粗糙度	常用轮廓算术平均偏差 Ra 来表示
3	电极丝损耗量	对快走丝线切割机床，用电极丝在切割 10 000 mm^2 面积后电极丝直径的减小量来表示
4	加工精度	加工工件的尺寸精度、形状精度和位置精度的总称

二、线切割加工工艺要点

1. 分析图纸

分析和审核零件图对保证工件加工质量和工件的综合技术指标有决定意义。

(1) 分析加工对象尺寸。审查和分析零件图中的尺寸标注方法是否适合线切割加工的特点，是否为同一基准引注尺寸或直接给出坐标尺寸。可将局部的分散尺寸改为集中标注或坐标式标注，这样既便于编程，又有利于尺寸之间的相互协调及设计基准、工艺基准和编程原点的统一。

(2) 分析零件轮廓要素。审查和分析零件图中构成轮廓的各几何元素的给定条件是否充分准确。如构成轮廓的各几何元素的给定条件不充分或模糊不清，编程将无法进行。

(3) 分析零件技术条件。分析零件要达到的尺寸精度、形状和位置精度、表面粗糙度及热处理要求等，以便选择加工参数。

2. 分析线切割材料及切割性能

不同的材料，其熔点、汽化点、热导率等物理性能指标都不一样，即使按同样方式加工，所获得的工件质量也不一样。各种线切割材料及切割性能如表 4-2-2 所示。

表 4-2-2　线切割材料及切割性能

<table>
<tr><th>序号</th><th>材料名称</th><th colspan="2">切割性能</th></tr>
<tr><td>1</td><td>碳素工具钢</td><td colspan="2">常用牌号为 T7、T8、T10A、T12A，含碳量高，淬火后切割易变形，切割性能不是很好，切割速度较合金工具钢稍慢，切割表面偏黑，切割表面的均匀性较差，易出现短路条纹</td></tr>
<tr><td rowspan="2">2</td><td rowspan="2">合金工具钢</td><td>低合金工具钢</td><td>常用牌号为 9Mn2V、MnCrWV、CrWMn、9CrWMn、GCr15，有良好的切割加工性能，其加工速度、表面质量均较好</td></tr>
<tr><td>高合金工具钢</td><td>常用牌号为 Cr12、Cr12MoV、Cr4W2MoV、Wi8Cr4V 等，有良好的切割加工性能，切割速度快，加工表面光亮、均匀，有较小的表面粗糙度</td></tr>
<tr><td>3</td><td>优质碳素结构钢</td><td colspan="2">常用牌号为 20、45 钢，切割加工性能一般，淬火件的切割性能较未淬火件好，加工速度较合金工具钢稍慢，表面粗糙度较差</td></tr>
<tr><td>4</td><td>硬质合金</td><td colspan="2">常用硬质合金有 YG 和 YT 两类，其切割加工速度较低，但表面粗糙度好；如加工时使用水质工作液，其表面会产生显微裂纹的变质层</td></tr>
<tr><td>5</td><td>纯铜</td><td colspan="2">纯铜切割速度较低，是合金工具钢的 50%～60%，表面粗糙度较大，放电间隙也较大，但其加工稳定性比较好</td></tr>
<tr><td>6</td><td>石墨</td><td colspan="2">石墨的线切割加工性能很差，效率只有合金工具钢的 20%～30%，其放电间隙小，不易排屑，加工时易短路，属不易加工材料</td></tr>
<tr><td>7</td><td>铝</td><td colspan="2">铝的线切割加工性能良好，切割速度是合金工具钢的 2～3 倍，加工后表面光亮，表面粗糙度一般；但铝极易形成不导电的氧化膜，因而放电间歇时间相对要小，才能保证高速加工；同时由于产生不导电的微粒，常使电极丝在导电块处发生火花放电，从而加快导电块的损耗</td></tr>
</table>

3. 确定工艺基准

根据工件的外形和加工要求，在线切割加工之前，应准备相应的校正和加工基准，并且应尽量与零件的设计基准重合。

(1) 矩形工件除上、下表面平行外，一般四个侧面两两垂直，且垂直于工件的上、下平面。对于外形为矩形的工件，加工时可选相邻两侧面作为校正和加工基准，如图 4-2-2 所示。

(2) 工件的外形无论是圆形、矩形，还是其他形状，都应准备一个与工件的上、下平面保持垂直的校正基准面，如图 4-2-3 所示，加工时可以外形为校正基准，内孔为加工基准。

(3) 当加工精度不高时，可在工件上划线作为校正和加工基准，保证定位要求。

一般情况下，外形基准面在线切割加工前的机械加工中已加工好，但由于热处理淬硬后容易引起基面的变形，若变形很小不影响精度，稍加打光便可进行线切割加工；如果变形较大，则应对基准面重新磨削。

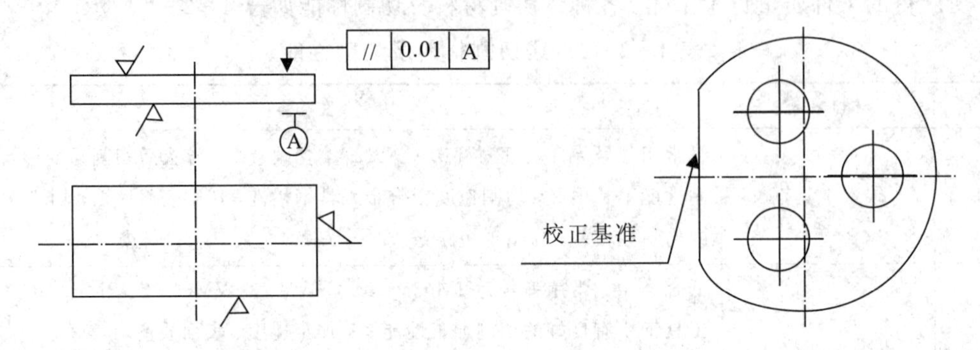

图 4-2-2 矩形工件的校正和加工基准　　图 4-2-3 外形为校正基准

4. 切入点及加工路线的确定

在线切割加工中，工件内部应力的释放会引起工件的变形，为了限制内应力对加工精度的影响，在选择加工路线时，必须注意以下几点：

(1) 切入点是零件轮廓中首先开始切割的点，一般情况下它也是切割的终点。应尽可能把切入点选在图形元素的交点处或精度要求不高的图形元素上，也可以选在容易修整的表面上。当切入点选择在图形元素的非端点位置时，会在工件该点处的切割表面上留下残痕。

(2) 在加工凸形类零件时尽可能从穿丝孔加工，不要直接从工件的端面加工，如图 4-2-4(a)所示。

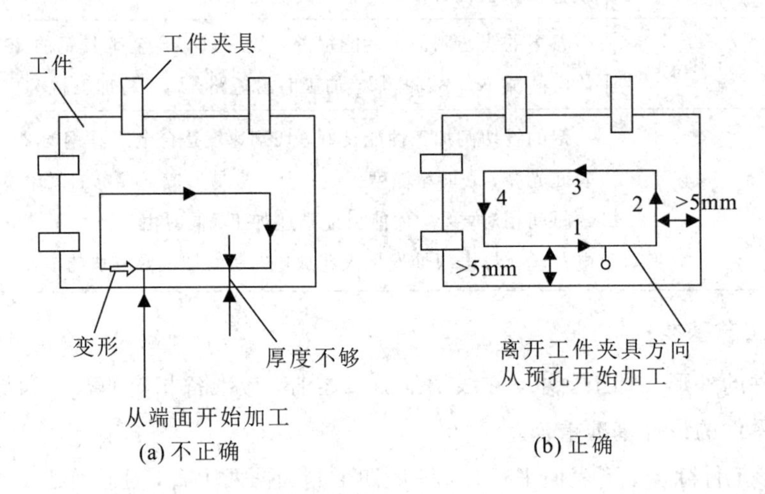

图 4-2-4 确定加工路线

(3) 在材料允许的情况下，凸形类零件的轮廓应尽量远离毛坯的端面。通常情况下凸形类零件的轮廓离毛坯端面距离应大于 5 mm，如图 4-2-4(b)所示。

(4) 开始切割时，电极丝应沿离开夹具的方向进行加工。如图 4-2-5 所示，当选择图 4-2-5(a)所示走向时，则在切割过程中，工件和易变形的部分相连接会带来较大的误差；如选择图 4-2-5(b)所示走向，就可以减少这种影响。

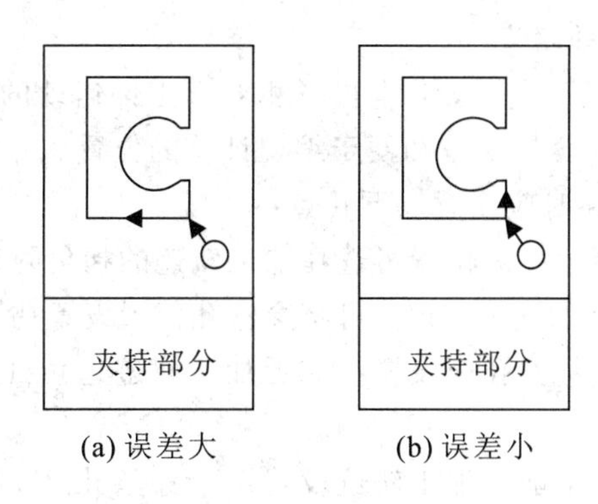

(a) 误差大　　(b) 误差小

图 4-2-5　电极丝的走向

（5）在一个毛坯上要切割两个或两个以上的零件时，最好每个零件都有相应的穿丝孔，这样可以有效限制工件内应力的释放，从而提高零件的加工精度，应如图 4-2-6(b)所示，而非如图 4-2-6(a)所示。

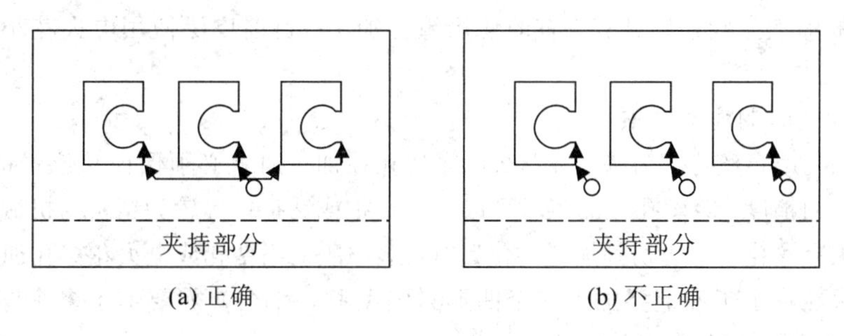

(a) 正确　　(b) 不正确

图 4-2-6　多件加工路线

5. 穿丝孔加工

1）加工穿丝孔的目的

在加工凹形类封闭零件时，为了保证零件的完整性，在线切割加工前必须加工穿丝孔；对于凸形类零件在线切割加工前一般不需要加工穿丝孔，但当零件的厚度较大或切割的边比较多时，尤其是对四周都要切割及精度要求较高的零件，在切割前也必须加工穿丝孔，此时加工穿丝孔的目的是减小凸形类零件在切割中的变形，因为在线切割加工过程中毛坯材料的内应力会失去平衡而产生变形，影响加工精度，严重时，切缝会夹住或拉断电极丝，使加工无法进行，从而造成工件报废。当采用穿丝孔切割时，由于毛坯料保持完整，不仅可以有效地防止夹丝和断丝的发生，同时还提高了零件的加工精度，如图 4-2-7 所示。

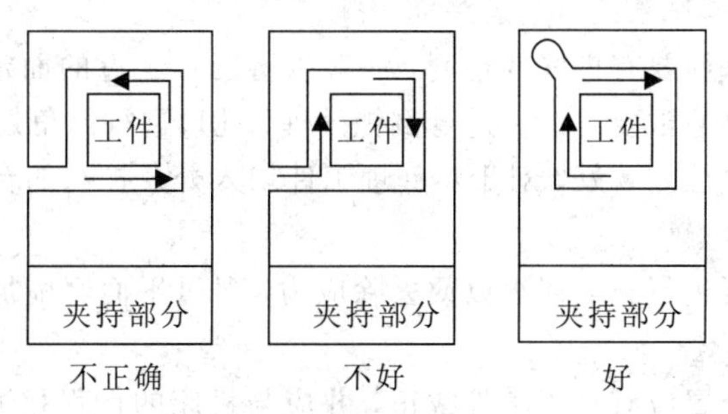

图 4-2-7　切割凸形零件有无穿丝孔比较

2）穿丝孔位置和直径的确定

穿丝孔作为工件加工的工艺孔，是电极丝相对于工件运动的起点，同时也是程序执行的起始位置。穿丝孔应选在容易找正和便于编程计算的位置。

确定穿丝孔位置和直径时应注意以下几点：

(1) 当切割凸模时，穿丝孔的位置可选在加工轨迹的拐角附近，以简化编程。

(2) 当切割凹模等零件的内表面时，可将穿丝孔位置设置在工件对称中心。

(3) 加工大型工件时，穿丝孔应设置在靠近加工轨迹边角处或选在已知坐标点上，使计算方便，缩短切入行程。

(4) 在加工大型工件时，应沿加工轨迹设置多个穿丝孔，以便发生断丝时就近重新穿丝，切入断丝点。

(5) 穿丝孔的直径不宜太大或太小，一般选在 $\phi3\sim\phi10$ mm 范围内。孔径最好选取整数值，以简化其用作加工基准的运算。

3）穿丝孔的加工

穿丝孔的加工一般采用钻孔，有的使用镗孔加工。目前广泛使用电火花小孔机床加工穿丝孔。

加工穿丝孔时的注意事项：

(1) 如果利用穿丝孔作为基准，那么该穿丝孔在加工时就必须保证其位置精度、尺寸精度和孔的表面粗糙度，穿丝孔在加工时可以采用钻扩或钻扩铰等较为精密的机械加工方法。

(2) 如果穿丝孔不是线切割加工的位置基准，一般采用钻孔或电火花穿孔加工等方法。

(3) 如果在一个工件上要加工多个凹形封闭型腔，那么就需要加工多个穿丝孔，此时要注意各个穿丝孔的相对位置。

(4) 如果要利用穿丝孔作为基准，而且只使用第一个要加工的凹形封闭型腔的穿丝孔作为基准，那么只要加工该孔时选择较为精密的机械加工方法加工，其余的穿丝孔只需使用钻孔的方法就可以了，其他穿丝点的位置由程序来控制。

6. 工件的装夹与校正

1）线切割加工工件的装夹特点

(1) 由于线切割的加工作用力小，因而其装夹夹紧力要求不大。

(2) 快走丝线切割的工作液是靠高速运行的丝带入切缝的，因此工件装夹比较方便。

(3) 线切割是一种贯通加工方法，因而工件装夹后被切割区域要悬空于工作台的有效切割区域。

2）线切割加工中工件装夹的一般要求

(1) 工件的定位基面要有良好的精度，一般以磨削加工过的面定位最佳，定位面加工后应保证清洁无毛刺，通常要对棱边进行倒钝处理，孔口进行倒角处理。

(2) 切入点的导电性能要好，对于热处理工件切入处及扩孔的台阶处都要进行去积盐及氧化皮处理。

(3) 热处理工件要进行充分回火以便去除应力，经过平面磨削加工后的工件要进行充分退磁。

(4) 工件装夹的位置应有利于工件找正，并应与机床的行程相适应，夹紧螺钉高度要合适，保证在加工的全程范围内工件、夹具与丝架不发生干涉。

（5）对工件的夹紧力要均匀，不得使工件变形或翘起。

（6）批量生产时，最好采用专用夹具，以利提高生产率。夹具应有必要的精度，并将其稳定地固定在工作台上，拧紧螺钉时用力要均匀。

（7）细小、精密、薄壁的工件应先固定在不易变形的辅助夹具上再进行装夹，否则将无法加工。

（8）加工精度要求较高时，工件装夹后，还必须用百分表找正。

3）工件常用的装夹方式

（1）悬臂式支撑。如图 4－2－8 所示，悬臂式支撑通用性强，装夹方便，但容易出现上仰或倾斜，一般只在工件精度要求不高的情况下使用；如果由于加工部位所限只能采用此装夹方法，而零件又有垂直要求时，在工件装夹后可以用百分表找正工件的上表面。

（2）两端式支撑。如图 4－2－9 所示，两端式支撑装夹工件方便，平面定位精度高，支撑稳定，可以克服悬臂式支撑装夹的缺点，但不适用于小型工件的装夹。

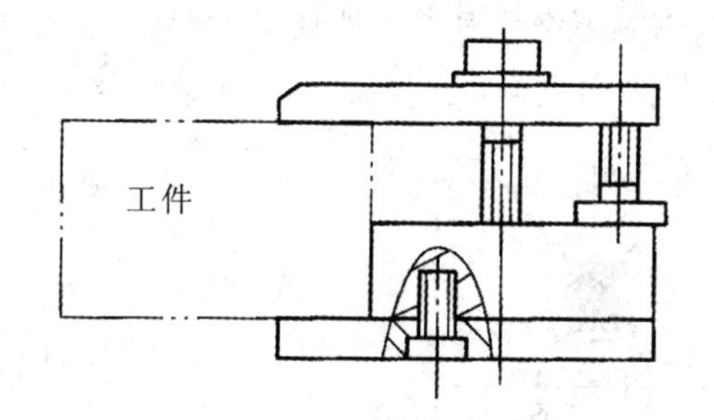

图 4－2－8　悬臂式支撑

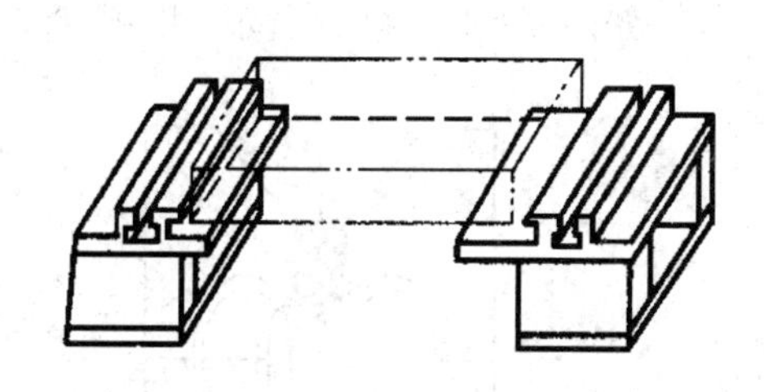

图 4－2－9　两端式支撑

（3）桥式支撑。如图 4－2－10 所示，这种装夹方式是快走丝线切割加工最常用的装夹方法，其特点是通用性强，装夹方便，装夹后稳定，平面定位精度高，适用于装夹各类工件，特别是带有相互垂直的定位基准面的夹具或工件。只要工件上、下表面平行，装夹力均匀，工件表面即能保证与工作台面平行。桥的侧面也可作定位面使用，用百分表找正桥的侧面与工作台方向平行，工件如果有较好的定位侧面，与桥的侧面靠紧即可保证工件与工作台方向平行。这种装夹方式有利于外形和加工基准相同的工件实现成批加工。

（4）板式支撑。如图 4－2－11 所示，板式支撑是根据常规工件的形状和大小制成具有矩形或圆形孔的支撑板夹具，它增加了纵、横方向的定位基准，其装夹精度高，适用于批量生产，但通用性差。

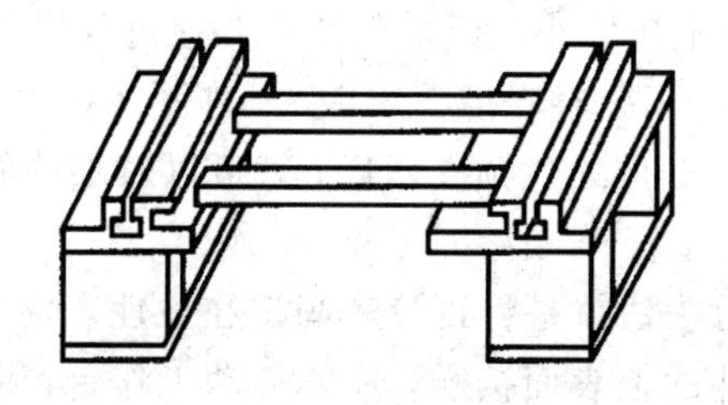

图 4－2－10　桥式支撑

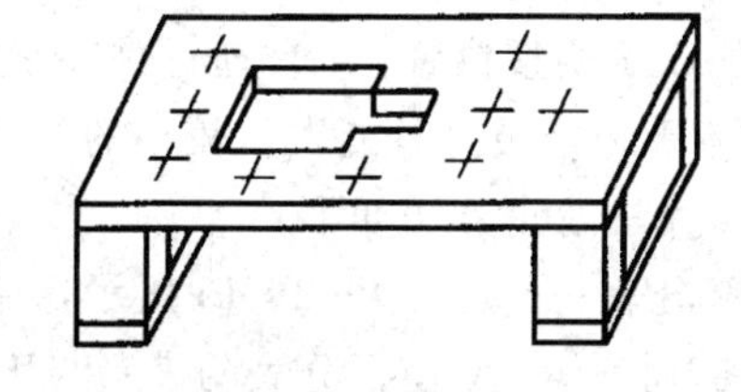

图 4－2－11　板式支撑

（5）V 形夹具装夹。如图 4－2－12 所示，这种装夹方式适合于圆形工件的装夹。装夹时，工件母线要求与端面垂直。在切割薄壁工件时，装夹力要小，以防止工件变形。

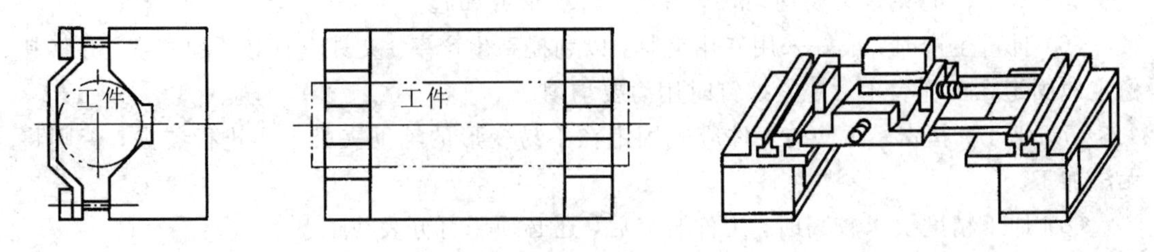

图 4-2-12 V形夹具装夹　　　　图 4-2-13 复式支撑

(6) 复式支撑。如图 4-2-13 所示，复式支撑是在通用夹具上再装专用夹具。此方式装夹方便，装夹精度高。它减少了工件调整和电极丝位置的调整，既提高了生产效率，又保证了工件加工的一致性，适用于工件的批量生产。

(7) 磁性夹具。如图 4-2-14 所示，磁性夹具装夹工件迅速简便，通用性好，应用广泛，适用于微小或薄片状工件的装夹和工件的批量生产。磁性夹具的工作原理：当磁铁旋转 90°时，如图 4-2-14(a)所示，磁靴分别与 S、N 极接触，可将工件吸牢；再将永久磁铁旋转 90°，如图 4-2-14(b)所示，则磁铁松开工件。

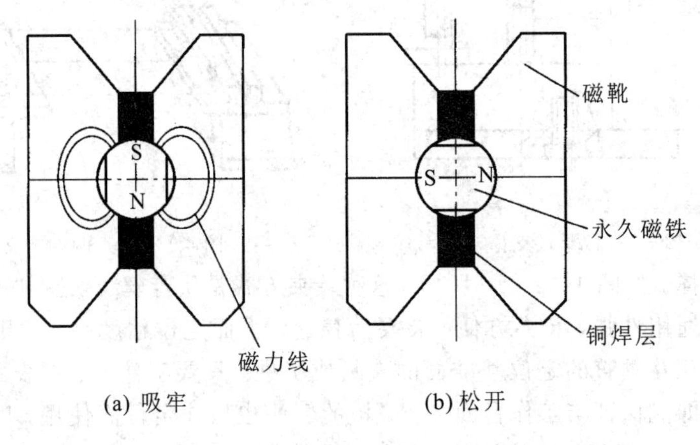

图 4-2-14 磁性夹具

4) 工件的调整

工件采用上述方式装夹后，必须进行校正，使工件的定位面分别与机床的工作台面及工作台进给方向保持平行，才能保证切割加工表面与基准面的相对位置精度。

工件在机床工作台上有了正确定位后，接下来要对工件进行预夹紧，此时夹紧力不能太大，否则工件位置就不能调整；但夹紧力也不能太小，否则工件在调整过程中位置不稳定，也不能正确调整位置；工件通过预夹紧后，用手轻轻推动工件，工件不能移动，而用铜棒或尼龙棒等轻轻敲打时能发生较小的位移。工件通过预夹紧后，就可以对工件的位置进行找正，常用的校正方法如下：

(1) 百分表法。如图 4-2-15 所示，百分表法就是将百分表固定在磁性表座上，然后将表座固定到丝架上，使百分表的表头与工件的上表面接触，往复移动工作台，根据百分表指针的变化调整工件上表面。如果将普通的百分表换成杠杆百分表，同样还可以对工件的侧面进行找正。

(2) 划线法。如图 4-2-16 所示，当线切割加工的轮廓与工件的基准无精度要求或精度要求较低时，可以采用划线法调整工件。将划针座固定到上丝架上，把划针尖指向工件的基准线或基准面，调整划针与工件基准间有较小的距离，往复移动工作台，根据目测对工件进行找正，利用划针不仅可以对上表面找正，还可以对工件的侧面进行找正。

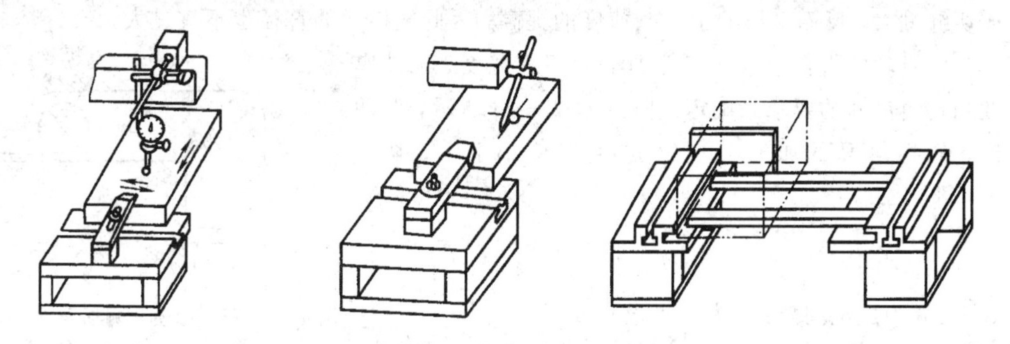

图 4-2-15　百分表法校正　　图 4-2-16　划线法校正　　图 4-2-17　固定基面靠定法

(3) 固定基面靠定法。如图 4-2-17 所示，利用通用或专用夹具的基准面，在夹具安装时按其基准对夹具进行找正，在安装具有相同加工基准面的工件时，可以直接利用夹具的基准面来定位找正。这种方法的找正效率高，适合于多件加工，其找正精度比百分表法低，但比划线法高。

(4) 电极丝找正法。当线切割加工的轮廓与工件的基准无精度要求或精度要求较低时，可以利用电极丝对工件的侧面进行找正，工件通过预夹紧后，将电极丝移到靠近基准侧面处，保持电极丝与工件侧面间有微小距离，沿基准方向移动坐标轴，根据目测调整工件位置。这种方法常用于厚度较小的板料切割，当毛坯的某个方向尺寸较大时更加容易找正。

注意：工件找正后需要对工件进行进一步夹紧，对于加工型腔与工件基准有较高位置精度要求的工件，在工件夹紧后，通常还需要对工件的位置再进行校验，而对精度要求较低的工件就不需要再校验了。

7. 确定电极丝

1) 常用电极丝材料的种类、性能及特点

快走丝线切割机床的电极丝是快速往复运行的，电极丝在加工过程中反复使用，这类电极丝主要有钼丝、钨丝和钨钼丝。慢走丝线切割机床一般用黄铜丝作电极丝。线切割常用的电极丝及其特点见表 4-2-3 。

表 4-2-3　常用电极丝及特点

材质	线径/mm	特　点
紫铜	0.1～0.25	适合于切割速度要求不高或精加工时用，丝不宜卷曲，抗拉强度低，容易断丝
黄铜	0.1～0.30	适合于高速加工，加工面的蚀屑附着少。表面粗糙度和加工面的平直度较好
专用黄铜	0.05～0.35	适合于高速、高精度和粗糙度要求高的加工以及自动穿丝，但价格高
铝	0.05～0.25	由于其抗拉强度高，一般用于快走丝，在进行微细、窄缝加工时，也可用于慢走丝
钨	0.03～0.1	由于其抗拉强度高，可用各种窄缝的微细加工，但价格昂贵

2）电极丝直径的确定

电极丝的直径对切割速度的影响较大。若电极丝直径过小，则承受电流小，切缝也窄，不利于排屑和稳定加工，不可能获得理想的切割速度；电极丝的直径超过一定程度，会造成切缝过大，反而又影响了切割速度的提高，因此电极丝的直径也不宜过大。

电极丝的直径应根据工件加工的切缝宽度、工件厚度和拐角尺寸的要求来确定。如图 4-2-18 所示，对凹模内侧拐角 R 的加工，电极丝的直径应小于 1/2 切缝宽，即

$$R\geqslant\frac{1}{2}\phi+\delta$$

式中：δ 为放电间隙；ϕ 为电极丝直径。

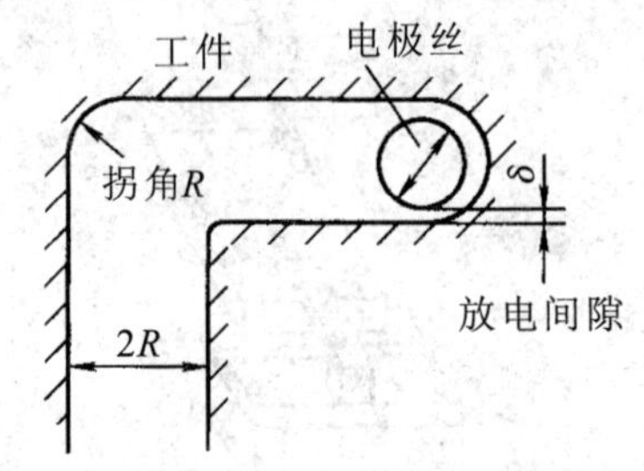

图 4-2-18 凹模内侧拐角 R 的加工

为了满足切缝和拐角的要求，需要选用线径小的电极丝，但是线径小，加工的工件厚度就会受到限制。表 4-2-4 列出了线径、拐角 R 极限和能加工的工件厚度的极限。实际加工工件厚度可大于表中值，但容易使加工表面产生纹路，使拐角部位的形状恶化。

表 4-2-4 电极丝直径、拐角 *R* 极限和工件厚度的极限

电极丝线径/mm		拐角 R 极限/mm	加工厚度/mm
钨	0.05	0.04～0.07	0～10
	0.07	0.05～0.10	0～20
	0.10	0.07～0.12	0～30
黄铜	0.15	0.10～0.16	0～50
	0.20	0.12～0.20	0～100 以上
	0.25	0.15～0.22	0～100 以上

3）电极丝的张紧力的确定

电极丝的张紧力直接影响到工件的质量和切割速度。当电极丝张紧力适中时，切割速度最大；当电极丝的张紧力过大时，由于电极丝频繁地往复弯曲、摩擦，加上放电时遭受急热、急冷变换的影响，可能发生疲劳而造成断丝。在快走丝加工中，如果电极丝的张紧力过大，断丝往往发生在换向的瞬间，严重时即使空走也会断丝。但若电极丝的张紧力过小，尤其在切割较厚工件时，由于电极丝的跨距较大，电极丝在加工过程中受放电压力的作用而弯曲变形，结果电极丝切割轨迹落后并偏离工件轮廓，即出现加工滞后现象，从而造成形状与尺寸误差，严重时电极丝快速运转容易跳出导轮槽而发生断丝现象。

另外，电极丝张紧力的大小，对运行时电极丝的振幅和加工稳定性也有很大影响。对于无恒张力机构的线切割机床在上电极丝时应采取措施，对电极丝进行适当的张紧，如在上丝过程中外加辅助张紧力，通常可逆转电动机，或上丝后再张紧一次；对于具有恒张力机构的线切割机床要根据不同直径的电极丝、不同厚度的工件选择合适的配重。对加工精度要求高的，要提高张力，如果是以提高切割速度为主时，可降低张力。张紧力在电极丝抗拉强度允许范围内应尽可能大一点，张紧力的大小应视电极丝的材料与直径的不同而异，一般快走丝线切割机床的钼丝张力应在 5～10 N。

8. 电极丝偏移量

切割加工过程中，电极丝的中心的运动轨迹并不等于工件的实际轮廓。因此，编程时需要进行半径补偿和间隙补偿，即线切割加工的电极丝偏移量等于电极丝半径与单边放电间隙之和：

$$D=R+\delta$$

式中：D 为电极丝偏移量；R 为电极丝半径；δ 为单边放电间隙。

电极丝半径补偿如图 4-2-19 所示。

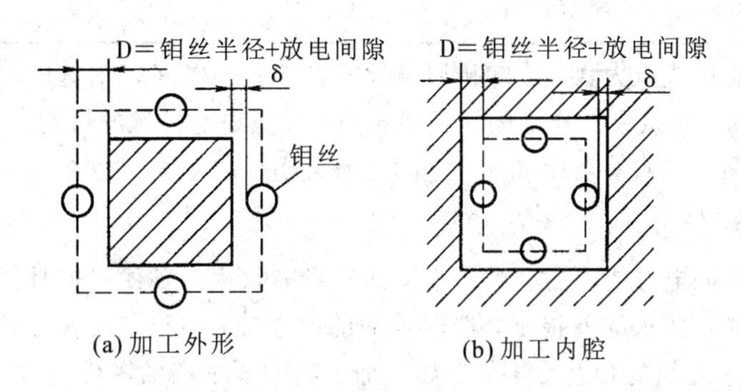

(a) 加工外形　(b) 加工内腔

图 4-2-19　电极丝半径补偿

9. 工作液的选配

由电火花线切割加工机理可知，如果电极丝和工件之间没有工作液，放电加工就不可能进行，即使存在放电也是有害的电弧放电，或者发生短路现象；并且电火花线切割加工的特点是加工间隙小，工作液只能靠强迫喷入和电极丝的带入来供给，因此工作液对于电火花线切割加工显得尤为重要。

工作液一般由基础油、清洗剂、爆炸剂、防锈剂、光亮剂、阻尼剂和络合剂等组成。基础油是用来形成绝缘层的，必须是消电离快的物质；爆炸剂是用来增强放电爆炸力的。虽然基础油本身是一种较好的爆炸剂，但由于线切割加工在窄缝内进行，基础油所产生的爆炸力还是不够，所以必须添加爆炸剂，这对于加工厚度较大的工件更是不可缺少的。在电火花线切割加工中，可使用的工作液种类很多，有煤油、乳化液、去离子水、蒸馏水、洗涤剂、酒精溶液等，它们对线切割工艺指标的影响各不相同，尤其对加工速度的影响较大。

在快走丝线切割加工中，一般使用乳化型工作液，选配时应注意以下几点：

(1) 合理配置工作液浓度，以提高加工效率和工件的表面质量。工作液一般采用5%～10%的乳化液。工作液配置的浓度取决于加工工件的厚度、材质及加工精度要求。

① 从工件厚度来看，厚度小于 30 mm 的薄型工件，工作液浓度在 10%～15%之间；厚度为 30～100 mm 的较厚工件，工作液浓度在 5%～10%之间；厚度大于 100 mm 的厚工件，工作液浓度约在 3%～5%之间。

② 从工件材质来看，易于蚀除的材料，如铜、铝等熔点和汽化潜热低的材料，可以适当提高工作液浓度，以充分利用放电能量，提高加工效率，但同时应选择较大直径的电极丝进行切割，以利排屑。

③ 从加工精度来看，工作液浓度高，放电间隙小，工件表面粗糙度较好，但不利于排屑，易造成短路。工作液浓度低时，工作面粗糙度差，有利于排屑。

(2) 新配制的工作液，其性能并不是最好，一般使用大约 2 天以后其效果最佳，继续使用 8～10 天后就易断丝，此时必须更换工作液。

(3) 工作液的电阻率需要根据工件材质而定。对于表面在加工时容易形成绝缘膜的铝材、钼、结合剂烧结的金刚石以及由于电腐蚀使表面氧化的硬质合金和表面容易产生气孔的工件材料，如果要提高工作液的电阻率，一般可按表 4-2-5 进行选择。

表 4-2-5　工作液电阻率

材 质	钢铁	铝、结合剂烧结的金刚石	硬质合金
工作液电阻率/10^4 Ω·cm	2～5	5～20	20～40

(4) 工作液流量或压力大，冷却排屑条件好，有利于提高切割速度和加工表面的垂直度。但在精加工时，应减小工作液的流量或压力，以减小电极丝的振动。上、下喷嘴与工件之间的距离应尽量近一些，若距离太大，则会增大拐角的塌角，使加工精度下降。

10. 选择电参数

实践表明，脉冲电源的参数，对工艺指标的影响很大，必须根据具体的加工对象和要求，在满足主要加工要求的前提下，选取合适的电参数，尽可能提高各项工艺指标，同时还要注意各种因素之间的相互影响，例如在加工精度要求高的零件时，选择电参数主要是满足尺寸精度和表面粗糙度的要求，因此选取较小的加工电流峰值和较窄的脉冲宽度，但这样必然带来加工速度的降低；在加工精度要求较低的零件时，可选用加工电流峰值大、脉冲宽度宽的电参数值，尽量获得较高的切割速度。此外，不管加工对象和要求如何，还须选择适当的脉冲间隔，以保证加工稳定进行，提高脉冲利用率。因此选择电参数值相当重要，只要能运用它们的最佳组合，就一定能够获得良好的加工效果。

1) 脉冲宽度的选择

在选择电参数时，脉冲宽度是首选，它对加工效率、表面粗糙度和加工的稳定性的影响很大。对于不同的材料和工件厚度，应合理选择脉冲宽度。为保证一定的表面粗糙度，一般以机床进给均匀和不短路为宜。

脉冲宽度的选择范围一般为 2～60 μs，而脉冲频率约为 10～100 kHz，有时也高于这个范围。如果脉冲宽度增加，单个脉冲能量增大，切割速度提高，表面粗糙度变差；但当脉冲宽度大于 40 μs 后，脉冲宽度的增加对加工速度的提高并不明显，而电极丝的损耗明显增大。所以在半精加工、精加工时，单个脉冲放电能量应限制在一定范围内，当短路峰值电流选定后，脉冲宽度应视具体的加工要求选定。

精加工：选择较宽的脉冲宽度，可在 20 μs 以内选择；

半精加工：选择较宽的脉冲宽度，可在 20～60 μs 之间选择。

另外，脉冲宽度的选择还与工件的厚度有关，工件厚度大，脉冲宽度应适当增大。

2) 峰值电流的选择

峰值电流是指放电电流的最大值，它对提高线切割速度最为有效。若峰值电流大，则切割速度加快，但表面粗糙度将会变差。这是由于电流越大，单个脉冲能量就越大，放电的电痕变大，切割速度高，表面粗糙度就比较差。在增大峰值电流的同时，电极丝的损耗也加大，严重时甚至会发生断丝现象。一般可以在正式加工前进行试切，以调整峰值电流的大小，或者根据加工引入段的加工状况来调整峰值电流，使之在不断丝的条件下有较高的切割速度。一般选择峰值电流小于 40 A，平均切割电流小于 5 A。

3）脉冲间隔的选择

脉冲间隔对切割速度影响较大，对表面粗糙度的影响较小。脉冲间隔减小，则平均加工电流增大，切割速度提高，表面粗糙度值稍有提高；脉冲间隔增大，将降低切割速度，表面粗糙度值也减小。

选择脉冲间隔太小，会使放电产物来不及排除，放电间隙来不及充分消电离，使加工不稳定，易发生电弧放电使工件烧伤或断丝；选择脉冲间隔太大，会使切割速度明显降低，严重时不能连续进给，影响加工的稳定性。

应根据工件的厚度和脉冲宽度合理选择脉冲间隔，以保证加工的稳定性。切割厚件时，选用大的脉冲间隔，有利于排屑，保证加工稳定性。一般脉冲间隔在 10～250 μs 之间选择，取脉冲间隔等于 4～8 倍的脉冲宽度，基本上能适应各种加工条件进行稳定加工。

4）开路电压的选择

开路电压的大小直接影响峰值电流的大小，提高开路电压，峰值电流增大，切割速度提高，但工件表面粗糙度变差。开路电压对加工间隙也有影响，电压高，间隙大；电压低，间隙小。采用乳化液介质和高速走丝方式加工时，开路电压峰值一般在 60～150 V 的范围内，在有特殊加工要求时，开路电压峰值可达 300 V。

5）放电波形的选择

线切割机床常用的两种波形是矩形波脉冲和分组脉冲。在相同的工艺条件下，分组脉冲常常能获得比较好的加工效果，常用于精加工和薄工件的加工。矩形波加工效率高，加工范围广，加工稳定性好，属于快走丝线切割最常用的加工波形。

6）极性效应

在电火花加工中，当采用短脉冲加工时，正极的蚀除速度大于负极的蚀除速度；当采用长脉冲加工时，负极的蚀除速度大于正极的蚀除速度。电火花线切割采用正极性接法有利于提高加工速度，而且有利于减少电极丝的损耗，从而有利于提高加工精度。

11. 其他参数的确定

其他参数应按照加工要求，使参数设定在稳定加工、不产生短路、不断丝情况下，以获得较高的切割速度。

1）进给速度

若工作台进给速度太快，则容易产生短路和断丝，加工不稳定，使切割速度反而降低，表面粗糙度下降；进给速度太慢，会产生二次放电，使脉冲利用率过低，切割速度降低，工件表面质量受到影响，即加工表面的腰鼓量会增大，但表面粗糙度较好；因此，在正式加工时，进给速度调得要适当。一般将试切的进给速度降低 10%～20%，以防止短路和断丝，在满足表面粗糙度要求的前提下追求最高的切割速度。另外切割速度还受到间隙消电离的限制，要选择合适的脉冲间隔。

2）走丝速度

走丝速度一般是根据工件厚度和切割速度来确定，走丝速度应尽量快一些。对于快走丝来说，有利于冷却及排屑；对于慢走丝来说，有利于减少因电极损耗而对加工精度产生的影响。

12. 程序编制

线切割程序的编制可采用手工编程或自动编程，无论采用哪种方法进行编程均应考虑下列几方面。

(1) 配合间隙。对有配合间隙要求的工件进行切割时，在编程中应把配合间隙值考虑在程序中。

(2) 过渡圆。为了提高工件的使用寿命，在工件的几何图形交点，特别是小角度的拐角处应加上过渡圆，其半径一般在0.1～0.5 mm范围内。

(3) 起割点和切割路线。起割点一般应选择在工件几何图形的拐角处或容易将凸尖修去的部位。切割路线的确定以防止或减少工件变形为原则。

13. 程序检验

编写好的程序一般要经过检验才能用于正式加工。采用计算机自动编程时，可利用软件提供的加工模拟功能进行模拟，还可以采用机床空运行的方法检验实际加工情况，验证加工过程中机床的极限、行程是否满足等，确保程序无误，必要时可用薄料进行试切割。

14. 工件检验

加工后的工件应进行必要的清洗，然后对工件进行尺寸精度、配合间隙和表面粗糙度等项目的检验，确定与零件图样要求的一致性。

任务二　线切割程序编制

【任务导入】 数控线切割机床要完成既定的加工任务，首先要由操作人员编制加工程序，然后把程序输入到机床的控制系统中，再由控制系统控制机床的工作台运动而完成加工。

【任务要求】

1. 熟悉3B代码编程技术；
2. 熟悉G代码编程技术。

【任务目标】

1. 运用3B编程技术编制加工程序；
2. 运用ISO编程技术编制加工程序。

 **知识关联** 编程方法

编程方法分为手工编程和自动编程。手工编程是线切割操作者必需的基本功，它能使操作者比较清楚地了解编程所需的各种计算和编制进程。按照手工编程的格式的不同，手工编程又分为3B、4B、5B、ISO和EIA等。但手工编程计算量比较大，费时间，所以复杂、计算量大的零件的编程都采用计算机来进行自动编程。自动编程根据方式的不同分为两种：绘图式编程和语言式编程。绘图式编程软件比较多，目前应用最多的软件是YH、CAXA和AUTOP等，语言式编程主要是APT语言。

编程的目的是产生线切割控制程序系统所需要的加工代码。目前快速走丝线切割机床一般采用3B代码的程序格式，而低速走丝线切割机床通常采用国际上通用的ISO或EIA

格式。为了便于国际交流和标准化，我国生产的线切割控制系统已逐步采用 ISO 代码格式。

手工编程的具体步骤如下：

(1) 正确选择穿丝孔和电极丝的切入位置。穿丝孔是电极丝切割的起点，也是程序的原点。

(2) 确定切割路线。

(3) 计算电极丝偏移量。

(4) 求各直线段的交点坐标值。

(5) 编制线切割程序。

(6) 程序检验。

一、3B 代码编程技术基础

我国在快走丝线切割机床中一般采用 B 代码格式，B 代码格式又分为 3B 格式、4B 格式、5B 格式等，在这些 B 代码中，3B 格式是最常用的格式。

(一) 程序格式

3B 程序的格式见表 4－2－6。

表 4－2－6　3B 程序格式

B	X	B	Y	B	J	G	Z
分隔符号	X 坐标值	分隔符号	Y 坐标值	分隔符号	计数长度	计数方向	加工指令

其中：

B——分隔符号，用来将 X、Y、J 的数码分开，以利于控制机识别。

X、Y——坐标值，直线的终点或圆弧起点的坐标值，编程时均取绝对值，单位为 μm。X 或 Y 为零时，X、Y 值均可不写，但分隔符号保留。例如 B2000 B0 B2000 GX L1 可写为 B B B2000 GX L1。

J——计数长度，指切割长度在 X 轴或 Y 轴上的投影长度。当计数方向确定后，计数长度则为直线段或圆弧在该方向坐标轴上的投影总和(绝对值)，单位为 μm。

G——计数方向，选取 X 轴方向计数，用 GX 表示；选取 Y 轴方向计数，用 GY 表示。工作台在该方向每走 1 μm，计数减 1，当累计减到计数长度 J 为零时，这段程序加工完毕。计数方向的确定方法如下：

(1) 加工直线段时的计数方向。

用线段终点坐标的绝对值进行比较，哪个方向数值大，就取哪个方向作为计数方向，即

$|Y|>|X|$ 时，取 GY；

$|X|>|Y|$ 时，取 GX；

$|X|=|Y|$ 时，45°和 225°两个方向的直线计数方向为 GY；135°和 315°两个方向的直线计数方向为 GX。

(2) 加工圆弧时的计数方向。

根据终点坐标的绝对值，哪个方向数值小，就取哪个方向为计数方向。此情况与直线

段相反，即

|Y|＜|X|时，取 GY；

|X|＜|Y|时，取 GX；

|Y|＝|X|时，取 GX 或 GY 均可。

Z——加工指令，根据被加工零件图形的形状所在象限和走向等确定。控制台根据这些指令来计算、控制进给方向。加工指令共有 12 种，如图 4－2－20 所示。

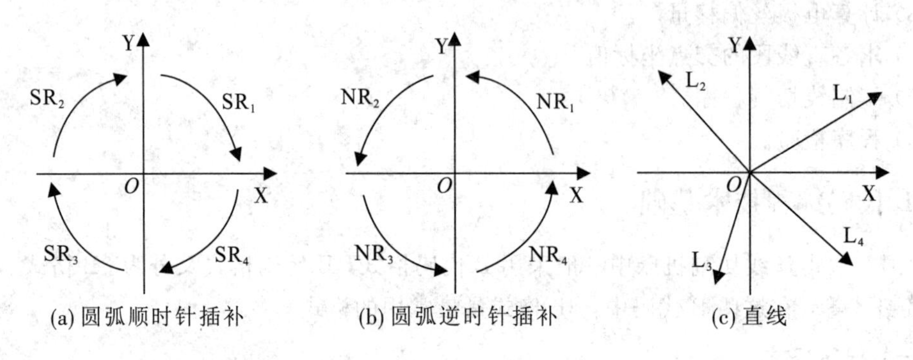

图 4－2－20　加工指令

加工圆弧时，加工指令根据圆弧的走向以及圆弧从起点开始向哪个象限运动来确定。圆弧按顺时针插补时(见图 4－2－20(a))，分别用 SR1、SR2、SR3、SR4 表示；圆弧按逆时针插补时(见图 4－2－20(b)，分别用 NR1、NR2、NR3、NR4 表示。

加工直线段时，位于四个象限的斜线，指令分别用 L1、L2、L3、L4 表示，如图 4－2－20(c)所示。若直线与坐标轴重合，根据进给方向其加工指令按图 4－2－21 选取。

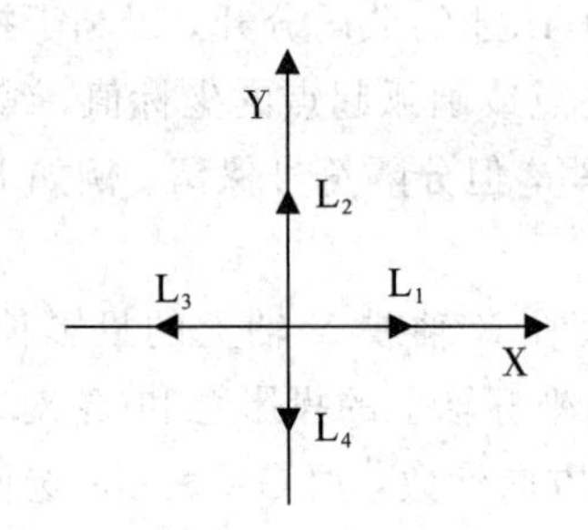

图 4－2－21　直线与坐标轴重合的加工指令

例 1：加工图 4－2－22 所示的斜线 OA，终点 A 的坐标为(5，4)，试写出加工程序。

因为终点 A 的坐标为(5，4)，|X|＞|Y|，计数方向取 GX；斜线 OA 在 X 轴上的投影长度等于计数长度，即 J＝|X|＝5000 μm。加工指令 Z 由图 4－2－20(c)可知，取 L1，OA 直线的加工程序为

B5000　B4000　B5000　GX　L1

或采用比值，则为

B5 B4　B5000　GX　L1

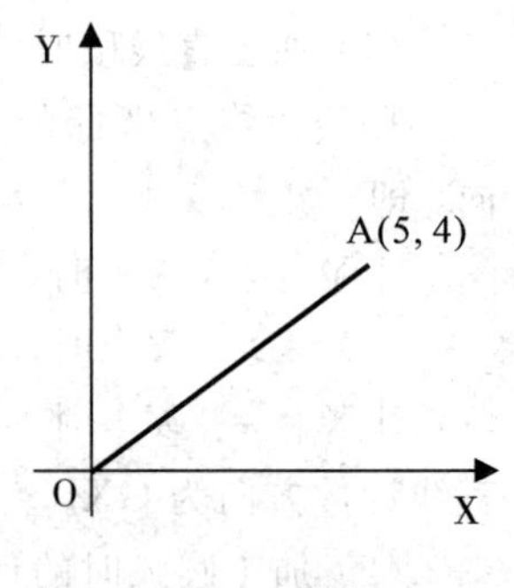

图 4－2－22　斜线 OA

例 2：写出图 4-2-23 中直线段 OB 的加工程序。

因为终点 B 的坐标为(0，4)，｜X｜<｜Y｜，计数方向取 GY；直线 OB 在 Y 轴上的投影长度等于计数长度，即 J=｜Y｜=4000 μm。加工指令 Z 由图 4-2-21 可知，取 L2，则直线段 OB 的加工程序为

B0　B4000　B4000　GY　L2 或 B　B　B4000　GY　L2

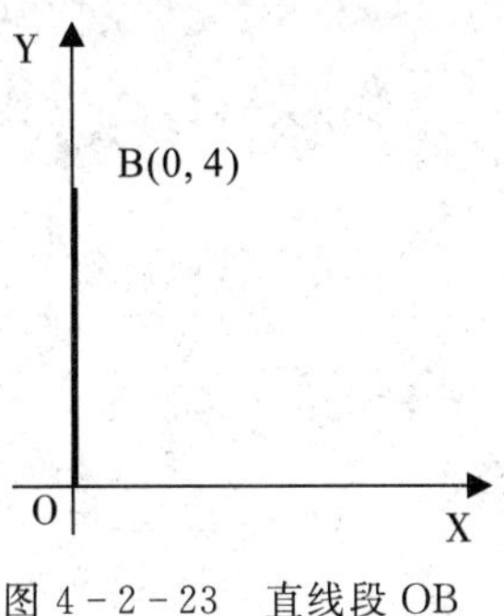

图 4-2-23　直线段 OB

例 3：如图 4-2-24 所示的圆弧，加工点为 C(-3，-4)和 D(4，-3)，试写出加工程序。

(1) 按顺时针方向圆弧 CD，起点为 C 点，终点为 D 点，由终点坐标 D(4，-3)，｜X｜=4000 μm，｜Y｜=3000 μm，｜Y｜<｜X｜，计数方向取 GY；

圆弧半径 $R=\sqrt{4000^2+3000^2}=5000\ \mu m$

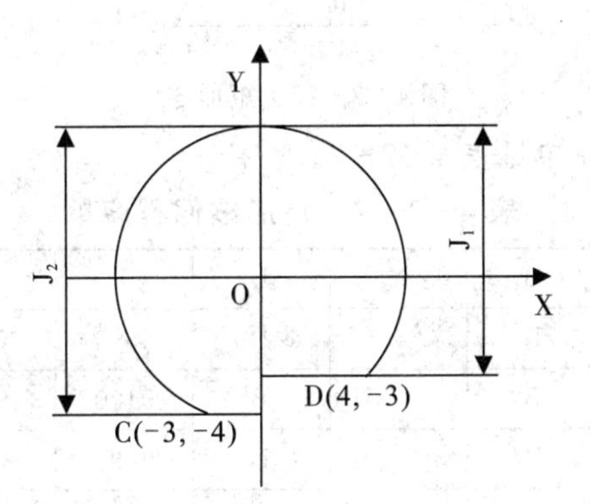

图 4-2-24　圆弧 CD

计数长度 J 为各象限的圆弧段在 Y 轴上的投影总和(见图 4-2-24)，即

J1=5000+3000=8000 μm

J2=5000+4000=9000 μm

J=J1+J2=8000+9000=17 000 μm

加工指令：因图形从第三象限起点开始运动，加工指令 Z 取 SR3；

其加工程序为

B3000　B4000　B17000　GY　SR3

(2) 按逆时针方向圆弧为 DC，其加工程序为

B4000　B3000　B13000　GX　NR4

(二) 编程实例

例 4：编制图 4-2-25 中 20 mm×10 mm 矩形零件的线切割程序(人工补偿法编程)，电极丝的直径为 0.18 mm，单边放电间隙为 0.01 mm。

(1) 选择切割起点、确定切割路线。A 点为切割起点，切割路线为

A→B→C→D→E→F→B→A

其中 B 点为 CF 段中点。

（2）确定电极丝偏移量 D：

$$D=R+\delta=0.18\div 2+0.01=0.10\ \text{mm}$$

电极丝的中心轨迹为图 4－2－25 中双点划线。

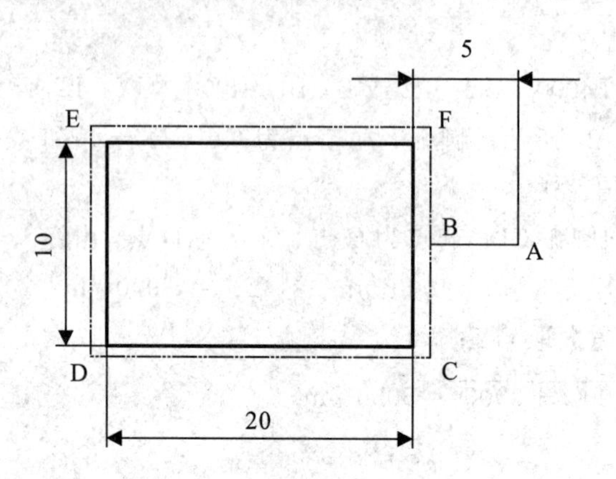

图 4－2－25 矩形零件

（3）电火花线切割程序单见表 4－2－7。

表 4－2－7 矩形零件程序单

序号	B	X	B	Y	B	J	G	Z	说明
1	B		B		B	4900	GX	L3	AB 段引入
2	B		B		B	5100	GY	L4	BC
3	B		B		B	20200	GX	L3	CD
4	B		B		B	10200	GY	L2	DE
5	B		B		B	20200	GX	L1	EF
6	B		B		B	5100	GY	L4	FB
7	B		B		B	4900	GX	L1	BA 段引出

例 5：编制图 4－2－26 中耳板的电火花线切割加工程序（自动补偿法编程），电极丝的直径为 0.18 mm，单边放电间隙为 0.01 mm。

（1）建立坐标系，确定穿丝孔位置。

加工顺序由内向外，选 ϕ20 孔中心为穿丝孔位置，选 B 点为外形加工穿丝孔位置。

（2）确定电极丝偏移量 D：

$$D=R+\delta=0.18/2+0.01=0.10\ \text{mm}$$

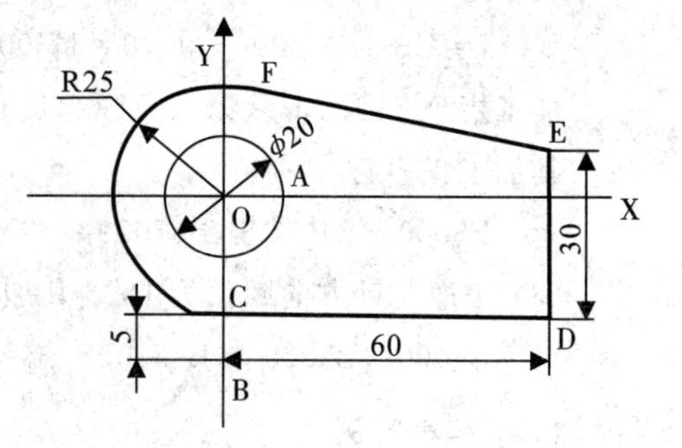

图 4－2－26 耳板

（3）计算各点坐标。将图形分成直线段和圆弧，F 点是直线 FE 与圆弧的切点，除 F 点外，其余交点坐标由图形尺寸就可得到，求 F 点的坐标。

F 点的坐标通过计算可得：X＝8.4651，Y＝23.5255。

（4）编写程序。采用自动补偿时，直线段 OA 和 BC 为引入线段，需减去半径补偿值 0.10 mm，其余线段不需考虑补偿。切割时，由数控装置自动补偿，但在 D 点和 E 点需加过渡圆弧 R=0.15 mm。

加工顺序：先孔后外形。

外形切割路线：B→C→D→E→F→C→B。

线切割程序单见表 4-2-8。

表 4-2-8　耳板程序单

序号	B	X	B	Y	B	J	G	Z	说明
1	B		B		B	9900	GX	L1	穿丝切割，OA 段引入
2	B	10000	B		B	40000	GY	NR1	内孔加工
3	B		B		B	9900	GX	L3	AO 段
4								D	拆卸钼丝
5	B		B		B	30000	GY	L2	空走
6								D	重新装丝
7	B		B		B	4900	GY	L2	BC 段
8	B	59850	B	0	B	59850	GX	L1	CD 段
9	B	0	B	150	B	150	GY	NR4	D 点过渡圆弧
10	B	0	B	29745	B	29745	GY	L2	DE 段
11	B	150	B	0	B	150	GX	NR1	E 点过渡圆弧
12	B	51445	B	18491	B	51445	GX	L2	EF 段
13	B	84561	B	23526	B	58456	GX	NR1	FC 圆弧
14	B		B		B	4900	GY	L4	CB 引出
15								D	加工结束

二、G 代码编程技术基础

随着数控技术的不断发展，为有利于国际交流合作，目前，我国生产的线切割机床逐步采用标准的 G 代码编程格式。G 代码编程是一种通用的编程方法，由于其控制功能强大，使用广泛，将成为数控发展的方向。

（一）程序段格式和程序格式

1. 程序段格式

程序段由若干个程序字组成，格式如下：

N_　G_　X_　Y_

字是组成程序段的基本单元，一般都是由一个英文字母加若干位十进制数字组成的，如：X8000，这个英文字母称为地址字符。不同的地址字符表示的功能也不一样，如表 4-2-9 所示为各种地址字符的含义和功能。

表 4-2-9 地址字符表

功 能	地 址	含 义
顺序号	N	程序段号
准备功能	G	指令动作方式
尺寸字	X、Y、Z	坐标轴移动指令
	A、B、C、U、V	附加轴移动指令
	I、J	圆弧中心坐标
锥度参数	W、H、S	锥度参数指令
进给速度	F	速度进给指令
辅助功能	M	机床开关及程序调用指令
补偿字	D	间隙及电极丝补偿指令

1）顺序号

位于程序段之首，表示程序段的序号，后续数字 2～4 位，如 N04、N0020 等。

2）准备功能 G

准备功能 G 是建立机床或控制系统工作方式的一种指令，其后有两位正整数，即 G00～G99。

3）尺寸字

尺寸字在程序段中主要是用来指令电极丝运动到达的坐标位置。电火花线切割加工常用的尺寸字有 X、Y、A、U、V、I、J 等。尺寸字后的数字在要求代数符号时，加正负号(正号可略)，单位为 μm。

4）辅助功能 M

由 M 功能指令及后续的两位数字组成，即 M00～M99，用来指令机床辅助装置的接通或断开。

2. 程序格式

一个完整的加工程序是由程序名、程序的主体(若干程序段)和程序结束指令组成，例如：

```
O1234;                                  (程序开始)
N10  G90  G92  X-15000  Y0;
N20  G01  X-11000  Y0;
N30  G01  X-10000  Y0;
N40  G01  X-10000  Y-9800;
N50  G03  X9800  Y-10000  I200  J0;
N60  G01  X9800  Y-10000;
N70  G03  X10000  Y-9800  I0  J200;
……                                      (从 N10 段到此为程序内容)
N180    M02;                            (程序结束)
```

1）程序名

数控系统一般在每个数控程序开始时必须指定该程序名，并将程序名按规定的要求写在程序的开始。程序开始的地址符通常有 O、L、%等，在其后写数字，如 O1234。

2）程序的主体

程序的主体由若干程序段组成，如上面加工程序中 N01～N170 段。所谓程序段，就是由一个地址或符号开始，以"；"或"LF"为程序段结束符的一行程序；也有的数控系统程序段结束时不用"；"或"LF"这些特殊字符作为程序段结束标志，每一行程序就是一个程序段。如上面的程序，每个程序段以程序段序号和其他各种字组成，以"；"结束。

3）程序结束指令 M02

M02 指令安排在程序的最后，单列一段。当数控系统执行到 M02 程序段时，就会自动停止进给并使数控系统复位。

3. G 代码及其编程

表 4-2-10 是电火花线切割数控机床常用 ISO 代码。

表 4-2-10　电火花线切割数控机床常用 ISO 代码

代码	功　　能	代　码	功　　能
G00	快速定位	G55	加工坐标系 2
G01	直线插补	G56	加工坐标系 3
G02	顺圆插补	G57	加工坐标系 4
G03	逆圆插补	G58	加工坐标系 5
G05	X 轴镜像	G59	加工坐标系 6
G06	Y 轴镜像	G80	接触感知
G07	X、Y 轴交换	G82	半程移动
G08	X 轴镜像，Y 轴镜像	G84	微弱放电找正
G09	X 轴镜像，X、Y 轴交换	G90	绝对坐标
G10	Y 轴镜像，X、Y 轴交换	G91	增量坐标
G11	Y 轴镜像，X 轴镜像，X、Y 轴交换	G92	定起点
G12	消除镜像	M00	程序暂停
G40	取消间隙补偿	M02	程序结束
G41	左偏间隙补偿，D 偏移量	M05	取消接触感知
G42	右偏间隙补偿，D 偏移量	M96	主程序调用文件程序
G50	消除锥度	M97	主程序调用文件结束
G51	锥度左偏	W	下导轮到工作台面高度
G52	锥度右偏	H	工件厚度
G54	加工坐标系 1	S	工作台面到上导轮高度

1）快速定位指令 G00

使用快速定位指令的程序段格式为

G00　X_　Y_；

数控系统在执行该指令时，电极丝快速移动到指定位置。

注意：如果程序段中有 G01 或 G02，那么 G00 无效。

2）直线插补指令 G01

数控系统在执行该指令时，电极丝以给定的速度，从当前点沿着当前点与目标点的连线移动，此时电极丝的移动轨迹为一条直线。其程序段格式为

G01 X_ Y_；

3）圆弧插补指令 G02、G03

G02 为顺时针圆弧插补指令，G03 为逆时针圆弧插补指令。

用圆弧插补指令编写的程序段格式为

G02 X_ Y_ I_ J_；

G03 X_ Y_ I_ J_；

其中，X、Y 分别表示圆弧终点坐标。在绝对编程方式下，其值为圆弧终点的绝对坐标；在增量编程方式下，其值为圆弧终点相对于起点的坐标。

I、J 是圆心相对圆弧起点的坐标。不管是绝对编程方式还是增量编程方式，I、J 的值都是指圆弧的圆心相对于圆弧起点的坐标。

4）指令 G90、G91、G92

G90 为绝对尺寸指令。表示该程序段中的编程尺寸是按绝对尺寸给定的，即移动指令终点坐标值 X、Y 都是以工件坐标系原点（程序的零点）为基准来计算的。

G91 为增量尺寸指令。该指令表示程序段中的编程尺寸是按增量尺寸给定的，即坐标值均以前一个坐标位置作为起点来计算下一点的位置值。

G92 为设定工件坐标系指令。G92 指令中的坐标值为加工程序的起点坐标值。

其程序段格式为

G92 X_ Y_；

5）镜像及交换指令 G05、G06、G07、G08、G10、G11、G12

G05 为 X 轴镜像，函数关系式：X＝－X

G06 为 Y 轴镜像，函数关系式：Y＝－Y

在加工模具零件时，常会遇到所加工零件的形状是对称的。例如，编制图 4－2－27 中的 ABC 和 $A'B'C'$ 的加工程序时，可以先编制其中一个，然后通过镜像交换指令即可加工。

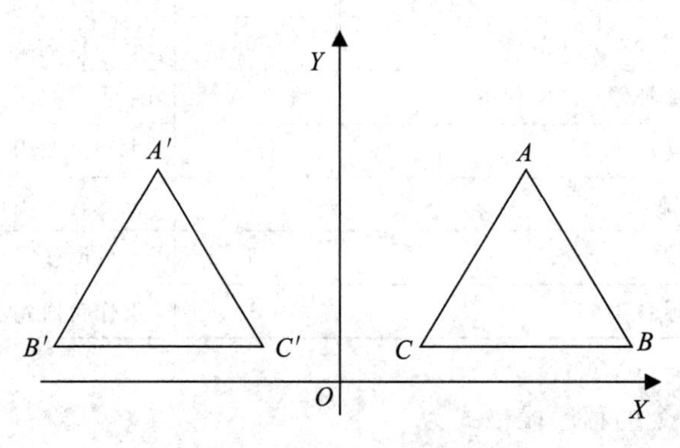

图 4－2－27 Y 轴镜像

G12 为镜像消除指令。凡有镜像交换指令的程序，都需用 G12 作为该程序的消除指令。其他镜像及其交换指令功能见表 4-2-10。

6）间隙补偿指令 G40、G41、G42

G41 为左偏补偿指令，其程序段格式为

G41　D_；

G42 为右偏补偿指令，其程序段格式为

G42　D_；

程序段中的 D 表示电极丝偏移量，其计算方法与前面方法相同。

注意：左偏、右偏是沿加工方向看，电极丝在加工图形左边为左偏；电极丝在右边为右偏。凸、凹模加工的间隙补偿指令如图 4-2-28 所示。

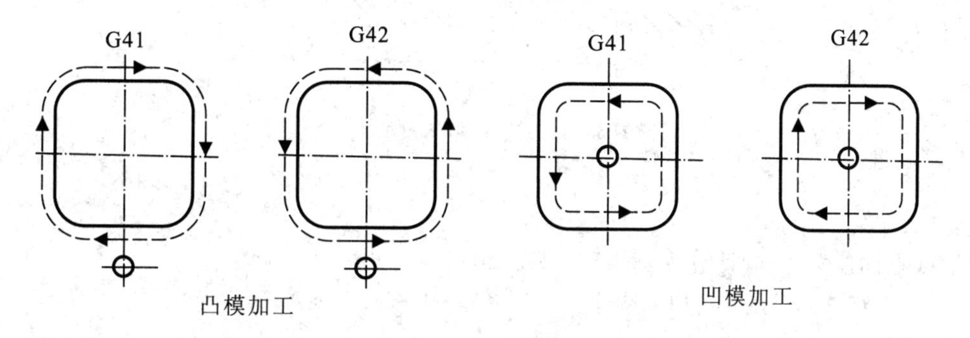

图 4-2-28　间隙补偿指令

7）锥度加工指令 G50、G51、G52

在目前的一些电火花线切割数控机床上，锥度加工都是通过装在上导轮部位的 U、V 附加轴工作台实现的。加工时，控制系统驱动 U、V 附加轴工作台，使上导轮相对于 X、Y 坐标轴工作台平移，以获得所求的锥角，用此方法可以解决凹模的漏料问题。

G51 为锥度左偏指令，即沿走丝方向看，电极丝向左偏离。顺时针加工时，锥度左偏加工的工件为上大下小；逆时针加工时，锥度左偏加工的工件上小下大。锥度左偏指令的程序段格式为

G 51　A_；

G52 为锥度右偏指令，用此指令顺时针加工，工件为上小下大；逆时针加工，工件为上大下小。锥度右偏指令的程序段格式为

G52　A_；

其中，A 表示锥度值；G50 为取消锥度指令。

如图 4-2-29 所示的凹模锥度加工指令的程序段格式为“G51　A0.5”。加工前还需输入工件及工作台参数指令 W、H、S（功能见表 4-2-9）。

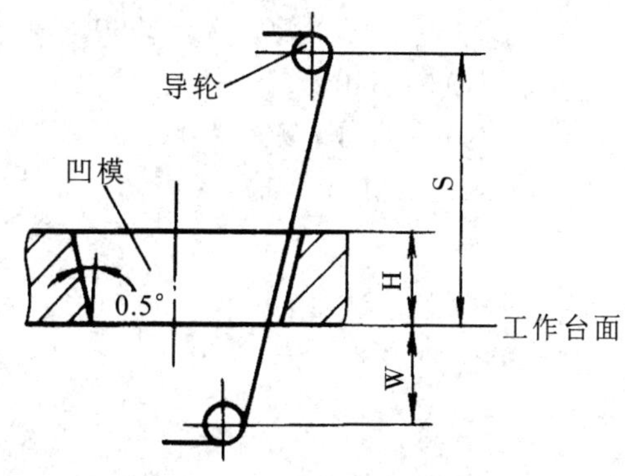

图 4-2-29　凹模锥度加工

（二）编程实例

例 6：在图 4-2-30 所示的落料凹模的加工中，电极丝直径为 0.18 mm，单边放电间

隙为 0.01 mm，图中的凹模尺寸为计算后平均尺寸。试编制其加工程序。

建立坐标系并按图样平均尺寸计算轮廓交点坐标及圆心坐标。电极丝偏移量为：

$$D=R+\delta=0.10\ \text{mm}$$

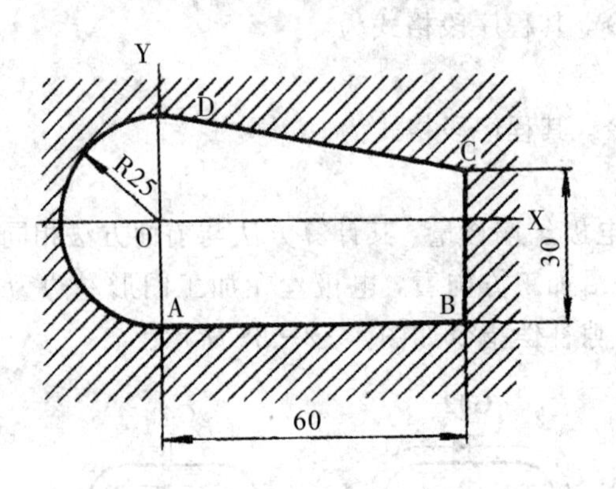

图 4-2-30　落料凹模加工

D 点坐标按例 4-5 计算为(8.456，23.526)。

选 O 点为加工起点，其加工顺序为：O→A→B→C→D→A→O

加工程序如下：

```
P1
N01   G92   X0   Y0
N02   G41   D100                                   应放于切入线之前
N03   G01   X0   Y－25000
N04   G01   X60000   Y－25000
N05   G01   X60000   Y5000
N06   G01   X8456   Y23526
N07   G03   X0   Y－25000   1－8456   J－23526
N08   G40                                          放于退出线之前
N09   G41   X0   Y0
N10   M02
```

项目三 数控线切割加工技术训练

【项目描述】 以DK7725E型线切割机床为例，进行数控线切割加工。

【项目目标】

知识目标：

1. 熟悉线切割加工的安全操作规程与线切割机床的维护保养；
2. 掌握线切割机床的基本操作方法；
3. 熟悉YH编程控制系统并掌握其使用；
4. 掌握线切割的试切与特殊情况的处理。

技能目标：熟悉DK7725E线切割机床的操作面板与结构，掌握其实际操作应用。

任务一 线切割的安全操作规程及保养

【任务导入】 线切割加工的安全操作规程，是操作者人身安全的保障，线切割机床的保养是线切割机床的加工质量的保障。

【任务要求】

1. 熟悉线切割加工的安全操作规程；
2. 熟悉线切割机床的保养。

【任务目标】

1. 说出线切割加工的安全操作规程；
2. 保养线切割机床。

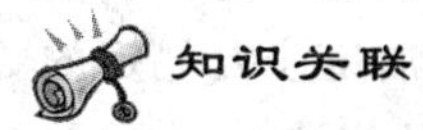

一、数控电火花线切割加工安全操作规程

(1) 操作者必须熟悉线切割机床的操作技术及线切割加工工艺，能够按照规定的操作步骤操作机床，并能合理地选择加工参数。

(2) 开机前必须按规定及时对机床各运动部件进行加油润滑。

(3) 手动上丝后，要立即将摇把取下，以防摇把飞出伤人。

(4) 机动运丝前，必须将丝筒上的罩壳、上臂盖、上导轮盖盖好，同时安装好防护罩，防止工作液甩出，防止高速运行时物体卷入以及断丝时电极丝发生缠绕和飞射伤人。

(5) 在切割加工前，要对工件进行必要的热处理，以消除工件的残余应力；工件装夹时要保证安装位置正确，夹紧可靠，防止发生碰撞；机床必须在允许的范围内加工，不得超载或超行程工作。

(6) 由于电流强度足以危及人的生命，因此在加工期间尽可能不要用手触及电极丝、工件、工作台，更不能同时接触工件与工作台。

(7) 禁止用潮湿的手或带有油污的手控制开关和操作按钮，更不能接触机床电器部分。

(8) 在线切割加工过程中，会产生有毒气体和烟雾，应保持一定距离防止发生过敏或中毒。

(9) 长时间接触工作液必须戴胶皮手套；在加工中要正确安装有机玻璃防溅板，工作液的流量、压力要适当，以免工作液喷入眼睛或吸入肺部。

(10) 在工作中不得把工具、量具或工件等物品放在机床导轨的防护罩上，以防移动时发生碰撞。

(11) 在切割过程中会产生很多有害物质，如废弃的工作液、废丝等，它们对环境会造成一定危害，要注意对废物进行必要的处理，不得随意丢弃。

(12) 要防止工作液及导电物等进入机床电器部分，当机床因电器短路造成火灾时，应首先切断电源，立即用四氯化碳等合适的灭火器灭火，绝不能用水对电器部分灭火。

(13) 电火花线切割机床附近不能存放任何易燃、易爆物品。

(14) 定期检查机床的保护接地是否可靠，注意电器的各个部位是否漏电，应尽量采用防触电开关。

(15) 在对机床电器、脉冲电源、控制系统、机械等部分进行维修前，要切断机床电源，防止损坏电器元件和触电事故的发生。

(16) 工作后应及时清理工作台、夹具等上面的工作液，并涂上适量润滑油，以防发生锈蚀。

二、线切割机床的维护保养

电火花线切割机床保养的目的是为了保持机床能正常可靠地工作，延长其使用寿命。

1. 电火花线切割机床一般的维护保养方法

1) 定期润滑

对机床进行润滑保养，是机床各部件灵活运转的保证。线切割机床上的运动部件如机床导轨、丝杠螺母副、传动齿轮、导轮轴承等应进行定期润滑，通常使用油枪注入规定的润滑油。如果轴承、滚珠丝杠等是保护套式，可以在使用半年或一年后拆开注油。

2) 定期调整

对于丝杠螺母、导轨等，要根据使用时间、磨损情况、间隙大小等进行调整，对导电块要根据其磨损的沟槽深浅进行调整。滚动导轨的调整方法是松开工作台一边的导轨固定螺钉，调整调节螺钉，观察百分表的反应，使其紧靠另一边即可。导电块长时间使用后，电极丝在其表面会磨出较深的沟槽，只需松开导电块的固定螺钉，将导电块旋转一个角度即可。

3) 定期更换

电火花线切割机床在使用时其导轮、导轮轴承等容易发生磨损，它们都是易损件，磨损后应及时更换，更换这些零件时一定要使用正确的更换方法，使它们在更换后达到规定的运动精度。电火花线切割的工作液太脏会影响切割加工，所以工作液也要定期更换。

4) 定期检查

定期检查机床电源线、行程开关、换向开关等是否安全可靠；另外每天要检查工作液是否足够，管路是否通畅。

2. 机床润滑操作

按机床润滑明细表的要求，对机床进行润滑保养。

DK7725E型数控线切割机床润滑明细表见表4-3-1。

表4-3-1　数控线切割机床润滑明细表

<table>
<tr><th>序号</th><th colspan="3">润滑部位</th><th>加油时间</th><th>加油方法</th><th>润滑油种类</th></tr>
<tr><td rowspan="2">1</td><td rowspan="4">工作台部位</td><td rowspan="2">滚珠丝杠</td><td>横向</td><td rowspan="4">每月一次</td><td rowspan="4">油壶</td><td rowspan="4">$20^{\#}$ 机油</td></tr>
<tr><td>纵向</td></tr>
<tr><td rowspan="2">2</td><td rowspan="2">齿轮箱</td><td>横向</td></tr>
<tr><td>纵向</td></tr>
<tr><td>3</td><td rowspan="4">运丝装置</td><td colspan="2">传动轴轴承</td><td rowspan="4">每班一次</td><td rowspan="4">油枪</td><td rowspan="4">$30^{\#}$ 机油</td></tr>
<tr><td>4</td><td colspan="2">丝杠及螺母</td></tr>
<tr><td rowspan="2">5</td><td colspan="2">滑板导轨</td></tr>
<tr><td colspan="2">储丝筒传动齿轮</td></tr>
<tr><td>6</td><td colspan="3">导轮副滚动轴承</td><td>两月一次</td><td rowspan="2">更换</td><td>高速润滑油</td></tr>
<tr><td>7</td><td colspan="3">其他滚动轴承</td><td>六月一次</td><td>润滑油脂</td></tr>
<tr><td>8</td><td colspan="3">电机轴承</td><td colspan="3">按电机规定</td></tr>
</table>

3. 注意事项

(1) 对于数控线切割机床来说，储丝筒部分是机床中运转频率最高、速度最快的部件，必须坚持每班进行润滑。

(2) 当累计工作5000小时以上(两年时间)时，应检查一次机床。

(3) 机床应保持清洁，飞溅出来的工作液应及时擦掉。停机后，应将工作台面上的蚀除物清理干净，特别是运丝系统的导轮、导电块，排丝轮等部位，应经常用煤油清洗干净，保持良好的工作状态。

(4) 当停机8小时以上时，除将机床擦净外，加工区域应涂油防护。

任务二　脉冲电源的控制及线切割机床操作

【任务导入】 正确操作线切割机床是保证加工质量的前提。

【任务要求】

1. 熟悉脉冲电源操作面板，学会脉冲电源参数的控制；
2. 熟悉机床操作面板，学会机床的操作。

【任务目标】

1. 正确控制脉冲电源参数；
2. 能正确操作线切割机床。

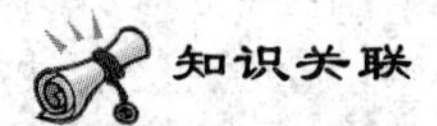

一、DK7725E 型线切割机床脉冲电源参数的控制

1. 脉冲电源操作面板及功能

脉冲电源操作面板如图 4-3-1 所示。

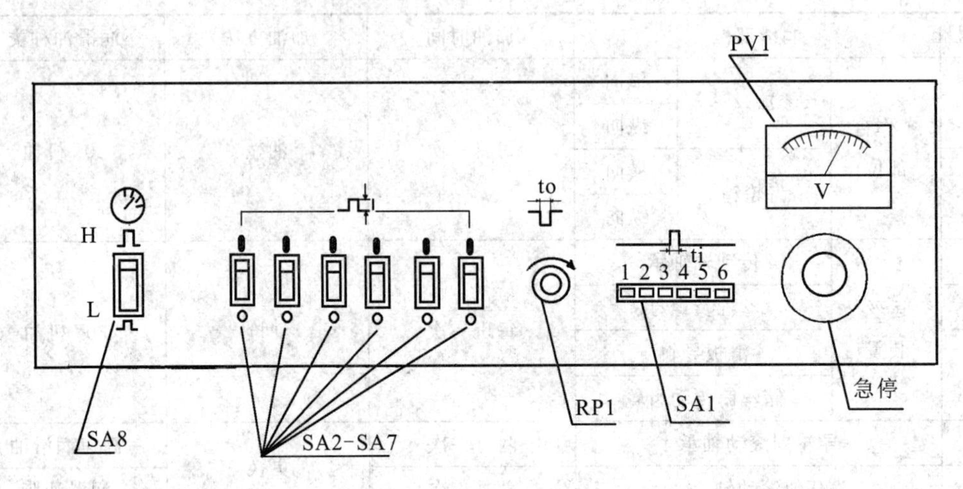

图 4-3-1　脉冲电源操作面板

操作面板功能如表 4-3-2 所示。

表 4-3-2　脉冲电源操作面板功能

SA1	脉冲宽度选择
SA2～SA7	功率管选择
SA8	电压幅值选择
RP1	脉冲间隔调节
PV1	电压幅值指示
急停按钮	按下此键，机床运丝、水泵电机全停，脉冲电源输出切断

2. 脉冲电源参数控制

1）脉冲宽度

脉冲宽度 ti 选择开关 SA1 共分六挡，从左边开始往右边分别为：

第一挡：5 μs；第二挡：15 μs；第三挡：30 μs；第四挡：50 μs；第五挡：80 μs；第六挡：120 μs。

2）功率管

功率管选择开关 SA2～SA7 可以控制参与加工的功率管个数，每个开关控制一个功率管。如六个开关接通，则六个功率管同时工作，此时峰值电流最大。如五个开关全部关闭，则只有一个功率管工作，此时峰值电流最小。

3）空载电压

空载电压选择开关 SA8 用于选择空载脉冲电压幅值，开关按至“L”位置，电压为 75 V

左右，按至“H”位置，则电压为 100 V 左右。

4）脉冲间隔

调节电位器 RP1 阻值，可改变输出矩形脉冲波形的脉冲间隔 t0，即能改变加工电流的平均值，电位器旋至最左，脉冲间隔最小，加工电流的平均值最大。

5）电压表

电压表 PV1，由 0～150 V 直流表指示空载脉冲电压幅值。

二、DK7725E 型线切割机床操作步骤

1. 机床操作面板

（1）DK7725E 型线切割机床操作面板如图 4－3－2 所示。

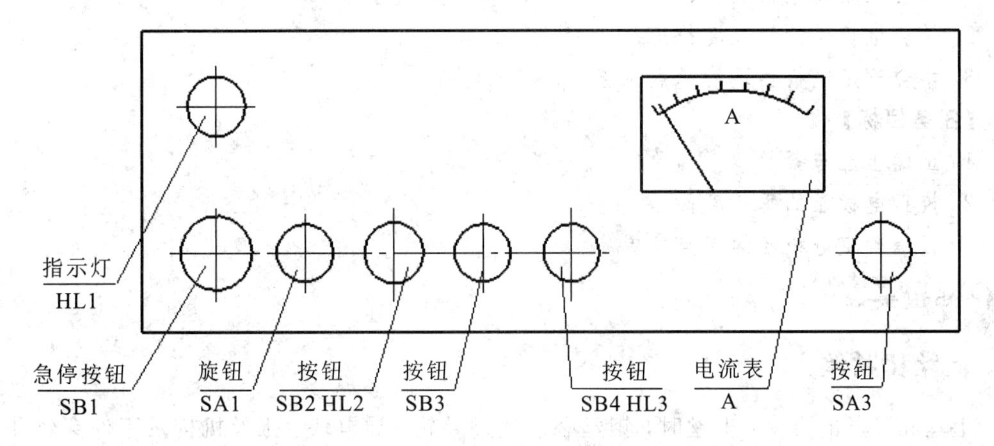

图 4－3－2　机床操作面板

机床操作面板的功能如表 4－3－3 所示。

表 4－3－3　机床操作面板功能

按钮	功　能	按钮	功　能
SB2	运丝电机启动按钮	SB1	急停按钮
SB4	工作液泵启动按钮	SA3	接通脉冲电源按钮
SB3	断丝保护按钮	SA1	上丝张紧力调节旋钮

2. 机床操作步骤

1）开机步骤

（1）合上机床主机电源总开关。

（2）松开机床操作面板上急停按钮 SB1。

（3）合上控制台上电源开关，进入线切割机床控制系统。

（4）按要求装上电极丝。

（5）逆时针旋转 SA1。

（6）按下 SB2，启动运丝电机。

（7）按下 SB4，启动工作液泵。

（8）顺时针旋转 SA3，接通脉冲电源。

2）关机步骤

（1）逆时针旋转 SA3，切断脉冲电源。

（2）按下急停按钮 SB1；运丝电机和工作液泵将同时停止工作。

（3）关闭控制柜电源。

（4）关闭机床主机电源。

任务三　电极丝的操作

【任务导入】 线切割机床中电极丝的操作是保证加工质量的重要环节。

【任务要求】

1. 学会上丝和紧丝操作；
2. 学会电极丝的垂直度校正；
3. 学会确定电极丝运动起点位置。

【任务目标】

1. 正确上丝与紧丝；
2. 校正电极丝的垂直度；
3. 正确确定电极丝的起点位置。

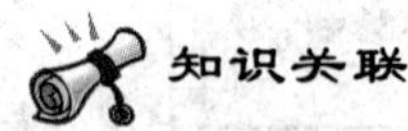

一、上丝和紧丝

上丝和紧丝的要求：上丝时，钼丝必须通过导轮、导电块、张丝机构及工件穿丝孔等处，然后缠绕在储丝筒上，丝头固定在储丝筒两端。上丝后需张紧并控制一定的张紧力，不得重叠和抖动。钼丝如处于工件穿丝孔的中心，不得与孔壁接触，以免短路。

1. 上丝与紧丝操作步骤

（1）机床操纵面板 SA1 旋钮左旋。

（2）上丝起始位置在储丝筒右侧，用摇手手动将储丝筒右侧停在线架中心位置。

（3）将右边撞块压住换向行程开关触点，左边撞块尽量拉远。

（4）松开上丝器上螺母 5，装上钼丝盘 6 后拧上螺母 5，如图 4-3-3 所示。

（5）调节螺母 5，将钼丝盘压力调节适中。

（6）将钼丝一端通过排丝轮 3 后固定在储丝筒 1 右侧螺钉上。

（7）空手逆时针转动储丝筒几圈，转动时撞块不能脱开换向行程开关触点。

（8）按操作面板上 SB2 旋钮（运丝开关），储丝筒转动，钼丝自动缠绕在储丝筒上，达到要求后，按操纵面板上 SB1 急停旋钮。

（9）将电极丝绕至丝架上，并将另一端用螺钉紧固。

（10）如丝太松，可调节活动丝臂上移，张紧钼丝。

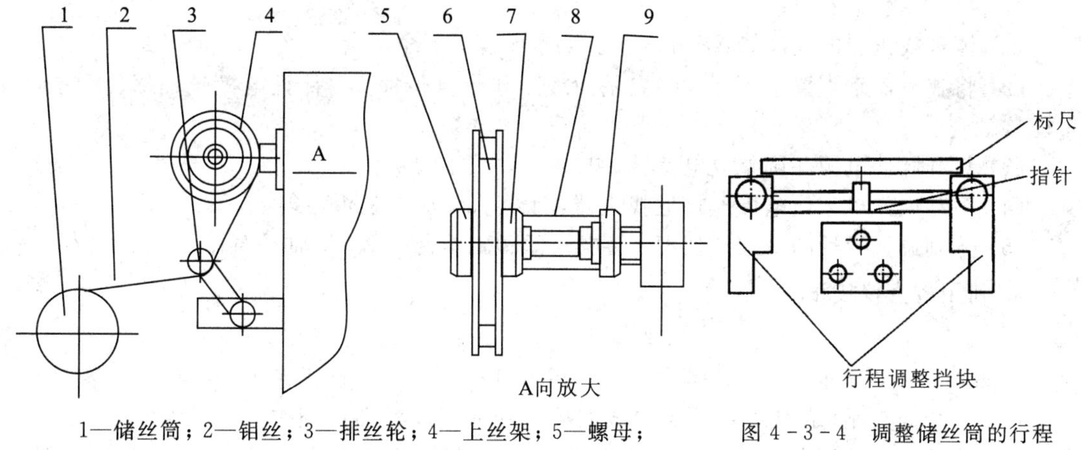

1—储丝筒；2—钼丝；3—排丝轮；4—上丝架；5—螺母；6—钼丝盘；7—挡圈；8—弹簧；9—调节螺母

图 4-3-3　电极丝绕至储丝筒上示意图

图 4-3-4　调整储丝筒的行程

2. 调整储丝筒的工作行程

调节储丝筒的行程只需调节两行程块之间的距离，钼丝两头各留 3～4 mm 的运丝缓冲距离。如图 4-3-4 所示。

二、垂直度校正

为了准确地切割出符合精度要求的工件，电极丝必须垂直于工件的装夹基面或工作台定位面。为了保证电极丝的位置精度，在导轮和导轮轴承发生磨损后，应及时更换导轮和导轮轴承。在工件加工之前，应进行电极丝的垂直度校正。常用的电极丝垂直度校正有如下两种方法：

1. 利用找正器校正

1）找正器

找正器是一个六面体，其形状与形位公差要求如图 4-3-5 所示，其上下两面与周围四个面也有同样的垂直度要求，同时上下两面还有较高的表面粗糙度要求。

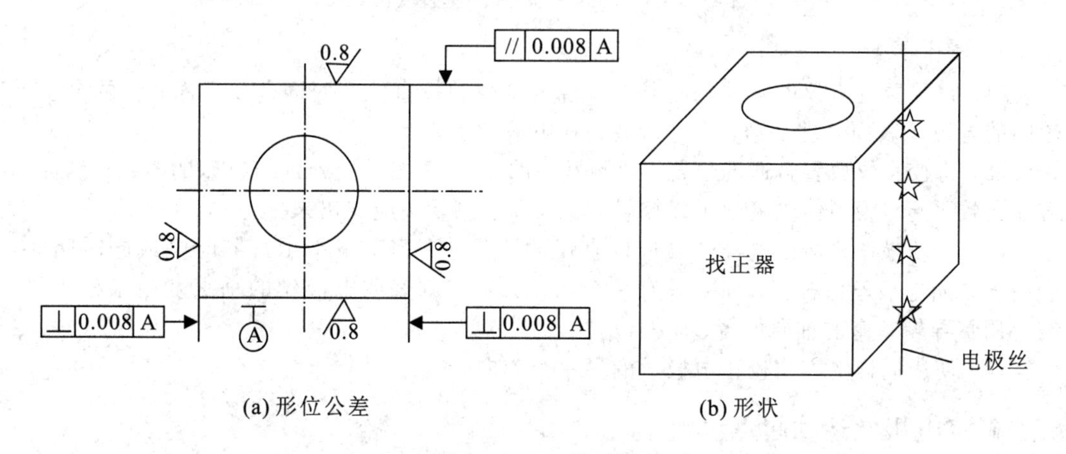

(a) 形位公差　(b) 形状

图 4-3-5　找正器

2）操作步骤

(1) 清理找正器的表面，擦净电极丝，要求干燥、干净。

(2) 将找正器垂直置于工件的装夹基面或工作台定位面上，保证电极丝在 X、Y 方向都能接触到。

(3) 打开脉冲电源并调整放电参数，电极丝以较小的功率运行。

(4) 手动操作机床使电极丝靠近找正器，观察火花放电是否均匀。

(5) 分别调整导轮的基架和丝架，使电极丝和工作台的 X、Y 轴垂直。

2. 利用校直仪校正

1）校直仪

如图 4－3－6 所示，校直仪是由触点与指示灯构成的光电校正装置。在其内部装有电池，它有一个插头座，使用时将连着导线的插头插入支座的插头座中，将导线另一端的鳄鱼夹夹在电极丝上，当电极丝与触点接触时，通过电极丝、鳄鱼夹、导线、电源、测量头形成通电回路，使被接触的触点所对应的指示灯亮。这种装置灵敏度高，使用方便而直观，其底座用耐磨不变形的大理石或花岗岩制成。校直仪是在电极丝不放电、不走丝的情况下找正电极丝的，这种方法操作方便，找正精度高。

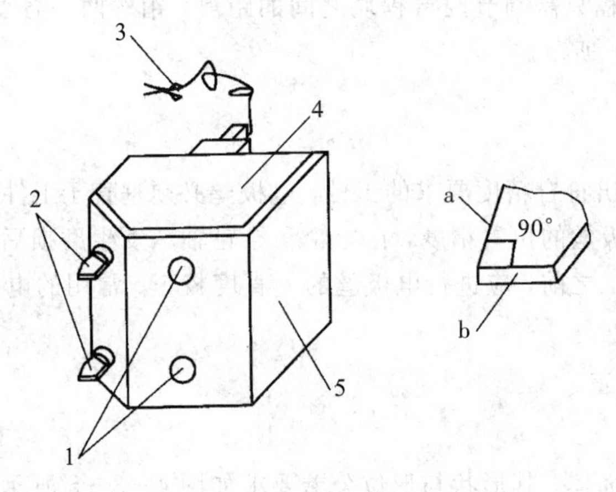

1—上下指示灯；2—上下测量头(a、b 为放大的测量面)；3—鳄鱼夹及导线；4—盖板；5—支座

图 4－3－6　DF55—J50A 型垂直度校直仪

2）操作步骤

(1) 将放置校直仪的工件基面或工作台定位面和校直仪的底面擦拭干净；将两个主导轮间的电极丝表面处理干净；将鳄鱼夹夹在电极丝上。

(2) 将校直仪放置合适的位置，使测量头的 a、b 两测量面分别与机床的 X、Y 坐标轴方向大致平行，为了使电极丝可以接触到测量头，测量头应突出来。

(3) 手动操作机床使电极丝靠近校直仪的测量头，当上下指示灯同时亮或同时暗时，表明该方向电极丝已校正，如果只有一个指示灯亮，则表明电极丝的垂直度尚未校正好，需要调整导轮基座的轴向位置、丝架位置。

(4) 使用同样的方法校正电极丝的另一个方向。

三、确定电极丝运动起点位置

将电极丝垂直校正后，在线切割加工之前，必须将电极丝定位在一个相对工件基准的准确位置上，作为切割的起始坐标点，即工件的编程起点。一般可用目测法、火花法和自动找中心法将电极丝调整到切割的起始坐标位置。

1. 目测法确定电极丝运动起点位置

如图 4-3-7 所示，目测法是利用钳工或钻削加工工件穿丝孔所划的十字中心线，目测电极丝与十字基准线的相对位置。目测法适用于加工精度要求较低的工件。

调整时，移动工作台使电极丝中心在 X、Y 两个方向上分别与十字基准线重合。另一种是在工件上预先划出平行于 X、Y 轴的十字中心线，利用放大镜观察电极丝和基准线之间的相对位置，根据偏离方向移动工作台，使电极丝中心与基准线的纵横方向重合。

2. 火花法确定电极丝运动起点位置

1）单边找中心

如图 4-3-8 所示，火花法是利用电极丝与工件在一定间隙下发生火花放电来调整电极丝位置的方法。此方法简单易行，但往往因放电间隙的存在而产生误差。

调整时，移动工作台使工件的基准面逐渐靠近电极丝，在发生火花的瞬时，记下工作台的相应坐标；然后根据工件的外形尺寸得出工件在某一轴的中心，再根据放电间隙推算电极丝中心的坐标。计算方法为

$$电极丝运动起点位置=\frac{工件外形尺寸}{2}+电极丝的半径+单边放电间隙$$

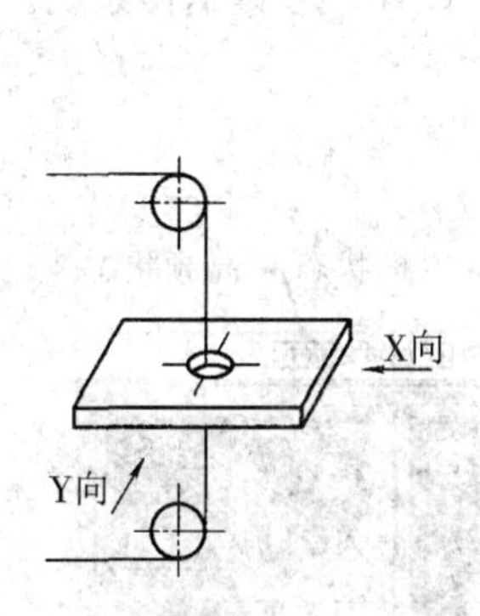

图 4-3-7　目测法确定电极丝位置

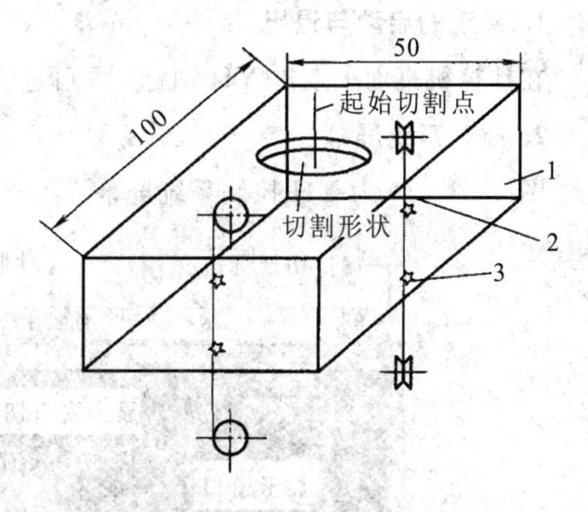

图 4-3-8　火花法确定电极丝位置

2）四面找中心

用四面找中心可以消除单边找中心的误差，方法和单边找中心近似。四面找中心是在工件的两边同时进行火花找中心，这样可以消除单面放电间隙带来的误差。

3. 自动找中心确定电极丝运动起点位置

如图 4-3-9 所示，自动找中心是让电极丝在工件的穿丝孔的中心自动定位，将钼丝经过穿丝孔上丝后，可以经过机床自动找中心功能将钼丝定位在穿丝孔的中心。这种方法的定位中心精度与穿丝孔圆度、垂直度和表面粗糙度有很大关系。

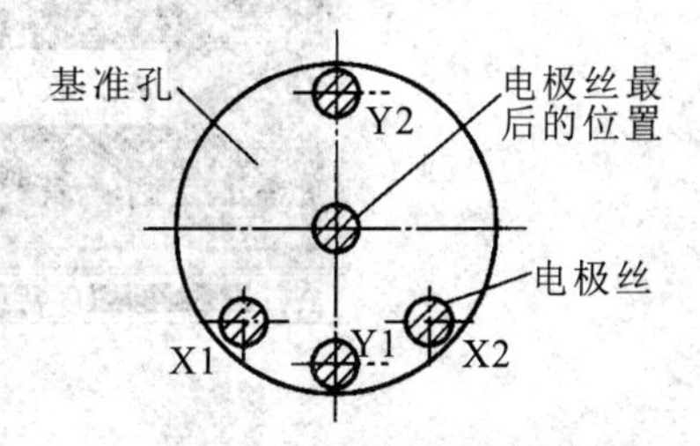

图 4-3-9　自动找中心确定电极丝位置

按下自动功能键，工作台自动向正 X 方向移动，

使电极丝和孔壁接触，控制系统自动记下坐标值 X1，再向反方向移动工作台，记下相应坐标值 X2，然后移动工作台使电极丝位于穿丝孔在 X 轴方向的中心。同理，还可以得到 Y 轴的中心。

任务四　线切割机床编程控制系统及操作

【任务导入】 DK7725E 型线切割机床配有 YH 编程控制系统。YH 编程控制系统采用先进的计算机图形和数控技术，是集控制、编程为一体的快走丝线切割高级编程控制系统。

【任务要求】

1. 熟悉 YH 控制系统的屏幕控制功能；
2. 学会 YH 控制系统的操作。

【任务目标】

1. 熟悉 YH 控制系统的屏幕控制功能；
2. 会操作 YH 控制系统。

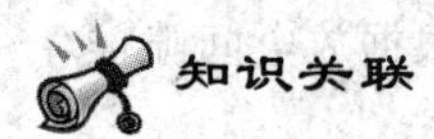

一、YH 控制系统的屏幕控制功能

1. 系统的启动与退出

在计算机桌面上双击 YH 图标，即可进入系统；按“Ctrl＋Q”键退出系统。

2. 控制系统屏幕

图 4-3-10 为 YH 控制系统屏幕。

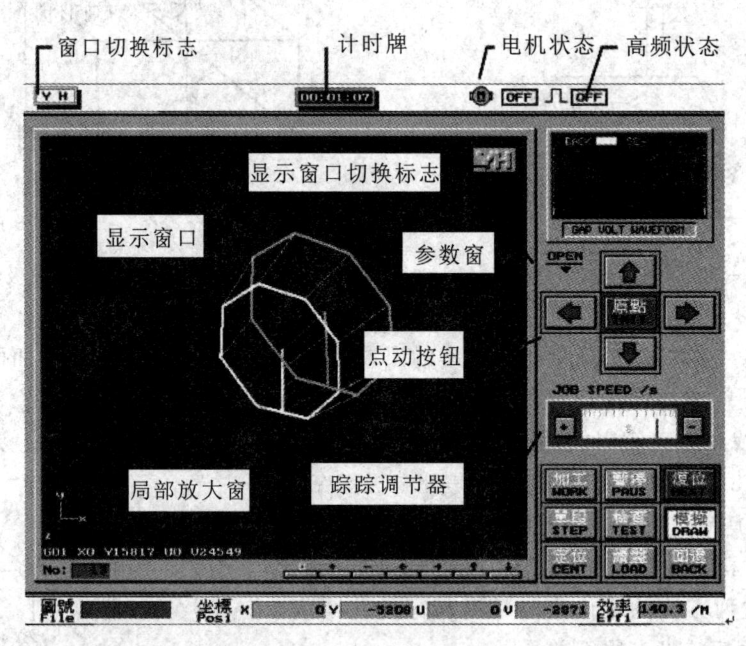

图 4-3-10　控制系统屏幕

系统所有的操作按钮、状态、图形显示全部在屏幕上实现。各种操作命令均可用鼠标或相应的按键完成。鼠标器操作时，可移动鼠标器，使屏幕上显示的箭状光标指向选定的屏幕按钮或位置；然后按一下鼠标器左边的按钮。

3. YH 控制系统屏幕的控制功能简介(详见 YH 编程控制系统使用手册)

(1) 显示窗口。该窗口显示：加工工件的图形轮廓、加工轨迹或相对坐标、加工代码。用鼠标器点取(或按 F10 键)显示窗口切换标志红色 YH，可改变显示窗口的内容。系统进入时，首先显示图形，以后每点取一次该标志，依次为相对坐标、加工代码、图形……其中的相对坐标方式，以大号字体显示当前加工代码的相对坐标。

(2) 间隙电压指示窗口。该窗口显示放电间隙的平均电压波形(也可以设定为指针式电压表方式)。在波形显示方式下，指示器两边各有一条 10 等分线段，空载间隙电压定为 100%(即满幅值)，等分线段下端的黄色线段指示间隙短路电压的位置。波形显示的上方有两个指示标志：一是短路回退标志 BACK，该标志变红色，表示短路；二是短路率指示 SC，表示间隙电压在设定短路值以下的百分比。

(3) 电机开关状态图标。在电机标志右边有状态指示标志 ON(红色)或 OFF(黄色)。ON 状态表示电机上电锁定(进给)，OFF 状态为电机释放。用光标点取该标志可改变电机状态(或用数字小键盘区的 Home 键)。

(4) 高频开关状态标志。在脉冲波形图符右侧有高频电压指示标志。ON(红色)表示高频开启，OFF(黄色)表示高频关闭。用光标点取该标志可改变高频状态(或用数字小键盘区的 PgUp 键)。在高频开启状态下，间隙电压指示显示间隙电压波形。

(5) 工作台点动按钮。屏幕右中部有上下左右四个方向箭标，按钮可用来控制机床点动运行。每次点动时，机床的运行步数可以预先设定。在电机为 ON 的状态下，点取以上四个按钮，可控制机床工作台的点动运行；上下左右四个方向分别代表＋Y/＋V、－Y/－V、－X/－U、＋X/＋U。X-Y 或 U-V 轴系的选取可以设定。

(6) 原点 INIT 按钮。用光标点取该按钮(或按 I 键)进入回原点功能。若电机为 ON 状态，系统将控制丝架回到最近的加工起点(包括 U-V 坐标)，返回时取最短路径；若电机为 OFF 状态，光标返回坐标系原点，图形重画。

(7) 加工 WORK 按钮。用光标点取该按钮(或按 W 键)进入加工方式(自动)。首先自动打开电机和高频电源，然后进行插补加工。

(8) 暂停 PAUS 按钮。用光标点取该按钮(或按 P 键或数字小键盘区的 Del 键)，系统将中止当前的功能(如加工、单段、控制、定位、回退)。

(9) 复位 RESET 按钮。用光标点取该按钮(或按 R 键)将中止当前的一切工作，清除数据，关闭高频和电机(注：加工状态下，复位功能无效)。

(10) 单段 STEP 按钮。用光标点取该按钮(或按 S 键)，系统自动打开电机、高频，进入插补工作状态，加工至当前代码段结束时自动停止运行，关闭高频。

(11) 检查 TEST 按钮。用光标点取该按钮(或按 T 键)，系统以插补方式运行一步，若电机处于 ON 状态，机床拖板将作相应的一步动作。该功能主要用于专业技术人员检查系统。

(12) 模拟 DRAW 按钮。用光标点取该按钮(或按 D 键)，系统以插补方式运行当前的有效代码，显示窗口绘出其运行轨迹；若电机为 ON 状态，机床拖板将随之运动。

(13) 定位 CENT 按钮。用光标点取该按钮(或按 C 键)，系统可作对中心、定端面的操作。

(14) 读盘 LOAD 按钮。用光标点取该按钮(或按 L 键)，可读入数据盘上的 ISO 或 3B 代码文件，快速画出图形。

(15) 回退 BACK 按钮。用光标点取该按钮(或按 B 键)，系统作回退运行，至当前段退完停止；若再按该键，继续前一段的回退。该功能不自动开启电机和高频，可根据需要事先设置。

(16) 跟踪调节器按钮。该调节器用来调节跟踪的速度和稳定性，调节器中间红色指针表示调节量的大小；表针向左移动为跟踪加强(加速)，向右移动为跟踪减弱(减速)。指示表两侧有两个按钮，“＋”按钮(或 End 键)加速，“－”按钮(或 PgDn 键)减速；调节器上方英文字母 JOB SPEED/S 后面的数字量表示加工的瞬时速度，单位为：步数/ 秒。

(17) 段号显示窗口。此处显示当前加工的代码段号，也可用光标点取该处，在弹出屏幕小键盘后，键入需要起割的段号。(注：锥度切割时，不能任意设置段号)

(18) 局部观察窗。该按钮(或 F1 键)可在显示窗口的左上方打开一局部窗口，其中将显示放大十倍的当前插补轨迹；重按该按钮时，局部观察窗关闭。

(19) 图形显示调整按钮。这六个按钮有双重功能，在图形显示状态时，其功能依次为

“＋”或 F2 键：图形放大 1.2 倍；

“－”或 F3 键：图形缩小 0.8 倍；

“←”或 F4 键：图形向左移动 20 单位；

“→”或 F5 键：图形向右移动 20 单位；

“↑”或 F6 键：图形向上移动 20 单位；

“↓”或 F7 键：图形向下移动 20 单位。

(20) 坐标显示条。屏幕下方“坐标”部分显示 X、Y、U、V 的绝对坐标值。

(21) 效率显示条。此处显示加工的效率，单位为毫米/ 秒；系统每加工完一条代码，即自动统计所用的时间，并求出效率。将该值乘上工件厚度，即为实际加工效率。

(22) 窗口切换标志。光标点取该标志或按 ESC 键，系统转换成 YH 绘图式编程屏幕。若系统处于加工、单段或模拟状态，则控制与编程的切换，或在 DOS 环境下(按 Ctrl＋Q 可返回 DOS 状态)的其他操作，均不影响控制系统本身的工作。

4. 控制操作步骤(事先准备一张数据盘)

1) 读入代码文件

将存有代码文件(在编程中通过代码存盘存入)的数据盘(可用随机的盘片)插入 A 驱动器，按【读盘】按钮，选择 ISO 代码，屏幕上出现该数据盘上全部 ISO 代码文件名的参数窗，将箭形光标移至选定的文件名(例如：DEMO)，按鼠标器上的命令键后，该文件名变黄色，然后按参数窗左上角的【撤销】按钮，系统读入该代码文件，并在屏幕上绘出其图形。

2) 模拟校验

按【模拟】按钮(或 D 键)，系统以插补方式快速绘出加工轨迹，以此可验证代码的正确性。

3) 机床功能检查

(1) 用光标点取屏幕上方的电机状态标志(或按小键盘区的 Home 键)，使得该指示标志呈红色 ON。检查机床手柄，“各相电机”应处于锁定状态。用光标再点该标志，恢复为 OFF，电机均应失电。

(2) 用光标点取屏幕上方的高频标志(或按小键盘区的 PgUp 键)，使得该标志成为红色 ON，屏幕间隙电压波形指示应为满幅等幅波(若不满幅，应调整间隙电压取样部分的有关参数，该参数出厂时已设置，用户不应随意调整)。机床工件、钼丝相碰时应出现火花，同时电压波形出现波谷，表示高频控制部分正常。

(3) 关闭高频 OFF，开启电机 ON，再按【模拟】按钮，机床应空走，以此可检验机床有否失步及控制精度等情况。

4) 加工

本系统的主要调整部分为屏幕上的跟踪调节器，该表两侧有两个调整按钮，“+”表示跟踪加强，“－”表示跟踪减弱。在正式切割前，应将表针移至中间偏右位置。

机床、工件准备就绪后，按【加工】或“W”键(若需要计算加工工时，应首先将计时牌清零——用光标点取计时牌或按 F9 键)，即进入加工状态(系统自动开启电机及高频)。进入加工态后，一般有以下几种情况：

(1) 非跟踪态——间隙电压满幅，加工电流为零或很小，屏幕下方的加工坐标无变化。

处理方法：按跟踪加强按钮“+”(或 End 键)，表针左移，直至间隙波形(电压)出现峰谷，坐标开始计数。

(2) 欠跟踪态——加工电流过小且摆动。

处理方法：按跟踪加强钮“+”(或 End 键)，直至加工电流、速度(跟踪调节器上方的瞬时速度值)稳定。

(3) 过跟踪态——经常出现短路回退。

处理方法：按跟踪减弱按钮“－”(或 PgDn 键)，使得加工电流刚好稳定为止。

若需要暂停加工可按“暂停”按钮或按 P 或 Del 键；再按“加工”按钮可恢复加工。

5) 加工时各种参数的显示

(1) 加工坐标——屏幕下方显示加工的 X、Y、U、V 绝对坐标。用光标选取显示窗口的显示切换【YH】标志(或 F10 键)，显示窗口内显示各程序段的相对坐标。

(2) 局部跟踪轨迹显示——按显示窗下方的 ▣ 按钮(或 F1 键)，屏幕出现一局部放大窗口，窗口中动态显示当前跟踪的轨迹；重按 ▣ 按钮时，局部窗口消失。

(3) 间隙电压观察——屏幕右上方为间隙电压显示窗口，窗口的两侧有两条等分线(10 格)，下端为黄色，其高度为设定的短路电压值(此值可根据实际高频及机床参数设置)。

(4) 加工速度——跟踪调节器上方显示机床的实时插补速度(只计 X、Y 轴)，单位为步数/秒。

二、YH 控制系统的编程操作

在控制屏幕中用光标点取左上角的【YH】窗口切换标志(或 ESC 键)，系统转入 YH 编程屏幕。如图 4-3-11 所示。

1. YH 编程系统屏幕功能简介

YH 编程系统的全部操作集中在 20 个命令图标和 4 个弹出式菜单内，它们构成了系统的基本工作平台。详细功能介绍可参见 YH 编程控制系统使用手册。

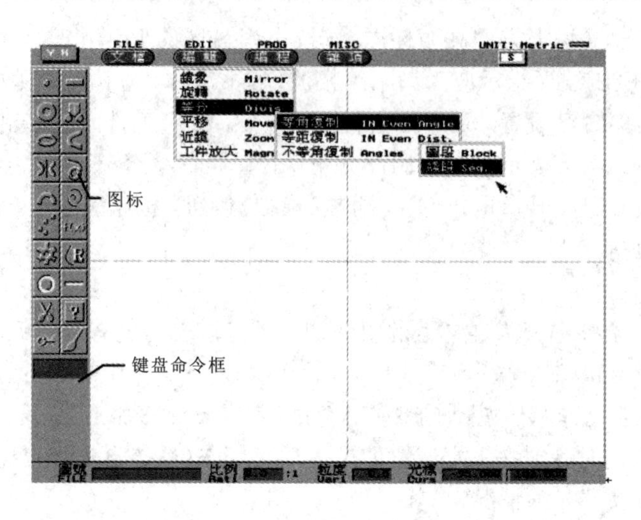

图 4-3-11　YH 编程屏幕

1）命令图标

系统的全部绘图和一部分最常用的编辑功能，用 20 个图标表示。屏幕左方自上而下，图标功能分别为：点、线、圆、切圆(线)、椭圆、抛物线、双曲线、渐开线、摆线、螺线、列表曲线、函数方程、齿轮、过渡圆、辅助圆、辅助线共 16 种绘图控制图标；剪除、询问、清理、重画四个编辑控制图标。

2）弹出式菜单

4 个菜单按钮分别为文件、编辑、编程和杂项。在每个按钮下，均可弹出一个子菜单。如图 4-3-12 所示。

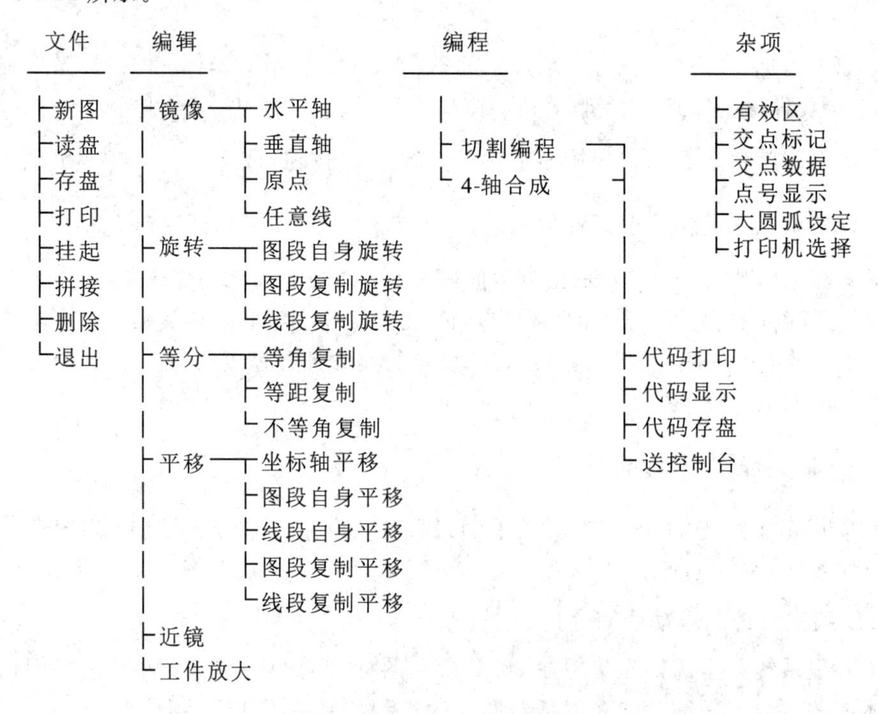

图 4-3-12　弹出式菜单

2. YH 编程实例

下面通过一个简单的实例，介绍 YH 系统的基本编程方法。工件形状如图 4－3－13 所示，该工件由 9 个相同形状的槽和两个圆组成，C1 的圆心在坐标原点，C2 为偏心圆。

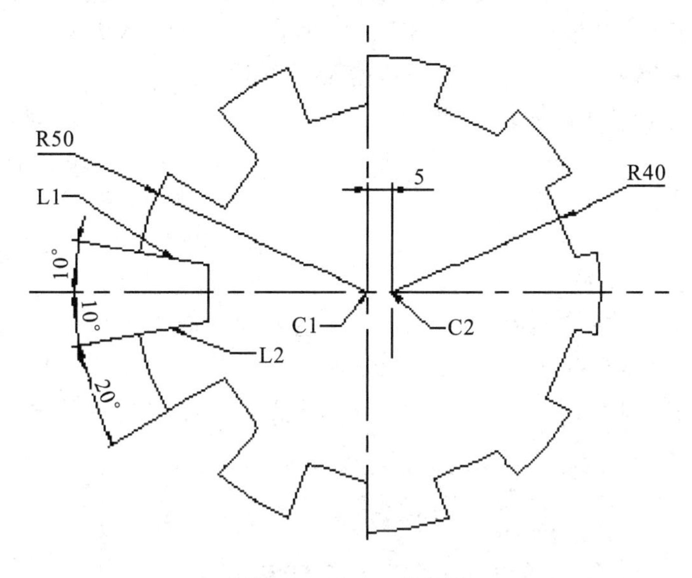

图 4－3－13　工件图样

首先输入 C1。将光标移至图标，轻按一下鼠标左键，该图标呈深色；然后将光标移至绘图窗内，此时屏幕下方提示行内的光标位置框显示光标当前坐标。将光标移至坐标原点(注：有些误差无妨，稍后可以修改)，按下鼠标左键(注意：不能释放)，屏幕上将弹出圆的参数窗，如图 4－3－14 所示。参数窗的顶端有两个记号，“No：1”表示当前输入的是第 1 条线段，右边的方形小按钮为放弃控制钮。圆心栏显示的是当前圆心坐标(X，Y)，半径的两个框分别为半径和允许误差，夹角指的是圆心与坐标原点间连线的角度。

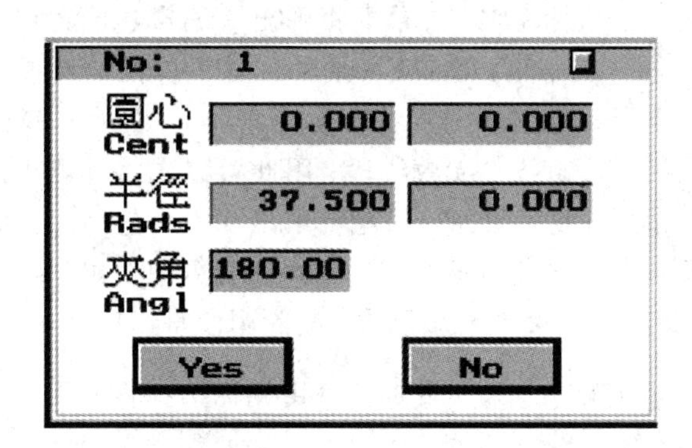

图 4－3－14　圆的参数窗

圆心找到后，接下来确定半径。按住鼠标左键移动光标(注意：此时鼠标器的左键不能释放)，屏幕上将画出半径随着光标移动而变化的圆，当光标远离圆心时，半径变大；当光标靠近圆心时，半径变小。参数窗的半径框内同时显示当前的半径值。移动光标直至半径显示为 40 时，释放鼠标左键，该圆参数就输入完毕。若由于移动位置不正确，参数有误，可将光标移至需要修改的数据框内(深色背框)，按一下鼠标左键，屏幕上即刻将浮现一数字小键盘。用光标箭头选择相应的数值，选定后按一下命令键，就输入一位数字，输入错误，可以用小键盘上的退格键【←】删除。输入完毕后，选择回车键【←┘】结束。参数全部正确无误后，可用光标的鼠标左键按一下【Yes】按钮，该圆就输入完成。

注：出现小键盘时，也可直接用大键盘输入。下同。

下面输入两条槽的轮廓直线，将光标移至直线图标，按鼠标左键，该图标转为深色背景，再将光标移至坐标原点，此时光标变成“×”状，表示此点已与第一个圆的圆心重合，按下鼠标左键，屏幕上将弹出直线参数窗，如图 4-3-15 所示。按下鼠标左键(不能放)，移动光标，屏幕将画出一条随光标移动而变化的直线，参数的变化反映在参数窗的各对应框内。该例的直线 L1 关键尺寸是斜角＝170°(180°－10°)(斜角指的是直线与 X 轴正方向的夹角，逆时针方向为正，顺时针为负)，只要拉出一条角度等于 170°长度大于半径 50(比如 55)的直线与外圆相交就可以。角度至确定值时，释放鼠标左键，直线输入完成。同理，可用光标对需要进一步修改的参数作修改，全部数据确认后，按【Yes】按钮退出。

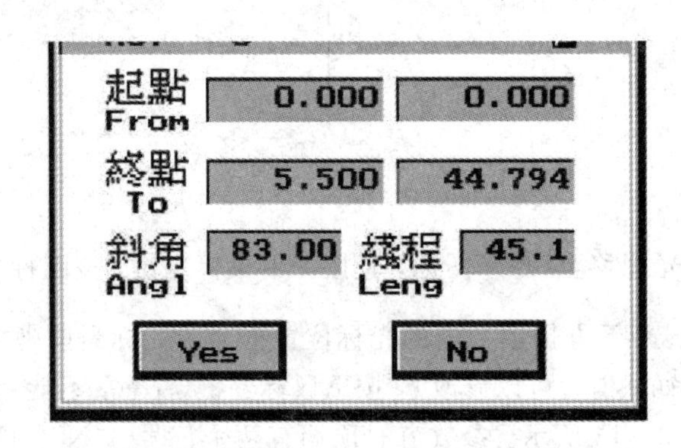

图 4-3-15　直线参数窗

第二条直线槽边线 L2 是 L1 关于水平轴的镜像线，可以利用系统的镜像变换作出。将光标移至编辑按钮，按一下鼠标左键，屏幕上将弹出一编辑功能菜单，选择【镜像】又将弹出有四种镜像变换选择的二级菜单，选择【水平轴】(这里所说的选择，均指将光标移至对应菜单项内，再轻按一下鼠标左键)，屏幕上将画出直线 L1 的水平镜像线 L2。画出的这两条直线被圆分隔，圆内的两段直线是无效线段，因此可以先将其删去。将光标移至剪除图标(剪刀形图标)内，按鼠标左键，图标窗的左下角出现工具包图符。从图符内取出一把剪刀形光标，移至需要删去的线段上。该线段变红，控制台中发出“嘟”声，此时可按下鼠标左键(注意：光标不能动)，就可将该线段删去。删除两段直线后，由于屏幕显示的误差，图形上可能会有遗留的痕迹而略有模糊。此时，可用光标选择重画图标，图标变深色，光标移入屏幕中，系统重新清理、绘制屏幕。

该工件其余的 8 条槽轮廓实际是第一条槽的等角复制，选择编辑菜单中的等分项，取等角复制，再选择图段(因为这时等分复制的不是一条线段)。光标将变成田字形，屏幕的右上角出现提示【等分中心】，意指需要确定等分中心。移动光标至坐标原点(注：本图形的等分中心就在坐标原点)，轻按鼠标左键，屏幕上弹出等分参数窗，如图 4-3-16 所示，用光标在【等分】和【份数】框内分别输入 9 和 9(【等分】指在 360°度的范围内，对图形进行几等分；【份数】指实际的图形上有几个等分数)。参数确认无误后，按【Yes】退出。屏幕的右上角将出现提示【等分体】，提示用户选定需等分处理的图段，将光标移到已画图形的任意处，光标变成手指形时，轻按鼠标左键，屏幕上将自动画出其余的 8 条槽廓。

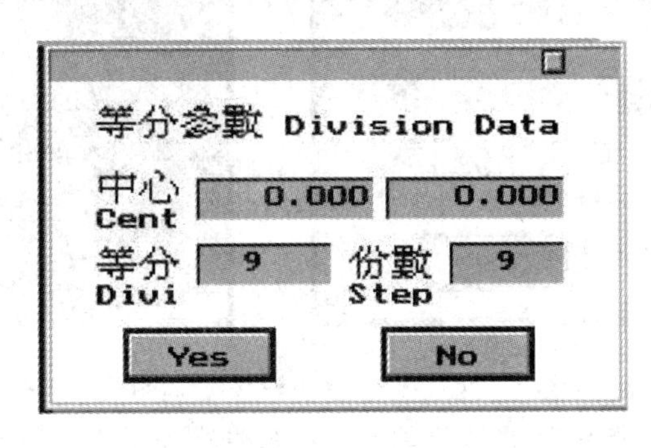

图 4-3-16　等分参数窗

最后输入偏心圆 C2。输入的方法同第一条圆弧 C1(注：若在等分处理前作 C2，屏幕上将复制出 9 个与 C2 同形的圆)。鼠标使用不熟练时用光标找 C2 的圆心坐标比较困难，输入圆 C2 较简单的方法是用参数输入方式，方法是：光标在圆图标上轻点鼠标左键，移动光标至键盘命令框内，在弹出的输入框内用大键盘按格式输入(−5，0)，50 并按回车键即得到圆 C2。为提高输入速度，对于圆心和半径都确定的圆可用此方法输入。

图形全部输入完毕，但是屏幕上有不少无效的线段，对于两条圆弧上的无效段，可以利用系统中提供的交替删除功能快速地删除。将剪刀形光标移至欲删去的任一圆弧段上，该圆弧段变红时按调整键，系统将按交替(一隔一)的方式自动删除圆周上的无效圆弧段。连续两次使用交替删除功能，可以删去两条圆弧上的无效圆弧段。余下的无效直线段，可以用清理图标功能解决。在此功能下，系统能自动将非闭合的线段一次性除去。光标在图标上轻点鼠标左键，图标变色，把光标移入屏幕即可。(注：用清理时，所需清理的图形必须闭合。)

用清理后，屏幕上将显示完整的工件图形。可以将此图形存盘，以备后用，方法为：先将光标移至图号框内，轻按鼠标左键，框内将出现黑色底线，此时可以用键盘输入图号——不超过 8 个符号，以回车符结束，该图形就以指定的图号自动存盘(注：存盘前一定要把数据盘插入驱动器 A 中，并关上小门)。须注意这里存的是图形，不是代码。

用光标在编程按钮上轻点鼠标左键，弹出菜单，在【切割编程】上轻点鼠标左键，屏幕左下角出现工具包图符，从工具包图符中可取出丝架状光标，屏幕右上方显示“丝孔”，提示用户选择穿孔位置。位置选定后，按下鼠标左键，再移动光标(鼠标左键不能释放)，拉出一条连线，使之移到要切割的首条线段上(移到交点处光标变成“×”形，在线段上为手指形)，释放鼠标左键。该点处出现一指示牌“▲”，屏幕上出现加工参数设定窗，如图 4-3-17 所示。此时，可对孔位及补偿量、平滑(尖角处过渡圆半径)作相应的修改，【Yes】认可后，参数窗消失，出现路径选择窗，如图 4-3-18 所示。

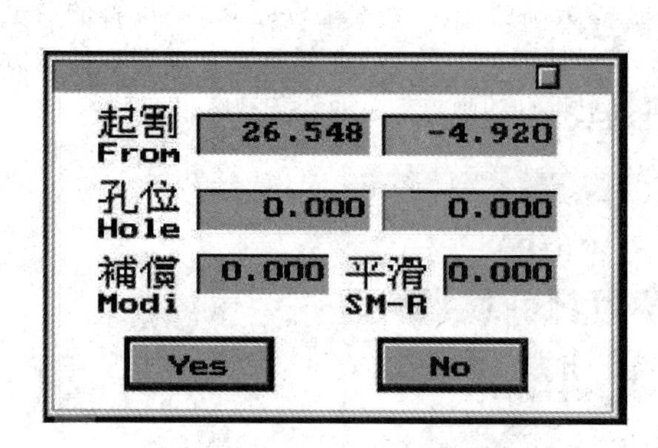

图 4-3-17　加工参数设定窗

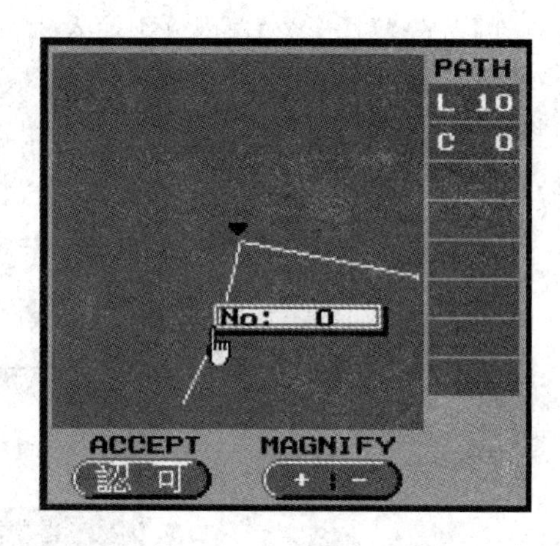

图 4-3-18　路径选择窗

路径选择窗中的红色指示牌处是起割点，左右线段表示工件图形上起割点处的左右各一线段，分别在窗边用序号代表(C 表示圆弧，L 表示直线，数字表示该线段作出时的序号：0～n)。窗中“＋”表示放大钮，“－”表示缩小钮，根据需要用光标每点一下就放大或缩小一次。选择路径时，可直接用光标在序号上轻点鼠标左键，序号变黑底白字，光标轻点“认可”即完成路径选择。当无法辨别所列的序号表示哪一线段时，可用光标直接指向窗中图形的对应线段上，光标呈手指形，同时出现该线段的序号，轻点鼠标左键，它所对应线段的序号自动变黑色。路径选定后光标轻点“认可”按钮，路径选择窗即消失，同时火花沿着所选择的路径方向进行模拟切割，到出现“OK”结束。如工件图形上有交叉路径，火花自动停在交叉处，屏幕上再次弹出“路径选择窗”，同前所述，再选择正确的路径直至出现“OK”，系统自动把没切割到的线段删除，形成一完整的闭合图形。

火花图符走遍全路径后，屏幕右上角出现加工开关设定窗，如图 4-3-19 所示，其中有五项选择：加工方向、锥度设定、旋转跳步、平移跳步和特殊补偿。

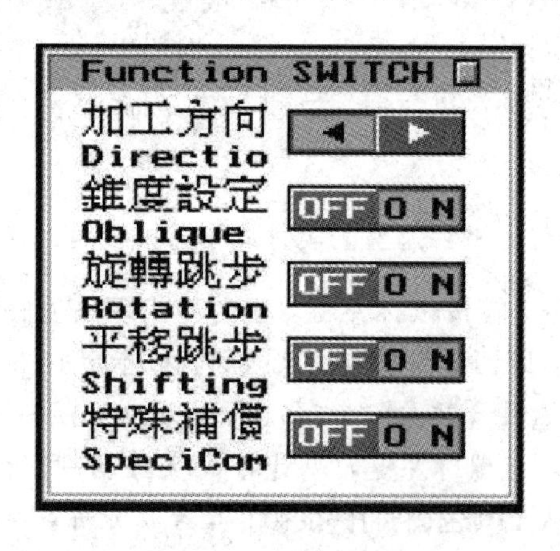

图 4-3-19　加工开关设定窗

(1) 加工方向：有左右向两个三角形，分别代表逆/顺时针方向，红底黄色三角为系统自动判断方向(特别注意：系统自动判断方向一定要和火花模拟走的方向一致，否则得到的程序代码上所加的补偿量正负相反)。若系统自动判断方向与火花模拟切割的方向相反，可用鼠标左键重新设定：将光标移到正确的方向位，点一下鼠标左键，使之成为红底黄色三角。

(2) 锥度设定：加工的工件有锥度，要进行锥度设定。光标按“锥度设定”的【ON】按钮，使之变蓝色，出现锥度参数窗，如图4-3-20所示，参数窗中有斜度、标度、基面三项参数输入框，分别输入相应数据。

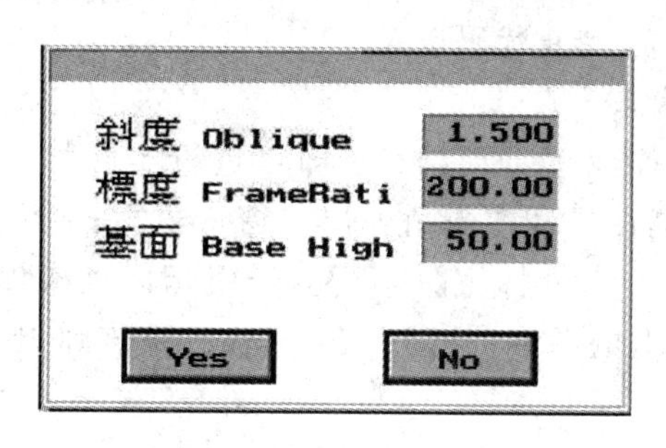

图4-3-20　锥度参数窗

• 斜度：钼丝的倾斜角度，有正负方向。工件上小下大为负；上大下小为正。

• 标度：上下导轮中心间的距离或旋转中心至上导轮中心的距离(或对应的折算量)，单位为mm。

• 基面：在十字拖板式机床中，由于下导轮的中心不在工件切口面上，需对切口坐标进行修正。基面为下导轮(或旋转)中心到工件下平面间的距离。

• 设置：斜度=1.5，标度=200，基面=50。

本例无跳步和特殊补偿设定，可直接用光标轻点加工参数设定窗右上角的小方块“■”按钮，退出参数窗。屏幕右上角显示红色“丝孔”提示，提示用户可对屏幕中的其他图形再次进行穿孔、切割编程。系统将以跳步模的形式对两个以上的图形进行编程。因本例无此要求，可将丝架形光标直接放回屏幕左下角的工具包(用光标轻点工具包图符)，完成编程。

退出切割编程阶段，系统即把生成的输出代码反编译，并在屏幕上用亮白色绘出对应线段。若编码无误，二种绘图的线段应重合(或错开补偿量)。本例的代码反译出两个形状相同的图形，与黄色图形基本重合的是X-Y平面的代码图形，另一个是U-V平面的代码图形。随后，屏幕上出现输出菜单。

菜单中有代码打印、代码显示、代码存盘、三维造型、送控制台和退出。

(1) 代码打印：通过打印机打印程序代码。

(2) 代码显示：显示自动生成的ISO代码，以便核对。在参数窗右侧，有两个上下翻页按钮，可用于观察在当前窗内无法显示的代码。光标在两个按钮中间的灰色框上，按下鼠标左键，同时移动光标，可将参数窗移到屏幕的任意位置上。用光标选取参数窗左上方的撤销钮，可退出显示状态。

(3) 代码存盘：在驱动器中插入数据盘，光标按“代码存盘”，在“文件名输入框”中输入文件名，回车完成代码存盘(此处存盘保存的是代码程序，可在YH控制系统中读入调用)。

(4) 三维造型：用光标按“三维造型”，屏幕上出现工件厚度输入框，提示用户输入工件的实际厚度。输入厚度数据后，屏幕上显示出图形的三维造型，同时显示X-Y面为基准面(红色)的加工长度和加工面积，以利用户计算费用。光标回到工具包中轻点鼠标左键，退回菜单中。

(5) 送控制台：用光标按此功能，系统自动把当前编好的程序送入YH控制系统中，进行控制操作；同时编程系统自动把图形“挂起保存”。若控制系统正处于加工或模拟状态时，将出现提示“控制台忙”，禁止代码送入。

(6) 退出：退出编程状态。

至此，一个完整的工件编程过程结束，即可进行实际加工。光标按屏幕左上角的【YH】窗口切换标志，系统在屏幕左下角弹出一窗口，显示控制台当前的坐标值和当前代码段号。该窗口的右下方有一标记【CON】，若用光标点取该【CON】，即返回控制屏幕，同时把YH编程屏幕上的图形“挂起保存”；若点取该弹出窗口左上角的【一】标记，将关闭该窗口。

任务五 线切割的试切与特殊情况的处理

【任务导入】 在加工前，机床设备的检查工作及准备工作是必不可少的，试切是正式加工的前提，在加工中可能会出现一些问题，我们要学会正确处理。

【任务要求】

1. 熟悉加工前的准备工作；
2. 学会通过试切进一步完善加工程序；
3. 学会正确处理加工中的特殊情况。

【任务目标】

1. 做好试切前的准备工作；
2. 试切工件；
3. 说出加工中特殊情况的处理方法。

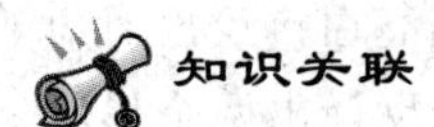

一、加工前的检查与准备

(一) 机床设备的检查工作

1. 开启电源前的检查

(1) 检查机床各部位的润滑状况，全面润滑一次。

(2) 按机床电气使用说明书检查主机及数控柜之间的插接连线是否正确。

(3) 调配工作液并注满工作液箱，一般以每隔一个星期更换一次为宜。检查各接头是否牢固，回水是否通畅。

(4) 摇动工作台纵、横向手轮，检查工作台纵、横方向全程范围内是否灵活。

(5) 摇动储丝筒，检查往复运动是否灵活。

(6) 检查上、下导轮旋转是否灵活，导电块、挡丝棒是否正常。

2. 开启电源后的检查

(1) 开启总电源，启动运丝电机，检查储丝筒运转是否正常，检查拖板运行与换向时“高频电源”是否能自行切断，并检查限位开关是否正常可靠。

(2) 机床空载运行，观察其工作状态是否正常。

① 数控柜必须正常工作十分钟以上；

② 机床上各运动部件应正常工作；

③ 脉冲电源和机床电器工作正常无误；

④ 各个行程开关触点动作灵敏(特别是储丝筒往复运动行程开关)；

⑤ 工作液各个进出管路、阀门畅通无阻，压力正常，扬程符合要求。

(二) 切割加工前的准备工作

(1) 零件的图样分析。

(2) 工件材料的选定及处理。

(3) 工艺基准的确定与加工。

(4) 选择电极丝起始位置及切入点。

(5) 切割路线的确定。

(6) 穿丝孔位置确定及穿丝孔加工。

(7) 程序的编制。

(8) 加工参数的确定。

二、试切割

在做好加工前的准备工作后，试切割一般按照下列步骤进行：

(1) 安装好工件，根据工件厚度将丝架活动丝臂调整到合适的位置，距工件上表面10 mm左右。

(2) 按前述方法进行上丝、紧丝操作。

(3) 按前述方法校正电极丝垂直度。

(4) 合上机床电源开关，按下机床启动按钮，机床进入系统；手工或利用CAD/CAM完成程序编制、输入及加工中必要的参数设置工作。

(5) 根据有关参数，按前述方法将电极丝移到切割起点位置。

(6) 通常在正式加工前要校验程序的正确性，以防止在加工中出现错误造成废品，程序无误后再将机床系统设置到加工状态。对重要的形状复杂的工件可试制一件校对。

(7) 开启运丝电机，开启工作液泵，开启脉冲电源，运行程序，开始加工，调节上、下喷嘴的喷液流量，观察切割情况，在必要的情况下，在合适的位置可以对电参数进行调整，并做好相关记录。

(8) 加工后对工件进行检测，根据检测结果及加工中参数修正情况，对程序进行编辑完善。

三、加工过程中特殊情况的处理

电火花线切割加工过程中，常常会产生各种各样的情况，造成工件报废或工件质量较差。加工过程中如有情况，应迅速停机检查处理，绝不可带“病”工作。各种特殊情况及处理办法见表4-3-4所述。

表 4-3-4 加工过程中各种特殊情况及处理办法

<table>
<tr><th>情况类别</th><th>可能原因</th><th colspan="2">处理办法</th></tr>
<tr><td rowspan="9">断丝</td><td>走丝机构故障</td><td>调整走丝机构各个部件的位置，清除污垢</td><td rowspan="9">退回加工起点，重新穿丝再进行切割，此时也可以反向切割</td></tr>
<tr><td>参数不合理</td><td>选择参数时要兼顾切割速度、表面粗糙度及加工稳定性</td></tr>
<tr><td>操作不合理</td><td>按机床要求进行操作</td></tr>
<tr><td>导电块有割槽</td><td>调换位置或更换新的导电块</td></tr>
<tr><td>工件不符合要求</td><td>采用较弱的加工条件通过困难加工区域</td></tr>
<tr><td>电极丝不符合要求</td><td>更换电极丝</td></tr>
<tr><td>工件变形</td><td>对工件进行预处理</td></tr>
<tr><td>切除部分脱落倾斜</td><td>用磁铁或其他方法固定即将脱落的部分</td></tr>
<tr><td>短路</td><td>分析短路原因，排除短路现象</td></tr>
<tr><td rowspan="4">短路停机</td><td>导轮和导电块污物堆积</td><td>清洗导轮和导电块，磨损严重应及时更换</td><td rowspan="4">移动电极丝使其脱离工件，从新的起点切割至原位，然后继续加工。如果电极丝难以退出，可将电极丝运行到尽头，卸下电极丝，重新装丝，从新的位置开始切割</td></tr>
<tr><td>工作液过脏</td><td>及时更换工作液</td></tr>
<tr><td>进给速度过快</td><td>调整加工参数</td></tr>
<tr><td>工件变形</td><td>分析工件变形原因，从加工工艺或材料热处理等方面控制和减少工件的变形</td></tr>
<tr><td rowspan="2">加工表面粗糙、加工条纹较深</td><td>加工参数不合理</td><td>调整加工参数</td><td rowspan="2"></td></tr>
<tr><td>钼丝太松或张紧力过小</td><td>紧丝或增加配重</td></tr>
<tr><td rowspan="4">切割精度差</td><td>钼丝变细</td><td>更换钼丝</td><td rowspan="4"></td></tr>
<tr><td>X、Y 轴反向间隙较大</td><td>调整轴承间隙或丝杠间隙</td></tr>
<tr><td>程序编制错误</td><td>纠正程序中的错误</td></tr>
<tr><td>操作方法欠妥</td><td>改善操作方法</td></tr>
</table>

任务六 综合加工技术训练

【任务导入】 在加工前，机床设备的检查工作及准备工作是必不可少的，试切是正式加工的前提，在加工中可能会出现一些问题，我们要学会正确处理。

【任务要求】

1. 学会零件的线切割加工工艺分析。

2. 掌握零件的线切割加工步骤。

3. 掌握工件的定位装夹操作。

4. 进一步熟悉编程及机床的操作。

【任务目标】

完成如图 4-3-21 所示滑块的线切割加工。

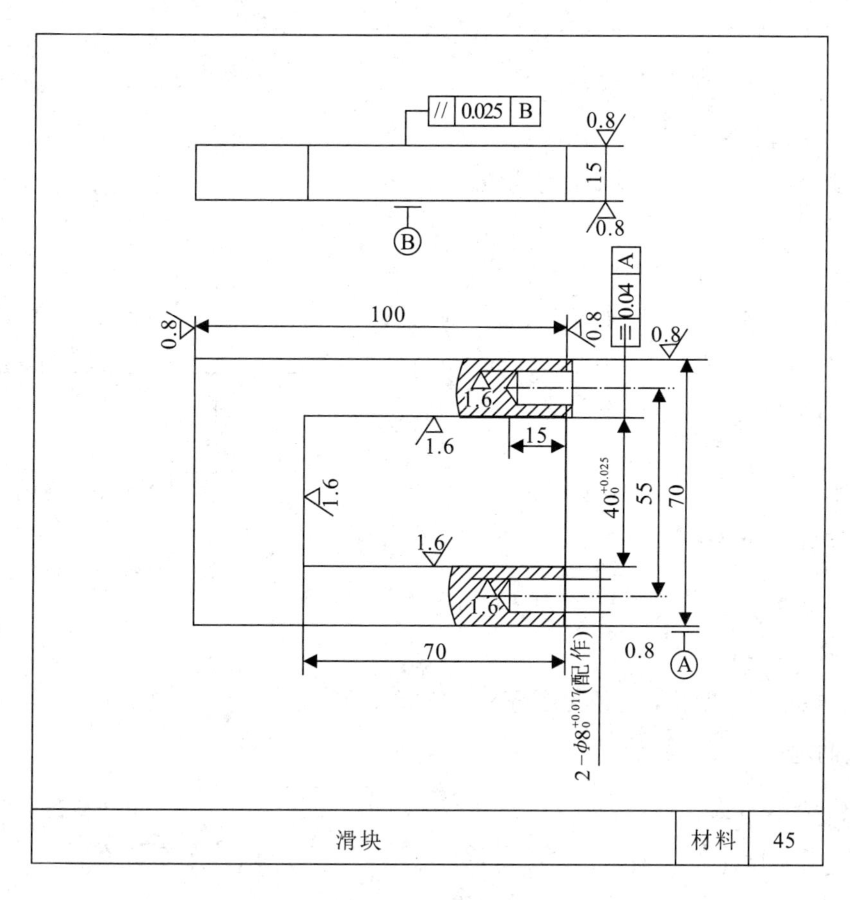

图 4-3-21　滑块

【任务分析】

• 图样分析。

滑块如图 4-3-21 所示，70 mm×40 mm 凹槽为线切割加工内容，加工后需保证尺寸 70 及 $40^{+0.025}_{0}$ mm，凹槽三面表面粗糙度 Ra 为 1.6 μm，凹槽两侧面对称度要求为 0.04 mm。

• 工件材料分析。

工件材料为 45 钢，45 钢在线切割加工过程中容易产生变形，由零件图可知，工件凹槽为开口形，两条直边长而窄，如果直接在坯料的外部切入，工件往往变成图 4-3-22 所示形状，为了防止在加工过程中工件产生变形，保证图中尺寸 40 mm，可将零件加工成图 4-3-23 所示的形状，开口连接部分的宽度取 2 mm，最后去除开口连接部分。

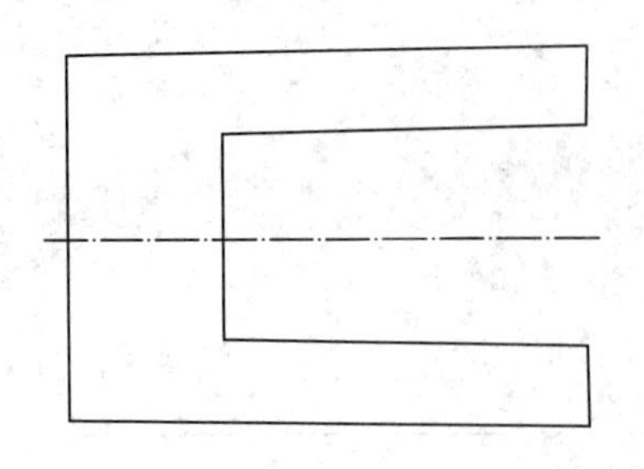

图 4-3-22 工件变形

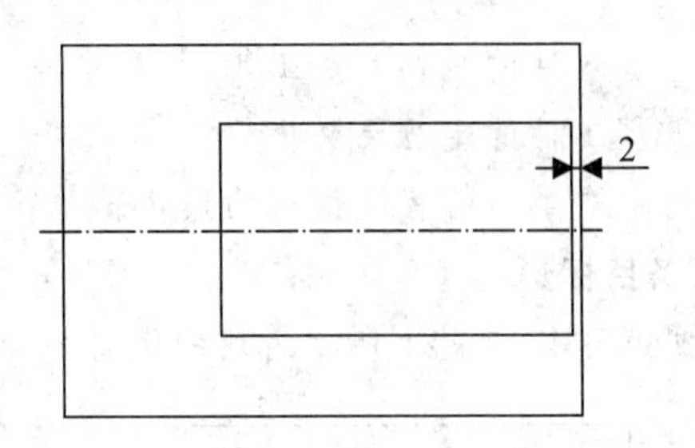

图 4-3-23 加工形状

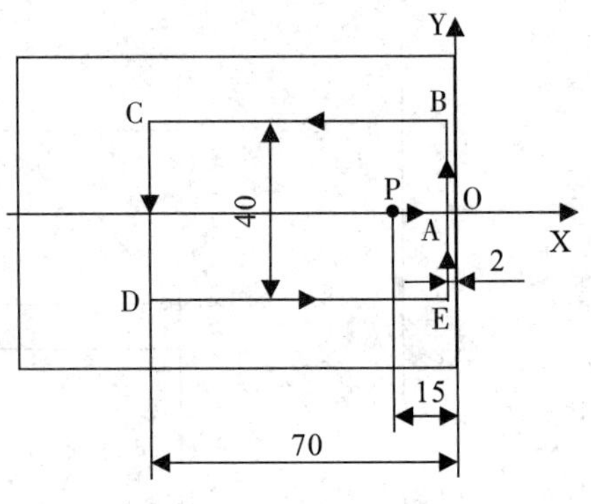

图 4-3-24 切割路线

• 工艺基准的确定。

为使基准重合，减少误差，以零件图中 A 面为定位基准，B 面为校正基准。

• 选择钼丝起始位置及切入点。

如图 4-3-24 所示，起始点选在工件宽度方向的中心并且与工件 B 面距离为 15 mm 的 P 点位置上。

• 确定切割路线。

切割路线如图 4-3-24 所示，箭头所指方向为切割路线方向(A→B→C→D→E)。

任务实施

1. 穿丝孔加工

划线，在钻床上钻孔，直径为 3 mm，位置在 P 点。

2. 编制程序

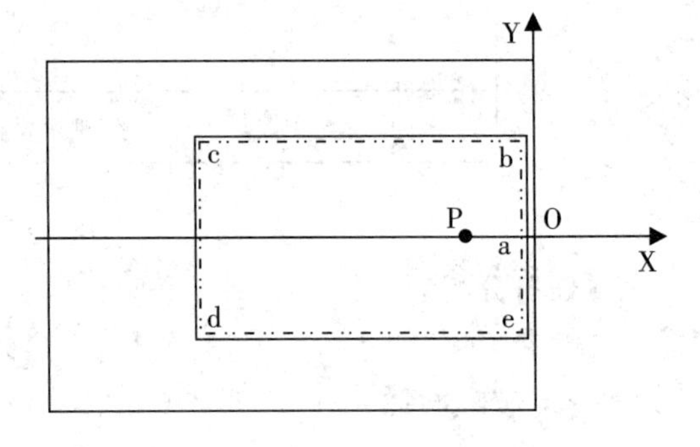

图 4-3-25 钼丝中心轨迹

1) 计算平均尺寸

平均尺寸如图 4-3-24 所示。

2) 确定坐标系

为了计算方便，直接选工件 B 面的中心位置为坐标原点建立坐标系，如图 4-3-25 所示。

3) 确定偏移量

选择直径为 0.18 mm 的钼丝，单面放电间隙为 0.01 mm，钼丝偏移量 D=0.18/2+0.01=0.1 mm。

4) 编制加工程序

(1) 计算钼丝中心轨迹各交点的坐标。钼丝中心轨迹见图 4-3-25 中的双点划线，相对于零件平均尺寸偏移一垂直距离。通过几何计算或 CAD 查询得到各交点的坐标，各交点坐标见表 4-3-5 所示。

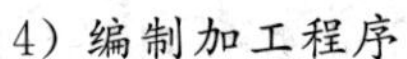

表 4－3－5　钼丝中心轨迹各交点坐标

序号	交点	X	Y
1	P	15.0	0
2	a	−2.1	0
3	b	−2.1	19.9
4	c	−69.9	19.9
5	d	−69.9	−19.9
6	e	−2.1	−19.9

(2) 编写加工程序单。采用 3B 编程，程序单如表 4－3－6 所示。

表 4－3－6　滑块加工程序单

序号	B	X	B	Y	B	J	G	Z	说明
1	B	12900	B	0	B	12900	GX	L1	P→a
2	B	0	B	19900	B	19900	GY	L2	a→b
3	B	67800	B	0	B	67800	GX	L3	b→c
4	B	0	B	39800	B	39800	GY	L4	c→d
5	B	67800	B	0	B	67800	GX	L1	d→e
6	B	0	B	19900	B	19900	GY	L2	e→a
7	B	12900	B	0	B	12900	GX	L3	a→P
8								D	加工结束

3. 加工参数的选择

1) 电参数的选择

电压：75～85 V；脉冲宽度：12～20 μs；脉间：k=6～8；电流：1～1.5 A。

2) 工作液的选择

选择 DX—2 油基型乳化液，与水配比约为 1∶15。

4. 工件的装夹与校正

工件装夹如图 4－3－26 所示。

(1) 装夹方式：悬臂式支撑。

(2) 夹具：压板组件。

(3) 用百分表校正坯料的 A 面，在全长范围内，百分表指针摆动不应大于 0.025 mm。

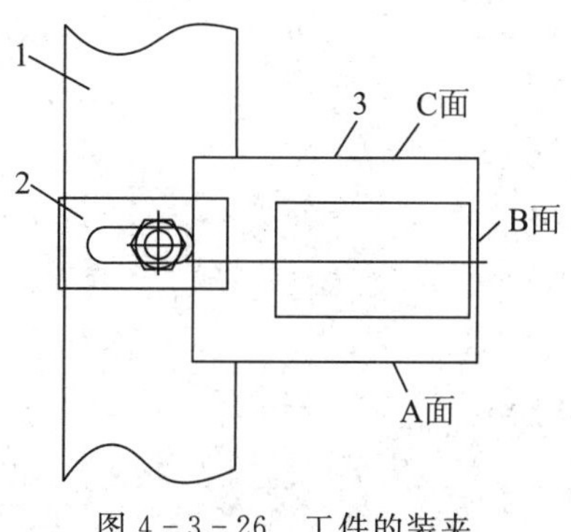

图 4－3－26　工件的装夹

5. 上丝及紧丝

参照前述方法上丝并紧丝。

6. 校正钼丝的垂直度

参照前述方法校正钼丝的垂直度。

7. 钼丝起始点的确定

把调整好垂直度的钼丝摇至工件的A面和C面，采用火花放电的方式，得到工件两面的Y方向坐标，求出工件的宽度，与工件的实际宽度对比，检验两面坐标的精度，当误差较小时，可以认为工件A、B两面的坐标是正确的，求出工件宽度方向中心的坐标，并把钼丝摇至中心线的位置上，Y方向手轮对零；在X方向上，钼丝和工件B面火花放电，当火花均匀时，记下X方向坐标，拆卸钼丝，摇动X方向手轮，使钼丝向−X方向移动15.1 mm，重新装上钼丝，X方向手轮对零。此时钼丝所停的位置为切割起始点，即P点。

8. 程序输入及检验

参照前述方法输入程序并进行检验。

9. 启动机床并进行加工

参照前述方法启动机床并完成工件的加工。

10. 检验

由于零件全部完工后变形较大，所以此检验应该在线切割加工完成后、手工去除开口连接薄边部分前进行。

1）尺寸误差的检验

在零件图中，线切割加工的槽宽度尺寸(纵向尺寸)精度较高，为$40^{+0.025}_{0}$ mm，达到了7级精度。测量时可使用内径千分表进行检测，由于是借用测内孔的专用测量仪器，所以测量时需在不同方向仔细摆动标杆，找到千分表指针摆动的最小位置才能读数。

2）对称度误差的检测

由于零件形状简单且槽的宽度较大、厚度较小，可使用简单的测量方法。测量时可使用量程为0～25 mm的外径千分尺测量宽度方向槽两侧的壁厚差。这种测量方法虽然简便，但其测量误差较大，如果使用这种测量方法测得的工件对称度误差合格的话，则工件槽的对称度一定合格。但如果其对称度误差超出公差，也不应立即判定工件为废品，可用精度更高的检测方法进一步测量。